国家林业和草原局普通高等教育"十三五"规划教材

高等院校园林与风景园林专业规划教材

江苏省高等学校重点教材

2017-1-062

园林 Landscape Design of Garden Plants 植物景观设计 （第2版）

（附数字资源）

祝遵凌◎主编

中国林业出版社
China Forestry Publishing House

内 容 简 介

本教材以培养大学生植物应用及景观设计能力为目的，从园林植物景观设计理论到设计方法，阐述植物应用技巧，剖析植物与其他景观要素科学与艺术的融合，精选国内外经典案例，展示园林植物景观设计研究与工程实践的最新成果，图文并茂，深入浅出，为指导学生学习和从事植物景观设计实践提供科学的指导。

教材分为 10 章，包括绪论、园林植物景观要素、园林植物景观与环境、园林植物景观设计原理与方法、各类形式园林植物景观设计、建筑与园林植物景观设计、道路园林植物景观设计、水体园林植物景观设计、地形与园林植物景观设计、专类园植物景观设计。每章后都有复习思考题和推荐阅读书目，有助于学生积极主动地学习和拓宽视野。书后附录常用各类园林植物表，有利于读者在学习和实践中查阅。

本教材为高等院校园林、风景园林、城乡规划、环境艺术设计等专业学习所用，也适合从事园林、室内外环境艺术设计等相关专业人员阅读参考。

图书在版编目（CIP）数据

园林植物景观设计 / 祝遵凌主编. —2版. —北京：中国林业出版社，2019.7（2024.8重印）

国家林业和草原局普通高等教育"十三五"规划教材　高等院校园林与风景园林专业规划教材

江苏省高等学校重点教材

ISBN 978-7-5219-0090-3

Ⅰ.①园… Ⅱ.①祝… Ⅲ.①园林植物—景观设计—高等学校—教材 Ⅳ.①TU986.2

中国版本图书馆CIP数据核字（2019）第109170号

策划编辑：康红梅　　　责任编辑：康红梅　田　苗　　　策划校对：苏　梅
电话：83143551　　　传真：83143516

出版发行　中国林业出版社 (100009 北京市西城区刘海胡同7号)
　　　　　E-mail：jiaocaipublic@163.com　电话：(010)83223120
　　　　　https://www.cfph.net
经　　销　新华书店
印　　刷　北京中科印刷有限公司
版　　次　2012 年7月第1版（共印4次）
　　　　　2019 年7月第2版
印　　次　2024 年8月第5次印刷
开　　本　889mm×1194mm 1/16
印　　张　22.5
字　　数　620千字　数字资源字数　300千字
定　　价　98.00元

《园林植物景观设计》（第2版）
编写人员

主　编
祝遵凌

副主编
栗　燕　周春玲

编写人员
（以姓氏笔画为序）

王凌晖（广西大学）

卢　圣（北京农学院）

申亚梅（浙江农林大学）

许贤书（福建农林大学）

周　晨（湖南农业大学）

周春玲（青岛农业大学）

祝遵凌（南京林业大学）

胡妍妍（天津农学院）

栗　燕（河南农业大学）

曹　兵（宁夏大学）

第 2 版前言

园林植物景观设计是一门多学科交叉融合的艺术，是以植物为材料，以改善人居环境为目标的景观设计。作为一门实践性极强的课程，园林植物景观设计无论从艺术角度还是技术角度，都在逐渐发展，与时俱进，不断创新。

党的十八大首次把"美丽中国"作为生态文明建设的宏伟目标，把生态文明建设列入中国特色社会主义五位一体总体布局的战略位置。因此，"生态设计"在园林植物景观设计中显得尤为重要。植物景观的生态设计，是将人与自然的和谐共生作为设计的总体目标，在尊重自然发展规律的前提下，以植物为主体，采用科学的设计方式，在满足人类生存需要的基础上，最大化谋求自然生态系统的平衡与协调。

《园林植物景观设计》自 2012 年出版以来，被相关院校广泛使用，获得广大师生的好评，同时也收到了很多珍贵的改进意见，编者在此深表感谢。2016 年，本教材列选为国家林业局普通高等教育"十三五"规划教材；2017 年，被遴选为"十三五"江苏省高等学校重点教材（2017-1-062），迎来了修订再版的契机。本次修订对教材的结构和内容做了部分调整。各章节修订情况如下：

第 1 章新增"1.4 传统园林植物景观配置的审美与实践"与"1.5 植物景观设计现状与发展趋势"。第 2 章新增"2.3.3 园林植物季相景观设计""2.3.4 园林植物文化景观设计""2.4 郑州市郑东新区龙子湖湖滨公园种植规划方案分析"。第 3 章新增"3.1.7 植物群落概念与园林植物景观设计""3.2.3 平顶山郏县鑫矿区废弃地植物景观规划设计"及"3.3.5.1 自然灾害""3.3.5.2 常见园林植物病虫害及防治"。第 4 章新增"4.1.3 空间构成原理""4.6 园林植物景观效益"。第 5 章新增"5.6 绿墙景观设计""5.7 案例分析"。第 7 章新增"7.1 道路绿地植物景观设计"。第 8 章新增"8.1.5.1 沼泽景观的营造""8.1.5.2 人工湿地""8.2 水体空间植物造景原则""8.5.2 青岛唐岛湾植物景观设计"。第 9 章新增"9.1 地形与植物的关系"及相关案例。第 10 章新增了"10.1.3.4 英国伊甸园植物园""10.3.5.2 北京植物园展览温室"改为"10.3.5.2 兰花展览温室"。附录部分对常见园林植物做了相应的调整。

总之，本次修订删除了相关章节陈旧过时的内容，吸收、归纳、补充了最新的科技成果和优秀案例，更新了部分图片。

本教材具有以下 4 个特点：

（1）继承性：本教材参考了大多数院校的园林、城市景观、城乡规划等专业所开设的本课程以及相近的教学大纲，在《园林植物景观设计》第 1 版的基础上，对国内外最新设计案例和方法进行总结，反映了植物景观设计的最新动态，内容更为丰富。

（2）可读性：把植物景观设计的基础、设计过程、植物照片、设计图纸以线形图、效果图等示之，在原有植物景观设计资料的基础上，增加了园林植物景观的基本知识和规范，使用贴近生活的实践案例来阐述问题，使得教材内容深入浅出，更加有利于读者对理论知识和实践操作的理解，可读性强，弥补了景观设计学生缺乏对植物感性认识的缺陷。

（3）实用性：作为一门园林和设计等相关专业的必修教材，关键要突出学生对理论知识的掌握和实践技能的培养。本次修订内容上增加园林植物景观设计中的经典案例，增加学生对景观设计的认识与实践，突出实用性。另外，思考题的编写模式也做了改变，采用启发、诱导为主的方式，增加学生学习的责任感和主动性，确保各章的能力目标达到教学要求。

（4）时效性："园林植物景观设计"是一门时效性很强的课程，随着时代发展，需及时更新新的方法及内容。近几年国家及各省（直辖市、自治区）陆续出台了一些新政策和新规定，一些新理念和新技术也不断应用于景观设计之中，再版时将这些新内容补充进来，在实际工作中少走弯路。

本次修订由祝遵凌担任主编，周春玲和栗燕担任副主编，各章采取合作修订的方式，具体分工为：第 1 章（祝遵凌、栗燕）、第 2 章（祝遵凌、栗燕）、第 3 章（祝遵凌、栗燕、曹兵）、第 4 章（祝遵凌、卢圣）、第 5 章（祝遵凌、周春玲）、第 6 章（祝遵凌、卢圣）、第 7 章（祝遵凌、申亚梅、胡妍妍）、第 8 章（祝遵凌、周春玲）、第 9 章（祝遵凌、周晨）、第 10 章（祝遵凌、周晨、许贤书、王凌晖）、附录（祝遵凌、栗燕）。

本教材在修订过程中，得到江苏省教育厅、各编写教师及专家的支持与帮助。博士研究生周琦以及硕士生唐燕参与了修订资料的整理和校对工作，在此一并表示诚挚的感谢！

由于编者水平有限，不足之处恳请各位专家、学者以及广大读者批评指正，以期逐步完善和提高。邮箱：zhuzunling@njfu.com.cn。

祝遵凌

2018 年 12 月于南京林业大学

第 1 版前言

　　园林植物景观设计是一门艺术，与多门学科交叉融合，在园林规划设计中尤为重要。英国园林学家克劳斯顿曾说，园林设计归根结底是植物材料的设计，其目的就是改善人类的生活环境，其他的内容只能在一个有植物的环境中发挥作用。

　　园林植物景观设计是一门实践性极强的科学。相对于其他行业设计，园林植物景观设计无论是从艺术的角度还是从技术的角度来看，都是一个发展比较滞后的领域：从艺术角度来说，它缺乏完整系统的设计理论指导；从技术角度来说，它缺乏明确的设计标准和结果评判规范。而园林植物景观设计的实用性又决定了无论是在实践中，还是在科研与教学中，都日益受到关注与重视。

　　《国家中长期教育改革和发展规划纲要（2010—2020年）》指出，我国正处在教育发展重要战略机遇期，要求我们要努力实现高等教育发展理念和人才培养模式的战略性转变。而人才培养模式的转变主要致力于思想观念、教学内容、实践教学环节、"产学研"相结合等方面的模式转变。多年来，我国高等教育在园林专业人才的培养中取得了显著的成绩，在园林建设中发挥了重要的作用。同时，园林建设实践对园林人才也提出了新的要求。在这个大背景下，植物景观设计领域的教学需要投入更多的关注与改革，需要通过各方面的努力，使得这个比较滞后的领域能够跟上时代的发展要求，与时俱进，满足园林行业和社会发展的需求。

　　本教材试图从教学内容上迈出培养模式转变的第一步，在吸取前人研究精华的基础上，注入新的血液。结合园林植物景观实例，用现实案例解析植物景观设计的理论知识，更加方便读者对理论的理解与掌握，并注重实践教学环节的设置，为"产学研"的结合打下基础。本教材详细介绍建筑、水体、道路、专类园等具体景观中的植物设计，通过案例分析说明，使读者能够在多样的案例中，寻找适合自己的设计思路，并通过反面案例使读者避免类似的错误。这是本教材的第一个特点。

　　园林植物景观设计具有明显的地域性，同时也与地域文化、风俗习惯等密切相关。本教材的9位编写人员都是多年从事园林工作的高校老师，来自于全国各地。他们通过多年的实践积累，从实际应用出发，介绍和剖析了国内外大量实例，展示不同风格与特点的园林植物景观设计思路、方法与实践。这是本教材的第二个特点。

本教材所附常用的园林植物一览表，信息量大，包括观赏特点、用途、适用地、栽培要点等，为园林设计师更好地选择植物提供了详细的参考资料，此为本教材的一大亮点。

本教材由祝遵凌担任主编，周春玲任副主编。编写分工如下：园林植物景观概述（祝遵凌、栗燕执笔）、园林植物景观要素（祝遵凌、栗燕执笔）、园林植物景观与环境（祝遵凌、曹兵执笔）、园林植物景观设计原理与方法（祝遵凌、卢圣执笔）、各类形式园林植物景观设计（祝遵凌、周春玲执笔）、建筑与园林植物景观设计（卢圣、祝遵凌执笔）、道路与园林植物景观设计（祝遵凌、胡妍妍执笔）、水体园林植物景观设计（周春玲、祝遵凌执笔）、地形与园林植物景观设计（周晨、祝遵凌执笔）、专类园林植物景观设计（祝遵凌、周晨、许贤书、王凌晖执笔）、附录（祝遵凌、栗燕执笔）。每章设有小结、思考题和推荐阅读书目，环节紧凑，形成了一个完整的教学体系。

本教材在编写过程中得到了各参编学校和单位，相关专家教授和领导的指导与支持，中国林业出版社教材中心付出了艰辛的劳动。在编写过程中参考了大量文献资料，邵娟、周春丽等参与了书稿的整理，李宁、李燕楠参与了附表的校正工作。在此一并表示诚挚的感谢。

由于编者水平有限，难免有不妥之处，恳请广大读者给予批评指正，以期不断完善和提高（电子信箱：zhuzunling@aliyun.com）。

祝遵凌

2012 年 2 月于南京林业大学

目　录

园林植物是城市生态环境的主体，在改善空气质量、除尘降温、增湿防风、涵养水源等方面起着主导和不可替代的作用。园林植物景观设计是将园林植物科学合理地配置在一起，充分发挥其绿化、美化等功能，改善人们的生存环境。在中国古典园林里，植物材料常常与诗词、歌赋、楹联等结合，使得植物配置更具文化内涵。在国外，园林及植物景观也同样历史悠久、文化灿烂。

1.1 园林植物景观概念与特点

1.1.1 园林植物景观相关概念

园林植物（garden plants），也叫观赏植物，通常指人工栽培的，可应用于室内外环境布置和装饰的，具有观赏、组景、分隔空间、装饰、庇荫、防护、覆盖地面等用途的植物总称。

园林植物是园林重要的构成元素之一，园林植物景观设计是园林总体设计中的一项单项设计，一个重要的不可或缺的组成部分。园林植物与山石、地形、建筑、水体、道路、广场等其他园林构成元素之间互相配合、相辅相成，共同完善和深化园林总体设计。

园林植物景观设计目前国内外尚无明确的概念，但与其相关的名词很多，如植物配置、植物造景等，虽然内容都与植物景观设计有关，但还是有所差异，主要表现在侧重点不同。朱钧珍在《中国大百科全书·建筑园林城市规划卷》中指出："园林植物配置是按植物的生态习性和园林布局要求，合理配置园林中的各种植物（乔木、灌木、花卉、草皮和地被植物等），以发挥它们的园林功能和观赏特性。"苏雪痕在《植物造景》中指出："植物造景，顾名思义就是应用乔木、灌木、藤本、草本植物来创造景观，充分发挥植物本身形体、线条、色彩等自然美，配置成一幅幅美丽动人的画面，供人们观赏。"这两个概念的共同点是都把植物材料进行安排、搭配，以创造植物景观。而设计，指在正式做某项工作之前，根据一定的目的要求，预先制订方法、图样等。

所以，园林植物景观设计（landscape design of garden plants）的概念可以描述为：根据园林总体设计的布局要求，运用不同种类的园林植物，按照科学性和艺术性的原则，合理布置安排各种种植类型的过程与方法。成功的园林植物景观设计既要考虑植物自身的生长发育规律、植物与生境及其他物种间的生态关系，又要满足景观功能需要，符合园林艺术构图原理及人们的审美需求，创造出各种优美、实用的园林空间环境，以充分发挥园林综合功能和作用，尤其是生态效益，使人居环境得以改善。

1.1.2 园林植物景观的特点

植物是有机生命体，这就决定了园林植物景观在满足观赏特性的同时，与建筑、园林小品等硬质景观存在本质的区别。

（1）景观的可持续性

植物生长状况直接影响植物景观建成效果，要依据当地的气候、土壤、水分、光照等环境条件以及植物与其他生物的关系，合理安排绿化用地及植物的选用与配置。植物自身以及合理的植物群落可以起到防风固沙、降噪除尘、吸收有害气体、杀菌抗污、净化水体、涵养水源及保护生物多样性等保护、改善和修复环境的作用，而这些功能随着时间的推移，会逐步得到强化。因此，科学的植物景观能更好地服务于生态系统的长期稳定，满足人们休闲、游憩观赏需要的同时，促进人、城市与自然的持续、共生和发展。

(2) 景观的时序性

植物自身的年生长周期决定植物景观具有很强的自然规律性和"静中有动"的季相变化，不同的植物在不同的时期具有不同的景观特色。一年四季的生长过程中，叶、花、果的形状和色彩随季节而变化，表现出植物特有的艺术效果。如春季山花烂漫，夏季荷花映日，秋季硕果满园，冬季蜡梅飘香等。

在不同的地区或气候带，植物季相表现的时间不同，如北方的春色季相一般比南方来得迟，而秋色季相比南方出现得早。所以，可以人工掌控某些季相变化，如引种驯化、花期的促进或延迟等，将不同观赏时期的植物合理配置，可以人为地延长甚至控制植物景观的观赏期。

图1-1 油菜花海

(3) 景观的生产性

植物景观的生产性可理解为植物景观是满足人们物质生活需要的原料或产品具有功能性，如提供果品、药业、工业原料及枝叶工艺产品等。

油菜花海（图1-1）、麦浪、金色稻田风光是人们比较熟悉的农田粮食生产作物，其本身就可构成一种景观，此类作物景观即可展现景观的生产性。观光农业是目前能够体现园林生产功能的产业，是农业、园林与旅游三大行业的交叉产物，融景观、生产、经济为一体。

(4) 景观的社会性

园林植物景观的社会性指的是植物景观具有康复保健、有益于人类文化生活等功能。其中，文化功能包括纪念、教育、学习、科学研究等，身心健康功能包括休闲、观光、保健、医疗等。游憩带来效益，但属于次生功能，其直接功能是为参与者身心健康服务。与硬质景观有别的是植物景观具有保健、医疗方面的社会特性。

在现代城市中，茂密的植物景观享有"城市绿肺"的美誉，园林绿地设计尤其重视"植物氧吧"建设。不仅是因为植物自身有提供氧气、净化空气的功能，丰富的植物群落更具有造福人类健康的功能。研究表明，通过不同颜色、形态的观赏花木的视觉刺激；植物自身或与外界产生的声响如萧瑟之声、雨打芭蕉、松涛之声等的听觉刺激；芳香园、味觉花园等的嗅觉刺激；不同质地植物的触感刺激，可以达到减轻压力、消减病情、增强活力、提高认知、促进交流等一系列康复、保健功效。

园林植物景观不是孤立存在的，必须与其他景观要素如环境、水体、地形、园路、建筑及其他生物乃至自然界生态系统结合起来，这样才能营造有益于人类、自然、环境和谐共处的可持续发展的绿色景观空间。

1.2 园林植物景观功能

1.2.1 生态功能

园林植物是绿色基础设施的有机主体，具有

较高的生态效益。如调节温度和空气湿度，制造氧气，保持水土，降噪，吸滞尘埃及有毒气体，杀菌保健等。城市绿地改善生态环境的作用是通过园林植物的生态效益来实现的。多种多样的植物材料组成了层次分明、结构复杂、稳定性较强的植物群落，使得城市绿地在防风、防尘、降低噪声、吸收有害气体等方面的能力也明显增强。如在降温保湿方面，相关数据显示：城市绿化区域较非绿化区域，夏季温度低 3～5℃，冬季温度则高 2～4℃；绿地上空的湿度一般比无绿地上空要高出 10%～20%。对于降噪功能，研究表明乔灌成行间隔种植比单一乔木树种效果好，群植比列植效果好。雪松、广玉兰、樟树等乔木，圆柏球、夹竹桃、法国冬青等灌木，马蹄金、麦冬、狗牙根等地被植物是降噪群落配置的优良材料。因此，在有限的城市绿地空间上建植丰富的植物群落，是改善城市环境、建设生态园林的必由之路。

1.2.2 艺术功能

园林艺术就像绘画和雕塑艺术一样，可以在多方面对人产生巨大的感染力。植物种植艺术是一种视觉艺术，但它也能产生嗅觉、听觉、触觉等多方面的感受。利用植物可以创造景观，也可以烘托构筑物、衬托雕塑等园林小品。

1.2.3 空间构筑功能

在室外环境的布局与设计中，可以利用植物、建筑、地形、山石和水体来组织空间。植物的空间营造功能是指它能充当构成要素，成为室外环境的空间围合物，像建筑的地面、顶棚、围墙、门窗一样来限制和组织空间，形成不同的空间类型，这些因素可以影响和改变人们的视线。植物除了能作空间营造的构成要素外，还能使环境充满生机和美感。

1.2.4 时序表达功能

园林植物是活的有机体，能随着季节变化表现出不同的季相特征，使得同一地点在不同时期产生某种特有景观，给人不同的季节和空间感受。园林植物随着季节变化表现出不同的季相景观（图1-2），在一年四季里"春则花柳争妍，夏则荷榴竞放，秋则桂子飘香，冬则梅花破玉"，植物衰盛荣枯的生命变化过程为创造景观四时演变的时序变化提供了条件。因此，通常不宜单独将季相景色作为园景中的主景，为了加强季相景色的效果应成片成丛地种植，同时也应安排一定的辅助观赏空间避免人流过分拥挤，处理好季相景色与背景或衬景的关系。

在城市景观中，植物是季相变化的主体，季

图1-2 植物夏、秋季相景观

节性的景观体现在植物的季相变化上。现代城市园林景观是人们感受最为直接的景致，也是唯一能使人们感受到生命变化的风景。其景观的丰富度，会对人们的生活和精神产生深远的影响。利用园林植物表现时序景观，必须对植物材料的生长发育规律和四季的景观表现有深入的了解，根据植物材料在不同季节中的不同景色来创造丰富的园林景观供人欣赏，引发人们的不同感受。如西湖风景区，苏堤春晓的桃、柳，早春蓓蕾含笑、青丝拂堤；花港观鱼的牡丹，暮春群芳争艳、妖媚多彩；曲院风荷的荷花，夏日芙蓉挺水、风摇荷盖；满觉陇的桂花，中秋树洒桂雨、芳香飘逸；雷峰夕照的丹枫，晚秋满目红叶、绚丽如霞；孤山的梅花，冬天寒雪怒放、迎霜傲雪。西湖风景区由于突出了植物时序景观特色，而使山光水色更加迷人。

1.2.5　文化功能

植物作为园林的主要构成要素，不但能起到绿化美化、空间构成等作用，还担负着文化符号的角色以及传递设计者所寄予的思想感情。在漫长的植物栽培历史过程中，植物与人类生活的关系日趋紧密，加之与各地文化相互影响、相互融合，衍生出与植物相关的文化体系，即透过植物这一载体，反映出的传统价值观念、哲学意识、审美情趣、文化心态等，这在中国古典园林中表现得最为突出。深刻的文化内涵、意境深邃的植物配置手法也是中国古典园林闻名于世的鲜明特色。

受儒家文化"君子比德"思想的影响，中国古典园林特别是江南私家园林的园主或文人墨客常常结合自己的亲身感受、文化修养、伦理观念以及植物本身的生态习性等，各抒己见地赋诗感怀，极大地丰富了植物本身的文化色彩，不同植物被赋予不同情感内涵，如牡丹一向是富贵的象征，杏花意寓幸福，木棉是英雄树，柳树代表依依惜别，桃李象征门徒众多等。植物的文化内容还可以运用匾额、楹联、诗文、碑刻等形式来表现，起到画龙点睛的作用。还能够使欣赏者从眼前的物象，通过形象思维展开自由想象，进而

升华到精神的高度，产生"象外之象""景外之景""弦外之音"的高深境界。如拙政园荷风四面亭，坐落在园中部池中小岛上，四面环水，莲花亭亭净植，岸边柳枝婆娑。亭中抱柱联为"四壁荷花三面柳，半潭秋水一房山"，造园者巧妙地利用楹联点出了主题，无论在哪个季节都能使人沉浸在"春柳轻，夏荷艳，秋水明，冬山静"的意境之中。

1.3　园林植物景观设计发展简史

1.3.1　国外园林植物景观

在西方，园林随着时代的发展而演进，历经古代园林、中世纪园林、文艺复兴时期园林、勒诺特尔式园林、风景式园林、风景园艺式园林和现代园林等阶段。在这个漫长的发展演进过程中，植物景观随着人们对园林功能要求的发展变化，植物景观的主要功能和主要设计手法也在不断地变化和发展，概括起来主要有：以实用园和在庭院中栽植经济作物为主的生产功能；以列植、庭荫树、遮阴散步道、林荫大道、林园、浓荫曲径为设计手法的遮阴营造小气候功能；以迷园、花结园、柑橘园、水剧场和各类花坛为设计手法的游乐、赏玩功能；用绿丛植坛和树畦的空间过渡，用丛林营造开闭空间的手法；植物修剪成舞台背景和墙垣栏杆、绿毯和绿墙等多种形式，作为室外建筑材料。

古代园林时期，古埃及的植物景观功能主要是遮阴、生产和装饰；古希腊和古罗马的植物景观功能增加了赏玩和游乐功能。中世纪园林时期，植物景观功能没有大的变化，仍是以遮阴、生产、装饰、赏玩和游乐为主。文艺复兴园林时期，植物景观功能有了大的发展，植物景观开始用于组织空间和作为室外建筑材料。勒诺特尔式园林时期，植物的生产功能不再成为重点，游乐、组织空间和作为建筑材料的功能得到更广泛的应用。风景式园林时期，植物景观注重遮阴和组织空间。风景园艺式园林时期遮阴、赏玩和装饰成为植物

景观的主要功能。

1873 年纽约中央公园的建成，标志着现代公园的开端。西方现代植物景观设计中，除了保留发展了原有功能，也舍弃了过去过于复杂的配置方式，同时开始倾向于由一些特点突出的乡土或规划植物与其生境景观组成的自然景色，如在一些城市环境中种植一些美丽而未经驯化的当地野生植物，与人工构筑物形成对比，在城市中心的公园中设立自然保护地，展现荒野和沼泽景观。

1.3.2 中国园林植物景观

中国具有悠久的园林历史，特别是中国古典园林，推动了世界园林的发展。在中国传统园林中，从应用类型分类，更侧重遮阴、营造山林气氛，植物单体如盆景、孤植树在庭园中广泛运用。古代造园家们抓住自然中各种美景的典型特征，提炼剪裁，把峰峦沟壑——利用乔、灌、草、地被植物再现在小小的庭园中。在二维的园址上突出三维的空间效果，"以有限面积，造无限空间"，创造"小中见大"的空间表现形式和造园手法，以建筑空间满足人们的物质要求；以清风明月、树影扶摇、山涧林泉、烟雨迷蒙的自然景观满足人们的心理需求；以自然山石、水体、植被等构成自然空间，构成令人心旷神怡的园林气氛。园林建造者们把大自然的美浓缩到园林中，使之成为大自然的缩影，它"师法自然而又高于自然"。中国古典园林按照其隶属关系可以分为：皇家园林、私家园林和寺观园林。

中国古代的皇家园林作为封建帝王的离宫别苑，规模宏大、建筑雄伟、装饰奢华、色彩绚丽，象征着帝王权力的至高无上，体现了帝王唯我独尊的思想，是历代封建统治者追求奢侈享乐的场所。经过长期的选择，古拙庄重的苍松翠柏常常与色彩浓重的皇家建筑物相互辉映，形成了庄严雄浑的园林特色。另外，在中国皇家园林中，植物通常认为是吉祥如意的象征。如在园林中常用玉兰、海棠、迎春、牡丹、桂花象征"玉堂春富贵"，紫薇、榉树象征高官厚禄，石榴意寓多子多福等。这些都充分体现出皇室贵族们希望官运亨通、世代富贵的愿望。

私家园林是贵族、官僚、富商、文人等为自己建造的园林，其规模一般比皇家园林要小得多，常用"以小见大"的手法和含蓄隐晦的技巧来再现自然的美景，寄托园主失意或逃避现实的思想感情。江南私家园林最突出的代表是苏州古典园林。苏州古典园林多为自然山水园或写意山水园，崇尚自然，讲究景观的深、奥、幽，追求朴素淡雅的城市山林野趣，植物景观注重"匠"与"意"的结合，通过植物配置来体现诗画意境。常用方法主要有以下几种：按诗文、匾额、楹联来选用植物材料；按画理来布置植物素材；按色彩、姿态选材。在长期的造园实践中形成了植物配置的固定程式，如院广堪梧、槐荫当庭、移竹当窗、栽梅绕屋、高山栽松、山中挂藤、水上放莲、修竹千竿、堤弯宜柳、悬葛垂萝等，对现代园林植物景观设计具有很大的指导意义。

寺庙园林是指附属于佛寺、道观或坛庙祠堂的园林，也包括寺观内部庭院和外围地段的园林化环境。寺观园林中果木花树多有栽植，除具有观赏特性外，往往还具有一定的宗教象征寓意。佛教规定的"五树六花"在傣族寺院中是必不可少的，"五树"是指菩提树、大青树、贝叶棕、槟榔、糖棕或椰子；"六花"是指荷花、文殊兰、黄姜花、黄缅桂、鸡蛋花和地涌金莲。此外，寺庙园林中也常选用松柏、银杏、樟树、槐、榕树、皂荚、柳杉、楸树、无患子等。除了精心选择、配置的园林植物以外，寺庙园林还常利用平淡无奇的当地野生花卉和乡土树种，使寺庙与自然环境更加融为一体，达到"虽由人作，宛自天开"，"视道如花，化木为神"，从而产生既有深厚文化底蕴又具蓬勃生机的园林艺术效果，为园林写下精彩夺目的华丽篇章。

由于特殊的历史原因，我国现代园林的发展道路较为曲折，还是留下了一些经典作品。如早期的杭州花港观鱼公园，是中国古典园林与现代园林景观有机结合的杰出代表，植物景观异常丰富，植物品种以常绿乔木为主，配置侧重于林相、文化内涵以及因地制宜，景色层次分明，季相变化丰富多彩，传统园林之对景与借景、分景与框景等手法运用恰当合理。1978年改革开放后随着经济的发展，造园运动再度兴起。20世纪80年代中期，我国现代公园开始重视运用植物造景，将丰富的形态与色彩变化融入公园的艺术构图中，同时充满大自然的活力。90年代以来，我国园林建设的目标是建设生态园林，植物材料的应用范围从传统的建筑物周围种植、假山上种植，发展到行道树、绿篱、广场遮阴、空间分割等；从传统的花台发展到花坛、花境、室内花园、屋顶花园等造景方式，极大地丰富了植物景观和功能。目前，园林已经超越了传统园林设计过于关注形式、功能及审美的价值取向，而转为关注生命安全、生存环境和生态平衡的价值取向。

1.4 传统园林植物景观配置的审美与实践

1.4.1 传统园林植物景观配置的审美

1.4.1.1 传统园林植物景观的欣赏

中国古典园林非常注重对植物的全方位欣赏，不仅包括其自身的色、香、形、姿、韵等，还包括与环境互作的光影、声响等一切感官体验

图1-3 网师园殿春簃的框景

效果。如避暑山庄在清代"广庭数亩，植金莲花万本"，开花时日光照射，精彩焕目，形成"金莲映日"的著名景观。香山静宜园的绚秋林种植元宝枫等彩叶树种，在秋季形成多彩的山地植物景观。以香取胜的植物除了梅花、桂花、兰花等植物外，荷花、稻花等也广泛应用于古典园林中。如留园的"闻木犀香轩"和网师园的"小山丛桂轩"以赏桂花为胜；避暑山庄中曲水荷香、香远益清、冷香亭3处景观都是以荷花取胜；圆明园中的"映水兰香"则实指稻花香。古典园林非常注重植物的姿态美，如北海团城的油松、白皮松因为特殊的形态而被乾隆皇帝御封为"遮阴侯"和"白袍将军"。古人"种树非止于目，兼为悦耳"。以声取胜的植物莫过于油松，避暑山庄的"万壑松风"意指在湖边山峦之上种植成片的油松，随风吹而声响，非常有气势；拙政园的松风水阁也是听松风处。拙政园还有"听雨轩"，可以感受"听雨入秋竹""芭蕉叶上潇潇雨，梦里犹闻碎玉声""留得残荷听雨声"等情境。古典园林还注重植物的光影变化，或移竹当窗、粉墙竹影，或"粉墙花影自重重""云破月来花弄影"，落影斑驳，景致变化无穷。

1.4.1.2 传统园林植物景观的诗情画意

中国园林其实就是诗画的物化，它无处不可画，无景不入诗。植物配置以中国画论为基础，以粉墙作纸，植物作画，色彩淡雅，追求画意（图1-3），表现自然意趣，追求天成之美。《说园》着重提及"中国园林的树木栽植，不仅为了绿化，且要具有画意。窗外花树一角，即折枝尺幅；山间吉树三五，幽篁一丛，乃模拟枯木竹石图"。

避暑山庄七十二景中，以植物为主题的就有十八景。万壑松风景点是根据宋代画家巨然的《万壑松风图》进行设计的，其建筑据岗临湖，布局灵活多变。芳渚临流景点则取意于范宽山水画《溪山行旅图》，巨石嵌空，巉岩秀俏。夹岸嘉木灌丛，芳草如织。康熙在《芳渚临流》诗序中写到"岸石天成，亘二里许，苍苔紫藓，丰草灌木，极似范宽图画"。圆明园四十景中就有许多以植物

为主题的景点，如碧桐书院的梧桐、镂月开云的牡丹、曲院风荷的荷花、杏花春馆的杏、武陵春色的桃花等。杏花春馆沿用杜牧"借问酒家何处有，牧童遥指杏花村"的诗句，"环植文杏，春深花发，灿然若霞。前辟小圃，杂莳蔬蓏，识野田村落景象"（《杏花春馆》诗序）。武陵春色摹写陶渊明《桃花源记》，"复岫迴环一水通，春深片片贴波红。钞锣溪不离繁囿，只在轻烟淡霭中。"

1.4.1.3 传统园林植物景观的文化内涵

受中国传统文化的影响，植物被赋予人格化的品质。古典园林中经常使用比德型的植物，松、竹、梅应用到园林中，形成"岁寒三友"，成为冬天的植物景观。被誉为"四君子"的梅、兰、竹、菊也相互组合，形成梅竹、梅兰、竹菊等搭配，应用到园林中，形成雅致的植物景观。荷花更是由于出淤泥而不染的高尚品格而被广泛应用。乾隆在避暑山庄松鹤斋院内遍植油松，饲养仙鹤，意在祝福其母亲如松鹤延年，长命百岁。

此外，在封建社会，园林植物也被分成不同等级。《朱子语类》中有"国朝殿庭，唯植槐楸"。以颐和园为例，东宫门内列植柏树，代表文武大臣。仁寿门内则对植油松、龙爪槐象征天子，仁寿殿两侧设国花台种植牡丹，松、柏、槐等作为殿侧和后面的背景起烘托作用。宜芸馆馆前对植梧桐2株，"梧桐栖凤"与皇后寝宫的功能相符。

1.4.2 传统园林植物景观配置的实践

(1) 建筑物旁的植物配置

建筑物旁的植物配置在体量和色彩等方面都要相协调统一。皇家宫殿建筑一般都体量庞大、色彩浓重、布局严整，多种植侧柏、桧柏、油松、白皮松等树体高大且长寿的常绿树种（图1-4）。避暑山庄淡泊敬诚殿前植42株油松，分7排6列，呈方阵形式种植，与肃穆庄严的皇家气派相协调。延薰山馆殿前则两侧对植丁香，显得清静优雅。烟雨楼东侧的青杨书屋前种植2株青杨，不仅贴近主题，其直立的树形还增添了动势。江南私家园林，灰瓦白墙，建筑色彩淡雅，且园林面积不大，一般选择梅、竹、梧桐、桂花、丁香、石榴、海棠、玉兰、紫薇、南天竹、牡丹、芍药、芭蕉等能体现诗情画意和文化内涵的植物（图1-5），进行精巧布置或画龙点睛式的点缀。岭南园林用炮仗花等藤本植物爬满建筑或园林小品，开花时繁花似锦，丰富了建筑的色彩（图1-6）。

(2) 山体植物配置

大型皇家园林在山体种植植物时参考了自然的植物景观，如清漪园万寿山上采取了以乡土常绿植物油松和侧柏为主，槲栎、元宝枫、栾树、楸树、山桃等落叶植物为辅的植物配置，侧柏耐旱耐贫瘠，位于山势比较陡峭的前山，油松则位于坡度较缓的后山。乾隆御制诗《翠籁亭》描写

图1-4　北京陶然亭公园清音阁旁的侧柏

图1-5　南京瞻园庭院一角的梅花和牡丹

图1-6　爬满商店屋顶的炮仗花

图1-7　南京瞻园四时有景的假山景观

图1-8　杜鹃花径

图1-9　荷塘景观

"一亭松槲间，槲凋松蔚翠。泠泠清籁动，松吟槲无事"，体现了华北地区松栎混交的植被景观。可见古典园林在模仿自然景观中体现出其生态的科学性，因而能传承千古。

传统园林的假山四季景观追求"春山淡冶而如笑，夏山苍翠而如滴，秋山明净而如妆，冬山惨淡而如睡"的诗情画意，以及"四面有山皆入画，一年无时不看花"的景观效果。如南京瞻园素以假山著称（图1-7），山前池畔、溪涧、石上多植铺地柏、南天竹、云南黄馨、杜鹃、木香、红枫、竹子、日本五针松等植物，既不遮挡视线，又可形成古木参天的山林气氛，且有四季色彩的对比与变化，其处理可谓妙矣。

(3) 道路植物配置

古典园林中园路旁的植物配置，或简单，起遮阴的作用，或精细，达到步移景异的效果，或适当变化，适于边走边看。园路较宽时，多选树冠高大、观赏性较强的乔木作为行道树，《圆明园道中寓日》"金线遮桥柳，浓阴夹道榆"，即指用柳树和榆树作行道树。小路较窄而弯曲时，常两侧密植竹类达到曲径通幽的效果，或路缘种植开花的灌木（图1-8），并以常绿乔木为背景，形成"松竹依然三曲径，柳桃改观六条桥"的景观效果。

(4) 水体植物配置

古典园林中水面应用最多的植物是荷花，成片种植时，达到"接天莲叶无穷碧，映日荷花别样红"的盛景，浅水处则栽有荇菜、芦苇、白芷、香蒲、泽兰等（图1-9）。水岸边植物应用最多的是柳树，扬州瘦西湖三十里河堤上，"两岸花柳全依水，一路楼台直到山"。还有桃花"山白桃花可唤梅，依依临水数枝开"。说明水边种植桃花有似梅花的效果。水岸边树体要形成树冠轮廓起伏变化的天际线，打破水体的平面感。植物种植要求满足生态需求，绦柳、垂柳、千屈菜等喜湿性植物可距离水体近，桃、李、杏、樱花等不耐涝的植物则离水面较远。

1.5　植物景观设计现状与发展趋势

1.5.1　植物景观设计现状

(1) 园林植物种类更为丰富多彩，但盲目引种及栽植的现象依然存在

现代园林设计在植物选择上不再拘泥于少数具有观赏寓意、诗情画意的植物，更加注重植物材料的多样性和植物景观的多样性。大量新品种和外来植物包括树木，各种草本植物，一、二年生草花，球根花卉，乡土地被植物，芳香植物等材料被引入园林中，创造了大量新奇的植物景观（图1-10、图1-11）。但不少园林单位在引种的过程中没有充分考虑当地的土壤、光照、温度、水分、海拔等立地条件，使得北方城市房地产开发项目中精心营造的"欧陆风情""热带风情"等植物景观在当地的长势日渐衰败。还有些单位不考虑北方地区干旱少雨、水资源紧缺的现状，大面积栽植草坪，增加养护管理成本，造成较大的水资源浪费。

(2) 植物造景手法更为多样，但地域文化特色不鲜明

传统园林重木本、轻草本的现象非常突出，这与当时人们的欣赏习惯有关。改革开放带来了许多西方思想，在植物景观配置上也有所体现。如现代园林中应用西方的花坛、花境、立体绿化及屋顶花园等造景手法，使植物景观更为多样，深受大众喜爱。但有些设计师懒于对当地的地形地貌、景观结构、水文特征、环境设施、历史文脉等进行深入调查与分析，盲目抄袭国内外已有的经典案例，使得植物景观呈现出单一、模式化的格局，丢失了其个性和文化内涵，千篇一律、毫无特色。我们应根据当今社会的发展形势和文化背景，在传统文化的基础上创造出新的、具有当代文化特色的植物景观，把时代所赋予的植物文化内涵与城市园林景观有机地结合起来，充分展示现代园林的植物文化特色。

图1-10　落英缤纷的'夕阳红'海棠

图1-11　郁金香专类园

（3）植物群落景观设计观念逐渐深入人心，但对其科学性研究不够深入

生态园林建设是恢复和重建城市居民生活环境的重要途径，而植物群落是生态园林的主体。因此模拟地带性植被组成的园林植物群落的构建，在很大程度上能够改善城市生态环境、提高居民生活质量，并能招蜂引蝶，为各种动物、鸟类提供隐身和栖息场所。目前设计师们在植物材料选择上已经开始参照地带性植被的组成特点，种植设计方案中的骨干树种选择地带性植被群落组成中的优势种和伴生种，基调树种选取地带性植被中的建群种，并根据植物区系的种间关系和地理因素进行植物配置。在植物景观结构上，在满足景观多样性的基础上，模拟地带性植被需要考虑其垂直结构、种类组成、年龄组成、季相组成和空间分布格局等。但对自然植物群落的生长规律和保护生物多样性研究还不够深入，如不同植物与动物及鸟类的觅食、筑巢、求偶等行为关系、不同植物与微生物的依存关系等尚缺乏系统、具体的研究。

1.5.2　植物景观设计发展趋势

（1）城市整体发展优先，以"文化建园"引领植物景观设计

现代城市发展与建设，是以保护生态环境为前提，利用先进科学技术与材料降低发展成本，增加城市的功能，完善配套设施建设，实现经济快速发展与环境的可持续发展。因此，园林植物景观设计必须基于城市的整体发展，将生态城市建设与现代城市发展相结合，对园林植物景观设计内容进行合理布局，突出现代化气息与生态特征，并以"文化建园"为指导思想，充分挖掘不同地域城市的山水文化、建筑文化、历史文化、地域特色文化、生态修复文化等，深入了解当地的植物资源、植物利用和栽培的历史，不断丰富园林植物景观建设过程中的文化属性，对城市所在地的植物景观进行合理保护或科学改建，使城市建设与自然环境和谐共生，永续发展，使人们在享受城市发展带来的幸福生活时可以不忘历史，

尊重自然。这样的园林植物景观作品才能体现地方风格，突出文化特色，让人记忆犹新，流连忘返。

（2）积极探索野花野草在园林绿地中的应用

园林建设中各城市大面积铺设单一草坪的现象曾经风靡一时，随着时间的推移和草坪管理养护中出现的突出问题，人们逐渐认识到这种做法不仅破坏原有生态环境，使城市的生物多样性日趋减少，而且持续消耗地下水，还需大量使用除草剂和化肥，对土壤和地下水造成不可逆转的污染。而城市里的野花野草如地黄、点地梅、附地菜、紫花地丁、二月蓝、蒲公英、小野菊、通泉草、野草莓等生命力旺盛，在石缝里、砖头下、墙角边这样恶劣的条件下可顽强地存活，它们抗旱、抗寒、耐贫瘠、抗病虫害，而且可以迅速覆盖地面，其吸纳雨水、防尘、防涝、保持水土、增加城市生物多样性的能力远在草坪之上，具有较高的景观价值和生态意义。而且野花种植简单方便、成本低、收效快、美化时间长、需水量少、管理省工，有些种类可以自播繁殖，是草坪草很好的替代品。因此野花野草不仅可以形成特色的园林地被植物景观，而且可以突出城市个性和魅力，具有广阔的发展前景，极有可能成为一个较重要的造景手段。

（3）注重植物景观的公众参与性

根据现代心理学研究与园林设计理念，互动的方式在休闲娱乐中能为人们带来更多的乐趣，激发参与者的热情，因此"互动式"景观设计是现代城市园林景观规划与设计的方向之一。园林植物景观建造在满足观赏性的同时也应增加群众参与性，如将树木进行拉枝处理，枝条相连，整形修剪成凉亭状，人们可以在树下乘凉、休息（图1-12）。又如在园中开展主题和内容多样的文化活动，像梅花节、牡丹花会、海棠文化节、紫荆花节等来满足群众亲近自然、感受文化的身心需求，以此扩展延伸园林植物文化内涵。再如借助古树名木的挂牌识别活动，宣传植物相关知识及其文化内涵，也可充分利用说明牌、电子触摸显示屏、印刷资料和书籍等举办科普展览和讲座，宣传园林植物本身的科学价值、养护繁殖知识及

图1-12 凉亭状树木景观

植物与人的关系等。另外，在某些公园的特殊区域，可以开展花草树木的领养活动，让群众自己动手参与播种、扦插、浇水等种养活动，使人们在园艺劳动中体味田园乐趣，启发大家爱护花草树木的情感。

(4) 加强学科交叉融合，拓宽植物群落研究内容

在生态城市建设的大背景下，但未来的植物景观设计不仅仅需要将美学、植物学、植物生理学、土壤学、生态学等学科知识综合起来，还需要借助鸟类、昆虫行为学、微生物学、人类心理学等学科的研究方法和内容，进一步拓宽植物群落的研究内容，如鸟与环境空间联系的媒介是植物，鸟对栖息地的选择是以植被类型为基础的，尤其在鸟类繁殖期内植物挂果、花蜜数量和害虫数量是影响鸟类数量和种类的首要因素；植被群落的空间结构和种类多样性是影响鸟类巢址安全的重要因子，巢址周围的盖度、高度和视野开阔度也都会影响鸟类的选择；细枝明显、叶色较深、接近羽色且盖度高的树种常有利于鸟类停歇。另外，土壤微生物是陆地生态系统养分转化和循环的主要驱动者，对土壤改良起重要作用，植物通过对土壤营养输入、内生菌、根际微生物等影响土壤微生物群落。微生物群落可以通过分解凋落物、调控土壤的营养来影响地上植物的生长。两者相互影响、相互改变，共同驱动各自群落结构的改变。因此，了解它们与植物群落之间的耦合

关系，才能真正创造出赏心悦目、蜂蝶纷飞、鸟语花香、城市与自然共生的园林景观。

1.6 园林植物景观设计课程内容与要求

"园林植物景观设计"是研究园林植物配置理论与实践方法的一门应用型课程，内容涉及生物、生态、文学、美学、艺术、社会等众多领域。为了更好地了解和掌握园林植物景观设计的理论和方法，应该掌握植物学、园林树木学、花卉学、景观生态学等相关知识。在熟悉园林植物的种类、生态习性、观赏特性的前提下，掌握园林植物景观设计的基本原则、布局及技法，根据不同的空间类型、场地性质合理规划种植设计方案，并绘制空间合理、景观适宜的各类种植类型图，如树丛、树群、疏林草地等。

"园林植物景观设计"课程的主要内容包括绪论、园林植物景观要素、园林植物景观与环境、园林植物景观设计原理与方法、各类形式园林植物景观设计、建筑与园林植物景观设计、道路园林植物景观设计、水体园林植物景观设计、地形与园林植物景观设计、专类园林植物景观设计。具体可以概括为：

① 在了解园林植物景观概念的基础上，总结园林植物景观的功能。回顾国外及中国古典园林植物景观设计发展简史，探讨现代园林植物景观设计的发展趋势与发展途径。

② 从园林植物景观构成的艺术要素和物质要素出发，阐述园林植物景观的表现形式，总结园林植物景观要素的处理原则与处理方法。

③ 分析影响园林植物生长的光照、温度、水分、空气、土壤等生态因子，提出园林植物景观的养护和管理方法。

④ 根据园林植物景观设计应该遵循的一般原理与原则，结合实例阐述园林植物景观设计的程序和设计手法。

⑤ 根据园林植物景观设计的基本表现形式，总结花坛、花境、造型植物、容器植物等景观设

计理论与方法。

⑥ 围绕建筑在园林植物景观设计中的地位和作用，阐明建筑基础、屋顶花园、建筑室内、建筑小品与植物景观结合的方式、方法。

⑦ 根据道路在园林植物景观设计中所起的不同作用，探索城市主干道、步行街、游步道、高速公路等植物景观设计。

⑧ 根据园林水体的不同性质、用途、形状等探讨河流、湖泊、喷泉等与植物搭配的方式和方法，掌握水面、水缘及驳岸植物配置的原则及植物材料的选取。

⑨ 根据园林绿地中不同的地形地势特点，提出平地、坡地、低洼地植物景观设计方法。

⑩ 结合实际案例，阐述植物园、农业观光园、专类展览园等专类园园林植物景观设计方法。

"园林植物景观设计"是一门综合性技术性很强的课程，掌握园林植物景观设计的原理和各种应用形式，对园林事业的发展具有举足轻重的促进作用和实践价值。在学习的过程中除了借鉴古今中外植物种植的传统理论、优秀技法并加以创新、发扬外，还必须走进大自然，汲取自然的精华，开阔思路，多想、多记、多思考，用理论来指导实践，在实践中拓展所学。

小结

园林植物是城市生态环境的主体，只有了解植物的生态习性，根据实际情况合理地配置植物，才能更好地发挥其绿化、美化功能，改善我们的生存环境。由于园林植物本身就有独特的色彩、姿态和风韵之美，常常通过孤植、群植等方式来创造观赏景点；在很多情况下，还用来衬托建筑和园林小品的主体地位；通过不同树形的植物材料可以围合成开敞、半开敞乃至封闭的园林空间，满足不同人群的心理需要。园林植物又是一种文化符号，在特定的地域常常反映了人们的理想和希望。在中国古典园林里，植物材料常常与诗词、歌赋、楹联等结合，使得植物配置更具文化内涵。

对国内外古典园林植物景观史的回顾，有利于我们更好地继承和发扬古典园林的优良传统。随着各国经济的发展、政治的变革、各种艺术运动、思潮的蓬勃发展，现代景观设计的理论和实践走向成熟，并呈现出多元化的发展趋势。中国古典园林是世界园林体系中的一个重要分支，它具有鲜明的东方特色，崇尚不经人工修饰的自然之美，它以模拟自然、反映自然作为建园的指导思想，以"虽由人作，宛自天开"作为园林的最高境界。在历史的发展中，中国古典园林逐步形成了皇家园林、私家园林和寺观园林3种风格类型，在植物配置上，讲究植物个体姿态、色彩、芳香的表现，更注重诗情画意的结合，形成具有丰富意境及内涵的园林景观。在当前时代背景下如何继承和发扬中国古典园林植物景观设计的优良传统，是值得我们深思的重要问题。

思考题

1. 园林植物的生态功能有哪些?

2. 分析传统园林植物景观配置的审美与实践。

3. 在现代园林景观设计中，如何继承并发扬中国古典园林植物景观设计的优良传统?

推荐阅读书目

中国古代园林史.刘晓明.中国林业出版社,2017.

园林规划设计（第2版）.胡长龙.中国农业出版社,2002.

外国造园艺术.陈志华.河南科学技术出版社,2001.

西方现代景观设计的理论与实践.王向荣,林箐.中国建筑工业出版社,2002.

第2章

园林植物景观要素

园林植物对园林美的贡献，一般认为主要是向游人呈现出视觉的美感，其次是嗅觉和听觉。有人认为东方比较注重嗅觉的美感，喜爱传统的花卉，大部分是香花植物，如兰花、白玉兰、茉莉、梅花等。艺术心理学研究表明，视觉最容易引起美感，而眼睛最敏感的是色彩，其次才是体型和线条……千百年来，园林植物的栽培与选育者一直围绕着人们这些不同的喜好或嗜好而前行。

2.1 园林植物景观构成要素

2.1.1 植物景观的艺术要素

园林植物的观赏特性对环境的总体布局有重要影响，如视觉效果和情感效果，也影响景观的多样性和统一性。植物的形态、色彩、质地、香味、音韵等，是使用植物素材时要考虑的重要因素。设计时要综合考虑影响植物观赏特性的各种因素，使其相互结合、互为补充，以增强植物景观的整体效果。

2.1.1.1 形态

植物的形态最基本的是其整株的外形，也就是树形。此外，叶形、花形、干形、果形、刺毛以及根的形态，在不同的园林空间中都能起到一定的造景作用。

1) 树形

树形由树冠及树干组成，树冠由一部分主干、主枝、侧枝、叶幕组成。不同树种的树形主要由

遗传因素决定，也受外界环境因子的影响，一般所谓某种树有什么样的树形，是指在正常的生长环境下其成年树的外貌。但在园林应用中，整形修剪等人工养护管理措施更能起决定性作用。

(1) 园林植物的基本树形

将针叶类、阔叶类的树形分述如下：

① 针叶树类

乔木类　圆柱形（如杜松、塔柏等），尖塔形（如雪松、冷杉、南洋杉等），圆锥形（如圆柏幼树、水杉），广卵形（如圆柏老树、侧柏老树等），卵圆形（如球柏），盘伞形（如老年期油松等），苍虬形（如老年期侧柏）。

灌木类　密球形（如万峰桧），倒卵形（如千头柏等），丛生形（如翠柏等），偃卧形（如鹿角桧等），匍匐形（如铺地柏、砂地柏等）。

② 阔叶树类

乔木类　圆柱形（如钻天杨、新疆杨等），笔形（如塔杨等），圆锥形（如毛白杨、七叶树等），卵圆形（如悬铃木、白桦、泡桐、广玉兰、樟树、深山含笑等），棕榈形（如棕榈、椰子等），倒卵形（如刺槐等），球形（如五角枫、臭椿等），扁球形（如栗、构树等），钟形（如欧洲山毛榉等），倒钟形（如刺槐等），馒头形（如馒头柳、元宝枫、槐、栾树等），伞形（如合欢、蓝花楹、凤凰木等），风致形（由于自然环境因子的影响而形成的各种富于艺术风格的形体，如高山山脊多风处成旗形树及黄山迎客松等）。

灌木及丛木类　圆球形（如黄刺玫、小叶黄杨等），扁球形（如榆叶梅等），半球形（如金缕

梅等），丛生形（如玫瑰、红瑞木、棣棠等），拱枝形（如连翘、金钟花、迎春等），悬崖形（如生于高山岩石隙中的火棘等），匍匐形（如平枝枸子、地锦等）。

藤木类（攀缘类）　如紫藤、凌霄、金银花、葡萄、猕猴桃等。

其他类型　垂枝形（如垂柳、垂枝榆等），龙枝形（如龙爪槐、龙爪柳等）。

各种树形的美化效果并非机械不变的，它常依配置方式及周围景物的影响而有不同程度的变化。总的来说，对于乔木，凡具有尖塔状及圆锥状树形者，多有严肃端庄的效果；具有柱状狭窄树冠者，多有高耸静谧的效果；具有钟形树冠者，多有雄伟的效果；而一些垂枝类型，常形成优雅、和谐的气氛。对于灌木、丛木，成团簇丛生的，多有朴素、浑实之感，最宜用在树木群丛的外缘，或装点草坪、路缘及屋基。呈拱形及悬崖状的，多有潇洒的姿态，宜作点景用，或在自然山石旁适当配置。一些匍匐生长的，常形成平面或坡面的绿色被覆物，宜作地被植物。此外，还有许多种类可供岩石园配置用。至于各式各样的风致形，因其别具风格，常有特定的情趣，巧妙应用可充分发挥其特殊的造景作用。

(2) 树形在园林植物景观设计中的作用

树形是植物造景的基本因素之一，在园林植物的构图和布局上主要影响着立面构图及空间的高度。

① 调和统一性和多样性　若树形姿态变化小，则容易与周围景物取得统一的效果，但缺乏多样变化；若树形姿态变化多，则多样性有余，但统一性不足，会使立面构图显得凌乱。如为了突出广场中心喷泉的高耸效果，可在其周围种植低矮浑圆形的乔灌木。

② 增加或减弱地形起伏　为了增加小地形的起伏，可在小土丘的上方种植长尖形的树种，在山基栽植矮小、扁圆形或匍匐形的植物，或不种植植物（图2-1）；如果要减弱小地形的起伏感，则需要在山基栽植植物，借此来弥补地形的变化（图2-2）。

③ 产生艺术组景效果　在水池边沿岸种植匍地形的细叶麦冬、扁圆形杜鹃花与伞形的红枫及圆球形的红花檵木，在姿态上相辅相成，色彩上又有红绿的对比，极具节奏感（图2-3）。

④ 可作为视觉中心、转角强调的标志　特殊树形的植物宜孤植，如在庭前、草坪、广场的孤植树，就成为庭园和园林布局的中心景物。

(3) 树形在植物景观设计的应用

常用的园林植物外形大体分为四大类型：垂直向上类、水平展开类、无方向类以及特殊树形。

① 垂直向上类　一般而言，上下两个方向尺度长的植物为垂直向上类植物，具有圆柱形、笔形、尖塔形、圆锥形等树形的植物有显著的垂直

图2-1　山基不栽植物以增加地形起伏

图2-2　山基配置植物以减弱地形起伏

图2-3　岸边植物对比鲜明，节奏感强

图2-4　群植水杉具有强烈向上感

图2-5　铺地柏与乔木形成平面与立面对比

向上性。这类植物具有高洁、权威、庄严、肃穆、向上、崇高和伟大等表现作用。它的另一面是傲慢、孤独和寂寞之感。常绿针叶类乔木多具有垂直向上性。

此类植物通过引导视线向上的方式，突出了空间的垂直面，能为一个植物群和空间提供垂直感和高度感。如果大量使用该类植物，其所在的植物群体和空间会给人一种超过实际高度的感觉。垂直向上类的植物宜用于严肃静谧气氛的陵园、墓地、教堂，这类植物有一种强烈地向上升的动势（图2-4），人们能从它那富有动势的向上升腾的形象中充分体验到对冥国死者哀悼的情感或者对宗教信仰的坚定不移。

常见的具有强烈的垂直方向性的植物及品种有：圆柏、铅笔柏、钻天杨、新疆杨、水杉、落羽杉、雪松、西府海棠等。

② 水平展开类　前后、左右方向尺度比上下尺度长的为水平方向植物。这类植物有表现平静、平和、永久、舒展等作用，也可表现疲劳、死亡、空旷和荒凉等。偃卧形、匍匐形等姿态的植物有显著的水平方向性。

当一组长度明显大于高度的植物组合在一起时，植物本身特有的垂直方向性消失，而具有了水平方向性，绿篱就是一个典型的例子。水平方向感强的展开类植物可以增加景观的宽广感，使构图产生一种宽阔和延伸的意象。展开形植物还

会引导视线沿水平方向移动。该类植物重复地灵活运用，效果更佳。在构图中，展开类植物与垂直类植物或具有较强的垂直习性的植物配置在一起，有强烈的对比效果。铺地柏与乔木搭配，姿态上形成鲜明的对比，且高大的乔木给人一种紧张感，而铺地生长的铺地柏则使人放松，一收一放，从而成为视觉中心（图2-5）。

常见的具有强烈水平方向性的植物种类有：砂地柏、铺地柏、平枝栒子等。

③ 无方向类　各方向尺度大体相等，没有显著差别的为无方向植物。如树形为卵形、广卵形、倒卵形、钟形、倒钟形、球形、扁球形、半球形、馒头形、伞形、丛生形、拱枝形的植物都可归为此类。球形类为典型的无方向类植物。此类植物在园林中的种类最多，应用也最广泛。由于该类植物在引导视线方面无明显的方向性，在构图中使用一般不会破坏设计的统一性，其柔和平静的特征可以调和其他外形较强烈的形体（图2-6）。

圆球类具有内聚性，同时又由于等距放射，与周围的任何姿态都能很好地协调。园林植物中天然具有球形姿态的较少见，常见的是修剪为球形的植物。例如，锦熟黄杨、大叶黄杨球、枸骨球等。馒头形的馒头柳、千头椿等也具有部分球形植物的性质。圆球类植物有浑厚、朴实之感，这类植物配以缓和的地形能产生安静的气氛。

④ 特殊树形类　这类植物树形奇特，或枝条

图2-6　各种圆球形植物装点牡丹亭

图2-7　垂柳植于水岸，动静相宜

下垂、或扭曲多姿。悬崖形和风致形便是特殊形植物的代表。

垂枝类植物具有明显的悬垂或下弯的枝条，与垂直向上类植物相反，如垂柳、绦柳、垂枝碧桃等，也包括枝条向下弯曲的植物，如龙爪槐、迎春、连翘等。垂枝形植物能起到将视线引向地面的作用，宜配植于岸边，临水拂照（图2-7）；也可以在引导视线向上的植物之后，种植垂枝植物，上下呼应；垂枝植物亦可用于垂直绿化，为更好地表现垂枝植物的姿态，可将该类植物种植在地面的高处，植物越过高墙后垂下可使悬空倾斜的效果增强。

其他特殊树形的植物，有的多瘤节、有的姿态虬曲、有的盘旋缠绕，其形状千姿百态，一般说来，最好作为孤植树，在局部园林空间内配置一株，既能起到点景的作用，又能避免杂乱无章。

(4) 树形应用注意要点

①不同树形的植物给人的重量感是不同的　规则形状的重力比那些不规则形状的重力大一些，比如修剪成规则形状的植物，在感觉上就重些，而没有经过修剪的、自然生长的植物给人的感觉就轻些。当景观以植物姿态为观赏焦点时，注意把握人对不同姿态的植物的重量感受，把感觉较"重"的植物放在构图的重心位置。

②注意单株与群体的关系　当植物是以群体出现时，单株的形象便消失，它自身的造型能力

受到削弱。在此情况下，整个群体植物的外观便成了重要的方面。例如，地被植物就是同一姿态的植物以群体出现，个体的姿态消失了，此时该考虑的是整体的姿态。若要表现单体植物的姿态或树形，应避免同类植物或同姿态植物的群植。

③植物的形态并不是一成不变的　落叶植物的形态会随着四季更替而发生变化；有些植物在不同的生长发育时期姿态也有所不同，如油松越老姿态越奇特，老年油松姿态"亭亭如华盖"。

2) 叶形

园林植物的叶片形态各异，尤其形状奇异的叶片，更具观赏价值。从观赏特性的角度来看，一般将叶形分为以下几种基本形态。

①单叶

针形类　包括针形叶及凿形叶，如油松、雪松、柳杉等；

条形类（线性叶类）　如冷杉、紫杉、三尖杉等（图2-8）；

披针形类　包括披针形如柳、杉、夹竹桃等，以及倒披针形如黄瑞香、鹰爪花等；

椭圆形类　如金丝桃、天竺桂、柿以及长椭圆形的芭蕉等；

卵形类　包括卵形及倒卵形叶，如女贞、玉兰、紫楠等；

圆形类　包括圆形及心形叶，如泡桐、丁香、紫荆等；

掌状类　如五角枫、刺楸、梧桐等；

三角形类　包括三角形及菱形，如乌桕等；

奇异形类　包括各种引人注目的形状，如鹅掌楸的马褂形叶（图2-9）、羊蹄甲的羊蹄形叶以及银杏的折扇形叶等。

②复叶

羽状复叶　包括奇数羽状复叶、偶数羽状复叶，以及二回或三回羽状复叶，如刺槐、锦鸡儿、合欢、竹叶椒等（图2-10）；

掌状复叶　小叶排列成指掌形，如七叶树等；也有呈二回羽状复叶者，如铁线莲等。

叶片除基本形状外，又由于叶边缘的锯齿形状以及缺刻的变化而更加丰富。一般叶形给人的印象并不深刻，然而奇特的叶形或特大的叶形往往容易引起人们的注意。如棕榈、蒲葵、龟背竹等的叶片均有热带情调；大型的掌状叶如青桐、悬铃木给人以朴素的感觉；但产于温带的鸡爪槭、合欢和产于亚热带及热带的凤凰木，其纤细的叶片则会产生轻盈秀丽的效果。

3) 花形

园林植物的花朵，形态各异、美丽多姿。单朵的花又常排聚成大小不同、式样各异的花序。花序可形成很强的美感，有些植物种类的花朵很小，但排成庞大的花序后结果反而比大花的种类还要美观。如小花溲疏的花虽小，其花序观赏价值与大花溲疏可相比拟。这些复杂的变化赋予园林植物不同的观赏效果。而由于花器官及其附属物的变化又形成了许多欣赏上的奇趣。如金丝桃花朵上的金黄色小蕊，长长地伸出花冠之外；锦葵科的拱手花篮，朵朵红花垂于枝叶间；带有白色巨苞的珙桐花，宛若群鸽栖于枝梢。

花的观赏效果，不仅由花朵或花序本身的形貌、色彩、香气而定，还与其在植株上的分布、叶簇的陪衬关系以及着花枝条的生长习性密切有关。花或花序着生在树冠上的整体表现形貌称为"花相"。园林植物的花相，从植物开花时有无叶簇的存在而言，可分为两种形式，一为"纯式"；一为"衬式"。前者指在开花时叶片尚未展开，全树只见花不见叶，故称之为纯式；后者则在展叶后开花，全株花叶相衬，故称之为衬式。现将树木的不同花相分述如下：

① 独生花相　此类较少，形较奇特，如苏铁类（图2-11）。

② 线条花相　花排列于小枝上，形成长形的花枝。由于枝条生长习性之不同，有呈拱状花枝的，有呈直立剑状的，或略短曲如尾状的等。简而言之，本类花相大抵枝条较稀，枝条个性较突出，枝上的花朵或花序的排列也较稀。呈纯式线条花相者有连翘、金钟花等；成衬式线条花相者有珍珠绣球、三桠绣球等。金钟花先花后叶，鲜亮的黄花紧密排列在线形的枝条上，形成标准的纯式线条花相（图2-12）。

③ 星散花相　花朵或花序数量较少，且散布于树冠各部。衬式星散花相的外貌是在绿色的树冠底色上，零星散布着一些花朵，有丽而不艳、秀而不媚之效。如珍珠梅、鹅掌楸、白兰等

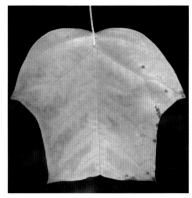

图2-8　三尖杉的披针状条形单叶　　图2-9　鹅掌楸的奇异形单叶　　图2-10　竹叶椒的奇数羽状复叶

图2-11 苏铁雌花的独生花相　　图2-12 金钟花线条花相　　图2-13 鹅掌楸星散花相　　图2-14 绣球团簇花相

（图2-13）。纯式星散花相种类较多，花较少而分布稀疏，花感不强，但亦疏落有致。若其后植有绿树背景，则可形成与衬式花相相似的观赏效果。

④团簇花相　花朵或花序形大而多，就全树而言花感较强烈，但每朵或每个花序的花簇仍能充分表现其特色。呈纯式团簇花相的有玉兰、木兰等，绣球则是典型衬式团簇花相（图2-14）。

⑤覆被花相　花或花序着生于树冠的表层，形成覆伞状。属于本花相的树种：纯式有泡桐、绒叶泡桐等；衬式有广玉兰、七叶树、栾树等（图2-15）。

⑥密满花相　花或花序密生全树各小枝上，使树冠形成一个整体的大花团，花感最为强烈。纯式如碧桃、榆叶梅、毛樱桃等（图2-16）；衬式如火棘等。

⑦干生花相　花着生于茎干上。种类不多，一般产于热带湿润地区。例如，槟榔、枣椰、鱼尾葵、可可等。在华中、华北地区的紫荆，也能于较粗老的茎干上开花，但难与典型的干生花相相比拟（图2-17）。

此外，就花的观赏特性言之，开花季节、开放时期的长短以及开放期内花色的转变等，均有不同的观赏意义。

4) 干形

树木干皮的形态也很有观赏价值。以树皮的外形而言，可分为如下几个类型：①光滑树皮：表面平滑无裂，如胡桃幼树、柠檬桉、梧桐等（图2-18）。许多树木青年期的树皮大都比较光滑。②横纹树皮：表面呈浅而细的横纹状，如山桃、桃、樱花等。③片裂树皮：表面呈不规则的片状剥落，如白皮松、悬铃木、木瓜、榔榆等（图2-19）。④丝裂树皮：表面呈纵而薄的丝状脱落，如青年期的柏类。⑤纵裂树皮：表面呈不规则的纵条状或近于人字状的浅裂，如马缨花、

图2-15 七叶树覆被花相　　图2-16 碧桃密满花相　　图2-17 紫荆干生花相

图2-18 梧桐的平滑树皮

图2-19 木瓜的斑驳树皮

图2-20 银杏的纵裂树皮

银杏等（图 2-20）。多数树种均属于本类。⑥纵沟树皮：表面纵裂较深，呈纵条或近于人字状的深沟，如老年的胡桃、板栗等（图 2-21）。⑦长方裂纹树皮：表面呈长方形的裂纹，如柿树、君迁子等（图 2-22）。⑧粗糙树皮：表面既不光滑，又无较深沟纹，而是呈不规则脱落粗糙状，如云杉、油杉等。⑨疣突树皮：表面有不规则的疣突，暖热地方的老龄树木可见到这种情况。⑩鳞片状树皮：表面似鱼鳞状，如油松、云南松等。

5) 果形

植物的果实具有很高的经济价值，观赏价值也备受关注。一般园林植物果实的形态以奇、巨、丰为优。所谓"奇"指的是形状奇异有趣。如铜钱树的果实形似铜币；象耳豆的荚果弯曲，两端浑圆而相接，犹如象耳；腊肠树的果实很像香肠；秤锤树的果实如秤锤一样（图 2-23）；紫珠的果实宛若许多晶莹剔透的紫色小珍珠；其他各种像气

球的、像元宝的、像串铃的，其大如斗的、其小如豆的等，不一而足（图 2-24 至图 2-26）。有些种类，不仅果实可赏，而且种子还美，富于诗意，如王维"红豆生南国，春来发几枝。愿君多采撷，此物最相思"诗中的红豆树等。所谓"巨"乃指单体的果形较大，如柚；或果虽小但果穗较大，如接骨木，均有"引人注目"之效。所谓"丰"是就全树而言，无论单果或果穗，均有一定的丰盛数量，才能发挥到好的观赏效果。

在城市园林中，对于果类植物应用最多的是观赏果树。观赏果树指树木花、叶，特别是果具有较高的观赏价值和食用价值，既能提供良好的生态效益又能产生较好的经济价值的一类树木。观赏果树一般应具有树体高大、观赏期长、观赏部位多、观赏效果好、适应范围广、抗逆性强、养护成本低、赏食俱佳等一个或多个方面的优良性状。主要有桃、石榴、枇杷、柿树、山楂、紫

图2-21 胡桃的纵沟状树皮

图2-22 柿树的长方裂纹树皮

图2-23 秤锤树的果实

图2-24 栾树的果实

图2-25 形状奇异的乳茄

图2-26 银杏的果实

叶李、西府海棠、樱桃、木瓜、无花果、苹果、金橘、葡萄等。观赏果树主要用于公园、游园、居住区及观光农业园的绿化、美化中，在公园中群植可形成果树林或专类观果园，如桃园、荔枝园等。拙政园中的"园中之园"枇杷园，园中遍植枇杷，夏初累累硕果缀满枝头，构成了"摘尽枇杷一树金"的意境。

6) 根形

树木裸露的根部也有一定的观赏价值，在盆景的制作及园林美化中得以运用。一般言之，树木达老年期以后，均可或多或少地表现出露根美。如松、榆、朴、梅、楸、榕、蜡梅、山茶、银杏、鼠李、广玉兰、落叶松等。在一些特殊的地区，尤其是华南，有些树的根系发生变态，形成极具价值的独特景观，栽植应用的这类植物较多。

① **板根** 是热带雨林中常见的现象。雨林中的一些巨树，通常在树干基部延伸出一些翼状结构，像板墙一样，即为板根。如西双版纳热带雨林中的刺桐等。

② **膝根** 有些在沼泽地生长的植物为保证根部正常呼吸，一些根会向上生长，伸出土层，暴露在空气中，形成屈膝状突起，即为膝根。如广东沿海一带的红树及生长于水边湿地的落羽杉、水松、池杉等（图2-27）。

③ **气生根** 如榕树"独木成林"的奇特景观（图2-28）。在榕树粗大的树干上，会长出一条垂直向下的气生根，入地成为支柱托着主干枝，干枝上又长出很多分叉，使树冠不断向四面扩展，占据较大的空间。

④ **支柱根** 一些浅根系的植物，可从茎上长出许多不定根，伸向土中，形成支撑植物体的辅助根系，称为支柱根。

7) 刺毛

很多植物的刺、毛等附属物，也有一定的观赏价值。如楤木属多被刺与茸毛；红毛悬钩子小枝密生红褐色刚毛，并疏生皮刺；红泡刺藤茎紫红色，密被粉霜，并散生钩状皮刺；峨眉蔷薇小枝密被红褐色刺毛，紫红色皮刺基部常膨大，其变形翅刺——峨眉蔷薇皮刺极宽扁，常近于相连

图2-27 落羽杉的膝根

图2-28　榕树的气生根

图2-29　明暗、深浅不同的绿色叶搭配效果

而呈翅状，幼时深红，半透明，尤为可观。

2.1.1.2　色彩

园林中的色彩主要来自植物，以叶片绿色为基调，配以色彩艳丽的花、果、枝干等构成了五彩缤纷的园林植物景观。早春鲜花争艳，仲夏叶绿荫浓，深秋丹枫秋菊，寒冬苍松红梅，展现的是一幅幅色彩绚丽多变的四季画面，给常年不变的山石、建筑赋予生机。

1) 叶色

叶的色彩是植株色彩中最基本的元素，因为植物95%的外表都被叶片所覆盖。叶片的颜色有极大的观赏价值，根据叶色的特点可分为以下几类。

① 绿色类　大多数植物的叶色为绿色，但通常又有深浅、明暗的差异。根据绿色的深浅不同有浅绿、嫩绿、黄绿、鲜绿、浓绿、褐绿、蓝绿、墨绿、亮绿、暗绿等差别。将不同绿色的树木搭配在一起会形成不同的效果（图2-29），如在暗绿色针叶树丛前配置黄绿色树，会产生满树黄花的视觉效果。

叶色呈深浓绿色　圆柏、侧柏、雪松、云杉、青杆、山茶、女贞、桂花、槐、毛白杨、构树等。

叶色呈浅绿色　七叶树、鹅掌楸、玉兰、水杉、落羽松、金钱松等。

在树木的生长过程中，叶色的深浅、浓淡容易受环境及本身营养状况的影响而发生变化。

② 春色叶类及新叶有色类　许多植物在春季展叶时呈现黄绿或嫩红、嫩紫等娇嫩的色彩，在明媚春光的映照下格外美丽。这种春季新发的嫩叶有显著不同叶色的，称为"春色叶树"，如臭椿、五角枫、山麻杆的新叶呈红色（图2-30），黄连木的新叶呈紫红色等；在南方气候温暖的地区，常绿植物的新叶初展时，或红或黄的新叶覆冠，犹如花开枝头，如樟树、石楠、桂花等，这一类统称为"新叶有色类"。这类植物如种植在浅灰色建筑物或浓绿色树丛前，能产生类似开花的观赏效果。

③ 秋色叶类　秋色叶植物一直是园林中表现时序景观最主要的素材。凡在秋季叶子颜色能有显著变化的树种，均称为"秋色叶树"。

秋叶呈红色或紫红色　枫香、火炬树、乌桕、黄连木、漆树、盐肤木、鸡爪槭、黄栌、茶条槭、糖槭、小檗、樱花、野漆、花楸、红槲栎、南天竹、卫矛、山楂、地锦、五叶地锦等（图2-31）。

秋叶呈黄或黄褐色　银杏、白蜡、无患子、

图2-30　山麻杆新叶鲜红

图2-31　鸡爪槭秋色

图2-32　银杏秋色

鹅掌楸、悬铃木、梧桐、加拿大杨、柳、榆、槐、白桦、复叶槭、栾树、麻栎、栓皮栎、胡桃、水杉、落羽杉、金钱松、石榴等（图2-32）。

观赏秋色早为各国人民所推崇。例如，在我国北方深秋观赏黄栌红叶，而南方则以枫香、乌桕的红叶著称。欧美以红槲、桦类等最为夺目，日本以槭树最为普遍。

④　常色叶类　有些园林植物叶色终年为一色，可用于图案造型和营造稳定的园林景观。

叶色常年呈红色　如红枫、红桑、美国红栌、小叶红等。

叶色常年呈紫色　如紫叶李、紫叶小檗、紫叶桃、紫叶矮樱、紫叶欧洲槲等。

叶色常年呈金黄色　如金叶女贞、金叶小檗、金叶鸡爪槭、金叶雪松、金叶圆柏等。

⑤　斑色叶类　斑色叶植物是指叶片上具有斑点或条纹，或叶缘呈现异色镶边的植物。如金边黄杨、洒金东瀛珊瑚、金边瑞香、金边女贞、洒金柏、变叶木、金边胡颓子、银边吊兰等（图2-33）。

⑥　双色叶类　某些树种叶背与叶表面的颜色显著不同，在微风中就形成特殊的闪烁变化效果，这类树种特称为"双色叶树"。如银白杨、栓皮

图2-33　变叶木的斑色叶

图2-34　色叶植物模纹图案

栎、胡颓子、青紫木、红背桂、银桦等的叶片。

色叶树种在园林绿地中可丛植、群植，充分体现群体观赏效果。一些矮灌木在观赏性的草坪花坛中作图案式种植，色彩对比鲜明，装饰效果极强（图2-34）。春色叶树种和秋色叶树种的季相变化非常明显，通过色彩的交替变化，产生较强的季节韵律。如由石楠、金叶女贞、鸡爪槭和罗汉松等配置而成的树丛随着季节变化可发生色彩的韵律变化，春季石楠嫩叶紫红，夏季金叶女贞叶丛金黄，秋季鸡爪槭红叶如醉，冬季罗汉松叶色苍翠。

2）花色

植物的花色在园林中应用广泛，尤其是草本花卉，无论是花坛、花境，还是花台、花钵等从平面到立体，均以色彩艳丽的花色渲染环境气氛。根据花色大致将植物分类如下：

① 红色系花　如一串红、鸡冠花、福禄考、虞美人、红花酢浆草、毛刺槐、合欢、木棉、凤凰木、刺桐、象牙红、海棠、桃、杏、梅、樱花、石榴、紫薇、榆叶梅、紫荆、蔷薇、玫瑰、月季、贴梗海棠、牡丹、山茶、杜鹃花、锦带花、红花夹竹桃、粉花绣线菊、扶桑等的花（图2-35）。

② 黄色系花　如小苍兰、春黄菊、金盏菊、万寿菊、金鸡菊、蒲公英、迎春、迎夏、连翘、金钟花、黄木香、桂花、黄刺玫、黄蔷薇、棣棠、黄瑞香、黄牡丹、黄杜鹃花、金丝桃、黄花夹竹桃、小檗、金花茶等的花（图2-36）。

③ 蓝紫色系花　如桔梗、紫菀、葡萄风信子、薰衣草、二月蓝、紫花地丁、泡桐、紫藤、紫丁香、油麻藤、蓝花楹、木槿、八仙花、荆条、醉鱼草、假连翘等的花（图2-37）。

④ 白色系花　百合、香雪球、霞草、玉簪、铃兰、刺槐、梨、广玉兰、玉兰、白兰、女贞、白碧桃、山楂、白丁香、茉莉、白牡丹、白茶

图2-35　红色系花（鸡冠花、一串红、矮牵牛、碧桃）

花、溲疏、山梅花、荚蒾、枸橘、甜橙、珍珠梅、栀子花、白蔷薇、白月季、白杜鹃花、绣线菊、银薇、白木槿、白花夹竹桃、络石等（图2-38）。

3）果色

"一点黄金铸秋橘"，苏轼把秋橘的果实描述得如同黄金般美好。果实累累、色彩艳丽正是秋季景观的一个写照。一般果实的色彩有以下

图2-36　黄色系花（金盏菊、萱草、棣棠、金鸡菊、郁金香、三色堇）

图2-37　蓝紫色系花（矢车菊、蓝亚麻、葡萄风信子、八仙花、鸢尾、紫堇）

图2-38 白色系花（茉莉、白晶菊、广玉兰、鸢尾、白花夹竹桃、木绣球）

图2-39 红色果实（法国冬青、火棘、朱砂根）

几类：

① 红色 如柿、石榴、海棠果、山楂、樱桃、法国冬青、金银木、枸骨、小檗类、平枝枸子、枸杞、火棘、花楸、南天竹、紫金牛等的果实（图2-39）。

② 黄色 如木瓜、梅、杏、梨、柚、甜橙、香橼、佛手、金橘、枸橘、南蛇藤、贴梗海棠、沙棘等的果实。

③ 蓝紫色 如紫珠、葡萄、蛇葡萄、海州常山、十大功劳、李、蓝果忍冬、桂花、白檀等的果实（图2-40）。

④ 黑色 如君迁子、女贞、小叶女贞、刺楸、五加、枇杷叶荚蒾、黑果绣球、鼠李、常春藤、金银花、黑果忍冬、黑果枸子等的果实。

⑤ 白色 如红瑞木、芫花、雪果、湖北花楸、西康花楸等的果实。

累累硕果不仅能点缀秋景，还能招引鸟类及小兽类，能给城市绿地带来鸟语花香，保护城市绿地生物多样性。但在选用观果树种时，特别是在道路旁，最好选择果实不易脱落且浆汁较少的种类，以防污染路面。

4) 枝干色

树木枝干的色彩也极具观赏价值，尤其在北方冬季，树木落叶后的枝干在白雪的映衬下更具独特魅力。如享有"林中少女"美称的白桦（图2-41），以其洁白的枝干、挺拔的树形，在北方冬季皑皑白雪覆盖下，给雄浑的北国风光增添了旖旎的色彩。

通常情况下，大部分树干的色彩为褐色；少量植物的树干呈现鲜明的色彩，易营造引人注目的亮丽风景。

① 红色系 如红瑞木、山桃、血皮槭、杏、野蔷薇等的枝干（图2-42）。

② 黄色系 如黄桦、金竹、金枝槐、金枝垂柳、金枝梾木等的枝干。

③ 绿色系 如竹、梧桐、棣棠、青榨槭、枸橘等的枝干。

④ 白色系 如白桦、白桉、老年白皮松、胡桃、粉单竹等的枝干。

⑤ 斑驳色系 如黄金间碧玉竹、碧玉间黄金竹、木瓜等的枝干。

⑥ 紫色系 如紫竹的枝干（图2-43）。

⑦ 呈灰褐色 如白蜡、榆树等的枝干。一般树种常为此色。

树木枝干的色彩对美化配置起着很大的作用。例如，在街道上有白色树干的树种，可产生极好的美化及加大路宽的实用效果。而在进行丛植配景时，也需要注意树干颜色之间的关系，如红瑞木、金枝梾木种植在雪松的前面，红黄绿交错，相映成趣，在雪景衬托下异常美丽。

5) 园林植物景观色彩设计应用要点

① 色彩的设计与选择要与环境相吻合 植物

图2-40 蓝紫色果实（紫珠、十大功劳）

图2-41 "林中少女"白桦的美丽身姿

图2-42 红瑞木枝条

图2-43 紫 竹

图2-44 一串红、万寿菊等大色块烘托造型植物

图2-45 时令花卉与宿根花卉色彩鲜艳

图2-46 云南黄馨下垂的枝条与水面相映成景

和其他景观要素如建筑、小品、铺装、水体、山石等一起构成园林景观的大环境，故植物色彩在搭配上应与其周围环境相协调一致。色彩应用应突出主题，或衬托主景。而不同的主题或热闹、或宁静、或温馨甜美、或田园风光、或野趣横生等氛围亦要求与其相配的色彩和色调。

通常在宽阔草坪或是广场等开敞空间，用大色块、浓色调、多色对比处理的花坛（图2-44）、花境来烘托畅快、明朗的环境气氛；在山谷林间、崎岖小路的封闭空间，用小色块、淡色调、类似色处理的花境来表现幽深、宁静的山林野趣（图2-45）；山地造景时，为突出山势，以常绿的松柏为主，银杏、枫香、黄连木、槭树类等色叶树衬托，并在两旁配以花灌木，达到层林叠翠、花好叶美的效果；水边造景，常用淡色调花系植物，结合枝形下垂、轻柔的植物，体现水景之清柔、静幽（图2-46）。

② 合理利用色彩的情感效果 不同的色彩带有不同的感情成分，如红色给人以热烈、喜庆、祥和、温暖之感；橙色则意味着收获、富足；紫色通常代表着美丽、神秘；蓝色让人感到平静、深远而忧郁；白色则代表着纯洁；灰色则

显得高雅、柔和；黑色常给人以稳重、阴暗之感。在园林中，花红柳绿通常是阳光明媚的春天的象征，而丹叶枫林则是秋高气爽的美景。每年"五一""十一"等节假日，很多公园、广场都多用暖色调的花卉来布置节日花坛，来烘托节日气氛。南京雨花台烈士陵园中常青的松柏，象征革命先烈精神永驻；春花洁白的白玉兰，象征烈士们纯洁品德和高尚情操；枫叶如丹、茶花似血，启示后人珍惜烈士鲜血换来的幸福。西湖景区岳王庙"精忠报国"影壁下的鲜红浓艳的杜鹃花，借杜鹃啼血之意表达后人的敬仰与哀思，这些都是利用植物色彩寓情寄意的一种表达，体现出了不同的园林意境。

③ 掌握植物色彩变化规律，建造四季时序景观　利用植物表现园林鲜明的季相特征，必须掌握不同植物的生态习性、物候变化及观赏特性，组成四时有花、四季有景的风景构图。如杭州西湖，早春有苏堤春晓的桃红柳绿，暮春有花港观鱼群芳争艳的牡丹，夏有曲院风荷的出水芙蓉，秋有雷峰夕照丹枫绚丽如霞，冬有孤山红梅傲雪怒放，突出了植物时序景观。

2.1.1.3　质感

植物的质感是指单株或群体植物直观的粗糙感和光滑感。它受叶片的大小和形状、枝条的长短和疏密及干皮的纹理等因素的影响。一般根据人们的直观感受分为三类：粗质型、中质型和细质型。

(1) 粗质型植物

这类植物一般树形松散、分枝粗壮、叶子大而粗糙，整个植株显得粗犷大气，给人以强壮、坚固、刚健之感。如悬铃木、泡桐、梓树、毛白杨、大叶榆、广玉兰、樟树、龟背竹、荷花、王莲等。

粗质型植物有较强的视觉冲击力，有使景物趋向赏景者的动感，从而造成观赏者与植物间的距离短于实际距离的错觉。在景观设计中可作为焦点，以吸引观赏者的注意力。此类植物能通过吸收视线，"收缩"空间的方式，使某室外空间显得小于其实际面积（图2-47）。因此，在室外较大的园林空间中或重要的景观节点处，可多使用粗壮型植物进行造景。例如，将粗质型的植物种植在花境的后方，可以产生缩短花境与观赏者距离的效果。

(2) 中质型植物

这类植物一般枝叶量中等，叶片大小适中，大部分园林植物均属于此种类型。如楝树、无患子、朴树、黄连木、栾树、丁香、紫荆、芍药等。充当粗质型和细质型植物之间的过渡成分，具有将整个布局中的各个成分连接成一个统一整体的功能。

(3) 细质型植物

这类植物一般分枝较少，叶片细小而柔软，

粗质型植物"收缩"空间

节点处粗质型植物的应用

图2-47　粗质型植物的应用

图2-48 细质型植物的应用

图2-49 质感粗糙的杜鹃花丛打破绿篱的单调感

冠型紧凑，整个植株显得细腻柔美。如合欢、凤凰木、鸡爪槭、垂柳、南天竹、珍珠梅、地肤、石竹、文竹、早熟禾、绣线菊属植物等。

细质型植物在空间中产生后退感，从而使空间显得比实际大。因此，在小空间内，应重点选用细质型植物，这样空间会因漂亮、整洁的质感使人感到雅致而愉快（图2-48）。该类植物还可以用于园林小品的背景，为整个景点提供优雅、细腻的外表特征。

对比和协调的原理在质感设计中非常重要。在复杂多变的空间环境中，使用单纯质感的植物可使空间产生统一感。例如，质感单一的草坪可以作为统一多种花草的基调，以避免景观琐碎；相反，在单调乏味的空间中，使用多样的质感形成对比，可以活跃气氛，比如质感粗糙的杜鹃花丛能够打破修剪整齐的绿篱的单调感（图2-49）。另外，植物的质感会随着季节的更替而发生变化，如落叶植物合欢在冬季落叶后只剩下枝干，质感即显得粗糙，所以合理搭配常绿植物和落叶植物十分必要。

2.1.1.4 香味

植物发出气味的部位主要有花及枝叶，有些植物的味道比较强烈，有些比较微弱。植物花的芳香目前虽无一致的标准，但可分为清香（如茉莉、九里香、荷花等）、淡香（如玉兰、梅花、香雪球、铃兰等）、甜香（如桂花、米兰、含笑、百合等）、浓香（白兰花、玫瑰、玉簪、晚香玉等）、幽香（如树兰、蕙兰等）。有些树木的枝叶会散发香气，如松树、柏树、樟科树种及柠檬桉等。把不同种类的芳香植物栽植在一起形成"芳香园"，可以取得良好的效果。

2.1.1.5 音韵

在园林这种特定的场景里，用声音营造的环境意境即园林声境。声境的营造是借用或创造各种声响，依托有形的景物和园林空间打造景观、烘托意境，使游赏主体通过实际体验而获得触景生情的感悟，引起共鸣以致激发联想。

自然界最具诗意之声的应数雨声和风声了，园林植物极致景观，便是它与荷叶、梧桐、芭蕉、翠竹等植物组合，营造出淅淅沥沥的悦耳之声，把人引入无限遐想的境界中。苏州拙政园的留听阁和听雨轩就是体验声境的两处佳景。留听阁位于拙政园的最西端，三十六鸳鸯馆的北面，环境清幽，左侧有片植荷花的水池，炎炎夏日，满池的荷花芳香馥郁；花谢之时，秋塘残荷败叶，绵绵细雨滴落其上，清脆有声，虽早已没有荷花的幽香，却可感受雨滴残荷、洪纤疏密、错杂纷呈的雨境，领略"秋阴不散霜飞晚，留得残荷听雨声"的声响境界。听雨轩为园中园，位于嘉实亭之东，坐落在清池畔，隐于石丛间。池中植荷花，池畔石间植数株翠竹、芭蕉，为淅淅沥沥的雨天创造出悦耳清心的声境美。这可谓雨打芭蕉的真实场景，饶有情趣。此外，还有泰州乔园的蕉雨轩，与听雨轩有异曲同工之妙，都是在雨天静观淅朦雨景，聆听雨打芭蕉声的绝佳景点。留园揖峰轩旁的咫尺庭院，仅植一株芭蕉与美妙的雨滴声因借成景；杭州西湖的曲院风荷等除了夏季赏荷花，还是赏雨景、听雨声取胜的景观。

风与水相似，原本无声之物，但遇到植物、建筑等元素会引起悦耳、奇妙的声音，应用于造园中，呈现一种诗画的意境。卧石听松，是中国古典园林中表达声境的又一特色，其中无锡惠山的听松石床最为典型。当年惠山山麓全是古松，放置一块平面光滑、纹理古拙的石床，供人坐卧，静心聆听飒飒松涛声。诗人皮日休还留下经典诗文："千叶莲花旧有香，半山金刹照方塘。殿前日暮高风起，松子声声打石床。"承德避暑山庄万壑松风建筑群也是听松涛的佳景，主殿"万壑松风"坐落于一处小台地上，地势较高，视野开阔，出门临水，四周"长松数百，掩映周回"，习习凉风，阵阵松涛，清幽宜人，而且能够远望千山万壑，可谓使人享受视听的盛宴。位于山庄最北面的松云峡，谷中苍松挺拔，流水潺潺，长风过处，松涛齐鸣；谷中"清风绿屿"建筑群的正殿，有康熙题名——风泉满清听，是为呼应山下的"泉源石壁"一景而作。"风泉满清听"恰如其分地点出此景点的精髓：山下泉水声和风声一道飘入殿堂，犹如一首循环播放的悠扬乐曲，让人百听不厌。避暑山庄这几处听风赏松之景，环境清幽，加之松涛阵阵，使人能全身心地体验优美的声境。

除听松之外，听竹箫之声也能获得愉悦的体验。"风过有声留竹韵，月夜无处不花香"，是岭南清辉园"竹苑"一景的楹联，虽然岭南炎热多雨，但凉风带来习习阴润，配合风吹新篁而发出的飒飒之声，使人感受到几分舒适、惬意，不禁想起唐代诗人王维"独坐幽篁里，弹琴复长啸"的情境。

可见，借助于自然的风雨，可赋予植物耐人寻味的园林意境。具体而言，应用时应选择叶片大、叶柄长或枝叶细密的阔叶树、常绿树或者竹类等植物。由于荷花、芭蕉、修竹接受雨点的面积较大，便成为与雨的经典搭配，而阔叶林和针叶树则是借助风力营造声境的良好素材。另外，不同的地形地势会影响风的运动，再加上因地制宜地配置恰当的植物，可表现出多种多样的声音特征。

在植物具体的外表形象之外，还延伸出一种比较抽象的、极富于思想感情的美，即联想美。人们将植物的形象美概念化或人格化，赋予植物以人格特征：或伟岸、或柔美、或忠贞、或纯洁等美好的人格品质，使植物不仅仅停留在物态的景观层面上，还上升到灵性空间，充满了生动立体的特征。如松、柏因四季常青，象征着长寿、永年；紫荆象征兄弟和睦；含笑表示深情；红豆代表相思、恋念；而对于杨树、柳树，却有"白杨萧萧"表示惆怅、伤感，"垂柳依依"表示感情上的绵绵不舍、惜别等。园林设计师应善于继承和发展植物的意境联想美，将其巧妙地运用于植物的配置艺术中。

2.1.2　植物景观的物质要素

园林植物按生长类型，可分为乔木、灌木、藤木、竹类、匍地类，以及一年生花卉、二年生花卉、宿根花卉和球根花卉等园林花卉，它们都是园林植物景观的物质构成要素。

2.1.2.1　乔木

乔木是园林绿化的主要骨干，体量最大、生长周期较长，也是外观视觉效果最明显的植物类型。

按照乔木的高低不同可分为伟乔木（31m以上）、大乔木（21～30m）、中乔木（11～20m）、小乔木（6～10m）四级，通常见到的高大树木都是乔木，如毛白杨、木棉、白桦、松树等。伟乔木、大乔木遮阴效果好，可以软化城市大面积生硬的建筑线条；中小乔木宜作背景和风障，也可以来划分空间、框景；尺度适中的树木适合作主景或点缀之用。各种乔木有各自的特点，总体来说乔木在园林中的应用主要有以下几个方面：

(1) 提供树荫

乔木以其高大的树干、繁茂的枝叶形成如盖的绿荫，在炎热的夏季可以遮挡强烈的光照，为人们以及林下喜阴的小乔木、灌木和地被植物提供良好的小环境。当乔木以提供庇荫为主要功能出现在园林中时，应选择伟乔木、大乔木中的速生品种，如悬铃木、青桐、杜英等，以便尽快形成树荫。

(2) 框景

大多数乔木，特别是中小乔木可以在特定的视线范围内形成一个区域，类似照片的边框，把一些有观赏价值的景物及建筑物包含在内，形成一幅完整的立体图画，如合欢、刺槐。这样的乔木可种植在所框景物前方的角落或草坪的边缘，以便形成"相框"。

(3) 屏障

乔木的枝叶、树干等具有遮挡视线、防风沙的功能，在景观不佳的地段可以通过栽植乔木进行遮挡，在一些机关单位、园林苗圃的外围，可以种植乔木形成防护林，起到遮挡寒风等防护作用。大乔木、小乔木可以在不同的高度层次上形成防护效果。

乔木设计应用时应特别关注场地的需要，如场地需要突出其观赏功能，则选择形态优美或色彩丰富，具有美丽叶、花、果、干的树种等。

2.1.2.2 灌木

灌木是指树木体形较小，主干低矮或者茎干自地面呈多丛分枝而无明显主干的植物。根据灌木在园林中的造景功能分为观花类、观果类、观叶类、观枝干类、造型类等。灌木在园林中有以下几个方面的作用：

(1) 丰富景观层次，强化群落结构，增强群体生态效益

灌木常常位于乔木林下或林缘，丰富群落的中间层次，增加单位面积的绿量，提高植物群体的生态效益。要根据不同灌木的生态习性进行合理配置，如将喜光的月季、碧桃、榆叶梅等种植

在群落的南面；将耐阴的珍珠梅、含笑、八仙花等种植在群落的北面或林下；而对大多数喜光又有一定耐阴性的种类，如小花溲疏、溲疏、金银木、杜鹃花等，可植于较疏的林下或密林边缘；而对牡丹来说，开花前喜光，花后需适当遮阴以免灼伤叶片，其上方就应栽植发芽晚的落叶树种，开花前不遮挡阳光，开花后上方树木展叶正好起到遮阴作用。

(2) 协调景观要素，柔化硬质景观

景物与景物之间或景物与地面之间，由于形状、色彩、地位和功能上的差异，彼此孤立，缺乏联系，而灌木可使它们之间产生联系，获得协调。如在建筑物垂直的墙面与水平的地面之间用灌木转接和过渡，利用它们的形态和结构，缓和了建筑物和地面之间机械、生硬的对比，对硬质空间起到软化作用（图 2-50）。

(3) 成为局部空间中的主景

不同的灌木都有其自身的观赏特点，其高度基本与人平视高度一致，极易形成视觉焦点。可孤植、丛植、群植形成主体景观。孤植要选择株形丰满，姿态优美，颜色艳丽，观赏期长，树体较大的灌木种，如在道路的转弯处种植一株姿态优美、花色艳丽的紫薇，就能创造良好的景观效果。丛植和群植更能表现出灌木的成景效果。或以乔木为背景，前面栽植灌木以提高灌木的观赏效果，如用常绿的雪松作背景，前面配置金钟花、迎春等观花灌木观赏效果极佳。

(4) 用作园林小品及构筑物的配景，烘托景观主题

灌木通过点缀、烘托可使主景的特色更加突出，假山、建筑、雕塑、凉亭都可以通过灌木的配置而显得更加生动。如白色的雕塑或小品设施配以红色或紫红色的灌木作背景，给人以清爽之感；低矮的灌木可以用于园林小品、雕塑基部及构筑物的四周，作为基础种植，既可遮挡基部生硬的建筑材料，又能对小品、雕塑等起到装饰和点缀作用，使构图生动（图 2-51）。

(5) 布置花境、花坛

利用灌木丰富多彩的花、叶、果等观赏特点

图2-50　灌丛软化硬质线条，装点建筑环境

图2-51　低矮灌木围合和装饰雕塑基部

来布置花境，丰富花境的立面构图，增加植物的多样性（图2-52）；也可在广场等人为活动较多的硬质地面，通过盆栽的形式与花卉结合，布置花坛，以活跃气氛（图2-53）。常用植物有杜鹃花、八角金盘、金边胡颓子、红花檵木、金叶菇、龟甲冬青、金边黄杨等。与草本植物相比，花灌木作为花境、花坛材料具有更大的优越性，如生长年限长、适应性强、维护管理简单等。

(6) 布置灌木专类园

根据灌木可供观赏的色、香、姿等部位不同，运用同种或不同种的灌木组合布置，形成专类园。如月季品种已达2万多种，有树状的、灌木状的、藤本的等，花色更是丰富，常常集中布置成专类园供人们观赏。其他适合布置专类园的花灌木还有牡丹、杜鹃花、山茶、海棠、丁香、紫薇等。当用不同种类灌木的混植形成专类园时，应充分考虑主题植物与其他植物花期的衔接及树形、叶色变化，以便于安排游园活动，形成一定的景观特色。

(7) 作绿篱、绿墙等

有些灌木，如法国冬青、枇杷叶荚蒾、珍珠梅等分枝细密且耐修剪，可以经常修剪造型，在园林中用作绿墙和绿篱，用以分隔空间、界定范围、遮蔽视线、衬托景物等。作为绿篱的灌木对观赏景物还有组织空间和引导视线的作用，可以把游人的视线集中引导到景物上。

图2-52　多种植物丰富花境观赏效果

图2-53　盆栽花与露地栽培花布置花坛

2.1.2.3 花卉

花卉种类繁多，习性各异，有多种分类方法，在园林中常用的有两种分类方法，①按生长习性即形态特征分类：可分为草本花卉和木本花卉两大类。草本花卉：没有主茎，或虽有主茎但不具木质或仅基部木质化，又可分为一、二年生草本花卉和多年生草本花卉（多年生草本花卉中又可分为宿根、球根及一些多肉类植物）。木本花卉：可分为乔木、灌木、竹类等。②按园林用途分类：可分为花坛花卉、花境花卉、水生和湿生花卉、岩生花卉、地被花卉、切花花卉、室内观赏花卉等。

花卉在园林中的应用形式主要有花坛、花境（详见 5.3 节）、花卉立体应用和专类园等。

花坛花卉主要材料为一、二年生花卉，也有部分宿根花卉、球根花卉及少量的木本植物。现代园林中布置花坛时常用盆栽花卉组摆成各种不同的图案，摆脱了种植床的限制。常用的花坛花卉有三色堇、矮牵牛、鸡冠花、一串红、金盏菊、雏菊、翠菊、金鱼草、孔雀草、夏堇、美女樱、报春花、羽衣甘蓝、石竹类、半支莲及五色苋、彩叶草、四季秋海棠、银叶菊等。

花境是花卉配置由规则式向自然式的过渡形式，是目前较为流行的园林花卉布置形式。花境植物材料应以适应性强、能抗暑耐寒的多年生花卉和观花灌木为主，要求四季美观又能季相交替，要求考虑植物材料的花期和花色两方面。常用于花境布置的花卉有藿香蓟、波斯菊、毛地黄、一串红、鸡冠花、蓝花鼠尾草、金鱼草、羽衣甘蓝、醉蝶花、花烟草、鸢尾属植物、唐菖蒲、大丽花、花毛茛、风信子、美人蕉、菊类、地被石竹、玉簪、萱草、过路黄、花叶薄荷、银叶菊等。

花卉可以立体应用是相对于常规平面应用的一种应用形式。应用适当的栽植体和植物材料，结合环境色彩与立体造型艺术，从而达到立面或三维立体的绿化装饰效果（图 2-54）。根据景观特点及所使用的花卉材料不同，将花卉立体景观分为垂直绿化和花卉立体装饰两大类。垂直绿化是利用各种攀缘植物对建筑立面或局部环境、篱垣、

图2-54　各色三色堇装饰花柱

棚架、栏杆、灯柱及桥梁等进行竖向绿化。花卉立体装饰除立体花坛外，还常用花钵、悬挂花篮或花箱等形式。立体花坛、花钵广泛应用于广场、公园及街头等处，悬挂花箱、花篮、花槽除应用于公园、广场、庭院等处，也可装饰护栏、栏杆等。花卉立体应用可以弥补地面绿地不足，并能在短时间内形成景观，符合现代化城市发展的要求，是值得推广的花卉应用形式。

有些花卉品种变种繁多，并有特殊的生态习性和观赏价值，宜集中于一园专门展示，如郁金香、鸢尾、荷花、杜鹃花、蔷薇、芍药、水仙等，均可建成专类园。

2.1.2.4 藤本植物

藤本植物是指自身不能直立生长，需要依附它物或匍匐地面生长的木本或草本植物。主要有以下几类：缠绕类（如紫藤、金银花、木通、常春油麻藤、茑萝、牵牛花、红花菜豆、五味子、猕猴桃、何首乌等）、卷须类（如葡萄、观赏南瓜、葫芦、丝瓜、西番莲、炮仗花、香豌豆等）、吸附类（如地锦、五叶地锦、常春藤、凌霄、扶芳藤、络石、薜荔等）、蔓生类（如蔷薇、木香、叶子花、藤本月季等）。

藤本植物种类繁多，姿态各异，通过茎、叶、花、果表现出各种各样的自然美。例如，紫藤老茎盘根错节，犹如蛟龙蜿蜒，加之花序硕长，开花繁茂，观赏效果十分显著；五叶地锦依靠其吸盘爬满垂直墙面，夏季一片碧绿，秋季满墙艳红，对墙面和整个建筑物都起到了良好的装饰效果；

茑萝枝叶纤细，体态轻盈，缀以艳红小花，显得更加娇媚；而观赏南瓜爬满棚架，奇特的果实和丰富的色彩，农家气息浓郁（详见 5.1.3 节）。

此外，也可以利用藤本植物对陡坡、裸露地面进行绿化，既能扩大绿化面积，又具有良好的固土护坡作用。

2.1.2.5 竹类植物

竹类是植物中形态构造较独特的植物类群之一，枝秆修长挺拔、亭亭玉立、袅娜多姿、凌霜傲雪，被称为"四君子"之一。我国是世界上竹类的分布中心之一，有着极为丰富的竹种资源。从古至今，竹类植物以其独特的优势在园林设计中扮演着重要的角色，形成了具有典型中国文化内涵的景观形象，古典园林中竹类植物造景的一些手法，如"移竹当窗""粉墙竹影""竹径通幽"等仍然被现代园林所借鉴。

竹类植物以其自身特性在园林绿化中发挥着不可替代的作用，主要表现在：

① 竹类植物种类繁多，可用不同叶形、姿态、高矮、色泽的竹类搭配种植，有较高的观赏价值。

② 竹类是常绿树种，多年不开花，大大减少了花粉散播造成的污染。

③ 竹类植物竹冠庞大，枝叶浓密，作为屏障具有较好的防风、抗震能力。

④ 具有强大的地下根系，竹类植物是浅根性树种，并能横向扩展，具有覆盖保护作用，而且地下根系比较庞大，水土保持能力很强。

⑤ 生性强健，不畏空气污染和酸雨，净化空气作用较强。

⑥ 繁殖容易，养护管理费用低。

⑦ 竹类植物萌发快、生长周期短，是迅速恢复植被的良好途径。

2.1.2.6 地被植物

地被植物是指生长高度在 1m 以下、枝叶密集、成片种植，具较强扩展能力，能迅速覆盖地面且抗污染能力强，养护成本低，种植后不需经常更换，对地面起着很好的保护作用，具有良好的观赏价值和生态效益的植物，包括一、二年生和多年生草本植物、常绿和落叶木本地被，还包括一些适应性较强的苔藓、蕨类植物、攀缘藤本植物和宿根花卉等。

地被植物在园林中应用较为广泛，在林下、路边、坡地、草坪上均可种植，能够形成别具一格的景观。具体的应用形式主要有以下几种：

(1) 线状景观

线状景观包括林缘、路缘、水岸线状景观。

① 林缘线状景观 在林缘处，沿着乔灌木的边缘种植地被植物，一方面使得乔灌木到草地的空间过渡自然；另一方面又增加了群落景观竖向层次变化，丰富了整体林缘景观效果。

② 路缘线状景观 在城市各类绿地的小路旁或城市道路基础绿带旁，选用姿态飘逸、色彩明

图2-55 自然、飘逸的麦冬装饰路缘

图2-56 一串红等增强路缘线状景观

快的地被植物作为镶边，能形成带状景观，使得绿地和道路的衔接更为自然，收到丰富多彩的景观效果（图2-55、图2-56）。由于在路边，地被植物的选择也必须要以抗逆性较强、根的匍匐伸展性较差的品种为主，如彩叶草、麦冬、鸢尾、萱草、玉簪等。

③ 水边线状景观　在一些河岸、池塘、溪涧边，土壤水分含量较高，且土质疏松。要求地被植物既能保持水土、防止雨水冲刷，又能丰富水边绿化，故要选用根系发达、枝叶细密、观赏性强、耐水湿的地被植物，如鸢尾、石菖蒲、玉带草等。由于园林中的驳岸大多为自然式的设计，地被植物沿驳岸伸缩有致、时断时续的种植也使得水边形成了时有时无的地被植物线状景观，更富有自然野趣（图2-57）。

(2) 面状景观

面状景观包括以下五类形式：

① 单一种类地被景观　由单一植物大量成片栽植以形成群落的地被景观，着力突出地被植物的群体美（图2-58），常作为绿地植物群落的基底，或起到护岸、护坡的功能。如高速公路边坡常常种植紫穗槐，在地形起伏较大的草地上种植葱兰，能够很好地固土护坡，也能给人以稳定、柔和、统一、朴素的感觉。

② 缀花草坪地被景观　在大面积的草坪上点缀能够开花的地被植物，是面状景观的又一种表现形式。在缀花草地中可以配置萱草、鸢尾、石竹类、石蒜类等宿根、球根花卉，使其分布有疏有密，自然错落，既能增加植物种类多样性，又别具风趣。

③ 图案式地被景观　利用一些植株低矮、分枝细密而色彩艳丽的地被植物组成色块或图案，形成构图比较规则式的平面景观（图2-59）。这种色块或者图案一般是由两种以上不同的宜于平面造型的低矮地被植物材料（如金叶女贞、紫叶小檗、大叶黄杨等）组成，利用不同色彩和质地的对比形成反差，经过修剪整形，主要表现的是平面图案的纹样或华丽的色彩美，同时，还可以选择应用一些球根花卉以及一、二年生花卉来增加

图2-57　自然水岸线状植物布置

图2-58　八角金盘地被景观

图2-59　孔雀草、女贞、红叶石楠构成较规则的地被图案

图2-60　疏林下的二月蓝

图2-61　一串红装点树池

色彩变化和季相变化。这种图案式景观多选用观赏期长、养护管理简单的多年生的地被植物材料，较花坛的观赏时限更为长久。

④ 密林、疏林下的半自然半人工地被景观　模拟植物自然生长状态，在林下种植一些观赏效果较好的地被植物，形成介乎纯自然与人工之间的一种景观。如林下采用自播繁殖的二月蓝，淡紫色的小花为静谧的水杉林增添了一份神秘的气氛（图2-60）。

⑤ 树穴、树池内的地被景观　在种植乔、灌木、花卉的树坛和树穴、花池内种植地被植物也能形成面状景观（图2-61）。树穴、花池内一般形成半阴环境，常选用一些耐半阴的地被植物种类如扶芳藤、麦冬等，有时可以只用一种地被植物，形成统一的景观效果，也可以采用几种地被植物混合片植，使得整体效果更为活泼、轻快。在树池内种植耐半阴的观花地被植物，多在春、秋二季花叶并茂，艳丽多彩，同时亦能覆盖裸露土壤，与周围的石板铺装路面自然相接而不突兀，使人感到清新和谐。

2.2　园林植物景观表现形式

依据种植的平面关系及构图艺术，园林植物景观的表现形式主要有规则式、自然式及抽象式。

2.2.1　规则式园林植物景观

规则式种植布局均整、秩序井然，具有统一、抽象的艺术特点。在平面上，中轴线大致左右对称，植物之间有一定的株行距，并且按固定的方式排列。在规则式种植中，乔木常以对称式或行列式种植为主，有时还刻意修剪成各种几何形状或动物及人的形象；灌木也常常等距直线种植，或修剪成规整的图案作大面积的构图，或作为绿篱，具有严谨性和统一性，形成与众不同的视觉效果；花卉布置成以图案为主题的盛花花坛或模纹花坛，有时布置成大规模的花坛群，来表现花卉的色彩美或图案纹样美，营造出大手笔的色彩效果，增强视觉刺激；草坪往往严格控制高度和边界，修剪得平平坦坦，没有丝毫的皱褶起伏，使人不忍踩压、践踏；绿篱、绿墙、绿门、绿柱等也是规则式种植中常用的方式，用来划分和组织空间。因此，在规则式种植中，植物并不代表本身的自然美，而是刻意追求对称统一的形体、错综复杂的图案，以此来渲染、加强设计的规整性。规则式的植物种植形式往往带给人庄严、雄伟、整齐、开朗的环境氛围，在传统的西方园林及中国的皇家园林、纪念性园林中较为常见。

2.2.1.1 对植景观

对植是指用两株或两丛相同或相似的树木，按照一定的轴线关系，作相互对称或均衡的种植方式，有对称式和非对称式两种形式。

对称式对植，即利用同一树种、同一规格的树木在主题景物轴线的两侧作对称布置。常用在房屋和建筑物前，以及公园、广场、道路的入口处（图2-62）。选用的树种，要求形态整齐、大小一致。常用的乔木有雪松、油松、圆柏、龙柏、悬铃木、银杏、槐树、樟树、女贞、龙爪槐、桂花、大王椰子、假槟榔等；常用的灌木有海桐、黄杨、木槿、火棘、九里香等。

非对称式对植不要求绝对对称，只强调一种均衡的协调关系（图2-63）。这种对植形式在中轴线两侧可以采用相似而不同种的植株或树丛，也可以在中轴线的两侧采用同一树种，但大小、姿态、数量不要求一致，动势向中轴线集中，与中轴线的垂直距离为：规格大的要近些，规格小的要远些，且两树穴连线不得与中轴线垂直。非对称栽植常用于自然式园林入口、桥头、假山登道、园中园入口两侧等。

2.2.1.2 列植景观

列植即行列栽植，是指乔灌木按照一定的株行距成排成行种植。列植形成的景观比较整齐、单纯、气势大，是规则式园林绿地如道路、滨河、遗址城墙、工矿区、办公大楼绿化等应用最多的基本栽植形式，具有施工、管理方便等优点。

列植宜选用树冠形体比较整齐的树种，如圆形、卵圆形、尖塔形、圆柱形等。株距与行距的大小，应视树木的种类和所需要遮阴的郁闭程度而定。一般大乔木株行距为5～8m，中、小乔木为3～5m；大灌木为2～3m，小灌木为1～2m。较常选用的树种：乔木有油松、圆柏、湿地松、银杏、水杉、悬铃木、毛白杨、臭椿、白蜡、栾树、合欢、垂柳、加杨、七叶树、马褂木、槐树、日本晚樱等；灌木有黄刺玫、蔷薇、木槿、丁香、贴梗海棠、棣棠、红瑞木、大叶黄杨、锦

熟黄杨等。

列植的行道树一般选用冠大荫浓、花果不污染环境、干性强、病虫害少、根系深的树种，如悬铃木、毛白杨、白蜡、槐树、银杏雄株、马褂木、七叶树、樟树、松树等树种（图2-64）；单行列植，树种一般要求单一（图2-65）。但如果行的长度太长时，也可以分段、用两三种不同的树种

图2-62 对称式对植

图2-63 非对称式对植

图2-64 列植的行道树

图2-65 同一树种的单行列植

相间搭配,但忌树种过多,以免显得杂乱,破坏列植所要突出的植株的气势和整齐之美。

2.2.1.3 篱植景观

绿篱是用枝叶密集且萌蘖力强的灌木或小乔木,按照近距离的株行距进行密植的规则种植形式。绿篱具有防护范围,界定范围,组织空间,装饰镶边,作为喷泉,雕塑的背景以及遮挡不雅景观等作用。绿篱一般选用常绿、萌芽力强、耐修剪、生长缓慢、枝叶细小的树种。对于花篱和果篱,一般选叶小而密、花小而繁、果小而多的

种类。依据高矮,绿篱可分为绿墙、高篱、中篱、矮篱4种类型。依据观赏特性,绿篱可分为叶篱、花篱、果篱、刺篱等。

2.2.1.4 模纹及造型植物景观

植物模纹及造型植物的制作类似于建筑艺术中用砖、石、木材建造的房屋。利用植物模纹制作成绿墙、绿篱及各种形态的动植物等,使其能创造平面、立面和三维空间效果,同样具有界定空间、分隔空间、创造景观的功能。

植物模纹是指将植物配置或修剪成规则的形状,使之具有规则、秩序的美感。最具代表性的规则式植物模纹配置是欧洲造园体系,其最显著的特点是,花园最重要的位置上一般均耸立着主体建筑,建筑的轴线也同样是园林景物的轴线,园中的道路、水渠、花草、树木均按照人的意图有序地布置,并修剪成复杂、精美的图案。至今为止,欧洲大部分古典园林仍保留着很多精美而繁杂的模纹花坛,与古城堡的建筑交相呼应,展示着那个时代独有的园林风格,如法国阿尔比市中心的贝尔比耶宫宅邸花园中的模纹花坛(图2-66)。该花园建于13世纪,位于宅邸博物馆的城墙之下的平台上,站在平台上不但可以欣赏绚丽的模纹花坛,还可以看到远处的院墙和亭阁。模纹花坛由两个相同图案的花坛组成,由修剪成45cm高的锦熟黄杨勾出轮廓,里面栽植精心设计

图2-66 法国贝尔比耶宫宅邸模纹花坛

图2-67 立交桥模纹花坛

图2-68　多彩花卉构成字体形式

图2-69　人物造型

的一年生花卉。草本花卉的种类和颜色可以每年更换，且所选的植物大多都是矮生品种，其高度一般不会超过黄杨围篱。

目前，模纹花坛在我国已得到广泛应用，特别在下沉式广场、立交桥区绿化等方面应用较多，特别突出其俯视效果（图 2-67）。另外，模纹花坛已经突破了平面布局的限制，和一些架构材料结合，组合成各种不同的人物、动植物造型（图 2-68、图 2-69）等，使模纹花坛更具立体效果。造型植物则主要通过园艺师的修剪造型，把植物塑造成塔形、城堡状、熊猫、龙等建筑和动物、人物造型以及各种圆盘状、念珠状等盆景造型，有时在公园里专门设立专类园，来展示这些不同的植物造型，丰富园林植物景观的内容。

2.2.2　自然式园林植物景观

自然式园林植物景观是模仿植物自然生长的形式作自由布置。自然式种植以模仿自然界森林、草原、草甸、沼泽等景观及农村田园风光为主，结合地形、水体、道路来组织植物景观，不要求严谨对称，没有突出的轴线，没有过多修剪成几何形的树木花草，是山水植物等自然形象的艺术再现，显示出自然的、随机的、富有山林野趣的美。它在形式、材质、意境上都与"自然"密切联系，在很大程度上体现浑然天成的视觉及心理感受。布局上讲求步移景异，利用自然的植物形态，运用夹景、框景、障景、对景、借景等艺术

手法，有效地控制景观。植物种植上，不成行列植，以反映自然界植物群落的自然之美为主。自然式种植所要追求的是自然天成之趣，巧夺天工之美，它在营造过程中具有自身的一些特点。从平面布局上看，自然式种植没有明显的轴线，即使在局部出现一些短的轴线，也布局得错落有致，从整体上看仍是自然曲折、活泼多样。在种植设计中注重植物本身的特性和特点，以及植物间或植物与环境间生态和视觉上关系的和谐，创造自然景观，用种群多样、竞争自由的植被类型达到绿化、美化的目的。树木配置以孤植、树群、树丛、树林为主，花卉布置成花丛、花群为主，不用修剪规则的绿篱、绿墙和图案复杂的花坛，游人畅游其间可充分享受到自然风景之美。自然式种植体现宁静、深邃、活泼的气氛。植物栽植要避免过于杂乱，要有重点、有特色，在统一中求变化，在丰富中求统一。总的来说自然式植物种植形式包括 3 个层面的含义：①植物自身形态自然，少经或不经修剪，形态天成；②种植形式自然，没有固定的株行距，模仿自然植物群落关系；③与周围环境关系自然，即植物与周围其他景观要素结合得浑然一体。

自然式的植物配置方法，多选树形或树体及其他部分美观或奇特的品种，或有生产、经济价值及其他功能的树种，以不规则的株行距配置成不同的形式，常见的自然式种植类型有孤植、丛植、群植、林植及花境等。

图2-70　场地构图重心的孤植树

图2-71　以水色为背景的孤植树

2.2.2.1　孤植树景观

孤植是指在空旷地上孤立地配置一株或几株同一种树木，使其紧密地生长在一起，来表现单株栽植效果的种植类型。孤植是中西方园林中广为采用的园林应用形式，有点景的作用，多为欣赏树木的个体美。大多数情况下孤植都选用乔木，但有时也使用灌木。

孤植树主要表现植株个体的特点，如奇特的姿态、丰富的线条、浓艳的花朵、丰硕的果实等，因此应选择枝条开展、姿态优美、轮廓鲜明、生长旺盛、成荫效果好、寿命长的树种，如雪松、华山松、白皮松、金钱松、日本金松、油松、云杉、南洋杉、广玉兰、白玉兰、樟树、榕树、七叶树、白桦、木棉、银杏、槐树、柿树、无患子、枫香、元宝枫、乌桕、鸡爪槭、紫薇、梅花等。

孤植树的种植地点要求地域开阔，不仅要保证树冠有足够的生长空间，而且要求有比较合适的观赏视距和观赏点，以及保证人们有足够的活动和欣赏空间。一般情况下，人们观赏孤植树竖向景观的最佳视距是树高的3.3倍，而观赏孤植树横向景观的最佳视距是树宽的1.2倍。孤植树一般设在空旷的草地上、宽阔的湖池岸边、花坛中心、道路转折处、缓坡等处，应尽可能与天空、水面、草坪、树林等色彩单纯而又有一定对比变化的背景相互映衬，以突出孤植树在体量、姿态、色彩等方面的观赏效果。草坪及广场上种植孤植树，

一般以庇荫及欣赏为主要功能，其具体位置的确定取决于它与周围环境在布局整体上的统一，一般不宜种植在几何中心，而应该配置在场地的自然构图重心（图2-70）；开阔水边或湖畔，以明朗的水色为背景，游人可以在树冠的庇荫下欣赏远景或活动（图2-71）；在山顶、山坡上，孤植树以天为背景，形象清晰突出，如黄山迎客松等，游人可以在荫下纳凉、眺望，另外孤植树又可以使高地、山冈的天际线更加丰富；桥头、自然园路或溪流转弯处种植孤植树，可以引导游人视线，起到提示、强调的作用；在庭院中种植孤植树，一般体态小巧玲珑、线条优美、色彩艳丽，如选用红枫、鸡爪槭等。为尽快达到孤植树的景观效果，最好选胸径8cm以上的大树，能利用原有古树名木更好。

2.2.2.2　丛植景观

丛植通常是指由两株到十几株、同种或异种、乔木或乔、灌木组合种植而成的种植类型。丛植起来的树叫树丛，它外缘弯曲，内无行列之分，是一个造型优美的综合体，既表现树木个体美，又具有整体美，是园林绿地中运用广泛的一种种植类型。

树丛有较强的整体感，但又是通过个体之间的组合来体现，彼此之间有统一的联系又有各自的变化，互相对比，互相衬托。因此，从景观角度考虑，丛植须符合多样统一的原则，所选树种

的形态、姿势及其种植方式要多变，不能以规则式的对植、列植形成树林，所以要处理好株间、种间关系。株间关系是指疏密、远近等因素，即整体上要密植，局部又要疏密有致。种间关系是指乔木之间或乔木与灌木搭配种植时要考虑到喜光与耐阴、速生与慢生等因素形成相对稳定的树丛。

树丛作为主景时，四周要空旷，要有开阔的观赏空间和通透的视线，或栽植点位置要高，使树丛主景突出。树丛栽植在空旷草坪的视点中心，或栽植在水边及湖心小岛上，具有较好的观赏效果；与岩石结合，置于白粉墙前、走廊或房屋的角隅处，是园林中常用的组景手法。另外，树丛还可以作为假山、雕塑、建筑物或其他园林设施的配景；树丛还能作背景，如用雪松等常绿树作背景，前边种植观花灌木有很好的效果（图2-72至图2-75）。

(1) 树丛的类型

① 依据树丛色彩季相变化划分　常绿树丛：又称稳定树丛，效果比较严肃，但缺少变化；落叶树丛：又称不稳定树丛，一年四季色彩、季相变化显著，但容易形成偏枯偏荣现象；混交树丛：又称半稳定树丛，由常绿树、落叶树共同组成，效果是相对稳定，且在稳定中有活泼的色彩变化。

② 依据构成树丛的树种划分　单纯树丛：由一个树种形成的树丛；混交树丛：由两种以上的

图2-72 鸡爪槭、红枫、女贞、南天竹等构成的树丛成为园林建筑的配景

图2-73 苦楝、水杉、红枫、石楠、日本晚樱构成的树丛，四季景观宜人

图2-74 柏树作背景，与红枫、火棘等构成树丛，柏树的苍翠更衬托出红枫叶和火棘果的艳丽

图2-75 棕榈、樟树、夹竹桃等构成的树丛置于场所高地，成为主景

树种形成的树丛。

③ 依据树丛在园林中所起的作用不同划分　可分为主景树丛、庇荫树丛、诱导树丛、背景树丛等类型。

④ 依据构成树丛的植株数量不同划分　可分为两株树丛、三株树丛、四株树丛、五株树丛、六株及其以上树丛等类型。

(2) 丛植的基本种植形式

① 两株树丛　两株树组成的树丛最好选择同一树种，但在形体、姿态、动势上要有对比和差异，既避免单调呆板，又能使其整体上协调统一。正如明代画家龚贤《龚安节先生画诀》所述："二株一丛，必一俯一仰，一敧一直，一向左一向右……"外观类似但不同种的树木及同一树种下的变种和品种，差异较小的树木宜配置在一起，外

图2-76　两株树丛

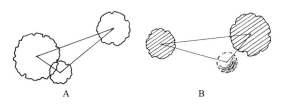

图2-77　三株树丛

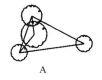

图2-78　四株树丛

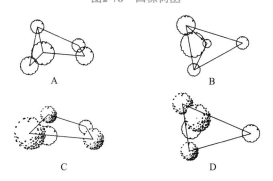

图2-79　五株树丛

观差异太大，则不适合配置在一起。

另外，两株树的栽植间距要小于两株树冠半径之和，这样才能成为一个整体，如果栽植距离大于成年树树冠半径之和，那就变成了两株树，而不是一个树丛（图2-76）。

② 三株树丛　三株树丛的配置，在树种选择上最好选择同类（乔木、灌木、落叶、常绿）同种树，也可以选择不同的树种，但三株配合最多只能用两个不同的树种，忌用三个不同树种。古人云："三株一丛，则二株宜近，一株宜远，以示别也。近者宜曲而俯，远者宜直而仰"，"三株一丛，二株相似，一株宜变。二株直上，则一株宜横出，或下垂，似柔非柔，有力故也"。也就是说三株树搭配时，树木的体形大小、姿态、间距上要有对比和差异。栽植时三株忌在一直线上，也忌等边三角形栽植，三株树树冠中心的连线形成一个不等边的三角形。三株的距离都不要相等，其中最大一株和最小一株要靠近些，使其成为一小组，中等的一株要远离一些，使其成为另一小组（图2-77A），但这两组在动势上要呼应，这样构图才不致分割。如果选用两个树种，最好同为乔木、灌木、常绿树、落叶树，其中大、中者为一种树，距离稍远，小者为另一种树，与大者靠近（图2-77B）。

③ 四株树丛　四株树丛的配置，可选用一种或两种不同的树种，同为乔木或同为灌木较调和。但如果树木外观极相似，就可以超过两种。原则上四株的组合不要乔、灌木合用。当树种完全相同时，在体形、姿态、大小、栽植距离上应力求不同。

四株树木忌种在一条直线上，也不要任何三株成一直线，可分为二组或三组，即分为3：1或2：1：1，但不能两两组合。分为二组即三株较近，一株远离（图2-78A）；分为三组即二株一组，另一株稍远，再一株更远（图2-78B）。树种相同时，在树木大小排列上，最大的一株要在集体的一组中，远离的可用大小排列在第二、三位的一株；当树种不同时，其中三株为一种，一株为另一种，这另一种的一株不能最大，也不能最

小，这一株不能单独成一个小组，必须与其他一种组成一个混交树丛，在这一组中，这一株应与另一株靠拢，并居于中间，不要靠边（图2-78C）。四株树基本平面形式为不等边四边形和不等边三角形两类。

④ 五株树丛　五株树丛的配置，可以选用同一树种或两种树种进行配置。五株同一树种的组合，每株树的体形、姿态、动势、大小、栽植距离都应不同。理想的分组方式为3∶2成两组，即三株一组、二株一组（图2-79A），主题必须在三株的一组中。其组合原则是三株的组合与三株树丛相同，二株的组合与二株树丛相同，两组应各有动势又取得均衡。另一种分组方式是4∶1，其中单株树木不要最大的，也不要最小的，最好是2、3号树种，但两小组距离不宜过远，动势上要有联系（图2-79B）。四株一组的与四株树丛组合相同。立面上，株数多的组合为主体，其他为陪衬。主体的树木在树形、色彩上耀眼夺目，使主从分明，统一中有变化，景观活泼动人。

五株为两种树的组合，则一树种为三株，另一树种为二株，也可分成3∶2或4∶1两种组合。以3∶2组合时（图2-79C），不能三株地种在一个单元，而另一树种的两株种在同一单元，即同一树种不能在同一单元。以4∶1组合时，两株的这个树种应在一个大单元中，如要两株分为两个单元，其中一株应配置在另一树种的包围之中（图2-79D）。

⑤ 六株以上树丛　六株及以上至十余株的树丛组合，即为两株、三株、四株、五株的基本形式或在此基础上再加以组合变化。总的原则是既要丰富多彩，又不失为一个整体景观。要在调和中求对比和差异，差异太大时又要求调和。树木的种类和株数越多，树丛的配置就越复杂，但分析起来，孤植一株和两株丛植是一个基本类型，数量增多后可以不断拆分成简单的单元。如七株树丛可分为5∶2或4∶3，树种不宜多于3种；八株树丛可以分为5∶3或2∶6，树种不宜多于4种；九株树丛可分为5∶4或3∶6或2∶7，树种不宜多于4种。但需要注意在十株至十五株

以内时，树种不要超过5种以上，以防杂乱。外形十分类似的树种，可以增多种类。

2.2.2.3　群植景观

群植是由二三十株以上至数百株左右的乔、灌木成群配置的种植形式，这个群体称为树群。树群所表现的是树木较大规模的群体形象美（色彩、形态等），通常作为园林景观艺术构图的主景之一或配景等。树群可由单一树种组成亦可由数个树种组成。

树群的基本形式有单纯树群和混交树群两种。单纯树群只有一种树木，其树木种群景观特征显著，一般郁闭度较高，可以应用宿根花卉作为地被植物。混交树群由多种树木混合组成一定范围树木群落景观，它是园林树群应用的主要形式，具有层次丰富，景观多姿多彩、持久稳定等优点。树群一般仅具观赏和生态功能，树群内不设园路，不做休息庇荫使用，但在树冠开展的乔木树群边缘，可设置休息设施，略具遮阴作用。

(1) 树群的应用环境

树群一般应用于具有足够观赏视距的环境空间里，如近林缘的开阔草坪上、宽阔的林中空地、水中小岛、土丘或缓坡地以及开阔的水滨地段等。树群主立面的前方，至少在树群高度的4倍、树群宽度的1.5倍的距离上，留出足够开敞的活动空间，以便游人欣赏。树群规模不宜太大，一般以外缘投影轮廓线长度不超过60m，长宽比不大于3∶1为宜。

(2) 树群结构与树种选择

混交树群内的每株树木，在群体的外貌组成上都有一定的作用。混交树群具有多层结构，通常为五层，即乔木层、亚乔木层、大灌木层、小灌木层和草本地被层。树群各层分布原则是乔木层位于树群中央，其四周是亚乔木层，而大、小灌木则分布于树群的最外缘，底层为草本和地被植物。这种结构不至于相互遮挡，每一层都能显露出各自的观赏特征，并能满足各层植物对光照等生存环境条件的需求。园林构图上要注意各断面不宜机械地排列，只要观赏层次不受影响，则

应灵活配置，外围的灌木、花卉成丛分布，交叉错落，若断若续。同时还要在树群外缘配置数株孤植树或几丛树丛，以增强其林缘线的曲折变化。

树群内植物的栽植距离要有疏密的变化，切忌成行、成排、成带地栽植，任何3株树木要构成不等边的三角形，常绿、观叶、观花树木的混交组合，不可采用带状混交，也不可片状、块状混交，应采用复层混交及小块状混交与点状混交相结合的方式。小块状混交是2～5株的组合，点状是单株栽植。树群内植物的栽植距离还要考虑到水平郁闭度和垂直郁闭度，各层树木要相互庇覆交叉，形成郁闭的林冠。同一层的树木郁闭度在0.3～0.6为好，但疏密要有变化，中央及密集部分形成郁闭效果，边缘部分的树冠要能够正常生长，形成清晰而富于变化的林冠线。

树群树种选择需考虑其生态习性及观赏特性。如乔木层多为喜光树种且树冠姿态优美，树群冠际线要富于变化；亚乔木层为弱喜光树种或中性树种，最好开花繁茂或具有艳丽的叶色；灌木层多为半阴性或耐阴树种，以花灌木为主，适当点缀常绿灌木，草本植物应以管理粗放的多年生花卉为主。在寒冷地区，相对喜暖树种则必须布置在树群的南侧或东南侧，以获得较稳定的树木群落景观。如：青杨＋平基槭＋山楂、碧桃＋榆叶梅、忍冬、白皮松＋玉簪、荷包牡丹、金针菜，是适用于华北地区的树群配置，整个树群的每种植物占据不同的生态位，各得其所，自春至冬，季相枯荣交替。

2.2.2.4 林植景观

凡成片、成块大量栽植乔灌木，以构成林地和森林景观的称为林植。林植多用于大面积公园的安静区、风景游览区或休、疗养区以及生态防护林区和休闲区等，根据树林的疏密度可分为密林和疏林。

(1) 密林

郁闭度为0.7～1.0，阳光很少透入林下，所以土壤湿度较大，其地被植物含水量高、组织柔软、脆弱、不耐践踏，不便于游人活动。密林分单纯密林和混交密林。

① 单纯密林 由同一树种组成，树种单一、整齐、壮观，但缺少季相变化（图2-80）。为弥补这一缺陷，可采用异龄树种来造林，还可以结合地形的起伏，使林冠线得以变化。林区外缘可以配置同一树种的树群、树丛和孤植树，以增加林缘线的曲折变化。林下可以种植一种或多种开花华丽的耐阴或半耐阴草本花卉或低矮的耐阴花灌木。常用树种有：银杏、水杉、乌桕、枫香、油松、圆柏、毛竹、梅花、樱花等。

② 混交密林 由多种树种组成，是一个具有多层结构的植物群落。混交密林季相变化丰富，能充分体现质朴、壮阔的自然森林景观，而且抵抗自然灾害及病虫的能力较强（图2-81）。供游人欣赏的林缘部分，垂直成层结构要十分突出，但

图2-80　池杉纯林

图2-81　马尾松与枫香混交林

图2-82　开阔的空间给游人更多的活动空间

图2-83　林间草地树木三五成群、错落有致

又不能过分拥挤，以致影响到游人的欣赏。为吸引游人深入林地，密林内部可设自然园路，路旁可配置自然式的花灌木，形成林荫花径，必要时还可以留出林间空地，形成明暗对比的开合空间，产生"柳暗花明又一村"的感觉；还可以利用林间溪流水体，种植水生植物；也可以附设亭榭等简单构筑物，以供游人作短暂休息之用。

密林种植时，大面积的可用片状混交，小面积的可用点状混交，一般不用带状混交。要注意常绿与落叶、乔木与灌木的搭配比例，还有植物对生态因子的要求等。单纯密林和混交密林各有特色，前者简洁、后者多彩多姿。从生物学的特性来看，混交密林比单纯密林好，园林中纯林不宜太多。

(2) 疏林

疏林的郁闭度为 0.4～0.6，常与草地结合，故又称疏林草地。疏林草地是园林中较常用的一种形式，不论是鸟语花香的春天，浓荫蔽日的夏天，或是万里晴空的秋天，游人总喜欢在林间草地上休息、看书、摄影、野餐等，即便在白雪皑皑的冬天，疏林草地仍别具风味（图2-82、图2-83）。所以，疏林中的树种应该具有较高的观赏价值，树冠宜开展，树荫要疏朗，生长要健壮，花、叶色彩要丰富，树枝线条要曲折多变，常绿树与落叶树搭配要合适。树木的种植要三五成群，疏密相间，错落有致，有断有续。林下草坪应选择含水量少、耐践踏的种类，游人可以在上面自由活

动。疏林草地一般不修建园路，但作为观赏用的缀花草地疏林，则应有路可走。

2.2.2.5　花坛、花境、花丛、花群景观

(1) 花坛

花坛是在具有一定几何轮廓的种植床内种植各种不同色彩的观赏植物，构成一幅具有鲜艳色彩的图案。根据其形式可分为独立花坛、花坛群、带状花坛等类型；因其表现的内容、主题及材料的不同，又可以分为花丛花坛、模纹花坛和混合花坛。

① 独立花坛　常作为局部构图的主体，一般布置在轴线的交点，公路交叉口或大型建筑前的广场上。独立花坛的面积不宜过大，若是太大，须与雕塑喷泉或树丛等结合布置。

② 花坛群　由两个以上的个体花坛，组成一个不可分割的构图整体，称之为花坛群。花坛群的构图中心可以采用独立花坛，也可以采用水池、喷泉、雕像来代替。组成花坛群的各花坛之间常用道路、草皮等互相联系，可允许游人入内，有时还可设置座椅、花架供游人休息。

③ 带状花坛　花坛的外形为狭长形，宽 1m以上，且长度比宽度大 3 倍以上时称为带状花坛。带状花坛可作为主景或配景，常设置于道路的中央或两旁，也可作为建筑物的基部装饰和广场、草地的边饰物。

④ 连续花坛群　由许多独立花坛或带状花坛

图2-84　西湖边花境景观

呈直线排列,组成一个有节奏的不可分割的构图整体,这种花坛群称为连续花坛群。常布置于道路或游乐休息的林荫路和纵长广场的长轴线上,多用水池、喷泉、雕塑等来强调连续景观的起始与终结。在宽阔雄伟的石阶坡道的中央也可设置连续花坛群。

(2) 花境

花境起源于西方,英文为"flower border",花境的传统概念是模拟自然界林缘地带各种野生花卉交错生长的状态,以宿根花卉、花灌木为主,经过艺术提炼而形成的宽窄不一的曲线或直线式的自然式花带,表现花卉自然散布生长的景观。

花境的分类方法很多,如根据观花的特性可分为早春花境、春夏花境和秋冬花境;根据观赏角度分为单面花境、双面花境等;根据植物材料分为草本花境、混合花境、观赏草花境、针叶树花境等。根据园林应用场景不同,花境可分为以下几种形式:

① 林缘花境　在风景林的林缘,多以常绿或落叶乔灌木作背景,呈带状分布,常作为与草坪衔接的过渡植物群落,是目前应用较广泛的花境形式。

② 路缘花境　园林中游步道旁边的花境可以单边布置,也可以夹道布置。路缘花境是路边乔木、草坪与园路的良好过渡,人们可以漫步其中而近观。若在道路尽头有雕塑、喷泉等园林小品,则可以起到引导空间的作用。

③ 墙垣花境　包括墙缘、植篱、栅栏、篱笆、树墙或坡地的挡土墙以及建筑物前的花境,统称为墙垣花境,多呈带状布置,亦可块状布置。利用多年生植物生长势强、管理粗放、花叶共赏的特点,可以柔化构筑物生硬的边界,弥补景观的枯燥乏味,并起到基础种植的作用。

④ 草坪花境　位于草坪、绿地的边缘或中央,通常采用双面或四面观赏的独立式花境布置。既能分割景观空间,又能组织游览路线,也为柔和的草坪、绿地增添活跃、灵动的气氛。

⑤ 滨水花境　在水体驳岸边或草坡与水体衔接处配置,以耐水湿的多年生草本或灌木为植物材料,常带状布置,观叶观花皆宜,在滨水地带形成美丽的风景线(图 2-84)。

⑥ 庭院花境　应用于庭院、花园或建筑物围合区域的花境。可沿庭院的围墙、栅栏、树丛布置,也可在庭院中心营造,或点缀庭院小品,盎然成趣,是欧洲传统花境中最常用的形式之一。

(3) 花丛、花群

花丛、花群通常指由某一类花卉植物以丛植或群植的种植形式,形成局部区域的整体观花景观,不要求物种的丰富性,也不需要背景植物,常布置在醒目的开敞地、路缘、园路岔口、建筑物旁或庭院一隅,或作点缀之用;花境则由多种开花植物混合配置,具有三季有花,四季有景的景观,通常与周围草地衔接或有乔灌木作背景,可独立成景,富有动态变化。

由于存在单一花境的配置形式,从非严格意义上来讲,花境与花带、花丛、花群的区别不甚明显。但凡花卉的自然布置形式均称之为花境,故近年来后三者的概念多被花境所取代。

2.2.2.6　草坪景观

用多年生矮小草本植物密植,并经人工修剪成平整的人工草地称为草坪。不经修剪的长草地域称为草地。草坪一般设置在房屋前面,大型建筑物周围,广场或林间空地,供观赏游憩或作为运动场地之用。草坪在园林中的应用已有数千年的历史。

从基本功能来说，草坪有游憩、运动、观赏、固土护坡和保护自然等多种类型。运动草坪包括足球场、高尔夫球场和网球场等各类体育活动用草地。观赏草坪指以观赏、装饰为主的草坪，它可以布置在一般裸地上，也可以种植在花坛内和建筑旁。飞机场、河岸、湖岸、路侧护坡和交通岛等大量应用草坪进行绿化，它们可统一称为固土护坡草坪。当然，实际的草坪经常是多功能的，这种多功能既可能表现在一地多用上，也可能表现在一块草坪有多个功能区。

大部分的园林草坪都需要通过植物配置来限定空间，构成特定的植物景观，增加单位面积的生物量和提供庇荫场所。考虑到中国的气候条件，草坪的尺度不宜过大，一般应控制在边长200m以内，即让草坪宽度与周边乔木高度的比值不超过10。这种情况下游人的垂直观景视角会在合适的范围内，美学效果明显（图2-85）。空旷草坪的比例不宜过高，应使园林内密林草地、疏林草坪和空旷草坪有一个合适的比例，使园林内的各种种植类型维持基本平衡。

2.2.3　抽象式园林植物景观

抽象是相对于具象而言的，即从许多事物中舍弃个别的、非本质的属性，抽出共同的、本质的属性。抽象式园林就是指对景物不作具体的、详细的模仿，而是将景观设计的造型概括、提炼，形成新颖、简洁、概念化的一种形式。其含义实际上被确定在两个明确的层面上："一是指从自然现象出发加以简约或抽取富有表现特征的因素，形成简单的、极其概括的形象，以致使人们无法辩证具体的物象；二是指一种几何的构成，这种构成并不以自然物象为基础。"这构成了抽象艺术的两大类型。

园林中的抽象不是具体真实地模仿某一自然景观，而是将自然景观高度概括，加以变形、凝练，进行再创作，使它带有较浓的装饰性和规律性，它的线条比自然式的流畅而有规律可循，比规则式的活泼而多变化，但它不绝对排斥方形、圆形。植物材料经过人工重新组合，可以把自然

式和规则式的因素兼收并蓄，融合到自己的构图中来。

罗伯特·布雷·马克思 (Roberto Burle Marx, 1909—1994) 是创造这种园林风格的近现代景观师。他巧妙运用流线形构图及抽象现代语言，使设计富有艺术特质。布雷·马克思将巴西植物鲜艳的色彩、丰富的空间层次、自由流动的绘画元素在植物花床中运用得淋漓尽致。植物大片种植成色块，追求一种流动的跌宕起伏的图案，他还利用花境与铺装的边缘控制草与地被的蔓延，但从不采用人工修剪，他充分利用热带植物的极为丰富的观赏造型特性，突出了叶片的色彩与肌理，这类具有浓郁色彩的抽象图形的作品，不但以花卉材料强调色彩、质感的对比，还运用沙砾石或各种卵石、水体或铺装，并在立体空间上以攀缘植物构成色彩鲜艳的图腾装饰柱，创造出具有现代抽象意味的景观特色。

抽象式园林对于各种造园因素并存的优势在于可以通过巧妙的组合，做到兼收并蓄。具体表现在：①自然而不散漫；②有矩可循而不呆板；③变化多样而协调；④富于装饰性而不流于程式；⑤富于现代感而不排斥诗情画意；⑥具有独创性而给人留下深刻的印象。这种园林植物造景形式不仅适用于比较宽阔的街头绿地、道路绿化、城市广场、现代公园、交通环岛，而且也易与现代

图2-85　草坪及其边缘种植

建筑环境和谐协调。随着城市现代化的进展，抽象式园林将不断发展，使城市景观更为协调统一，使城市园林更符合现代人的审美要求，并更好地为人们服务。

2.3 园林植物景观要素处理

植物配置，是运用艺术技法把各种植物的所有要素组合起来，以美的形式使园林植物的形象美和基本特性得到最充分的发挥，创造出美的环境。以自然美为基础，结合社会生活，按照美的规律进行植物、建筑景观创作。植物的生长虽然具有时间的变化，但相对来说是比较缓慢的，静的内容胜过动的内容，而且可触可视，感受力持久且丰富多彩。

中国古典园林艺术滋生在中国文化之中，并且深受绘画、诗词和文学的影响。中国画，尤其是传统山水画对园林的影响最为直接和深刻。可以说，中国园林一直是循着绘画的脉络发展起来的，山水画的审美意识和理论决定了园林艺术的形态和发展走向，它们互相渗透、互相影响，成为中华民族文化遗产中的重要组成部分。园林艺术可归入造型艺术的范畴，造型艺术的表现原则即为园林艺术造型的原则。园林植物景观要素的处理同样遵循这些原则。

2.3.1 园林植物景观要素处理原则

2.3.1.1 多样与统一

多样与统一规律是一切艺术领域中处理构图的最概括、最本质的原则。多样就意味着不同，不同就存在着差异，有差异就是变化。因此，多样就同变化等同起来，所以多样与统一亦可称为变化与统一。统一就是协调，也就是和谐，没有多样就无所谓统一，正因为有了多样才需要统一。多样与统一规律反映了一个艺术作品的整体构图中的各个变化着的因素之间的相互关系。

园林植物景观设计中应用统一的原则是指植物在树形、体量、色彩、线条、形式、质感、风格等方面，要有一定程度的相似性或一致性，给人以统一的感觉。由于一致性的程度不同，引起统一感的强弱也不同。十分相似的一些园林植物即产生整齐、庄严、肃穆的感觉，但过分一致又觉呆板、郁闷、单调，所以园林中常要求统一当中有变化，变化之中求统一，这就是"多样与统一"的原则。纪念性公园、陵园、墓园、寺庙等场所，常在主干道两旁种植成列的松柏树，使人肃然起敬，产生一种庄严的统一感。凡是真正使人感到愉快的景观，都是由于其各个组成部分之间具有明显的协调统一感。种植设计可以通过以下方式来创造统一感：

① 同一树种多次重复出现　运用重复的手法最能体现植物景观的统一感。如街道绿地中种植行道树，等距离配置同种、同龄乔木树种或在乔木下配置同种、同龄花灌木，这种重复的手法具有高度的统一感；这种重复的手法还体现在种植设计方案中基调树种的运用，在种植设计之初就要决定采用何树种作为基调树，是槐树还是枫杨，或是两种树的结合，这样在大的种植区域中，种类少、数量大的基调树种就能形成统一全园的格调。

② 选用观赏特性相似的树种　选择树形相同或相近的树种形成观赏立面；选择同属不同种类，甚至不同品种的材料种植成的树丛；花色相同的植物材料组成的观赏立面等都属于观赏性统一的范畴。

统一的反面就是变化，在统一基础上的变化才不至于零乱。变化程度过大就会失去统一感。可以树形相同，种类不同，进而带来观赏性的差异，如玉兰和望春玉兰都是木兰科木兰属植物，树形相似但花色不同，花期一前一后，花后叶形也不相同，用以上两种植物材料组成观赏树丛，就是一种有变化的统一。

一个种植设计方案中，用到的植物材料有几十甚至上百种，各个景区景观各异，特色鲜明，变化多端，但它们都统一在园区的基调树种下。如紫竹院公园植物材料非常丰富，疏林、密林、树丛、树群变化多样，但都统一在竹的特色树种上；颐和园各殿堂中植有海棠、玉兰、牡丹、龙爪槐、楸树、竹子等，但都统一于松柏。又如在江南竹园的景观设计中，高大的毛竹、慈竹等与低矮的箬竹高低错落；龟甲竹、佛肚竹的节间各异；粉单竹、黄金嵌碧玉竹、碧玉嵌黄金竹、黄曹竹、菲白竹、紫竹等色彩各不相同，但相似的竹叶及线条使它们统一起来。

园林中的变化是产生美感的重要途径，通过变化才使园林美具有协调、对比、韵律、节奏、联系、分割、开朗、封闭……许许多多造型艺术的手法，都符合这些原则和方法，所以说"统一变化"的原则是其他原则的理论基础。在种植设计中，一定要让各元素在某些因素统一的前提下，进行一定程度的变化，组成丰富的植物立面效果。

2.3.1.2 调和与对比

调和与对比是艺术构图的重要手段之一。园林景观需要调和，以便突出主题，彰显园林的基本风格，但园林中更需要有对比，这样能使景观丰富多彩，生动活泼。

构图中各种景物之间的比较，总有差异大小之别。差异小的即这些景物比较类同，共性多于差异性，把这些类同的景物组合在一起，容易协调，这类景物之间的关系便是调和关系。有些景物之间的差异很大，甚至大到对立的程度，把差异性大于共性的这类景物组合在一起，它们之间

的关系便是对比关系。但须注意的是调和与对比只存在于同一性质的差异之间，如体量大小、空间开敞与封闭、线条的曲与直、颜色的冷与暖、光线的明与暗、材料质感的粗糙与光滑等，而不同性质的差异之间不存在调和与对比，如体量大小与颜色冷暖是不能比较的。现将调和与对比分述如下：

(1) 调和

调和是指事物和现象的各方面相互之间的联系与配合达到完美的境界和多样化的统一。如植物的体形、色彩、线条、比例、虚实、明暗等，都可以作为要求协调的对象。植物景观的相互协调必须相互有关联，而且含有共同的因素，甚至相同的属性。

运用植物的色彩、姿态、质感、体量进行设计时，都可以用同一色相、类似色相、相似姿态或近似质感、体量来达到协调，体现简洁、大方的艺术效果。如杭州植物园杜鹃专类园中选择大量不同种类、品种的杜鹃花，尽管它们在株形、植株高矮、叶片大小等方面各不相同，但其鲜艳的花色、优美的花形、花冠，达到了整体的相似和一致，这就是协调的极好体现（图2-86）。在某一局部环境中，采取同一色调的冷色或暖色，用以表现某种特定的情调和气氛，十分耐人寻味（图2-87）。调和手法在园林种植设计中的应用，还通过植物与构景要素中的山石、水体、建筑等的风格和色调

图2-86　多种杜鹃花配置协调统一

图2-87　路缘相同色调的草花

的一致而获得，如上海迪士尼乐园主体建筑前修剪成尖塔状的常绿树，与该城堡的风格协调一致（图2-88）。

(2) 对比

在造型艺术构图中，把两个完全对立的事物作比较，叫作对比。凡把两个相反的事物组合在一起的关系，称为对比关系。通过对比而使对立着的双方达到相辅相成，相得益彰的艺术效果。在园林植物种植设计中往往存在大小、高矮、色彩、形态、虚实、明暗、刚柔等方面的差异与对比。

① 形象的对比　有高低、姿态、大小、方圆、刚柔等不同形象的对比。以低衬高、以小衬大、以柔衬刚，以方衬圆都能造成人们的错觉，使长者愈显其长，高者愈显其高，大者愈显其大等。乔木的高大和灌木的矮宽、尖塔形树冠与卵形树冠等都是形象的对比（图2-88）。在园林树木众多的姿态中，可以利用不同的姿态组合，如通过毛白杨的竖向与合欢的横向对比、雪松的尖塔形与砂地柏等的水平展开形的对比，从而可以达到突出主题或改善视觉景观的目的。利用植物的高低不同，可组织成有序列的景观，形成优美的天际线，在晚霞或晨曦的映衬下，显得宁静、幽远。

② 体量的对比　体量是一个物体在空间中的大小和体积。植物的体量由植物的种类决定，乔木体量大，而灌木、地被体量较小。由于体量在一个空间中往往给人留下重要的印象，因此，常常把具有不同体量的植物以对比的方式来形成视觉中心。如一条蜿蜒曲折的园路旁，路右侧种植一棵高大的雪松，则邻近的左侧须种植数量较多、单株体量较小的成丛花灌木，以达到均衡的效果。

③ 色彩的对比　色彩构成中红、黄、蓝三原色之一同其他两原色混合成的间色组成互补色，从而产生一明一暗、一冷一热的对比效果，可以很好地突出主题，烘托气氛。园林中的色彩主要来源于植物的叶色、花色、建筑物的色彩，为了达到烘托或突出建筑物的目的，常用明色、暖色的植物。如秋高气爽时，橙红色的槭树类植物在蔚蓝色天空的衬托下，显得格外绚丽；其他如绿色草坪与白色大理石雕塑、白色花架上悬垂开满红花的凌霄，都是对比鲜明的组合。植物造景时就常用"万绿丛中一点红"的对比手法来创造主景或点景，如用常绿树或落叶树作背景衬托花灌木或草本花卉在色彩和体型方面均能产生对比的效果，尤其以常绿植物衬托常年红叶植物或开红花的植物效果更好（图2-89）。如松、竹、梅"岁寒三友"的树丛配置，以开红花的梅花作主景，常绿的松竹为背景和配景，在寒冷的冬季依然能带给人温暖、欣喜的感受。圆明园遗址公园里一座小桥边种植一棵白蜡，秋季叶色金黄，鲜亮的色彩吸引游人欣赏，成为桥边的主景（图2-90）。

④ 质感的对比　详见2.1.1.3节内容。

⑤ 明暗的对比　由于光线的强弱造成空间明暗的对比，加强了景物的立体感和空间变化。园林绿地中的明暗使人产生不同的感受，一般来说明暗对比强烈的空间景物易使人振奋，明暗对比弱的空间景物易使人安静。明处开朗活泼，暗处幽绿柔和；明处适于活动，暗处适于休息（图2-91）。

图2-88　尖塔形常绿树与城堡风格相协调

图2-89　绿色与红色形成色彩对比

图2-90　金色树叶的白蜡成为桥边主景

图2-91 明暗对比，明处景物开朗生动，暗处景物幽深宁静

图2-92 岸上的实物与水中的倒影形成虚实对比

图2-93 建筑背依茂盛的植物，视线前方开敞通透，开合对比

图2-94 草坪边缘疏密有致的植物增添韵律感

如树荫浓密的林地与青草如茵的草坪相依相伴，便在园林植物配置中形成开与合、明与暗的对比，并共融于绿色之中，从而达到统一与变化的艺术效果。

⑥ 虚实的对比　虚给予人以轻松，实给予人以厚重。山水对比，山是实，水是虚；岸上的景物是实，水中倒影是虚。由于虚实的对比，使景物坚实而有力度，空灵而又生动。园林十分重视布置空间，处理虚的地方以达到"实中有虚，虚中有实，虚实相生"的目的（图2-92）。如苏州怡园面壁亭的镜借法，用镜子把对面的假山和螺髻亭收入镜内，以虚代实，扩大了境界。树木有高矮之分，树冠为实，冠下为虚；园林空间中林木葱茏是实，林中草地则是虚。此外，还有借用粉墙、树影产生虚实相生的景色。实中有虚，虚中有实，才使园林空间有层次感，有丰富的变化。

⑦ 开合的对比　有意识地利用植物材料创造封闭、半封闭及开敞的空间，形成有的局部空旷，有的局部幽深，互相对比、互相烘托，产生柳暗花明又一村的感受，可起到引人入胜、流连忘返的效果（图2-93）。

⑧ 疏密的对比　《画论》中"宽处可容走马，密处难以藏针"体现的就是疏密对比的原则。故颐和园中有烟波浩渺的昆明湖，也有林木葱郁、宫殿建筑密集的万寿山，形成了强烈的疏密对比。树林的林缘由疏到密和由密到疏有规律的变化，增加了景观的韵律感（图2-94）。

当然，这些手法在应用时并不是单一出现，

而是经常混合使用。如常绿的圆柏、黄杨、砂地柏组成的树丛，同时具有形态上的尖塔形与圆球形、匍匐形的对比，体量上高大的乔木与矮小的灌木与地被的对比，同时还有色彩上翠绿与暗绿的对比，使树丛效果达到对比、协调的高度统一。

2.3.1.3 对称与均衡

对称是指物体的各部分在上下、左右、前后等对应两方面的布局，其形状、距离、质量、大小等诸要素的总和处于对应相等的状态。均衡就是平衡和稳定，在园林植物景观设计中影响均衡的主要因素有物体体量的大小、质感的粗细、色彩的浓淡等因素。均衡在园林整体布局、局部空间的立面构成中都存在。均衡是视觉艺术的特性之一，自然界凡属静止的物体都要遵循力学原则，以平衡的状态存在。不平衡的物体或造景使人产生躁乱不安的感觉，即危险感。在园林中的景物一般都要求赏心悦目，使人心旷神怡，所以无论供静观或动观的景物在艺术构图上都要求达到均衡。均衡有对称式和非对称式均衡两种类型，现分述如下：

(1) 对称式均衡

对称式均衡的特点是：有一条轴线统领两边的景观，景物在轴线的两边作对称布置。布置的景物在形象、色彩、质地以及分量上完全相同，如同镜像一般。它给人以庄严、肃穆、稳定、整齐的感觉。对称式均衡布局在规则式的园林绿地中采用较多，如纪念性园林，公共建筑的前庭绿化等，有时在某些园林局部也运用。在园林构图上这种对称布置的手法常常用来陪衬主题，如果处理恰当，则主题突出，井然有序，如法国凡尔赛公园完全对称的种植形式显示出壮观、非凡的美感，成为千古佳作。但如果不分场合，不顾功能要求，一味追求对称性，有时反而流于平庸和呆板。英国著名艺术家荷加兹说："整齐、一致或对称只有在它们能用来表示适宜性时，才能取悦于人。"如果没有对称功能要求与工程条件的，就不要强求对称，以免造成削足适履之弊。

(2) 不对称式均衡

在园林绿地的布局中，由于受功能、地形等各种复杂条件制约，往往很难也没有必要做到绝对对称布置，在这种情况下常采用不对称式均衡的手法。不对称均衡往往视觉焦点不放置在中央，所以形状上是不对称的，具有静中有动的感觉。视觉上虽然呈不对称分布状态，但感觉上却是平衡稳定的。在这种艺术的均衡现象中，所谓"轻""重"之说完全是指心理上的而不是物理上的，对某种形式的兴趣愈浓厚或对它的意义发掘愈深，其"重量"就显得愈大。自然界中绝大多数的景物都是以不对称式均衡存在的，尤其在公园、花园、植物园、风景区等游憩性的自然式园林绿地中，小至树丛、散置山石、自然水池，大至整个园林绿地、风景区的布局，都采用不对称式均衡的布置形式。如某公园园路两边的植物配置，右边在规整的草坪上种植较高大海棠树丛，与左边起伏地形上的迎春取得了均衡的效果。在景物不对称的情况下取得均衡，其原理与力学上的杠杆平衡原理颇有相似之处。在园林布局上，重量感大的物体离均衡中心近，重量感小的物体离均衡中心远，二者因而取得均衡。一块顽石可以平衡一个树丛，形体上的差异虽然很大，但人们却感觉平衡，这是因为人们经验上都熟悉石头很重，对石头有一种"重"的感觉；而一丛树木枝叶扶疏给人以轻快感，本来石头与树丛是不平衡的，但经过设计师的精心安排，石头不多放，树木成丛种植，结果感觉上分量就是均衡的。

中国园林中树桩盆景和山石盆景也都常常采用不对称式均衡的方式来布置物件。不对称式均衡构图的美学价值，大大超过对称式均衡构图，可以起到移步换景的效果，不过在构图时要综合衡量构成园林绿地的物质要素的虚实、色彩、质感、疏密、线条、体形、数量等给人产生的重量感觉，不仅要考虑平面构图，还要考虑立面构图，从而使整体景观取得均衡与稳定的效果。

2.3.1.4 节奏与韵律

节奏与韵律作为构成艺术的主要形式之一，

图2-95 西湖苏堤上分段交替重复的红桃绿柳

图2-96 方形起伏的城垛状绿篱

是指艺术作品中的可比成分连续不断交替出现而产生的美感。节奏产生有两个条件：一是对比或对立因素的存在；二是这种对比有规律地重复。当序列中的节奏产生变化，且有一定规律，又符合审美规律时，便产生了韵律。所以，韵律是节奏的较高级形态，是不同的节奏和序列的巧妙组合。构成要素的重复、渐变、动感变化都是节奏与韵律的基本形式和表现特征。节奏与韵律表现的主要特征是把基本形式有规则、反复地连续起来，并且逐次地进行变化，它依据一定的比例，有规律地递减或递增，并具有一定阶段性变化，形成富有律动的形象。通过形态、色彩在空间中虚实、强弱的交替节奏，可构成空间关系中共性特征最强的平衡秩序和呼应关系。节奏和韵律是多样统一原则的引申，除诗和音乐之外，已广泛应用在建筑、雕塑、园林等造型艺术方面。园林植物景观设计中节奏与韵律的表现形式大概有以下几种：

① 简单韵律　在园林中利用植物单体有规律的重复，有间隙的变化，在序列重复中产生节奏，在节奏变化中产生韵律。如路旁采用单一树种等距离排列的行道树就形成一种"简单韵律"。这种简单韵律形式比较单调，装饰效果不大。

② 交替韵律　两种树木，尤其是一种乔木与一种花灌木相间排列或带状花坛中不同花色分段交替重复等，都会产生活泼的"交替韵律"，如杭州西湖苏堤上的桃红柳绿（图2-95）。

③ 形状韵律　人工修剪的绿篱可以剪成各种形式的变化，如方形起伏的城垛状（图2-96）、弧形起伏的波浪状、平直加上尖塔形半圆或球形等形式，可产生形状韵律感。

④ 季相韵律　如全国各大城市广泛采用石楠作绿篱，春秋两季嫩梢变红，这种随季节发生色彩的韵律变化，可称之为"季相韵律"；由春花、夏荫、秋叶或冬干几个不同树种组成的树丛，也可以产生季相韵律。

⑤ 渐变韵律　园林景物中连续重复的部分，作规则性的逐级增减变化就形成"渐变韵律"。这种变化是逐渐而不是急剧的，如植物群落由密变疏，由高变低，色彩由浓变淡采取逐渐变化的形式，才容易获得整体调和的效果。

另外，花坛的形状变化，内部植物种类的变化、色彩及排列纹样的变化，结合起来就是花园内最富有韵律感的布置。欧洲文艺复兴时期大面积使用图案式花坛，给人以强烈的韵律感。还有以宿根、球根花卉为主布置成的花境，植物种类并不多，但按高矮错落作不规则的重复，花期按季节而此起彼落，全年景观不绝，其中高矮、色彩、季相都在交叉变化之中，如同一曲交响乐的演奏，韵律感十分丰富。

水岸边种植木芙蓉、夹竹桃、杜鹃花等，倒

影成双，一虚一实形成韵律。一片林木，树冠形成起伏的林冠线，与青天白云相映，风起树摇，林冠线随风流动也是一种韵律。植物体叶片、花瓣、枝条的重复出现也是一种协调的韵律，园林植物产生的韵律可谓取之不尽。

2.3.1.5　比例与尺度

比例与尺度法则，在立体构成中被普遍应用。在园林艺术中，恰当地把握比例与尺度也是一条十分重要的原则。

(1) 比例

比例是一个数学关系，同时也是一个美学概念。园林中的比例是指景物在体形上具有适当美好的关系，既包括景物本身各部分之间长、宽、高的比例关系，也包括景物之间个体与整体、整体与局部之间的比例关系。世界公认的最佳数比关系是古希腊毕达哥拉斯学派创立的"黄金分割"理论，然而在人的审美活动中，随着时代的发展，人们已经认识到，即使是黄金分割也不能看作是永恒的形式美法则，更不能将艺术纳入纯数学的推导。事实上，景物自身及景观之间的比例关系并不一定用数字来表示，还是一个感觉和经验上的审美概念。例如，我国四大名园之一——承德避暑山庄，是一座大型园林，园中建筑物都是大型的，使人感到宏伟壮观。而日本的古典园林，由于面积较小，园林中各要素的安置无论树木、置石或其他装饰小品，都是小型的，使人感到亲切合宜。这种宏伟感和亲切感都是比例适当而形成的。所以运用比例这个原则，从局部到整体，从微观到宏观，从近期到远期（尤其植物体量的增大），相互间的比例关系与客观的需要能恰当地结合起来，就是成功的园林作品。

在园林植物景观设计中，要根据当地的气象、风向、湿度、雨量及阴雨时数资料的实际情况来确定乔、灌、草的比例关系。乔木虽然能够庇荫，带来良好的生态效益，但容易造成园内明暗对比失调，所以不能顾此而失彼。一般情况下，在北方，常绿树与落叶树的数量之比为 1 ∶ 3，乔木与灌木比为 7 ∶ 3；而到了海南一带，常绿树与落叶树的数量之比为 2 ∶ 1 甚至 3 ∶ 1，乔木与灌木比为 1 ∶ 1。

(2) 尺度

园林中尺度是指人与景物间的对比关系。在西方，尺度被认为是十分微妙而且难以捉摸的原则，其中既有比例关系，还有匀称、协调、平衡的审美要求。园林是供人赏用的空间环境，景观的尺度应按人的使用要求来确定，其比例关系也应符合人的视觉规律。一般来说，园林中的围墙、栏杆、座椅、踏步等的高矮、宽窄都是以正常人的尺寸为依据的。如园林围墙的高度常常是 1.5～1.8m，防护性强的为 2.0～2.5m；园林中的防护性栏杆的高度一般为 1.1～2m；座椅以人的小腿的长度为依据，通常是 40～60cm；各类台阶踏步的宽度通常是 30～40cm。还可以通过人们的感觉规律来确定绿篱或绿墙的高度，如当绿篱高度不高于 30cm 时，绿篱无空间隔离感，则图案感增强，多用于布置模纹花坛或草坪镶边；当高度为 60cm 时就稍有边界划分和隔离感，可用于台边、建筑边缘的处理；当高度在 90～120cm 时，就有很强的边界隔离感，多用于安静休息区的隔离处理；当高度不低于 160cm 时，则使人产生空间隔断或封闭感，多用于障景或封闭空间的绿墙处理。

另外，对于作主景的植物景观，设立在什么位置便于人们观赏就是一个关于尺度和比例的问题。依据统计分析，在正常情况下，不转动头部，最舒适的观赏视角在立面上为 26°～30°，在水平面上为 45°。以此推算，对于大型景物来说，合适的视距为景物高度的 3.3 倍，小型景物约为 1.7 倍。而对景物宽度来说，其合适视距则为景物宽度的 1.2 倍。如果园中要设置一株孤立树作主景，那么孤立树前需要留出多大范围的草坪空地就需遵循这一规律来确定，否则，就达不到最佳观赏效果。

人们观赏景物因视线的角度不同又分为平视、仰视、俯视。平视使人感到平静、深远；仰视使人感到雄伟、紧张；俯视则感到开阔、惊险。在园林中，利用不同的观赏视角，创造不同的观赏景观，使得高低上下、四面八方都有景可赏，从而使园林空间富有层次变化，景色绚丽多姿。

2.3.1.6 主从与重点

园林中植物、建筑、山石、水体等各园林要素组成的整体中，每一要素在整体中所占的比重和所处的地位，都会影响整体的统一性。倘使所有要素都处于同等重要的地位，不分主次，势必会削弱整体的完整统一性。它们应当有主与从、重点与一般、核心与外围的差别。否则，各要素平均分布、同等对待，即使排列得整整齐齐、很有秩序，也难免会流于松散、单调而失去统一性。由此可见，在构图中建立良好的主从关系或重点与一般的关系是达到协调统一的重要条件。园林中为了强调或突出主景，可以采用：

① 轴心或重心位置法　把主景安置在主轴线或两轴线交点上，从属景物放在轴线两侧或副轴线上。自然式园林绿地中，主景应放在该地段的重心位置上。这个重心可能是地形的几何中心，也可能是地域中植物群体的均衡重心，也可以是地域中各空间的体量重心。

② 对比法　在园林空间中，凡形体高大、形象优美、色彩鲜明或位处高地，或在空旷处独一无二，或在横向景物中"鹤立鸡群"者，一般都是主景，其余则为从属景物。

在园林植物景观设计中，由于环境、经济、苗木等各种因素的影响，人们常把景区分为主体和从属的关系，如绿地以乔木为主体，以灌木、草本为从属，或以大片草坪为主体，以零星乔木、花灌木为从属等。在种植设计时，规则式种植中也把主景植物安置在主轴线或两轴线交点上，从属植物放在轴线两侧或副轴线上。自然式种植中，主景树放在该地段的重心位置。

2.3.1.7 风格与风俗

园林中的风格是指园林中表现出来的一种带有综合性的总体特点。就一个园林景观设计师来说，可以有个人的风格；就一个流派、一个时代、一个民族来说，又可以有流派风格、时代风格和民族风格。风格是识别和把握不同园林景观设计师之间区别的标志，也是识别和把握不同流派、不同时代、不同民族的园林之间区别的标志。

风格是因人、因地而逐渐演进形成的。一种风格的形成，除了与气候、国别民族差异、文化与历史背景有关外，同时还有深深的时代烙印。例如，中国以自然山水园为特色，体现天人合一的自然风格。中国古典园林一直以表现自然意趣为目标，力避人工造作的气氛，追求和遵循写仿自然的指导思想，以达到"虽由人作，宛自天开"的境界。因此，中国古典园林的风格可以概括为：模山范水、宛自天开；曲折幽深、小中见大；诗情画意与情景交融。法国的古典园林是"勒诺特尔风格"，园林一般由纵横交错的轴线系统控制，有明确的中心、次中心及向四处发散的放射性路径。这些笔直的轴线和园路将人们的视线引向远方，向心、开放、具有无限的伸展性。整个园林突出地表现出人工秩序的规整美，反映出控制自然、改造自然和创造一种明确的几何秩序的愿望，从而产生规矩严整、对称均齐的人工秩序化的自然图景。而英国的自然风景园，来源于牧场的改造和模仿，有平缓而流动的起伏地形，成丛的树木。这说明风格具有历史性和地域性。

风俗是人类在长期的社会活动中形成的关于生老病死、衣食住行乃至宗教信仰、巫卜禁忌等内容广泛、形式多样的行为规范。我国历代园林设计中都很注意植物景观的营造，选择植物的种类、种植的形式等与当时、当地的历史文化背景、生活习俗、自然条件等息息相关，园林植物景观设计中可结合民间习俗、传统节日，做一些植物景观的特殊布置，如春节赏梅、三月踏青、重阳节赏菊、秋日观桂等。另外，不同地区和民族，也有自己喜爱的植物。如朝鲜族喜欢金达莱，视为和平、幸福的象征；蒙古族特爱"干枝梅"，作为驱祛邪恶的吉祥物；汉族喜欢牡丹、梅花、菊花、桃花；回族喜爱沙枣。

此外，在科学技术不甚发达的远古时期，人们往往遵照"风水说"的观点来规范自己的言行乃至社会活动，时至今日，这些观点仍然影响着人们的种植习惯。如民间谚语有云："前不栽桑，后不栽柳，门前不栽鬼拍手。"即宅前栽桑会"丧"事在前；说"后柳（溜）"，房后植柳就会留不住子孙后代；杨树遇风，叶子哗哗啦啦地响，像是"鬼"在拍手。另外，门前种桃树，有"富贵逃（桃）散"的意思，也不吉利；人们也很忌讳苦楝树，因为它有主人食苦果的意思。还有如"大树压门，无女少男"，"东种桃柳，西种栀榆，南种梅枣，北种李杏"，"中门有槐富贵三世，宅后有榆百鬼不近"，"宅东有杏凶，宅北有李、宅西有桃皆为淫邪"，"门前喜种双枣，四畔有竹木青翠则进财"……风水学中的这些理论貌似无稽之谈，可是从传统文化的角度看，却能满足人们的精神需要，同时还能创造出具有地域特色的自然文化景观。

2.3.2 园林植物景观处理方法

2.3.2.1 形体处理

园林植物具有不同的树姿树形，不同树形所传递的形象、气质及观赏效果各不相同。垂直向上类的植物宜产生严肃、静谧的气氛；水平展开类植物有平静、舒展等表现作用；球形、广卵形等无方向类植物具有柔和平静的特征，容易和周围轮廓鲜明的景观取得协调；特殊树形的植物姿态奇特，可作为视觉中心，成为局部空间的主景。但大多数情况下，不同树形的植物通常不是以纯个体的形式出现的，而是相互组合在一起，形成植物群落。植物群落是城市绿地的基本结构单元，直接决定着绿地的结构、功能和长远效果。应该

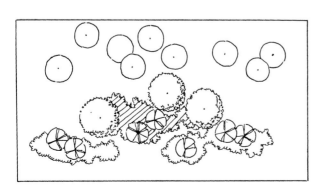

图2-97　植物群落的平面布局

重视植物群落的景观设计，建植乔、灌、草复层混交的结构合理、功能健全、极具观赏价值的植物群落。在植物群落的设计中，同样应遵循多样与统一、调和与对比、对称与均衡、节奏与韵律、比例与尺度、主从与重点、风格与风俗这些基本原则。植物的树形、色彩、线条、质地及比例既要有一定的差异和变化，又要使它们之间保持一定相似性，具有统一感，使人在观赏时产生柔和、平静、舒适和愉悦的美感；运用体量、质地各异的植物进行配置时，要遵循均衡的原则，使景观稳定、和谐，从而产生美感。

(1) 植物群落的平面布局

仿自然式的人工植物群落要求平面布局不能是规则的矩阵方式排列，而应该使群落内的植物以丛植的形式出现，注意任意3株不要形成一条直线，以达到自然的效果。如图2-97所示是由钻天杨、银杏、山楂、平枝栒子、铺地柏组成的一个以观春秋景色为主的植物群落。银杏树体比较高大、树冠广卵形、秋季叶色变黄，用来作为植物群落的主景树；钻天杨为圆柱状树形，可以用来打破银杏广卵形的树形，达到变化的效果，用来作为背景树布置在主景树银杏的后方及侧后方；山楂为春夏开花、秋天结红果的小乔木，树形浑圆，作为配景树布置在银杏前面，丰富树形、枝叶质感、色彩变化；最后把平枝栒子、铺地柏这两种低矮的木本地被植物适当密植，成片穿插在不同树种之间，起到连接的作用，使整个植物群落更具整体感。仿自然式植物配置还要满足自然生境恢复的要求，保留场地内野草、野花以及野生树种，体现乡土特色，结合景观场地设置需要，配置乡土树种，形成多样性植物景观。

(2) 植物群落的立面布局

植物群落的立面构图要保持统一性，也就是不同树种的配置所组合的立面要形成一体的感觉，这种一体的感觉，需要有主题或主景，还需要有一定的重复。主题就是一个元素或一组元素从其他元素中突显出来，成为视觉焦点，不致使视觉在不同构成元素上游走；重复由于有共同之处，可以产生强烈的视觉统一感。如在由银杏、圆柏、

图2-98　植物群落的立面布局

金钟花组成的杂木林前，在地势略高的草坪上并植的两株新疆杨，起着统领周边环境的作用，成为视觉焦点（图2-98）。

另外，植物群落的立面布局主要注意林冠线及层次设计。林冠线是树木在立面上的天际线，也是树林或树丛空间立面构图的轮廓线。不同高度的乔灌木所组合成的林冠线，决定着游人的视野，影响着游人的空间感受。林冠线的形成决定于树种的构成以及地形的变化。同一高度的树种形成等高的林冠线，简洁、壮观但平直单调（图2-99）；不同高度的树种形成的林冠线则高低起伏多变（图2-100)，如果地形平坦，可以通过变化的林冠线和色彩来增加环境的观赏性；如果地形起伏，则可以通过同种高度或不同高度的树种构成的林冠线来表现，加强或减弱地形特征。

平面布局中乔木、灌木以及地被的搭配在立面上表现为植物景观的层次。一般而言，植物层次是根据设计意图而决定的。如果需要形成通透的空间，则种植层次要少，可以仅为乔木层；如果需要形成动态连续的具有远观效果的植物景观，则需要多层的植物种植，从色彩上、树形上以及立面层次上进行对比和变化，从而创造优美的植物景观。丰富的层次不仅在视觉上可以形成良好的效果，还可以在游人心理上形成较为厚重的种植感受，这点还可以在园林围墙边缘地方加以使用，从而使游人感受不到实体边界的存在（图 2-101）。

多层次的植物群落具有优美的林冠线和自然林缘线。营建多姿多彩的植物群落，能最大限度地满足城市居民对绿色的渴求，调和过多的建筑、道路、广场等生硬的人工景观给人们的压抑感。

图2-99　等高的林冠线

图2-100　高低起伏的林冠线

图2-101　丰富的层次弱化了实体边界的存在感

图2-102　红叶石楠、黄杨球、嫩柳形成的"花红柳绿"

2.3.2.2　色彩处理

色彩是对景观欣赏最直接、最敏感的要素，不同的植物以及植物的各个部分都显现不同的色彩效果，绝妙的色彩搭配可以使平凡而单调的景观得以升华。"万绿丛中一点红"就将少量红色突显出来，而"层林尽染"则突出"群色"的壮丽

图2-103　秋色叶树种与常绿树种搭配丰富了秋景

景象（图2-102、图2-103）。色彩设计中要注意处理好以下3个方面的内容：植物色彩与周围环境的协调；绿叶植物及彩叶植物的搭配；植物花期与色叶效果的持续。

(1) 植物色彩与周围环境的协调

色彩的作用多种多样，在不同色彩的渲染下会形成不同的园林风格。冷色创造出宁静的环境，暖色则给人以喧闹的感觉。在园林景观中，植物一般与其他景观要素如建筑、小品、铺装、水体等同时出现，且在大多数情况下处于支配地位。所以不管任何情况，植物色彩设计都不能单独进行，要从整体环境气氛及色彩效果出发。

① 功能的协调　植物色彩有着功能隐喻作用。一般来说，鲜明、热烈的颜色比较能鼓动人的热情，而柔和的颜色比较适合于私人场所。例如，三角梅、一品红都具有鲜亮的色彩，与绿色的叶子搭配能起到烘托热烈气氛的效果，一般在庆典场合使用，但是如果周围环境比较恬静，则不适宜采用。而黄色花朵与纯蓝色、白色、橙色的花朵搭配往往呈现出一种现代的气氛，比较适合光线较暗的庭院植物配置，有提亮色彩、增加活力的效果。

② 空间的协调　植物色彩可以影响人类空间感的构成，在具体实践中可以根据不同的空间设计要求选用不同颜色的植物。一般来说，深颜色植物有收窄空间的作用，使人产生纵深感；浅颜色植物有扩大空间的作用，使人产生开阔感。如

种植开花为蓝色、紫色和烟灰色的植物像郁金香、鸢尾、大丽花等，这些植物颜色较深，可以大大加强景观的深度。白色、黄色的反光性较强，往往能加大局部空间的受光度，增强空旷感，起到拉阔空间的作用，如马蹄莲、白玉兰等白色植物种植在封闭的环境中可以营造开阔安静的氛围。

(2) 绿叶植物及彩叶植物的搭配

绿色是园林植物最基本色彩，不仅能较好地衬托花朵，也能和其他的彩叶植物相互搭配，形成协调的整体景观。彩叶植物一般分为常色叶植物、春色叶植物和秋色叶植物 3 类。常色叶植物是指整个生长期内叶色都呈现彩色，如紫叶李、紫叶小檗、紫叶桃、金枝槐、金叶女贞、金叶接骨木等；春色叶植物及秋色叶植物只是在生长期的某一段时间呈现五彩的叶色，如樟树、红叶石楠、椿树是常见的春色叶植物；银杏、火炬树、白蜡、黄栌则是常见的秋色叶植物。一般来说，彩叶植物的叶色较为鲜艳夺目，在实际应用中往往可以作为中心植物栽植成群，并用绿叶植物作为陪衬，以便吸引视线，形成主体景观。还有一部分彩叶植物叶色较深沉如法国梧桐、榆树等，可以与女贞、广玉兰以及小叶女贞、矮冬青等常绿乔木及半常绿灌木搭配应用，打破绿色的单一格调，增加游人的兴趣。

(3) 植物花期与色叶效果的持续

在园林植物设计中，不仅涉及颜色搭配的问题，还涉及景观延续性问题。植物花色和叶色会随着时间的推移而不断变化，植物色彩的变化会导致原来协调的搭配组合不再协调，为了解决这个问题，可将花期不同的同类花色植物混合种植，通过不同花期的植物次第开放来延长观赏期，使得植物景观始终保持协调的色彩。不同花期的花木适当混栽是避免由于植物个体色彩消退而导致整体景观不协调的最佳途径。例如，蜡梅、迎春、连翘、棣棠、报春刺玫、黄刺玫、黄栌、栾树都是黄色花树种，花期各不相同，集中栽种可以确保不同时期都可以观赏到黄色调的植物景观；而二乔玉兰、欧洲丁香、紫藤、小叶丁香、蓝丁香等是紫色花树种，花期各异，也可以集中栽种，

以确保紫色调的延续。又如藤本植物中紫藤的观赏性较强，往往作为花架主景设计，但是观赏期较短，若与玉兰、海棠等植物相互搭配可以调补紫藤的无花期，保持整个园林景观的延续性。

2.3.2.3 质感处理

植物的观赏特性包括视觉、触觉、嗅觉等特性。但是人类获取植物材料信息最大量、最直接的来源是视觉，尤其是植物形态、色彩等方面的特性更容易引起注意，而植物的质感、肌理等特性往往会被忽略。获得植物整体性的认识需要综合运用植物体各方面的信息，掌握植物的质感特性，可以丰富营造植物景观的方法。在植物景观的质感设计中，要着重处理好以下几个方面的关系。

(1) 植物质感与空间尺度感

空间感觉与运动过程有联系。质感粗糙的植物材料轮廓鲜明，明暗对比强烈，形象醒目，在空间中产生前进感，从而使空间显得比实际小；质感精细的植物材料有细腻、柔和的纹理变化和精致、单纯的表面特征，明暗对比弱，在空间中产生后退感，从而使空间显得比实际大。质感中等的植物材料轮廓形象和明暗对比居中，产生中性的心理色彩和空间感受。人对空间透视的基本感受是近大远小，近清楚远模糊。利用上述原理，在特定的空间中，把质感粗糙的植物材料作为前景，把质感细腻的植物材料作为背景，相当于夸张了透视效果，产生视觉错觉，从而可以加大景深感，扩大空间尺度感。相反的设计可以缩小景深感和空间尺度感。

(2) 植物质感与空间的转化及过渡

植物材料的质感特性可以作为解决空间转化及过渡的要素之一。如果要使空间气氛的变化自然，质感中等的植物材料可以作为质感粗糙和质感细腻的植物材料之间的过渡；如果要使空间气氛的变化强烈，则要加大质感对比，如将质感精细和粗糙的植物并植在一起。

(3) 植物质感与环境气氛

质感不同的植物会产生不同的情趣与氛围。

质感粗糙的植物富有野趣，质感精细的植物容易形成飘逸、洒脱、整齐、严肃的气氛。质感不同的植物应与环境气氛相协调，并辅助以相宜的管理手段。以草坪为例，修剪精细的早熟禾适合于办公楼前的严肃气氛；任其自然生长的野牛草宜配置于野趣横生的山间别墅，而略加控制的野草则给人天然去雕饰之感，适合植物园的坡地、角隅。

(4) 突出植物质感，设计景观主题

植物的质感特性本身具有重要的景观价值，可以作为景观设计的主题。当自然界中植物的质感以极其纯净的形式展现出来的时候，就会给人以强烈的震撼力。如大面积的湿地或荒漠草甸的纯净质感之美。彰显植物自身的质感特性可以成为植物景观设计中的主题。以植物自身的质感特性为出发点的景观设计具有较大的适应范围，无论是在小尺度的庭院空间，还是大尺度的郊野空间，只要应用得恰当，都能取得良好的景观效果。

2.3.3　园林植物季相景观设计

城市景观中，植物是景观季相变化的主题。植物的季相变化是植物适应环境的一种表现，如大多数植物会在春季开花，发新叶，秋季结实以及叶色发生变化等。植物的季相变化成为园林景观中最为直观和动人的景色，正如人们所描述的像海棠雨、丁香雪、紫藤风，莲叶田田的荷塘、夏日红遍的紫薇、秋色迷人的枫叶等，这些景色无不为人们的生活增添色彩，叫人难以忘怀。因此，重视植物的季相变化，可以认为是提高城市绿化质量的有效途径。

2.3.3.1　园林植物季相景观设计理论

借助自然气象的变化和植物自身的生物学特性来创造春夏秋冬四季不同的景观效果，是中国传统造园中植物造景的一大特色。清代陈淏子《花镜》中写道："春日，梅呈人艳，柳破金芽，海棠红媚，兰瑞芳夸，梨梢月浸，桃浪风斜，树头蜂抱花须，香径蝶迷林下，一庭新色，遍地繁华；夏日，榴花烘天，葵心倾日，荷盖摇风，杨

花舞雪，乔木郁葱，群葩敛实，篁清三径之凉，槐荫两阶之灿，紫燕点波，锦鳞跃浪；秋令，金风播爽，云中桂子，月下梧桐，篱边丛菊，沼上芙蓉，霞升枫柏，雪泛荻芦，晚花尚留冻蝶，短砌犹噪寒蝉；冬至，枇杷累玉，蜡瓣舒香，茶苞含五色之葩，月季逞四时之丽，檐前碧草，窗外松筠。"此段话将一年四季中不同季节的花木景色描绘得惟妙惟肖。宋朝欧阳修诗曰："深红浅白宜相间，先后仍须次第栽。我欲四时携酒赏，莫叫一日不花开"，这种"红白相间""次第花开"的配植方式是值得提倡的。但是利用园林植物表现时序景观，必须先对植物材料的生长规律和生物学特性有深入的了解，才能科学地再现自然佳景。然后，按照美学原理合理设计，恰到好处地利用植物的形体、色彩、质地等外部特征，发挥其干茎、叶色、花色等在各个时期的最佳观赏效果，尽可能做"四季有景，景色各异"的园林植物季相之美，达到科学性和艺术性的完美结合。

2.3.3.2　园林植物季相景观设计要点

(1) 园林植物季相景观设计与植物观赏季节

春夏秋冬四季的气候变化，形成了树木花草的展叶与落叶，开花与落花，结实与果熟，以及叶、花、果的色彩变化等。春来桃红柳绿，夏日荷蒲薰风，秋季桂香四溢，冬日踏雪赏梅都是直接利用树木花卉的生长规律来造景。不同季节的观赏植物为我们创造园林四时演变的时序景观提供了条件，我们可以根据植物的节律变化，把不同花期的植物搭配种植，使得同一地点在不同时期产生不同的景观，给人不同的感受，达到"二十四番风信咸宜，三百六日花开竞放"的效果。

(2) 园林植物季相景观设计与植物观赏部位

园林植物种类繁多，包括各种木本和草本植物。木本中又有观花、观叶、观果、观枝干的各种乔木和灌木；草本中又有大量的花卉和草坪植物。人们常说的"春花、夏荫、秋色、冬姿"即是春天观赏百花盛开，主要观赏植物的花朵；夏天绿树成荫，树叶婆娑，树影摇曳，主要观赏植物的叶片；秋天，树叶呈现出万紫千红的斑斓色

彩，果实成熟，更增添秋的魅力，此时主要以观叶、观果为主；到了冬天，落叶树树干光裸，姿态优美有形，树干的姿态和树皮的颜色成为冬季的亮点，此时观干为最佳时节。

(3) 园林植物季相景观设计与植物物候期

植物的阶段发育受当地气候（主要是温度）的影响，而气候又受该地区的经、纬度和海拔高度所制约。因此物候期也就间接地受这三者的影响。物候的纬度差异主要由于南北温度不同所引起。在我国，差异的原因之一是受冬季和早春的寒流影响。物候的东西经度差异，主要是大陆性气候强弱的不同，凡大陆性强的地方，冬季严寒而夏季酷热，我国大部分地区就是如此。同种植物在其适生区域内，往南分布则物候期提前，往北分布则物候期推迟。物候的海拔高度差异主要表现为山地与平原的不同，凡海拔高的地方，物候就较迟。因此在不同的地区进行植物景观设计，要仔细考虑该种植物的物候期，才能达到景观设计的效果。

2.3.3.3　园林植物季相景观的表现

(1) 春季景观表现

春天开花的植物最多，许多植物在春季展叶时呈现黄绿或嫩红、嫩紫等色彩，给人以生机盎然的视觉感受。植物开始展叶，预示着新一年旺盛生长的开始。春季新发嫩叶有显著不同颜色的，统称为"春色叶植物"，如山荆子、臭椿、石楠、桂花、石榴等。

为了能够反应出植物的春季季相美，应该做到有花有叶有层次。不同植物，开花早晚存在差异。经多年观测，华北地区部分植物开花先后顺序为山桃、山杏、连翘、榆叶梅、重瓣榆叶梅、洋白蜡、山荆子、紫丁香、白丁香、稠李、杜梨、接骨木、黄刺玫、皂荚、土庄绣线菊、红瑞木、锦带花、文冠果、刺槐、多花枸子、灰枸子、玫瑰、水蜡、茶条槭、丝绵木、华北珍珠梅。这些树木按其开花色系可分为4类：

① **粉红色系**　山桃、山杏、榆叶梅、重瓣榆叶梅、土庄绣线菊、锦带花。

② **黄色系**　连翘、黄刺玫和接骨木。

③ **白色系**　山荆子、白丁香、稠李、杜梨、红瑞木、文冠果、刺槐、多花枸子、灰枸子、金银木、水蜡、丝绵木。

④ **蓝紫色系**　紫丁香。

开花较早且先花后叶的植物如白玉兰、山桃、山杏、紫荆、结香、金钟花、连翘等最好在其后方配植常绿树作背景，以达到"红花还需绿叶扶"的效果。

(2) 夏季景观表现

夏季最明显的季相特征是林草茂盛、绿树成荫，树木种类不同，叶片色彩不同，有浅绿、黄绿、灰绿、深绿、墨绿等色，既给人们带来阵阵凉爽，又展现出不同个性。浅绿者有：水杉、落羽杉、落叶松、七叶树、鹅掌楸、玉兰、稠李、茶条槭、洋白蜡、旱柳、刺槐、丝绵木、江南槐、榆树、山楂、紫丁香、白丁香和多花枸子等。黄绿者有：山荆子等。灰绿者有杜梨、互叶醉鱼草、暴马丁香和红瑞木等。深绿者有：油松、雪松、圆柏、侧柏、女贞、桂花、山桃、山杏、土庄绣线菊、锦带花、火炬树、水蜡、榆叶梅、接骨木、华北珍珠梅等。墨绿者有：槐树、丁香、灰枸子和皂荚。因此将绿色深浅不同的植物搭配种植，可在绿色基础上凸显出色差变化，呈现宛若开花的观赏效果。另外，夏季也有不少植物开花，主要有华北珍珠梅、互叶醉鱼草、暴马丁香、金银木、木槿、紫薇、山楂、石榴、槐树、江南槐等，部分品种的花期可延续到初秋。

(3) 秋季景观表现

进入秋色期的树木或"万片作霞延日丽"，或"斑斑红叶欲辞枝"。因此，无论是城市园林还是风景区，秋色叶树种都可以极大地丰富景观的季相色彩，形成壮观的秋景。常见的秋色叶植物有枫香、乌桕、茶条槭、火炬树、黄栌、银杏、白蜡、丝绵木、鸡爪槭、日本晚樱等。这些色叶植物的色彩有红色、黄色和黄褐色等，与常见的绿色形成鲜明的对比，景观效果极佳。除此之外，观果植物最能体现"丰收"这一季相特征，如银杏、柿树、海棠、木瓜、金银木、丝绵木、红豆杉、茶条槭、皂荚等。

(4) 冬季景观表现

冬季来临时，植物随着气温的降低进入休眠期，落叶植物叶片落去，呈现出特有的"骨干美"。如刺槐，纵裂的树皮、虬曲多姿的树干彰显着沧桑、雄浑之美；垂枝型的垂柳和垂枝榆等，有潇洒飘逸之姿；龙游型的龙爪槐和龙游梅等，则有曲折多姿之态；而红色树干的红瑞木和山桃，白色树干的白桦和新疆杨，绿色枝条的梧桐和棣棠，黄色枝条的金枝槐等则为萧条的冬季增添了无限生机。另外，宿存的果实也是冬季亮丽的植物景观，如南天竹、火棘、火炬树、接骨木、丝绵木、金银木、皂荚、白蜡等。这些独到的审美特征只有在冬季落叶后才能表现出来，为设计者表现冬季植物景观提供了素材。

常绿植物如松柏类的油松、白皮松、雪松、圆柏和侧柏等在北方成为绿色的焦点，"大雪压青松"的坚强品格形象，成为历代文人吟咏赞赏的对象。因此进一步挖掘并利用常绿植物资源，成为我国北方园林工作者肩负的重任。

但有些植物不只在特定的季节具有观赏价值，在不同季节所呈现出来的姿态都可供观赏，尤其是落叶树木，在外观和特征上有明显的四季差异。为了创造良好的生态环境，求得植物与植物之间、植物与环境之间的协调共生，要根据绿地的性质、立地条件、规划要求、各类植物的生态习性和形态特征（包括冬态）、近期与远期、平面和立面的构图、色彩、季相以及园林意境等，因地制宜地配置各类植物，充分发挥它们与功能相结合的观赏特性，将同种或不同种的树木进行孤植、对植、丛植、列植、篱植和群植等，营造优美的园林环境。

2.3.4 园林植物文化景观设计

植物的文化内涵就是植物被赋予的某些象征意义及情感寄托。植物往往因其特殊的季相、形态、色彩、质感、气味等与其他园林要素构成特殊的空间形式和意境，给人以特殊的情感体验和审美感知。在中国传统园林文化中，植物被人们视为文化信息的载体，也是托物言志的常用媒介。如皇家园林基调树种一般选取松柏，象征其统治长存，还经常种植玉兰、海棠、牡丹以象征"玉堂富贵"；私家园林中常用梅、兰、竹、菊"四君子"，借用荷花的高洁、芭蕉的洒脱、兰花的幽香等来隐喻园主人高尚清洁、不与世俗同污的品格；寺观园林中佛教则用"五树六花"来寄托超凡脱俗的情感。

伴随着城市进程的不断发展，生态园林城市的建成成为人们向往的目标，构建特色鲜明的地域景观成为当下景观设计的重要内容，曾经一度被大家忽视的植物文化内涵在现代园林中的重要性也越来越受到人们重视，因此关注植物文化的兼容性，深入挖掘植物文化内涵，已经成为新型景观文化构建的重要组成部分。

2.3.4.1 植物的文化内涵在现代园林景观中的体现

近年来我国的园林事业取得了长足的发展，很多城市的绿地率、绿化覆盖率、人均公园绿地面积节节攀升，目前有200多个城市进入国家级园林城市的行列，165个城市被批为国家森林城市，但绿化种植中盲目追求绿化量、绿化特色不突出，"千城一面"的现象依然比较普遍。因此，挖掘利用乡土树种，发挥地带性植被在景观绿化中的特色和优势已经受到园林设计师的重视。

(1) 市花市树的应用

市花市树是一个城市的居民经过投票选举，并经过市人大常委会审议通过而确定的，是受到大众广泛喜爱的植物，也是比较适应当地气候条件和地理条件的植物，其本身所具有的象征意义已上升为该地区文明的标志和城市文化的象征。因此，利用市花市树的象征意义与其他植物或小品、构筑物相得益彰地配置，可以赋予浓郁的文化气息，不仅能起到积极的教育作用，也可满足市民的精神文化需求。全国已有数百个城市选定了市花市树，如北京市市树为槐树和侧柏，市花为月季和菊花；上海市市花是白玉兰；天津市市树为绒毛白蜡，市花为月季；重庆市市树为黄葛树，市花为山茶；广州市市树为木棉；南京市市树为雪松，市花为梅花；长沙市市树为香樟，市

图2-104 郑州月季公园品种展

图2-105 三亚椰树景观

花为杜鹃花；郑州市市树为法国梧桐，市花为月季（图2-104）；厦门市市树为凤凰木，市花为三角梅；香港特别行政区区花为红花羊蹄甲；澳门的区花是莲花等。因此在城市主干道、综合性公园等各类绿地中大量使用这些市树市花，或营建市花专类园等，对提升城市形象，彰显城市绿化特色意义重大。

(2) 乡土植物的应用

如果说市花市树是有限的城市文化的典型代表，那么地域性很强的乡土植物可以为园林设计师们提供广阔的材料资源。在丰富的植物品种中，乡土植物最能适应当地的自然条件，而且还代表了一定的植被文化和地域风情，符合节约型园林建设的目标，用作城市绿化的骨干树种和基调树种，可以体现城市的绿化特色。如三亚以椰子树展现热带风光（图2-105）；毛白杨在北方城市则代表着无畏精神；河南洛阳和山东菏泽以牡丹来会迎八方来客（图2-106）；杭州的柳浪闻莺，使用大量的柳树围绕在闻莺馆四周，充分运用了柳树柔美似浪的特点；哈尔滨市以榆树和丁香为基调树种；沈阳北陵大量应用乡土植物油松，形成独特的陵园特色。这些生长良好、品种丰富的乡土植物为城市多样化的植物配置提供了有利条件。

(3) 古树名木的保护

国家对植物文化的尊重与重视还体现在对古

树名木的保护，古树名木不仅仅是一个城市历史和发展的见证，更是城市文明的重要标志，具有极高的文化价值和社会影响力。这些古树名木中有的以姿态奇特、观赏价值极高而闻名，如黄山的"迎客松"、泰山的"卧龙松"、北京中山公园的"槐柏合抱"等；有的以历史事件而闻名，如北京景山公园内崇祯皇帝上吊的槐树；有的以奇闻异事而闻名，如北京孔庙的侧柏，传说其枝条曾将奸臣魏忠贤的帽子碰掉而大快人心，故后人称之为"除奸柏"等。这些古树名木是珍贵的资源，它们是历史遗产，能够为城市的文化增添一笔厚重的财富，也为城市绿化中植物材料的选择

图2-106 洛阳牡丹花会

提供了依据。

2.3.4.2 植物的文化内涵与园林要素的结合

(1) 植物文化在园林建筑中的应用

园林建筑在与植物进行搭配设计时，通常情况下以建筑为主，用植物作为装饰与陪衬，凸显建筑设计内涵。例如，在寺观园林中以"静心慈行"为主题设计园林建筑时，设计师可借鉴观音菩萨手中所持净瓶形状作为建筑外形，在其旁种植杨柳，与观音菩萨手中净瓶杨柳相呼应，用植物传达建筑设计理念，表达"静心慈行"的文化内涵。通过植物文化与园林景观建筑设计有机融合，可引导人们深入园林景观中，感受自然与人的和谐融合，在美化环境同时，荡涤人们的心灵。

(2) 植物文化在园林山石景观中的应用

在园林中，山石或天然或经后天雕刻、堆砌而成，通常形成局部空间的主景，总能吸引行人驻足观赏，加之通常与池水及小型瀑布相结合，与静态及动态园林景观形成呼应，显得山石生机勃勃。

通常情况下，具有文化内涵的植物与山石融合有以下两种应用形式：一是围绕式，即在假山四周种植植物，与假山呈交相呼应状态。例如，在假山周围种植翠竹，借助翠竹枝干笔挺，间隔有序的种植方式，会有幕帘设计之感，透过翠竹所构建的幕帘，假山若隐若现，突出园林景观高雅、清新脱俗的设计理念，加之翠竹有宁折不弯、坚强不屈的文化内涵，可与假山有机融合，提升其文化底蕴。除在假山四周种植具有文化内涵的植物外，还可在假山种植藤本植物，如将爬山虎、牵牛花种植在假山上，用绿色、紫色、红色等颜色装点假山，弥补假山因颜色单一给人们带来审美疲劳的消极感受，同时爬山虎与牵牛花生命力顽强，其不断向上攀爬的生长状态，给人以昂扬向上的精神激励。二是融合式，即将假山建造在水池内，人工建造瀑布，渲染园林景观动静相宜之美，可在水中种植莲花，当荷满水池时，假山如同身着淡粉色花裙的少女活泼美艳，当荷花凋谢仅剩莲蓬时，尽显假山的肃穆与萧索，加之莲花具有出淤泥而不染的文化底蕴，使假山与水池融合的景观更具文化内涵（图2-107）。

(3) 植物文化在园路景观中的应用

园路连接了园林绿地中不同的功能分区和景点，它为观赏者在园中漫步和驻足停留提供了便利条件，将具有文化内涵的植物与园路设计相结合，可起到积极的作用。例如，在以清廉、高雅为主题的园林景观设计中常用到雪松、翠竹、梅花等植物，为在细节处与景观主题相契合，设计人员可在园路两旁种植菊花、兰花等具有淡雅脱俗文化内涵的花卉，并结合园路形状设计成花境的形式，使花卉如蜿蜒的河流在人们脚下流淌，这些花卉在带给人们芬芳的同时，也贴切地表达出了景观主题与内涵。在园路尽头，不妨设计一片花海，则能给人们以"山重水复疑无路，柳暗花明又一村"的观赏体悟。

(4) 植物文化在园林水景中的应用

水是造园之魂，有水才有生命，水景更是园林中重要的造景元素。园林水景的设计目标就是使人们能够亲近自然，在繁重的工作、生活压力之外能拥有一份心灵的宁静，获得一份"采菊东篱下，悠然见南山"的释然。水生植物是营造

图2-107　假山旁边水面上的睡莲

园林水景不可缺少的材料，在水池、河流附近以"水"为主题进行植物配置时，常常会在浅水处种植睡莲、荷花、芦苇、菖蒲等，在河岸上栽植垂柳、枫杨、乌桕等，结合小桥流水、亭台楼阁可以营造出"接天莲叶无穷碧，映日荷花别样红"的经典景观。水池、河流和水生植物、河边植物相互映衬，再加上水中的游鱼和河岸上的行人，有静有动、生动活泼。

(5) 植物文化在园林地形营造中的应用

园林地形是指园林绿地中地表面呈起伏形状的地貌。地形结合大量乔木种植能够塑造出山丘和林野景观，起伏的地形结合乔木、灌木和地被植物可形成山峦丘壑，达到"蝉噪林愈静，鸟鸣山更幽"的效果。面积较小的园林，可以合理运用植物营造出景深，并巧妙运用植被对各个景观之间进行天然地隔断，使园林显得繁而不乱、层次分明；在有着大片开阔地的园林之中，可以结合当地的气候条件和特色植物，大范围种植某种花卉形成特色园区，如牡丹芍药园、月季园、鸢尾园、玉簪园等，每逢花季，鲜花盛开，乍看好像漫山遍野、铺天盖地，这种密集种植单一花卉

带来的景色极富冲击力和感染力。

2.4 郑州市郑东新区龙子湖湖滨公园种植规划方案分析*

2.4.1 项目概况

龙子湖大学城是郑州市郑东新区规划中以大学园区为核心的城市簇团，该区域占地面积约为12km²（图2-108）。规划龙子湖、湖心岛位于大学城中心地块，各高校校园围绕湖心岛布置，从而形成了以湖心岛为功能及景观核心的格局（图2-109）。湖心岛现已规划形成各高校的共享区，是集商业、文娱、居住、办公等各种城市功能为一体的学院中心城。

规划龙子湖是郑东新区新城水域体系的重要组成部分，湖体及沿湖绿带所构成的湖区面积达到198hm²，并与湖心岛公共绿地一体构成了大学城景观核心区。龙子湖北侧的2条规划引水渠及南侧的退水渠分别连接魏河与东风渠，将龙子湖与新城水域系统连为一体，以满足新区规划"水

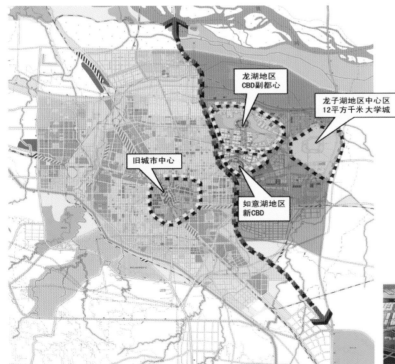

图2-108 区位图

---

* 本案例图片引自北京北林地景园林规划设计院。

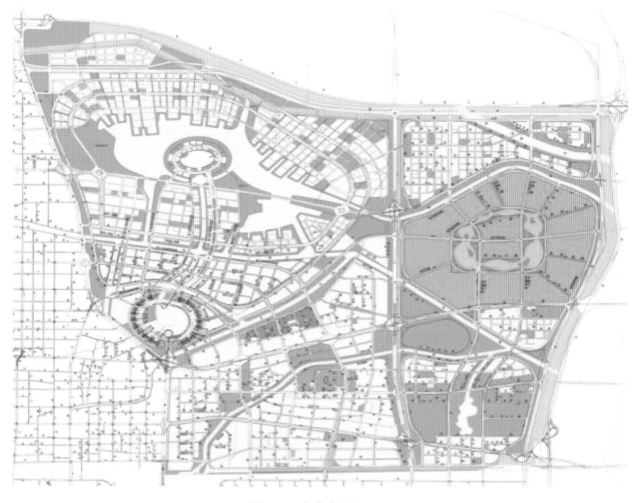

图2-109　大学城与龙子湖

域靓城"的总体要求。本项目由北京北林地景园林规划设计院承担规划设计任务，分三期建设，其中一期二期已于2015年初建成并开放，三期提升改造工程于2018年5月试开放。目前，除了尚有3座大型建筑正在施工、局部封闭外，龙子湖公园整体基本成形。

2.4.2　规划范围

本次规划范围即龙子湖湖区及南北3条水渠的景观绿地（图2-110）。龙子湖外环绿带全长6.2km，内环绿带全长4.2km。北侧两条引水渠均

宽25m，分别由20m宽的绿带及5m宽的渠组成，属于纯景观水域。南侧退水渠宽80m，涉及功能性排水，该区域设计渠宽为44m，绿带宽36m。

2.4.3　规划定位

龙子湖湖滨公园绿地定位于集生态休闲、健身、娱乐等多种功能于一体的滨水公园带。该项目充分利用和发挥龙子湖环形水域在区域内的景观优势，拉近校园与水的距离，拉近高校间的距离，创造一系列富有大学城特色又为师生喜爱的交往活动空间，为大学城学院文化的孕育与发展

提供一个动感的舞台。

2.4.4 规划目标

龙子湖湖滨公园建设，不仅能够引领和带动核心区的开发建设，促进区域经济社会发展，对进一步发挥绿地生态效益、提升城市品位、改善投资环境、优化人居环境也起到十分重要的作用。

① 结合新区大学城学院文化特性，为使用者提供丰富、自然、具有活力的城市滨水空间。

② 发挥大学城科技文化优势，有效利用及再利用地区生态环境资源，令该区域的景观建设成为郑州市可持续发展与生态建设的典范。

③ 搭建交流的平台，成为链接城市生活与学院生活的纽带，使城区生活与学院生活相互交融、相互促进。

④ 构建连贯、自然的景观，使新建设的景观绿地成为大学城赖以呼吸的绿肺并能够有机地融入城市整体的生态回廊系统。

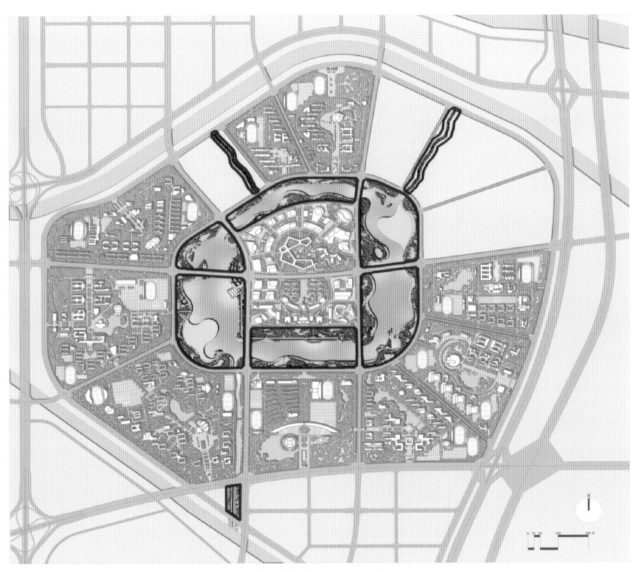

图2-110　项目规划范围

2.4.5 总平面图

本着两带（内环和外环绿化带）、四区（文化艺术区、商业游憩区、生态运动区、生活休闲区）和多点（临近各高校的各个亲水空间）规划理念，设计了烟火广场、湖滨水吧、消暑花园、康体花园、亲水花园、樱花广场、荷田、蒲田、百草园等29个景点（图2-111），满足不同年龄阶段的游客休闲、娱乐、健身、运动的需求。

2.4.6 种植设计原则

(1) 地域性原则

综合考虑地方植被空间形态及生长习性，突出中州本土植被特点，构建富有地域特色的植物景观，体现简约、大气的风格。

(2) 文化性原则

结合大学城文化、各校园文化所特有的植物文化特征，将植被的文化属性加以提炼并融入整体景观设计之中，通过对植物自身品格特征的挖掘烘托出具有书卷文化气质的环境氛围。

(3) 丰富的季相色彩

兼顾植被四季景观，结合郑州这一北方城市的气候特点，通过季相变化形成层次丰富的植被色彩。

(4) 变化的林冠线

作为城市的绿色背景，滨水植被景观林冠线的形成将成为湖区最具表现力及影响力的景观因素之一，规划结合湖区的整体视线分析在林冠线

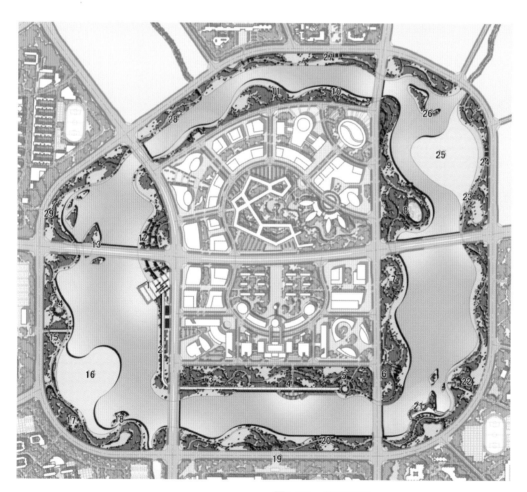

1. 焰火广场
2. 湖滨水吧
3. 消暑花园
4. 湖滨码头
5. 年轮广场
6. 街头轮滑场
7. DIY花园
8. 风筝坪
9. 康体花园
10. 亲水花园1
11. 源之广场
12. 樱花广场
13. 沁春岛
14. 亲水花园2
15. 绿轴
16. 荷田
17. 菏香花园
18. 怡夏岛
19. 百草园
20. 亲水平台
21. 悟冬岛
22. 台地花园
23. 野趣水景园
24. 林荫广场1
25. 蒲田
26. 悦秋岛
27. 林荫广场2
28. 亲水花园3
29. 亲水花园4

图2-111 总平面图

的设计上体现相应的疏密、开合、高矮变化。

(5) 复层混交植被景观

结合各功能区的景观需求及使用需求,针对林荫场地、疏林草地、游憩草坪、风景林、林荫道等不同功能绿地,通过乔木、灌木、地被的优化组合形成多层次的复层混交植被景观。乔木与灌木种类的比例控制为1:1,木本植物与草本植物种类的比例控制为3:1。

(6) 落叶与常绿树种合理搭配

根据郑州处于北温带大陆性季风气候带的特点,规划树种以落叶树为主,同时注重与常绿树的搭配比例,落叶树与常绿种类的比例控制为3:2。

(7) 近期效果与远期效果相结合

考虑到景观的持续性与植物群落的稳定性,规划中速生树种与中生树种、慢生树种比例为2:2:1。

2.4.7 树种选择

(1) 基调树种

基调树种使用数量最大,种类较少,且能形成全段统一基调,一般为本地区的适生树种。根据湖滨绿地的特点,确定了槐树、白蜡、垂柳、馒头柳、女贞、雪松为基调树种。

(2) 骨干树种

骨干树种是具有优异的特点,在各类绿地中出现频率最高,使用数量大,有发展潜力的树种。骨干树种能形成全城的绿化特色,包括各类独赏树、庭荫树及花灌木等。本项目规划的骨干树种有:

① 常绿针叶乔木 雪松、黑松、白皮松、油松、华山松等。

② 常绿阔叶乔木 女贞、石楠、枇杷、法国冬青、桂花、广玉兰等。

③ 落叶乔木 悬铃木、苦楝、枫杨、重阳木、光叶榉、乌桕、银杏、白玉兰、二乔玉兰、紫玉兰、合欢、栾树、黄山栾、七叶树、黄连木、椴树、刺槐、朴树、元宝枫、三角枫、五角枫、梧桐、绦柳、杏、柿树、核桃、鹅掌楸、千头椿、

紫叶李、山楂、君迁子、日本晚樱、海棠、山桃、碧桃、金银木、无花果、毛樱桃等。

④ 花灌木 蜡梅、迎春、连翘、珍珠梅、锦带花、猬实、忍冬、天目琼花、醉鱼草、大花溲疏、木本绣球、菱叶绣线菊、圆锥八仙花、蝴蝶绣球、石榴、紫薇、木槿、棣棠、红瑞木、金钟花、蓝丁香、紫丁香、白丁香、花叶丁香、贴梗海棠、牡丹、月季、玫瑰、黄刺玫等。

⑤ 常绿灌木 海桐、火棘、大叶黄杨、瓜子黄杨、雀舌黄杨、铺地柏、小龙柏、平枝枸子、金叶女贞、日本女贞、紫叶小檗等。

⑥ 攀缘藤本 美国凌霄、南蛇藤、紫藤、藤本月季、金银花、扶芳藤、地锦、洋常春藤等。

⑦ 地被 葱兰、酢浆草、二月蓝、白三叶、麦冬、马蔺、萱草、地被月季、爬行卫矛等。

(3) 水系湿地植物

① 乔木 水杉、垂柳、旱柳、馒头柳、河柳、龙爪柳、白蜡、绒毛白蜡、小叶朴、三角枫、君迁子、杜梨、加杨、意大利黑杨、毛白杨、桑、龙桑、栾树、海棠果、西府海棠、樱花、枇杷、榆树、木瓜、梨、柿树、丝棉木、柽柳、悬铃木、麻栎、棕榈、丁香、银芽柳、桎柳等。

② 灌木及藤本植物 火棘、小叶女贞、水蜡、迎春、玫瑰、木本绣球、天目琼花、红瑞木、海仙花、紫穗槐、紫藤、美国凌霄、多花蔷薇、十姐妹、金银花、棣棠等。

③ 沉水植物 矮慈姑、苦草、黑藻、金鱼藻、狸藻、眼子菜、菹草等。

④ 浮水植物 凤眼莲、大薸、睡莲、白萍、紫萍、萍蓬草、芡实、菱、荇菜、槐叶萍等。

⑤ 挺水植物 荷花、水蓼、水葱、泽泻、水烛、莸、水莴苣、黄花鸢尾、花菖蒲、花蔺等。

⑥ 沼泽及浅水植物 芦苇、香蒲、黄菖蒲、燕子花、溪荪、千屈菜、花叶芦竹、芦竹、红蓼、落新妇、驴蹄草、盆栽马蹄莲、盆栽水生美人蕉、蓝雨久花等。

⑦ 水边植物 薄荷、花叶薄荷、大花美人蕉、马蔺、芙果蕨、玉簪、鸢尾、阔叶麦冬等。

(4) 招鸟植物

① 乔木 苦楝、桑树、柿树、榆树、女贞、沙枣、杜梨、构树、君迁子、槐树、枇杷、木瓜、山里红、海棠果、垂丝海棠、山桃、山杏等。

② 灌木 金银木、多花枸子、平枝枸子、毛樱桃、火棘、枸骨、石榴、粗榧、矮紫杉、麦李、接骨木、红瑞木、天目琼花、木本绣球等。

③ 藤本及草本 葡萄、枸杞、蛇莓、草莓等。

(5) 招蜂蝶类植物

① 乔木 刺槐、合欢、桂花、花椒、黄连木、山茱萸等。

② 灌木 蜡梅、丁香、醉鱼草、木本香薷、枸橘、金叶莸等。

③ 藤本及草本 木香、金银花、紫藤、多花蔷薇、香蒲、薄荷、百里香、薰衣草、紫花首蓿等。

(6) 彩叶植物

金叶侧柏、金叶桧、洒金桧、紫叶李、紫叶桃、紫叶小檗、紫叶矮樱、美国红栌、紫叶马氏榛、紫叶稠李、金叶刺槐、金叶梓、金叶三刺皂荚、金叶莸、金叶山梅花、金叶女贞、金叶小檗、金叶红瑞木、金叶连翘、金叶接骨木、金焰绣线菊、金山绣线菊、金叶风箱果、花叶锦带、花叶红瑞木、金边卫矛、金脉连翘、紫花金边醉鱼草、金边大叶黄杨、银边大叶黄杨、金心大叶黄杨、金斑大叶黄杨等。

2.4.8 种植规划结构

根据龙子湖环湖景观空间特点，结合植物景观设计的基本原则中特色植被景区营造的构想，将内外环绿带结合功能分区划分出各具特色的植

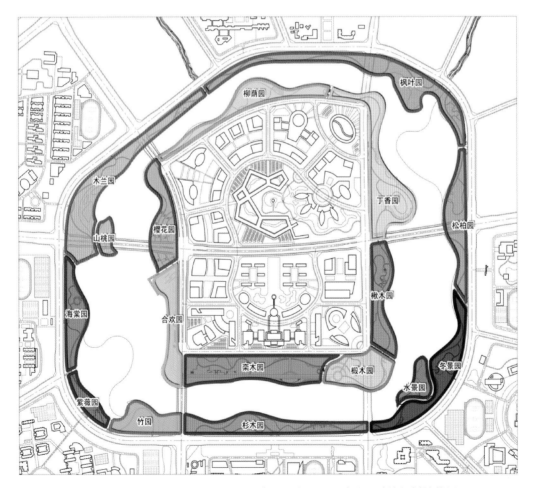

图2-112 郑州市郑东新区龙子湖湖滨公园种植规划结构图

被景观空间，形成富有变化的四季景观。规划将 4 个湖心岛（沁春岛、怡夏岛、悦秋岛、悟冬岛）分别作为体现春、夏、秋、冬植被景观的特色点，

环岛所形成的各个植被特色景观区也分别体现 4 个季相风格各异的景观氛围（图 2-112）。各特色植被园区物种选择见表 2-1。

表2-1 各特色植被园区物种选择表
（引自北京北林地景园林规划设计院）

绚秋园	上层：银杏、桑、柿、黄栌、紫叶李、火炬树 中层：紫叶矮樱、紫叶小檗、南天竹 下层：矮波斯菊	紫薇园	上层：女贞 中层：紫薇、木槿 下层：宿根福禄考、石竹
水景园	上层：垂柳、白蜡、丝棉木、紫穗槐 中层：千屈菜、芦竹、香蒲、菖蒲、水葱 下层：荷花、睡莲	竹园	上层：水杉、早园竹、黄槽竹、斑竹、筇竹、苦竹、金竹、紫竹 中层：阔叶箬竹、箬竹 下层：狭叶十大功劳
松柏园	上层：油松、白皮松、雪松、辽东冷杉、日本冷杉、河南桧 中层：云杉、青杆、粗榧、矮紫杉、铺地柏 下层：小龙柏	杉木园	上层：水杉、湖北枫杨、黄山栾 下层：宽叶麦冬、五叶地锦
丁香园	上层：槐树、暴马丁香 中层：白丁香、紫丁香、波斯丁香、羽叶丁香、蓝丁香 下层：玉簪、萱草	枫叶园	上层：银杏、五角枫、桂花 中层：红枫、鸡爪槭 下层：孔雀草
柳荫园	上层：垂柳、河柳、银芽柳、山桃 下层：白三叶、荚果蕨	冬景园	上层：华山松、白皮松、悬铃木、金丝垂柳、金枝槐 中层：丛生金枝槐、红瑞木、棣棠、迎春 下层：宽叶麦冬
山桃园	上层：山桃、白碧桃、红碧桃、绛桃 中层：榆叶梅、迎春 下层：二月蓝	松柏园	上层：油松、白皮松、雪松、辽东冷杉、日本冷杉、河南桧 中层：云杉、青杆、粗榧、矮紫杉、铺地柏 下层：小龙柏
竹园	上层：水杉、早园竹、黄槽竹、斑竹、筇竹、苦竹、金竹、紫竹 中层：阔叶箬竹、箬竹 下层：狭叶十大功劳	樱花园	上层：水杉、高杆石楠、樱花 中层：樱桃、日本晚樱、连翘、珍珠梅、天目琼花、三桠绣线菊 下层：紫花地丁
枫叶园	上层：银杏、五角枫、桂花 中层：红枫、鸡爪槭 下层：孔雀草	合欢园	上层：合欢 中层：大花圆锥八仙花、金叶女贞 下层：丰花月季、醉鱼草、金叶莸
松柏园	上层：油松、白皮松、雪松、辽东冷杉、日本冷杉、河南桧 中层：云杉、青杆、粗榧、矮紫杉、铺地柏 下层：小龙柏	栾木园	上层：黄山栾、刺槐 中层：小叶女贞 下层：玉簪、萱草、金银花
木兰园	上层：白玉兰、二乔玉兰、望春玉兰、紫玉兰、广玉兰 中层：蜡梅、太平花 下层：红花酢浆草、白三叶	椴木园	上层：蒙椴、核桃 下层：石蒜、鹿葱、地锦
海棠园	上层：垂柳、西府海棠、垂丝海棠 中层：贴梗海棠 下层：鸢尾、马蔺	楸木园	上层：鹅掌楸、苦楝、大叶女贞、重阳木 下层：地被菊

2.4.9　种植规划效果分析

(1) 保证了龙子湖两岸绿地的完整性

该项目延续了前期郑东新区总体规划的"共生城市"的理念，尊重前期规划对龙子湖两岸空间的总体定位，考虑各种宜建、限建因素，加强周边校园、中心岛与水岸绿地之间的联系，加强滨河景观开放空间的建设，尊重并改善滨河生态系统，建立滨水休闲功能体系。滨湖路及对水岸空间的利用很好地体现了水岸绿地与城市共生的关系，保证了龙子湖两岸绿地的完整性。

(2) 形成了起伏有变、水岸青青的植物群落天际线

通过控制各类滨河建筑的高度和规模，突出龙子湖两岸自然风光。沿河的各类绿地有机衔接，不同树形、高度的树木借助于地形地势变化，将整个湖滨公园勾勒出一条起伏有变、水岸青青的植物群落天际线（图2-113），形成了以绿为主的滨河生态景观风貌特色。

(3) 彰显书苑气质，凸显学苑文化

该项目充分考虑到周边大学的特点，在植物种类选择上别出心裁。如在河南中医药大学北侧的临湖区域，规划设置百草园（图2-114至图2-116）。该园突出中医文化特色，将药用植物进行搭配栽植，寓意了中医取之自然、回归自然的理念，既满足游客观赏的需要，也能够为学生的植物实习提供便利。

在河南农业大学西侧的滨湖区域则规划为以蒲田、苇荡为主体的湿地景观（图2-117、图2-118），大面积的水生植物不仅完善了湖体自净功能，同时营造了特色的水田景观（图2-119、图2-120）。滨湖的林荫广场、亲水园内设置木质栈道、平台等突出该区域的野趣休闲景观特色，成为湖区一大亮点，充分彰显出书苑气质，凸显了学苑文化。

(4) 恢复生物多样性，改善水质

湖泊生态系统具有净化水质的功能。利用水生植物能够吸收、分解和利用水域中氮、磷等营养物质以及细菌、病毒等，并可富集金属及有毒

图2-113　植物群落天际线起伏有变

图2-114　河南中医药大学北侧百草园平面图

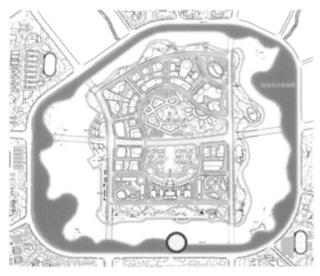

图2-115　百草园位置图

图2-116　百草园效果图

图2-117　河南农业大学西侧湿地景观平面图

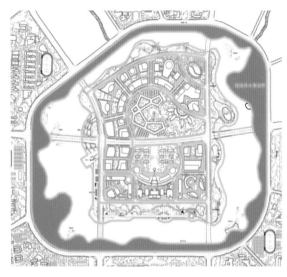

图2-118 湿地景观位置图

图2-119 蒲田景观效果图

图2-120 苇荡景观效果图

物质达到净化水质的目的。通过在不同深度的水域中种植沉水植物、浮水植物、挺水植物、沼泽及浅水植物、水边及岸上植物，形成多样性植物群落，为有益动物、微生物提供生境条件，为水体自净提供可能，令湿地达到"自然之肾"的效果。

小结

植物是构成园林美的重要角色，园林植物的观赏特性对环境的总体布局有重要的影响，它影响着设计的视觉效果和情感效果，也影响着景观的多样性和统一性。植物的形态、色彩、质感、香味、音韵等，是构成园林植物景观的艺术要素。在进行景观设计时，要综合考虑影响植物观赏特性的各种因素，以增强植物景观的整体观赏效果。

乔木、灌木、藤本及匍地类的园林树木，一年生花卉、二年生花卉、宿根花卉和球根花卉等草本花卉和木本花卉，都是园林植物景观的物质构成要素。乔木是园林绿化的主要骨干，应用比重较大。在种植设计中，灌木常常位于乔木林下或林缘，丰富了群落的中间层次，同时还可以协调景观要素、柔化硬质景观，花叶并赏的灌木丛植和群植更能表现其成景效果，低矮的灌木可以用于园林小品及建筑的基础栽植。花卉种类繁多、色彩丰富、布置方便，常用来布置花境、花坛以及用于立体装饰与美化。藤本植物具有独特的攀缘或匍匐生长的习性，可以充分利用建筑物的墙面、屋顶、篱垣、棚架等进行绿化，是拓展城市立体绿化空间的良好素材。竹类植物能与自然景色融为一体，在庭院布局、园林空间、建筑周围环境的处理上有显著的效果，易形成优雅惬意的景观，令人赏心悦目。地被植物在林下、路边、坡地、草坪上均可种植，能够形成别具一格的景观，并且地被植物的养护管理成本较低，有望在园林绿化中取代单一的草坪而得以广泛应用。

按照种植的平面关系及构图艺术来说，园林植物景观的表现形式主要有规则式、自然式及抽象式。规则式种植布局均整、秩序井然，主要有对植、列植、篱植、模纹及造型植物景观；自然式园林植物景观是模仿植物自然生长的状态作自由布置，主要有孤植、丛植、群植、林植、花境与花丛、花群等景观；抽象式园林常常运用流畅的、各种变幻的"S"形曲线，构成一个既生动、优美，又有一定规律可循的图案，有较强的整体性和旋转的韵律感，符合现代人的审美要求，易与现代建筑环境和谐协调，能更好地为人们服务。

园林植物景观要素的处理遵循多样与统一、对比与调和、对称与均衡、节奏与韵律、比例与尺度、主从与重点、风格与风俗等原则，要灵活把握这些原则，处理好植物形体、色彩、质感、音韵等要素，学以致用。

思考题

1. 在园林绿地建设中，如何发挥植物景观艺术要素的作用？

2. 以你所在的城市为例，充分挖掘当地的特色树种，设计一处复层混交植物群落（面积 $100m^2$）。

3. 怎样利用地被植物进行植物造景？

推荐阅读书目

园林树木学（第 2 版）. 陈有民. 中国林业出版社，2011.

植物造景. 苏雪痕. 中国林业出版社，1994.

植物景观规划设计. 苏雪痕. 中国林业出版社，2012.

第3章

园林植物景观与环境

园林植物的生长发育除受遗传特性影响外，还与外界环境条件密切相关。环境因子的变化，直接影响植物生长发育的进程和质量。只有在适宜的环境中，植物才能健康生长与发育，充分发挥园林植物的景观功能并实现其生态价值。

3.1 植物与生长环境

影响植物生长发育的环境因子包括光照、温度、水分、土壤和空气以及地形与地势等。其中光照、温度、水分、土壤和空气是植物生长过程中不可缺少又不能替代的因子，又称为生存因子或生活因子。这些因子中的任何一个因子发生变化，都会对植物产生影响，同时这些因子间又是相互关联和相互制约的，它们综合影响植物的生长发育与生命活动。

3.1.1 光照与植物

光照是植物生长发育中的重要生态因子，也是植株制造有机物质的能量源泉。光对植物生长发育的影响主要通过光质、光照强度和光照持续时间3个方面来实现。在适宜的光照条件下，植物进行光合作用积累的营养物质多，植株生长健壮，花大、色艳、香浓。

3.1.1.1 光质对植物生长发育的影响

光质指具有不同波长的太阳光谱成分。太阳光的波长范围主要在150～4000nm，可分为可见光、红外线和紫外线3个部分。其中可见光（即

红、橙、黄、绿、青、蓝、紫）波长在380～760nm，是植物进行光合作用的主要能源。植物感受光能的主要器官是叶片，并由叶绿素完成光合反应。叶片以吸收可见光和紫外光为主，即同化太阳光谱380～760nm的能量，通常称为生理有效辐射或光合有效辐射。

红光、橙光有利于植物碳水化合物的合成，能促进叶片的伸长，抑制茎的过度伸长，加速长日照植物的发育，延迟短日照植物发育。而蓝光、紫光则正好相反，蓝紫光和紫外线能抑制茎的伸长和促进花青素的形成。高山植物多较矮小且花朵色彩丰富均与高山上紫外线多有关（图3-1）。红外线有促进植物枝条延伸的作用。

3.1.1.2 光照强度对植物生长发育的影响

光照强度是指单位面积上所接受可见光的能

图3-1 青藏高原紫外线强，花色尤为艳丽

量，简称照度，单位为勒克斯（lx）。光照强度影响植株光合作用的强弱和植物体器官结构的差异。叶片在光照强度为 3000～5000lx 时即开始光合作用，但一般植物生长需在 18 000～20 000lx 下进行。光照强度大小因地理位置、海拔高度及季节而异：随纬度的增加光照减弱，随海拔的升高光照增强；夏季光照最强，冬季光照最弱。

植物需要在一定的光照条件下完成其生长发育过程，但不同植物对光照强度的适应范围有明显不同。根据植物对光照强度的要求，一般可将其分为三大生态类型：

(1) 喜光植物

这类植物必须在全光照下生长，不能忍受荫蔽，否则生长不良。它们通常枝叶较稀疏、透光，叶色较淡，生长较快，乔木树种则干性强。如松属、落叶松属、杨属、柳属植物及蒲公英、芍药、月季等。

(2) 耐阴植物

这类植物要求在适度荫蔽或弱光照条件下生长，不能忍受强烈的直射光照。生长期间一般应保持 50%～80% 荫蔽度。植株枝叶较浓密、透光度小，叶色较深，生长较慢。如冷杉属、云杉属、铁杉属、八仙花属、黄杨属的植物及八角金盘、杜鹃花、兰花、珊瑚树等。

(3) 中性植物

这类植物对于光照强度的要求介于上述两类之间。比较喜光，稍能耐阴，光照过强或过弱对其生长均不利，多在疏林荫蔽下生长良好。大部分园林树种属于此类，如槭属、鹅耳枥属的植物及花柏等。

不同植物的需光强度因其原生地的自然条件、生长发育阶段的不同而异。如生长在我国南部低纬度、多雨地区的热带、亚热带植物，对光的要求就低于原生于北部高纬度地区的植物；木本植物幼年期稍耐阴，成年期需较强光照；植物休眠期一般需光量较少。

3.1.1.3 光照持续时间对植物生长发育的影响

植物的生长发育，包括茎的伸长、根的发育、

休眠、发芽、开花等，不仅受到光照强度的影响，还常常受每天光照时间（长度）的控制。一天中昼夜长短的变化或日照长度称为光周期，植物生长发育对日照长度规律性变化的反应称为光周期现象，主要表现在诱导花芽的形成与休眠。根据植物开花对光照长度的要求，将其分为四大类：

(1) 长日照植物

这类植物需要较长时间的日照才能开花和促进开花，通常需要 12～14h 以上的持续光照时间才能实现由营养生长向生殖生长的转化，花芽才能分化和发育。若日照长度不足，只进行营养生长，花芽难以形成，则开花推迟甚至不能开花。如荷花、紫茉莉、凤仙花等。

(2) 短日照植物

这类植物要求在较短日照下能开花或促进开花。一般需要 14h 以上的黑暗条件。在较长的光照下便不能开花或延迟开花。但若每天光照时间小于 6h，则也会生长不良，花芽质量差。深秋或早春开花的植物多属于此类，如菊、一品红、三角梅等。

(3) 中日照植物

这类植物只有在昼夜长度大致相等的中等日照时间下才能形成花芽并开花，如甘蔗。

(4) 中间型植物

这类植物对光照时间长短不敏感，只要温度、湿度等条件适宜，一年四季皆可开花，如月季、紫薇、大丽花、矮牵牛、扶桑等。

植物光周期现象是植物系统发育过程中对所处的生态环境长期适应的结果。一般来说，短日照植物多起源于低纬度地区，长日照植物则起源于高纬度地区。光周期是影响植物自然分布的因素之一，不仅对植物的开花有调控作用，对许多木本植物的休眠和生长也有一定的控制作用，在引种外来植物时必须加以考虑。

3.1.2 温度与植物

温度是植物自然分布的主要决定因子，又是影响植物生长速度的重要因子，对植物的生长、发育以及生理代谢活动有重要的影响。

(1) 温度影响植物分布

我国由北向南因温度状况差异划分为不同的气候带,其植物组成与分布不同。任何一种植物,由于长期适应原产地气候条件,对温度环境有一定的适应范围,其分布也呈现出地带性特点。原产于寒带或温带的植物对温度要求较低,多能耐-10℃甚至更低温度,属于耐寒性植物,如油松、紫藤、金银花、文冠果、榆叶梅等。原产于温带南缘、亚热带北缘的植物,一般能耐-5℃以上低温,属于较耐寒性植物,如广玉兰、桂花、南天竹、樟树等。而原产于热带及亚热带的植物,只能忍受0～5℃或更高的最低温度,属不耐寒植物,如棕榈、栀子、椰子树等。

(2) 温度对植物生长发育的影响

一般植物在4～36℃的范围内都能生长,而多数植物生长的适宜温度在20～35℃,但原产地不同,所需温度条件也不同。因此,必须根据植物生长所需的不同温度,给予相应的条件,才能生长良好,开花结实。如大多数植物种子的发芽适宜温度为20～30℃;早春气温升高快,植物萌芽、开花物候期提前;昼夜温差大,果实积累糖分多,品质好。温度也影响植物的开花。一些植物(大多数二年生植物)必须经过一定时期的低温后才能完成花芽分化,并开花结实,这种现象称为春化作用。此外,土温对种子发芽、根系发育、幼苗生长等,均有很大的影响。在播种繁殖时,要求较高的土温,这样种子内生化活动才能正常进行。

植物生长过程中,温度过高或过低都将影响生理代谢过程,从而对植物生长造成不利影响。温度骤降或过低时,容易引起植物细胞间隙结冰,甚至细胞内结冰,导致细胞受机械挤压而损伤,原生质脱水,植物生长受阻或死亡。低温危害主要有寒害、冻害、霜害、冻拔4种。

植物生长过程中温度过高引起细胞原生质凝固、结构破坏,打破植物体内新陈代谢的协调,如破坏了光合作用和呼吸作用的平衡,叶片气孔不闭、蒸腾加剧,使植物"饥饿"而亡;高温下植物蒸腾作用加强,根系吸收的水分无法弥补蒸

腾的消耗,从而破坏了树木体内的水分平衡,引起干旱和萎蔫,时间过长则植物干枯死亡。高温还会对植物产生日灼危害:一般当气温达到35～40℃时,植物停止生长;当温度达到45℃以上时,会造成局部伤害或全株死亡。

3.1.3　水分与植物

水是植物体的重要组成部分,也是植物生存的重要因子。植物的光合作用、矿质元素的吸收及一系列生化反应都要在水的参与下进行;水可维持细胞和组织的紧张度,使植物保持一定的状态,维持正常的生活。植物缺水,会发生萎蔫现象,甚至死亡;水分过多,植株会出现烂根、落花落果等现象。

3.1.3.1　植物的需水特点

植物对水分的需要是指植物在正常生长发育过程中所吸收和消耗的水分。植物需水量是植物全生育期内总吸水量与净余总干物重(扣除呼吸作用的消耗等)的比率;也可用每形成1g干物质需要蒸腾水分的克数表示,即蒸腾系数。因此,植物的蒸腾强度可以反映植物的需水量情况。一般植物根系正常生长所需的土壤水分为田间持水量的60%～80%。而植物需水量多少因植物种类、发育时期与阶段、生长环境而异。耐旱植物的需水量远远小于中生或湿生植物,乔木树种需水多大于灌木树种,植物萌芽期需水小于速生期,生长期需水大于休眠期。

3.1.3.2　水分条件对植物生长发育的影响

植物在系统发育中对水分条件长期适应,形成了不同的水分适应生态类型,表现为对干旱、水涝的不同适应能力。根据植物对水分需求量的大小,将其分为以下几类:

(1) 水生植物

水生植物为生活在水中的植物总称,它们具有发达的通气组织,而机械组织不发达或退化,细胞具有很强的渗透调节能力。如荷花、香蒲、芦苇、睡莲、凤眼莲、金鱼藻等。

(2) 湿生植物

湿生植物指在潮湿环境中生长、不能忍受较长时间水分不足的植物，有的甚至能耐受短期的水淹。这类植物的根系不发达，但具有发达的通气组织，抗旱能力最弱。如龟背竹、马蹄莲、水杉、池杉、枫杨、垂柳、杞柳、落羽杉以及蕨类植物等（图3-2）。

(3) 中生植物

中生植物指适宜在水分条件适中的环境中生长的植物，其根系和输导组织均比湿生植物发达。绝大多数园林景观植物属于此类，如油松、侧柏、桑树、旱柳、乌桕、月季、扶桑、茉莉、君子兰等。

(4) 旱生植物

旱生植物指生长在干旱环境中，能长期耐受干旱环境且生长发育正常的植物。这类植物在形态或生理上有多种适应干旱环境的特征。如扁桃、无花果、沙棘、沙拐枣、仙人掌、景天、骆驼刺、天竺葵、锦鸡儿、肉质仙人掌等（图3-3）。

3.1.4　空气与植物

3.1.4.1　空气湿度与植物

空气湿度影响植物蒸腾作用，进而影响植物的水分与养分平衡。空气相对湿度小，植物蒸腾旺盛，吸收水分、养分较多，生长加快；但空气湿度过低，植物失水多，若根系吸水困难的话，可能导致水分失衡，引起干旱。如北方早春时节，空气湿度低、温度回升，植物地上部分失水增多，但土壤温度回升慢，根系吸水缓慢，容易产生春旱现象。我国西北地区气候干旱，空气湿度低已经成为限制植物引种的主要因子之一。不同植物、同一植物在不同生长发育时期，对空气湿度的要求也不相同。在植物生长期间，一般都喜欢湿润的空气，对于耐湿植物，要求的空气湿度更大。当植物开花结实时，空气湿度要小一些，否则会影响开花和授粉。

3.1.4.2　风与植物

风可改变环境温度、湿度状况和空气中二氧化碳浓度，从而间接影响植物的生长。低速风或微风有利于植物花粉和种子的传播，如银杏雄株的花粉可顺风传播数十里以外；干旱沙区的沙拐枣果实可借助风传播到很远的地方（图3-4）。而高速风或强风可降低植物的生长量，影响植株冠

图3-2　湿生植物池杉

图3-3　旱生植物金琥

图3-4　沙拐枣果实可借风力传播

幅生长与性状和植物根系的生长。如在干旱季节，风可加速植物蒸腾作用，植株失水过多导致萎蔫；在北方较寒冷地带，冬末春初气温回升，此时的风加强了枝条的蒸腾作用，但地温低根系活动微弱，吸水困难，造成枝条抽干，也称为干梢或抽条。树木长期受一个方向强风影响，常形成旗形植株冠体。

不同植物的抗风能力差别较大，凡植株冠体紧凑、材质坚韧、根深幅大的树种，抗风能力强；而植株冠体大、材质脆软、根系浅的树种，抗风能力弱；采用扦插繁殖的植物，其根系不如播种繁殖的发达，抗风能力较差。

常用的抗风能力强的树种有：马尾松、黑松、圆柏、侧柏、棕榈、新疆杨、枣树、臭椿、槐树、榕树、樟树、垂柳、银杏、梧桐、马褂木、合欢、栾树、乌桕、无花果、柠檬桉、台湾相思、柑橘、紫丁香、海桐等。

3.1.4.3 空气污染与植物

植物对空气污染的敏感程度或适应性因种类、发育阶段与时期、立地环境的不同而异。一般来说，木本植物比草本植物的抗性强，阔叶植物比针叶植物的抗性强，常绿植物比落叶植物的抗性强；处于壮年期植株比幼年期植株抗性强；叶片厚、具有角质层、气孔密度小的植物比叶片小、薄的抗性强。不同的大气污染物对植物产生的危害不同，各种植物对污染物的耐受能力也有所差异。目前，大气污染主要包括 SO_2、Cl_2、HF、NH_3、粉尘等。

3.1.5 土壤与植物

土壤是植物生长的基础，它能不断地提供植物生长发育所需要的空气、水分和矿质营养元素。所以土壤的理化性质及肥力状况对植物的栽培、生长发育具有重要意义。影响植物生长的土壤环境要素主要有土壤厚度、质地、结构、水分、空气、温度等物理性质，土壤酸碱度、营养元素、有机质等化学性质，以及土壤的生物环境等。

3.1.5.1 土壤质地与结构

土壤质地是指组成土壤的矿质颗粒，即石砾、沙粒、粉粒、黏粒的相对含量称为土壤质地或土壤机械组成。根据土壤中不同粒级土粒所占百分比不同，将土壤质地划分为砂土、壤土、黏土三大类。由于土壤质地影响水分的渗入和移动速度，进而对土壤的水分、通气、温度状况产生影响，影响植物的生长和分布。如砂质土壤通气性好，持水量低，保肥能力较差，砂质土壤上的多年生植物根系发达，多为耐干旱、耐贫瘠植物。不同植物对土壤质地的要求也不同，如油松、樟子松、马尾松宜生于砂土和砂壤土中，枫杨、栎类树种则适应质地较黏重的土壤。

土壤结构系指土壤颗粒的排列状况、孔隙度以及团聚体的大小、多少及其稳定性。因此，土壤结构会影响土壤水分和养分供给能力、通气和热量状况以及根系在土壤中的生长情况。土壤结构通常分为团粒、块状、核状、柱状、片状等结构，其中以团粒结构的土壤最适宜植物的生长。

3.1.5.2 土壤水分与空气

土壤水分和空气含量主要与土壤质地和土壤结构有关。土壤中水分含量与空气含量相互制约，互为消长关系。土壤必须具备足够的水分和适宜的空气条件，才能保证植物良好的生长发育。土壤水分来源于降水、灌溉和地下水补给。土壤水分不仅可供植物根系吸收利用，而且矿质营养物质只能在有水的情况下才被溶解和利用。如土壤水分不足，容易使植物受到干旱胁迫；水分过多使营养物质流失，土壤空气不足，植物根系生长受抑，甚至还会出现腐烂现象。所以土壤水分是提高土壤肥力的重要因素。一般植物生长适宜土壤水分状况是田间持水量的 60%～80%。植物不同、生长发育阶段不同，其能适应的最高与最低土壤水分极限状况也不同。

土壤空气主要来自大气，也有极少部分是由土壤中的生物代谢活动过程产生。土壤空气中 O_2 的含量在 10%～12%，CO_2 的含量在 0.1%～2%。

当土壤板结或积水时，土壤中 O_2 含量很低，植物根系的呼吸代谢活动受到抑制。当土壤中 CO_2 浓度达到 10%～15% 时会阻碍根系生长和种子萌发，甚至导致根系呼吸窒息而死亡。

3.1.5.3 土壤酸碱度

土壤的酸碱度（pH值）与土壤理化性质和微生物活动有关，所以土壤有机质和矿质元素的分解和利用也与土壤 pH 值紧密相关。土壤的酸碱性直接影响土壤中各种养分的有效性，从而直接或间接的影响植物的生长。一般来讲，酸性土的有机质分解受到抑制；碱性土的土壤结构易板结，通气不良；土壤养分的有效性以中性或近中性（pH 6～7）最好。

不同种类植物对土壤酸碱度的要求不同，多数植物生活的土壤 pH 值在 3.5～8.5，低于 3 或高于 9，多数植物根细胞原生质严重受害，难以存活。大多数露地花卉要求中性土壤，仅有少数花卉可适应强酸性（pH 4.5～5.5）或碱性（pH 7.5～8.0）土壤。根据景观植物对土壤酸碱度的要求，将其划分为 3 类：

(1) 喜酸性植物

这类植物在土壤 pH 6.8 以下时生长良好。温室花卉或起源于热带、亚热带的园林植物多要求酸性或弱酸性土壤。如栀子、红花檵木、苏铁、油茶、珙桐、杨梅、石楠及棕榈科植物等。

(2) 喜中性植物

这类植物在土壤 pH 6.8～7.2 时生长良好。大多数植物在中性土壤上都能正常生长，如菊花类植物、百日草、杉木、杨树类、柳树类等。

(3) 喜碱性植物

这类植物在土壤 pH 7.2 以上时生长良好。如柽柳、胡杨、紫穗槐、沙枣、四翅滨藜、马兰花、臭椿、刺槐、乌桕、黑松等。

3.1.5.4 土壤矿质元素与有机质

植物在生长发育过程中，需要不断地从土壤中吸取大量的无机元素，如 C、H、O、N、P、K、Ca、Mg、S、Fe、B、Cu、Zn、Mu、Mn、Cl 等。

植物所需的无机元素主要来自矿物质和有机质的矿物分解。土壤有机质是土壤重要的组成部分，主要是动植物残体的腐烂分解和新合成物质。土壤有机质分为非腐殖物质和腐殖物质两大类。非腐殖物质是原来动植物组织和部分分解的组织，主要是碳水化合物和含氮化合物。腐殖物质是土壤微生物分解有机质时，重新合成的具有相对稳定性的多聚体化合物，主要是胡敏酸和富里酸。土壤有机质含量是土壤肥力的一个重要指标。一般森林土壤和草原土壤上的植物凋落物多，形成较厚的地被物层，能保持物质循环的平衡，故有机质的含量比较高可以达到 3%～5%，而一般园林绿化用地的土壤有机质含量多在 1% 以下。

不同的植物种类对土壤养分的要求不同。有些植物只有在土壤肥力较高的条件下才能生长良好，如白蜡、榆树、槭树、杉木、苦楝、乌桕等；有些植物能够忍耐瘠薄，如马尾松、樟子松、侧柏、蒙古栎、沙柳、黄柳、骆驼刺、沙冬青、刺槐等。

3.1.6 城市环境与植物

园林植物主要栽植在城市、乡镇及景区等人为活动频繁的区域，随着城镇建设的发展，各种建筑物、道路、桥梁等代替了原来的自然植物环境，使得城市环境与周围的自然环境有了很大的差异，在营建园林植物景观与栽培养护时须加以注意。

3.1.6.1 城市气候特点与植物生长

(1) 城市气温

城市温度的特点是城市气温高于郊区且昼夜温差小，市中心的气温最高，向市外逐渐降低，郊区农村的气温最低，这种现象称之为"热岛效应"。城市气温升高，春季园林植物的物候提前，秋季进入休眠期时间推后，绿期延长；但气温升高，会使得空气湿度降低，在北方地区容易引起大气干旱；昼夜温差相对减小，不利于植物的生长。

(2) 城市空气湿度

城市地表的大面积硬化铺装，使降水多以地

表径流流失，下垫面吸收水分少，但气温较高，蒸发量大，空气湿度较低，对植物生长不利。

(3) 城市光照

由于城市雾障，阴天较多，城市接收的总太阳辐射少于乡村，且太阳辐射减弱，日照时间相对减少，这不利于长日照植物的开花。另外，城市街道的灯光相当于延长了光照时数，打破了附近植物正常的生长和休眠，不利于这些植物的过冬。

(4) 城市的风

城市建筑的存在和下垫面结构的变化，使得城市风速平均要比郊区低10%～20%，风向也不统一，这对植物生长有利。

(5) 城市小环境气候

城市建筑物对温度、光照、风以及湿度的影响，会在建筑物周围形成与郊区差异明显的特殊小气候，合理利用这些小气候，可以极大地丰富园林植物的多样性。如建筑物南面背风向阳，温度较高，光照充足，可栽种一些喜光喜温的边缘植物；建筑物的北面背阴，温度较低，可选用耐阴、耐寒的品种栽植。

3.1.6.2 城市土壤特点与植物生长

城市土壤由于受到城市建筑、市政建设、生活垃圾、城市气候条件以及车辆和人流的踏压等各种因素的影响，其物理、化学和生物特性都与自然状态下的土壤有较大差异。主要表现为土壤的透气性较差，坚实度高，残留建筑垃圾多，土壤结构被破坏，肥力低且养分分布不均衡，土壤表层温度较高，海滨城市的土壤含盐量高，不利于植物根系的伸展，影响植物的生长（详见3.3.2节）。

3.1.6.3 城市环境污染与植物生长

(1) 水污染

由于工业废水、农药和生活污水的大量排放，超过水体对该污染物的净化能力，从而引起水质恶化，造成对水生生物及人类生活与生产用水的不良影响，即水体污染。污染水可直接影响植物的生长，也可能渗入土壤，改变土壤结构与理化性质，影响植物。

(2) 空气污染

燃料燃烧的废物、工业排放物、交通排放物的大量排放，使得大气中二氧化碳浓度增加，大气中粉尘、烟尘增多，有毒有害气体含量升高，如二氧化硫、氯气、臭氧等，城市近地表层的空气环境发生变化，影响植物生长。如尘粒增多，影响植物光合作用、蒸腾作用；二氧化硫、二氧化碳浓度升高，容易产生酸雨，造成土壤酸化，危害植物；有毒有害气体也可直接影响植物生长。

(3) 土壤污染

空气污染物随雨水进入土壤或污染水体进入土壤，当这些污染物含量超过土壤的自净能力时，引起土壤污染。土壤中积累化学有毒、有害物质，影响土壤微生物的活动，改变土壤的性质，降低土壤的肥力，影响植物的生长发育；土壤中的重金属污染物质，如砷、镉可直接对植物产生伤害。

3.1.7 植物群落与园林植物景观设计

自然界中生长的植物，无论是天然的还是人工栽培的，总是和其他植物成群地生长在一起，形成具有一定结构、执行着一定功能的植物总体，即植物群落。因此，植物群落可以定义为在一定生物环境条件下由某些植物构成的总体，具有一定的种类组成和种间的数量比例、一定的结构和外貌，处于植被发育过程中的某一阶段，在空间上占有一定的分布区域，并执行着一定的功能。

3.1.7.1 自然植物群落景观

自然植物群落景观是在长期的历史发育过程中，在不同生境及气候条件下自然形成的植物群落，具有自己独特的物种组成、外貌、层次及结构特点。

(1) 自然植物群落的物种组成

自然界植物群落由不同种类的植物组成，而且立地条件不同，物种组成及数量差异很大。如西双版纳热带雨林植物群落，物种丰富、群落结构复杂，林内大小乔木、灌木、藤本植物、草本植物、附生植物等种类繁多，常有6～7个层次，单位面积内物种数量可达数百种；而东北红松林群落结构较简单，常为2～3个层次，单位面积内物种数量仅为40种左右。植物群落中各个物种在数量上是不相等的，通常称数量最多、占据群落面积最大的物种为优势种。优势种对群落的发育和外貌特点影响最大，如云杉、冷杉或水杉群落呈现出尖峭塔立的群落景观；高山堰柏群落则呈现出一片贴伏地面，宛若波涛起伏的群落外貌。

(2) 自然植物群落的结构

① 自然植物群落的多度与密度　多度是指每个种在群落中出现的个体数目。多度最大的植物种就是群落的优势种。密度是指群落内植物个体的疏密度。密度影响群落内的光照强度，与群落的植物种类组成及相对稳定有直接关系。一般来说，环境条件优越的热带多雨地区，群落结构复杂，密度大；反之则简单、密度小。

② 群落的垂直结构与分层现象　各地区各种不同的植物群落常有不同的垂直结构层次，这种层次的形成是依据植物种的高矮及不同的生态要求。通常群落的多层结构可分3个基本层：乔木层、灌木层、草本及地被层。荒漠地区的植物常只有一层，热带雨林的层次可有6～7或更多。在乔木层中可分为2～3个亚层，枝杈上常有附生植物（图3-5），树冠上常攀缘着木质藤本（图3-6），在下层乔木上常见耐阴的附生植物和藤本。灌木层一般由灌木、藤灌、藤本及乔木的幼树组成，有时有成片占优势的竹类。草本及地被层有草本植物、巨叶型草本植物、蕨类以及一些乔木、灌木、藤本的幼苗。此外，还有一些寄生植物、腐生植物，它们在群落中没有固定的层次位置，不构成单独的层次，所以称它们为层外植物。除了地上部分的分层现象外，各种植物地下部分的根系分布也存在分层现象，使得不同植物可以从不同深度的土壤中吸收水分、矿质营养等成分。

图3-5　雨林中的附生蕨类

图3-6　雨林中的缠绕藤本

(3) 植物群落的高度

群落中最高一群植物的高度，就是群落的高度。群落的高度也直接影响其外貌。群落的高度首先与自然环境中海拔高度、温度及湿度有关。一般说来，在植物生长季节中温暖多湿的地区，群落的高度就大；在植物生长季节中气候寒冷或干燥的地区，群落的高度就小。如热带雨林的高度多在 25～35m，最高可达 45m；亚热带常绿阔叶林高度 15～25m，最高可达 30m；山顶矮林的一般高度在 5～10m，甚至有的只有 2～3m。

(4) 植物群落的季相

群落的季相变化在色彩上最能影响外貌，而优势种的物候变化又最能影响群落的季相变化。如黄山的 5～6 月相当于山下春季，在不同的群落中可见花团锦簇的景象，粉红色黄山杜鹃、黄山蔷薇、水红色的吊钟花、鲜红的独蒜兰、白色的四照花等把黄山点缀得娇俏明媚；夏季由于树种不同，叶片的绿色程度不一，远远望去，嫩绿、浅绿、深绿、墨绿色的树冠交织在一起，为炎热的三伏天增添了丝丝凉意；秋季树木的叶片变红或变黄，如火如荼，如红色叶的枫香、垂丝卫矛、爬山虎、樱、野漆、野葡萄、青榨槭、荚蒾等，紫红色叶的白乳木、五裂槭、四照花、络石、天目琼花、水马桑等，黄色叶的棣棠、蜡瓣花、覆盆子等；群落中累累红果更增添了秋色的魅力，如尾尖冬青、黄山花楸、中华石楠、垂丝卫矛、安徽小檗、四照花、红豆杉、黄山蔷薇等，另外，色彩鲜艳的开花地被装点着群落的下部空间，如蓝色的黄山乌头、杏叶桔梗、野韭菜，黄色的小连翘、月见草、野黄菊、蒲儿根、桃叶菊、苦卖菜；粉红色的秋牡丹、瞿麦、马先蒿，紫色的紫香云；白色的山白菊、鼠曲草等。冬季，黄山松、天竺桂、紫楠、白楠、柞木及黄山杜鹃、冬青、石楠、薜荔、络石、五叶木通、爬行卫矛等常绿植物在皑皑白雪的映衬下尽显蓬勃生机。真是"四时之景不同，而乐亦无穷也"！

(5) 种间关系

自然群落内各种植物之间的关系是极其复杂和矛盾的，其中有竞争，也有互生。由于不同植物间生态位的竞争，产生了生态位挤压，因此也形成了各种不同的群落景观。

①互利共生　这是指双方依存的相互作用，缺乏时彼此受损。如植物群落中常见的菌根，这些菌根大都具有酸溶、酶解能力，依靠它们可以扩大吸收面积，帮助植物从沼泽、泥炭、粗腐殖质以及石灰岩、磷石灰岩中吸收氮、磷、钾、钙等营养物质。地衣就是真菌从藻类身上获得养料的共生体。栗、水青冈、桦木、鹅耳枥、榛子等均有外生菌根；兰科植物、柏、雪松、红豆杉、核桃、白蜡、杨、楸、杜鹃花、槭、桑、葡萄、李、柑橘、茶、咖啡、橡胶等均有内生菌根；松、云杉、落叶松、栎等有内、外生菌根。这些菌根有的可固氮，有的能使树木适应贫瘠不良的土壤条件。

②寄生　是指相互关系中一方获益而另一方受害。如菟丝子属植物，常寄生在豆科、唇形科，甚至单子叶植物上，它的叶已退化，不能制造养分，靠消耗寄主体内的养分而生活，在绿篱、绿墙、农作物、孤立树上常见到它们。还有一些半寄生植物，它们用构造特殊的根伸入寄主体内吸取养料，另一方面又有绿色器官，可以自己制造养料，如玄参科的地脚金、樟科的无根藤等。因此，一株树体可形成不同枝叶、不同色彩的寄生植物景观。

③附生　这类植物常以他种植物为栖息地，但并不从中吸收养分，最多从它们死亡部分上取得养分。在寒冷的温带植物群落中，苔藓地衣常附生在树干、枝杈上；在亚热带，尤其是热带雨林中，附生植物种类很多。如蕨类植物中的肾蕨、岩姜蕨、鸟巢蕨、星蕨、抱石莲等，天南星科的龟背竹、麒麟尾，芸香科的蜈蚣藤等，还有诸多如兰科、萝藦科等的植物。这些附生植物往往有特殊的根皮组织，如便于吸水的气根，或在叶片及枝干上有储水组织，或叶簇集成鸟巢状借以收集水分、腐叶土和有机质。这种附生景观常常加以模拟应用，不但可以增加单位面积的绿量，增大生态效益，还能配置出多样化的植物景观，常在热带和亚热带南部、中部地区室外植物景观中

图3-7　人造附生兰景观	图3-8　坐凳一角盆栽的鸟巢蕨

应用（图 3-7、图 3-8），也可在寒冷地区温室内进行植物景观展示。

④连生　是指相互作用中对双方均有促进作用，但没有这种作用各方仍能继续稳定生长的现象。如群落中同种或不同种植物根系的连生现象，如砍伐后的活树桩通过连生的根从相邻的树木中取得有机物质而茁壮生长。除此之外，连生的根系还能增加树体的稳定性，增强其抗风能力。前苏联植物学家尤诺维多夫指出，欧洲云杉、欧洲松、西伯利亚松、落叶松、尖叶槭、麻栎、榆树、西伯利亚山荆子、山杨、常春藤等植物的根系都有连生现象。园林中也不乏树木地上部分合生在一起的偶然现象，如广东省肇庆市鼎湖山龙眼和木棉合抱生长、北京天坛公园槐柏合抱生长等，人们可以借此现象来创作连理树景观。

⑤竞争　自然植物群落内种类多，一些对环境因子要求相同的植物种类，就表现出剧烈的相互竞争。一些对环境因子要求不同的植物种类，不但竞争少，有时还呈现互惠互利的现象。例如，松林下的苔藓层能保护土壤不致干化，有利于松树生长，反过来松树的树荫也有利于苔藓的生长。植物间竞争关系突出表现为机械关系，尤其以热带雨林中缠绕藤本和绞杀植物与乔木间的关系最为突出，如油麻藤、绞藤、榕属及鹅掌柴属的一些种类常与其他乔木树种之间产生着你死我活的剧烈斗争（图 3-9）。幼年时期这些缠绕藤本若遇到粗度合适的幼树，就松弛地缠绕在其树干上，借此为支柱向上生长，随着幼树树干不断增粗，树干就受到了藤本缠绕的压迫，幼树的形成层开始产生肿瘤组织，向藤本进行强烈的反包围，矛盾开始剧烈起来。随着肿瘤组织活跃生长，又将藤本的缠绕部分反包围在内，相互间压力达到顶点。其结果若不是树干被压迫而死就是藤茎被压迫而死；也有可能两者在剧烈竞争的情况下转化为连生现

象，使局部矛盾得到统一，共同生存下去；还有可能是藤本和支柱木在支结点以上均死去，在支结点以下都又萌发新枝条，解除了原有的矛盾，重新开始幼树、幼藤生长发育过程。

热带雨林中号称绞杀植物的榕属植物，种子随鸟粪散布到大树顶部枝杈上，发芽后就附生在大树上，附生的榕树幼苗迅速生长出气根，这些气生根入土后即转化为茎干，使得原来附生在大树上的网状根系变成了网状茎干，随着茎干的增粗、愈合，许多细小的网眼愈合成整块粗厚的网壁，加强了对大树的包围压箍，使之失去增粗生长的可能，终于被绞杀致死。在大树枯死腐烂后，榕树的网状树干成为独立生长的筒状树干，完全成为一株新的巨大乔木（图3-10）。

⑥化学抑制　某些植物能分泌一些化学物质用于抑制别种植物在其周围生长，这称为化学抑制。如黑胡桃地下不生长草本植物，是因为其根系分泌胡桃酮，使草本植物严重中毒；灌木鼠尾草丛下以及其叶层范围外1～2m处不长草本植物，甚至6～10m内草本植物生长都受到抑制，这是因为鼠尾草叶能散发大量桉树脑、樟脑等萜烯类物质，它们能透过角质层，进入植物种子和幼苗，对附近一年生植物的发芽和生长产生毒害；赤松林下桔梗、苍术、菰、结缕草生长良好，而牛膝、东风菜、灰藜、莞菜生长不好。因此在植物景观配置时也必须考虑到这一因素。

3.1.7.2　园林植物群落景观设计

园林植物群落与自然植物群落不同，它是人类根据生产、观赏、改善环境条件等需要，把同种或不同种的植物配置在一起形成的植物总体，如行道树、林带、树丛、树群、观果园、苗圃等。这种人工构建的植物群落往往物种数量较少、结构简单，其设计必须从自然植物群落的物种组成、

图3-9　植物间绞杀现象

图3-10　绞杀斗争中胜出的榕树

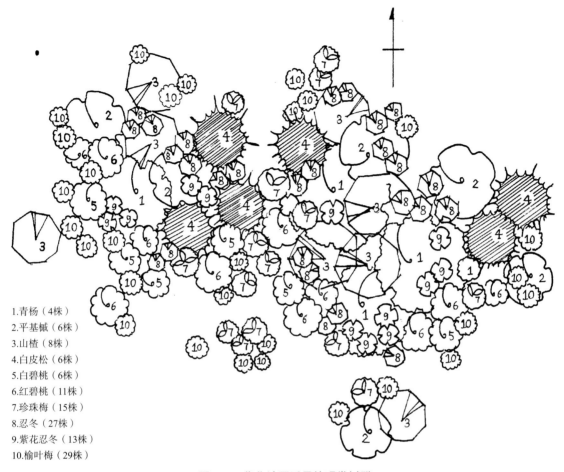

1.青杨（4株）
2.平基槭（6株）
3.山楂（8株）
4.白皮松（6株）
5.白碧桃（6株）
6.红碧桃（11株）
7.珍珠梅（15株）
8.忍冬（27株）
9.紫花忍冬（13株）
10.榆叶梅（29株）

图3-11　华北地区适用的观赏树群

结构、风貌、季相、种间关系等方面汲取创作源泉，才能在科学性、艺术性上获得成功。

　　群植是园林树木常用的种植形式，通常由二三十株以上至数百株左右的乔、灌木等成群配植，形成具有一定观赏价值或功能作用的园林植物群落景观。树群配置要做到群体组合符合单体植物的生理生态需求，第一层乔木应为喜光树种，第二层亚乔木应为半阴性树，乔木之下或北面的灌木、草本应为耐阴性较强的植物，处于树群外缘的花灌木，要呈不同宽度的自然凹凸环状配置，或呈丛状配置；树群的天际线应富于起伏变化，从任何方向观赏，都能带给观赏者以美的享受。图3-11为华北地区适用的观赏树群，其乔木层为喜光树种的青杨，亚乔木层为半耐阴的平基槭和稍耐阴的山楂，乔木下为稍耐阴的白皮松（青杨的更替树种），半耐阴的灌木珍珠梅、忍冬及极耐阴的宿根草本植物玉簪。树群边缘灌木成丛配置，选用了半耐阴的珍珠梅、忍冬和喜光的榆叶梅、碧桃。此观赏树群春季赏花，夏季赏荫，秋季观叶赏果，冬季亦见生机，同时充分考虑到每种植物对光照的需求情况，速生与慢生树种的结合，可以形成持续、稳定的植物群落景观，达到了科学性与艺术性的高度统一。

3.2　园林植物景观类型与环境

3.2.1　地域与园林植物景观类型

　　自然界中植物生长规律及稳定的植物群落是受到气候、环境、生物、人类和生态条件综合作用的长期选择而形成的。因此，充分把握植物的生态位、地域性和文化性是园林植物景观营造的首要条件。

3.2.1.1 不同气候带植物景观

植物生态习性的不同及各地气候条件的差异，致使植物的分布呈现地域性。不同地域环境形成不同的植物景观，如热带雨林及阔叶常绿林相植物景观、暖温带针阔叶混交林相植物景观、温带针叶林相植物景观等都具有不同的特色。我国各气候带的植物景观分类如下：

(1) 寒温带针叶林景观

寒温带主要包括黑龙江、内蒙古北部地区。构成针叶林景观的主要乔木有兴安落叶松、西伯利亚冷杉、云杉、樟子松、偃松等，白桦、蒙古栎也是常见适生植物。植物景观结构简单，一般模式为乔木—草坪或地被，中间灌木层植物种类较少。

(2) 中温带针阔叶混交林景观

中温带主要包括长城以北地区，内蒙古大部分及准噶尔盆地。景观林主要由落叶松、红松、美人松、臭冷杉、紫杉等针叶树种，白桦、山杨等阔叶乔木，黄檗、忍冬、杜鹃花、越橘等小乔木或灌木，北五味子、半钟铁线莲等藤本植物及长白罂粟、高山红景天、珠芽蓼、白山龙胆等高山野生花卉构成。较寒温带针叶林灌木增多，但群落结构仍较简单，层次不够丰富。

(3) 暖温带阔叶林景观

暖温带主要包括辽宁大部、河北、陕西大部、河南北部、陕西中部、甘肃南部、山东、江苏北部、安徽北部。该区地带性森林植被是落叶阔叶林，多以落叶栎类为主。其他落叶树种有槭、椴、杨、鹅耳栎、樱、花楸等树种，但通常散生于林中，很少为优势树种（图3-12）。受人与自然因素的影响，针叶林多为人工林，桃、杏、苹果、梨等果树分布较多。灌丛种类以金露梅、头状杜鹃、高山绣线菊、鬼箭锦鸡儿最为常见，呈灌丛小斑块状分布。亚高山草甸种类较丰富，以禾本科、莎草科、菊科、蓼科、龙胆科、百合科等种类为主，单优群落很少。景观林层次比较丰富。

(4) 亚热带常绿阔叶林景观

亚热带包括江苏、安徽大部、河南南部、陕西南部、四川东南、云南、贵州、湖南、湖北、江西、浙江、福建、广东、广西大部、台湾北部等地。自然景观中常绿阔叶林占绝对优势，山毛榉科、山茶科、木兰科、金缕梅科、樟科、竹类资源丰富，孑遗植物资源有银杏、水杉、银杉、金钱松等。次生林常见有马尾松、枫香及杉木林，经济树种、果树、药用植物也有较广分布。

(5) 热带雨林景观

热带包括我国云南、广西、广东、台湾等地的南部地区。植物种类极为丰富，棕榈科、紫葳

图3-12　暖温带植物景观

图3-13　热带风光

科、茜草科、木棉科、无患子科、大戟科、藤黄科、山龙眼科等树种分布较多（图 3-13）。林内植物种类繁多、层次结构复杂，出现层间层、绞杀层、板根现象、附生景观，林下有极耐阴的灌木、大叶草本植物和大型蕨类植物。

（6）温带草原景观

我国温带草原区域主要分布在松辽平原、内蒙古高原、黄土高原等地。本区代表植物主要为密丛禾本科植物组成的温带草原，此外，豆科、莎草科、菊科、藜科及百合科植物也较为常见。该区森林草原或草甸草原之间是以中生杂草类为主的草甸群落；强旱生型小针茅、菊科蒿类植物等组成半郁闭矮草荒漠草原，西邻荒漠区域。草原中野生植物资源丰富，牧草、纤维、药用植物种类多。

（7）温带荒漠植物景观

我国温带荒漠区域包括准噶尔盆地、塔里木盆地、柴达木盆地、阿拉善高平原及内蒙古自治区鄂尔多斯台地西部。荒漠植被以藜科植物最常见，其次是蒿类、柽柳、沙拐枣等，一般都是小型的旱生半灌木。胡杨、灰杨、沙拐枣可作土木建筑材料，此外还分布有饲草、药用植物、农作物等。

（8）青藏高原高寒植被景观

青藏高原植物种类并不匮乏，高原东侧、川西、滇北及高原南侧横断山脉地区以针阔叶混交林为主，间或分布寒性针叶林和亚热带温性阔叶林。主要优势树种为常绿栎类、高山松、云杉、冷杉等；灌丛多为肉质多刺类和高寒灌丛，主要建群种有蔷薇、金露梅、杜鹃花、高山柳、圆柏等；草甸植被主要有蒿草、蓼、禾草、芒草等植物；苔草、蒿草等为优良牧草，贝母、虫草、党参等为名贵药材，青稞、冬麦、马铃薯等为该区域丰产农作物。

植物景观营造应该根据不同地域环境气候条件选择适合生长的植物种类，营造具有地方特色的植物景观。

3.2.1.2　不同地域文化植物景观

（1）地域文化与特色植物

园林植物形成地域景观特色，可以突出表现当地的城市景观的个性和地域的个性特点，给人以深刻的印象，让人有永久的记忆，从而使植物特色与城市印象对应起来。我国北京的槐树和侧柏有身份地位象征、肃穆之意，而海南岛以椰林代表的植物景观给人以南国特有的植物景观印象，西双版纳的热带雨林景观则给人一种原始、神秘感，四川成都的木芙蓉、云南大理的山茶、深圳的三角梅、攀枝花的木棉等，都具有浓郁的地方特色。运用具有地方特色的植物材料营造植物景观对弘扬地方文化，陶冶人们的情操具有重要意义，市花市树、乡土植物、古树名木等都是特色植物与地域文化融合的体现。

市花市树　市花市树是一个城市通过民意调查、居民投票，并经过市人大常委会审议通过而得出的、受到大众广泛喜爱的植物品种，也是比较适应当地气候条件和地理条件的植物，其本身所具有的象征意义已上升为该地区文明的标志和城市文化的象征。因此，利用市花市树的象征意义与其他植物或小品、构筑物相得益彰地配置，可以赋予浓郁的文化气息，不仅能起到积极的教育作用，也可满足市民的精神文化需求。

乡土植物　地域性很强的乡土植物可以为植物配置提供广阔的文化资源。在丰富的植物品种中，乡土植物最能适应当地自然生长条件，其不仅能达到适地适树的要求，而且还代表了一定的植被文化和地域风情。乡土植物可以通过植物形象、植物文化与设施景观结合以及提炼出装饰图案来塑造地域性景观。

古树名木　这是历史的见证，具有极高的文化价值和社会影响力。其中有的以姿态奇特、观赏价值极高而闻名，如黄山的"迎客松"、泰山的"卧龙松"、北京中山公园的"槐柏合抱"等；有的以历史事件而闻名，如北京景山公园内崇祯皇帝上吊的槐树；有的以奇闻逸事而闻名，如北京孔庙的侧柏，传说其枝条曾将汉奸魏忠贤的帽子碰掉而大快人心，故后人称之为"除奸柏"等。这些古树名木是珍贵的资源，它们是历史遗产，能够为城市的文化增添一笔厚重的财富（图 3-14）。

图3-14 古树古桥成为古镇重要的旅游资源

图3-15 北国风光白桦林

(2) 不同地域文化林型景观

我国地域辽阔,气候迥异,植物群落受地理和气候条件的影响,各地在漫长的植物栽培和应用观赏中形成了具有地方特色的植物景观,容易与当地的文化融为一体,在不同的地区形成许多具有强烈艺术感染力的林型景观,给人们以自然特色美的享受。

东北、华北杨桦林型景观 以白杨、白桦为纯林或混交林的喜光先锋树种,构成树干直立挺拔和以灰白色环纹树干为基调的群体景观,为典型的北国风光(图3-15)。

华中马尾松、枫香混交林景观 常构成山顶部以马尾松为背景,山脚山谷以枫香为前景的群落,入秋枫叶层林尽染,气势十分壮阔;林下伴生成片杜鹃花,春季一片山花烂漫之景象。

华中樟树、苦槠、木荷常绿阔叶林景观 此起彼伏球形树冠组成的林层,构成柔美的林相,浓淡变化的绿色给人以纯朴亲切之美感。

江南桃柳景观 春来桃红柳绿,碧水粼粼,构成江南水乡典型的淡雅、秀美之风景。

华中乌桕纯林景观 入秋树叶艳红,硕果累累,呈现给人们色彩绚丽的视觉盛宴。

华中、华东竹、杉林景观 黄绿相间、刚柔交替,倍现俊秀之美;立于水、湿地之中的杉林群体,艺术感强烈。

华南、西南椰子、棕榈林景观 主干独立挺拔,叶大而簇生顶端,一派南国风光。

青藏和新疆的草原群落景观 具有宽广舒畅之美感,草原、羊群、骏马、蓝天构成牧歌式草原,生机蓬勃之景象。

文化具有一定的时代性,植物景观中的文化也应当与时俱进。应根据当今社会的发展形势和文化背景,在传统文化的基础上创造出新的、具有当代文化特色的植物景观,把时代所赋予的植物文化内涵与城市园林景观有机地融合为一体。

3.2.2 绿地类型与园林植物景观

绿地具有多重生态服务功能,对城市和乡村环境的改善具有重要作用。人们不仅需要绿地调节小气候、释氧固碳、吸收有毒有害物质、提供锻炼休憩场所等单项服务功能,更加需求绿地能成为整个城市和乡村生态系统的有机组成部分,构成系统健康的人居生活环境,维护城市与乡村的生态安全。

3.2.2.1 城市绿地植物景观

(1) 城市绿地分类

为了建立科学的城乡统筹绿地系统,根据《城市绿地分类标准》(CJJ/T 85—2017),城市绿地景观分为应用大类、中类、小类3个层次,具体将城市绿地划分为公园绿地、防护绿地、广场用地、附属绿地、区域绿地五大类;其中公园绿地包括:综合公园、社区公园、专类公园、游园四中类;附属绿地可分为:居住用地附属绿地、公共管理与公共服务设施用地附属绿地、商业服务业设施用地附属绿地、工业用地附属绿地、物流仓储用地附属绿地、道路与交通设施用地附属绿地、公共设施用地附属绿地七中类；区域绿地包括市（县）域范围以内、城市建设用地之外，对于保障城乡生态和景观格局完整、居民休闲游憩、设施安全与防护隔离等具有重要作用的各类绿地，不包括耕地。

(2) 各类绿地植物景观要求

综合公园　设施较为完备、规模较大、标准较高，如露天剧场、音乐厅、俱乐部、陈列馆、游泳池、溜冰场、茶室、餐馆等；园内功能分区较明确，如文体活动区、游憩娱乐区、儿童游戏区、动植物展览区、园务管理区等；植物景观要求自然风景优美，植物种类丰富多样，注重林相美、季相美、层次美，既要有开阔的疏林草地供人们游憩，也要配置浓郁林地营造各种活动空间。

儿童公园　是为儿童提供玩乐的场所，其服务对象主要是少年儿童及携带儿童的成年人。园中一切娱乐设施，运动器械及建筑物等首先要考虑到少年儿童活动的安全，一般要求高度适当，色彩明亮，造型活泼，装饰丰富；植物选择首先要考虑无刺、无毒等安全性，其次是叶、花、果形奇特，色彩鲜艳等，配置要求强化造型、模式灵活多样。

动物园　是集中饲养和展览种类较多的野生动物及品种优良的农禽、家畜的城市公园的一种。植物选择与景观设计要有利于创造良好的动物生活环境以及特色植物景观和游人参观游憩的良好环境。如猴山附近布置花果如桃、李、杨梅、金橘等，供猴子嬉戏；熊猫展示区配置竹景观；鸣禽类展示栽植桂花、碧桃等花灌木营造鸟语花香意境等。

植物园　展示的种植设计要将各类植物展览区的主题内容和植物引种驯化成果、科普教育、园林艺术相结合，既要体现科普、科研价值，又要起到绿化、美化等功能方面的作用。现代景观植物培养技术日新月异，也成为植物园展示的一项重要内容，可让游人通过参与来体验园林植物

形象、意境之外的生命之美。

体育公园　是城市公园中比较特殊的一类，要求既有符合一定技术标准的体育运动设施又有较充分的绿化布置，主要是供进行各类体育运动比赛和练习用，同时可供运动员和群众游憩。在绿化设计上，要注意不妨碍比赛及观众的视线，尽量少选择早落叶、种子飞扬之类等不利于场地清洁卫生的树种，可以多布置大面积的草坪。

纪念性园林　是一种以革命活动故地、烈士陵墓、历史名人活动旧址及墓址为中心的园林绿地，供人们瞻仰、凭吊及游览休息的园林，如南京中山陵及雨花台等。绿化种植上应优先考虑常绿树种，配合有象征意义的建筑小品、雕塑，从而构建庄严、肃穆的环境空间。

风景名胜公园　是指具有悠久历史文化、较高艺术水平和欣赏、传承价值的大面积的自然风景名胜区的园林绿化，如钟山风景区、拙政园、瞻园等。其绿化功能上要求既要满足植被与生态系统的完整性，又要考虑传统特色和自然景观要求。避免传统绿化行为对自然的恣意改造，强调将多种类、各具优势的乡土树种与引进植物相宜配置，营造多种类树种共生的自然群落，使得名胜区资源价值的实现处于最优状态。

带状游园　是城市中有相当宽度的带状公园绿地，供城市居民休息游览之用，具有防尘、降噪和美化环境的功能，还可以起到连接块状绿化和点状绿化的桥梁作用。一般布置有开花灌木、植篱、花坛、喷泉、花架、亭、廊、座椅等，还可设置小型餐厅、茶室、小卖部、摄影部、休息亭廊、雕塑等服务设施。如南京珍珠河绿带，建有花廊、花架、石桌凳、园路、花坛，用珊瑚树、女贞作绿篱，布景树木应用毛白杨、水杉、薄壳山核桃、海棠、紫薇、木槿、梅、花石榴、棕榈、圆柏、桂花等，春夏间桃红柳绿、花坛绿树环绕，繁花锦簇，"珍珠花廊"美不胜收。

市民广场　有"城市客厅"之称，具有休闲、集会等功能。场地面积要足够大，一般要求硬质铺装，绿化以规则式为主，以矩阵式树木栽植和

图案式地被种植居多。绿化还应注意树木的围合，以形成广场边缘绿色柔和的垂直界面，重要节点布置节点景观，节日时可点缀时令花卉，强调广场的空间感和整体感。

居住绿地 居住绿地是居住用地的一部分。居住区绿化是城市绿化的一部分，绿化质量与市民切身利益息息相关，高水平的绿化环境能够为居民提供良好舒适的生活场所。由于绿地位置接近居民，便于居民经常休息及短时间利用，是居民使用频率很高的绿地，其功能可改善居住区的环境卫生和小气候，美化环境，为居民日常休息、户外活动、体育锻炼、儿童游戏等创造良好条件。居住区绿化所选的植物本身不能产生污染，忌用有毒、有尖刺、有异味，易引起过敏的植物，而应选无飞毛、飞絮、少花粉的景观植物，适地适树，尽量保护原有树种。

企业工厂仓储绿地 其作用是可以减轻有害物质（如烟尘、粉尘及有害气体）对工人和附近居民的危害，能调节内部空气温度和湿度、降低噪声、防风、防火等，对于安全生产、改善职工劳动生产条件，提高产品质量，具有重要意义。绿化要求选择抗污减尘的树种，加强垂直绿化以增大厂区绿化面积，注重周边绿化及其与外环境的融合。

公用设施绿地 如公共交通车辆停车场、水厂、污水及污物处理厂等内部绿地。结合不同场所，注重选择庇荫效果好或抗污染或耐重金属性强的植物进行绿化景观设计。

公共管理与公共服务设施绿地 指居住区级以上的公共建筑附属绿地如学校、机关、医院、影剧院、体育馆等的附属绿地。

道路与交通设施绿地 指居住区级道路以上的道路绿地，包括行道树、路边绿地、分隔带绿地等。行道树绿地指城市道路两侧栽植一行至数行乔灌木的绿地，包括车行道与人行道之间，人行道与道路红线之间，城市道路旁的停车场、加油站、公共车辆站台等绿化地段；交通岛及道路分隔带绿地，用于引导行车方向，分隔机动车与非机动车，分隔对向车流，这类绿地一般都不宜种植高大的乔灌木，以免影响司机行车视线，多种植小乔木、矮灌木、花卉或铺设草皮。

防护绿地 用地独立，具有卫生、隔离、安全、生态防护功能，游人不宜进入的绿地。主要包括卫生隔离防护绿地、高压走廊防护绿地、公用设施防护绿地等。

防护绿地的主要功能是改善城市的自然条件和卫生条件，对自然灾害或城市公害起到一定的防护或减弱作用。随着人们对城市环境质量关注度的提升，防护绿地的功能正在向功能复合化的方向转变，即城市中同一防护绿地可能需同时承担诸如生态、卫生、隔离，甚至安全等一种或多种功能。应将"城市林业""观光农业""生态农业""城乡一体化"绿化规划建设融为一体，营造绿色屏障，增加绿化植物，封山育林，退耕还林还草，提高森林覆盖率，确保涵养水源和防风固沙及防止水土流失。

区域绿地 位于城市建设用地之外，具有城乡生态环境及自然资源和文化资源保护、游憩健身、安全防护隔离、物种保护、园林苗木生产等功能的绿地，包括风景游憩绿地、生态保育绿地、区域设施防护绿地、生产绿地四中类、五小类。这类绿地在中国城镇化发展由"城市"向"城乡一体化"转变、加强城镇周边和外围生态环境的保护与控制、健全城乡生态景观格局、统筹利用城乡生态游憩资源、推进生态宜居城市建设、衔接城乡绿地规划建设管理实践、促进城乡生态资源统一管理中发挥重要作用。

3.2.2.2 乡村绿地植物景观

乡村绿地是指以自然植被和人工植被为主要存在形态的乡村用地。它包含两个层次的内容：一是建设用地范围内用于绿化的土地；二是建设用地之外，对镇区或村庄生态、景观、安全防护和居民休闲生活具有积极作用、绿化环境较好的区域。在城乡一体化发展的大背景下，城市、镇（乡）、村庄绿地既有一定的相关性，又有各自的独特性。乡村绿地通常具有生产、景观、游憩、生态防护等多种功能。

图3-16　乡村油菜花地

图3-17　欧洲乡村风光

(1) 乡村绿地特点

从功能上看，乡村绿地主要包括：具有生产功能的果园、经济林、苗圃生产等，具有生态功能的降噪除污防护林等植物群落，具有游憩功能的农家乐、观光旅游林园，具有景观艺术功能的特色村镇植物配置。传统乡村绿地主要体现了生产功能、生态功能，而现代随着乡村绿地的发展，除生产、生态功能外，越来越强调游憩功能和景观功能。

从内容上看，乡村绿地可以分为人工绿地、经营绿地和自然绿地。人工绿地指全由人类活动所创造的自然界原本不存在的绿地，如公园、道路绿地、企事业单位内的绿地、街头游园等；经营绿地指通过人类的改造形成的绿地，以经济生产功能为主，如果园、苗圃、花圃等（图3-16、图3-17）；自然绿地指植物通过自然生长而形成的，人类干预较少，具有生态保护保育功能的绿地，如森林、草地、湿地等。

(2) 乡村绿地类型

我国乡村绿地研究起步较晚，发展相对较为滞后，相对完善的乡村绿地分类研究是《镇（乡）村绿地分类标准》（CJJ/T 168—2011）提出乡镇绿地分类的"四类法"和村庄绿地分类的"三类法"。乡镇绿地分类如下：公园绿地（镇区级公园、社区公园），防护绿地，附属绿地（居住绿地、公共设施绿地、生产设施绿地、仓储绿地、对外交通绿地、道路广场绿地、工程设施绿地），生态景观绿地（生态保护绿地、风景游憩绿地、生产绿地）；村庄绿地可分为公园绿地、环境美化绿地和生态景观绿地3类。

3.2.3　平顶山郏县港鑫矿区废弃地植物景观规划设计[*]

3.2.3.1　项目背景

河南省平顶山市已有60余年的开矿历史，拥有国有煤矿13个，私人矿区百余个。矿业生产在促进经济发展的同时也带来了各种各样的环境和社会问题。矿产资源的不当开发导致矿区地表沉陷，原有生态环境遭到破坏。采矿过程中产生的大量矿渣随意堆放，不仅占压了大量土地，也随着风化、雨淋等环境因素加剧了土壤及水体污染，使得矿区生态环境日益恶化，产生了大量的矿区废弃地，加剧了人地矛盾。在这种背景下，《平顶山市土地利用总体规划（2006—2020年）》提出，要加快对历史遗存废弃地的复垦，按照统筹规划、突出重点、用途适宜、经济可行的要求，立足恢复土地生产功能，优先保证农业用地，同时鼓励多种用途使用，加快采煤塌陷、闭坑矿山、挖损压占等废弃土地的复垦，改善矿区的生态环境。

郏县港鑫矿业有限公司位于平顶山市郏县黄

---

* 本小节图片引自房淑娟，2016。

道镇黄北村，成立于2006年12月，主要从事耐火黏土、铝矾土矿石的开采、加工。矿区土地采用租赁、开采、回填、整理的方法，将矿产开发与土地整理相结合。按照协议，整理后的土地应经由政府交还农民，但多数农家缺少劳力又不愿放弃高昂的土地租金，不愿继续耕种；同时，政府也希望港鑫矿业能够将土地流转起来，对其进行生态恢复和改造利用，为"三农"建设做出贡献，并为平顶山市矿区废弃地转型做出榜样。

3.2.3.2 项目概况

港鑫矿区废弃地位于郏县黄道镇，距郏县11km，项目区规划范围443hm²。场地基本呈北高南低、西高东低的走向，老虎洞水库溢洪道自北向南纵穿场地。项目区东临黄道镇街区主要道路天广大道，前石路由东向西横穿场地，101乡道由南穿过（图3-18）。场地内部原为铝矾土矿石开采区，且为露天开采。现状土地除了部分复垦区域种植紫花苜蓿外，大部分为荒废的工矿地，现状

建筑和道路分布凌乱，林地较少（图3-19）。

项目区周边交通便利，距郑尧高速18.2km，距登汝高速14km，距宁洛高速18km，并可快速到达S231、S236、S237和S238省道（图3-20）。村道前石路穿过场地内部，除此之外，还有一些采石过往车辆的运输道路以及田间小路（图3-21）。

郏县属温带大陆性季风气候，四季分明，光照充足。年平均气温14.5℃，年均降水量651.1mm，无霜期220d。项目区为山岗丘陵地，土壤较为瘠薄、干旱，含钾量较高，为107mg/kg，速效磷12.3mg/kg，全氮0.104mg/kg，耕地平均有机质为12mg/kg。港鑫公司接管该项目后，积极开展土地整理、整治和开发，将土层剥离，平整基础后，表层重新覆土，土层厚度平均1.8m，为规模化、集约化种植创造了良好的条件。

场地中现有两处水源，一处为老虎洞水库，其溢洪道自北向南穿过场地；另一处为矿坑积水。老虎洞水库是一座以防洪灌溉为主，兼顾水产养殖、供水、旅游等的综合性国家中型水库

图3-18 港鑫矿区废弃地现状图

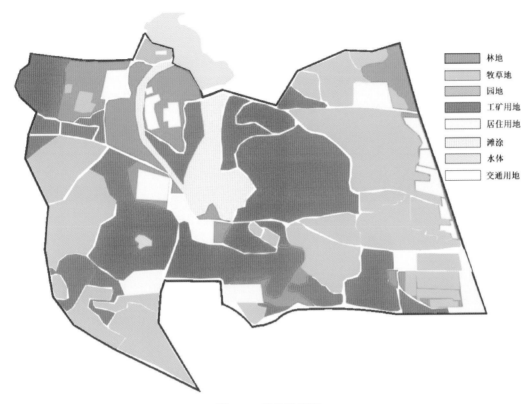

图例:
- 林地
- 牧草地
- 园地
- 工矿用地
- 居住用地
- 滩涂
- 水体
- 交通用地

图3-19 用地现状图

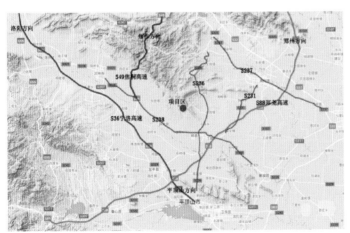

图3-20 周边交通状况

图3-21 现状道路

（图3-22），老虎洞水库也为项目区提供了有利的用水条件。场地中矿坑的积水主要来源于降雨和周围坑壁的雨水汇集，水体洁净，清澈见底，景观效果较好（图3-23），湖面周围没有植物和杂草。

郏县处于华中植物区系和华北植物区系的过渡带内，拥有丰富的植物资源。县域内有植物248个科，1014个属，2306个种。截至2014年，全县的森林覆盖率达到30.3%。但港鑫矿区废弃地中的植被情况较差，村庄附近和靠近水源的地方有少许乔木和灌木，乔木多为泡桐、毛白杨、侧柏、刺槐等乡土树种（图3-24）。经过整理的土地上种植有紫花苜蓿，生长状况良好。在矿坑附近和道路周围除了一些杂草外，几乎没有其他植物，有

图3-22　老虎洞水库

图3-23　遗留矿坑

图3-24　现状植被

图3-25　人工菜园

些土壤贫瘠的地方甚至寸草不生。在矿区西北角靠近老虎洞水库有一人工开辟的果园，园内栽植有桃树、梨树、杏树等果树和部分蔬菜，长势良好（图3-25）。

3.2.3.3　景观规划理念

农牧游一体化是该项目规划的主要理念，把种植、养殖和旅游有机结合起来，实现土地的综合利用和农牧业的真正转型升级。农业供给畜牧业饲料，畜牧业供给农业有机肥料，园区自产自销，形成循环的产业链，旅游吸引游客进行创收，三者通过深度结合相辅相成，对改善土壤、治理污染、保证食品安全、改善生态环境起到重要作用。

乡村农业旅游是国家提出的转变农业发展方式的重大举措之一，该项目改变传统的单一采摘

和农业观光模式，结合场地的独特性，保留矿坑水体并进行景观升级改造，结合当地文化特色，发展具有本土特色的旅游模式。同时通过农业种植和畜牧业养殖示范带头作用，提高人们对新技术的认识，了解科技兴农的必要性。

3.2.3.4　土地利用规划

根据港鑫农业园现状用地和园区定位，规划时最大限度地利用原有建设用地，尽量减少新增建设用地（图3-26），使整个园区形成种植、养殖、休闲旅游相结合的综合开发模式。

3.2.3.5　总体布局

结合场地实际情况和规划指导思想，将园区内的道路、水系、种植、养殖、休闲度假等景观资源进行统筹布局。各个区域分布在园区环路两侧，各个景点循序渐进，人文景观与自然景观有

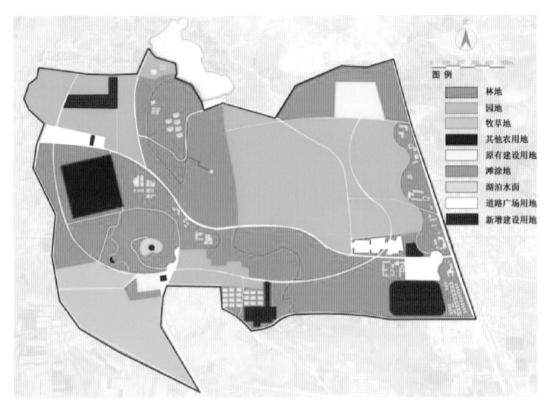

图3-26　土地利用规划

图3-27　总平面图

机融合（图3-27）。园区总体规划为"八区一中心"，即入口服务区、生态种植区、有机猪养殖区、矿坑遗址旅游区、休闲度假区、古村落保护区、产品深加工区、滨水休闲区及产业协同中心（图3-28）。

3.2.3.6 植物种植规划

港鑫休闲农业园的植物种植规划主要包括生态种植植物规划、生态恢复植物规划和景观观赏植物规划（图3-29）。

(1) 生态种植区

生态种植区是矿区废弃地经过生态修复后的基本景观风貌，也是港鑫休闲农业园主要的农业产业支撑，共占地面积241.5hm²，主要包括7个亚区，在园区的各个区域都有分布。分别为油用牡丹高产示范区、油用牡丹种植试验区、牧草种植区、苗木培育区、果林种植区、生态保育林区和园林绿地区（图3-30）。

①油用牡丹高产示范区　中原牡丹久负盛名，洛阳是闻名全国的牡丹名城。油用牡丹的高产、优质、稳产区主要在黄河流域，平顶山紧邻洛阳，土质、气候相当，在平顶山发展油用牡丹，具有得天独厚的条件。且油用牡丹不与粮争地，抗旱、抗寒、抗病性强，在排水良好的坡地、岭地、滩地等边际土地上可以栽培，也可与经济林等间作。

油用牡丹是该园区的核心产业，占地面积100.6hm²。通过油用牡丹的种植加大对劣质土地的使用率，提高农产品的附加值，大力发展新兴油料作物，为油用牡丹在周边地区的推广起到示范作用，扶持带动周边数十万亩浅山农区发展。

该区油用牡丹品种选用'凤丹白'牡丹和紫斑牡丹。种植模式采用上层种植乔木，行间种植牡丹的模式。上层乔木规划树种为槐树、臭椿、白蜡、丝棉木、紫叶李、核桃、樱桃、西府海棠、垂丝海棠、紫薇、栾树等。

②油用牡丹种植试验区　种植试验区位于园区南部，占地面积16.2hm²。该区域与学校等科研

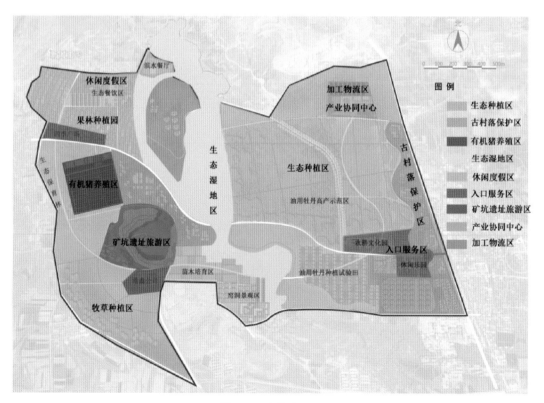

图3-28　功能分区图

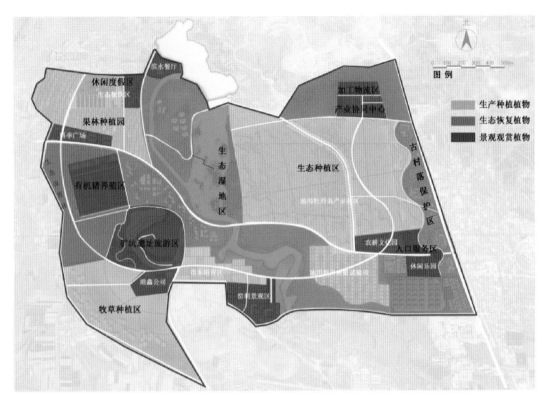

图3-29 植物种植规划图

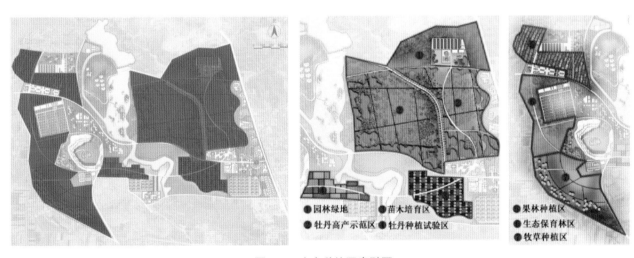

图3-30 生态种植区索引图

机构结合，通过对油用牡丹的种植模式、管理方式、开发方向与后期处理等问题进行试验，研究适合油用牡丹的种植和贮存形式。

③苗木培育区 苗木培育区位于园区中部，面积10hm²，以培育园区生产种植用苗和绿化用苗为主，也可对外销售。生产种植主要培育油用牡丹

苗，绿化种植培育常绿树种女贞、桂花、广玉兰、枇杷、雪松、樟树等；落叶树种银杏、朴树、七叶树、乌桕、三角枫、鹅掌楸、栾树、重阳木等。

④牧草种植区 位于园区西南部，总面积35.3hm²。牧草种植区主要种植紫花苜蓿和'蛋白'桑。紫花苜蓿为豆科植物，不仅可作为牧草供养

殖使用，也是前期恢复土壤肥力的主要植物。'蛋白'桑为通过人工选择和杂交育种形成的新品种，叶子中蛋白质的含量高达 36%，枝条蛋白含量达 28%，用'蛋白'桑喂猪不仅能调节猪的免疫力，提升猪肉品质，并且可降低养猪成本。牧草种植为生态猪养殖提供了饲料来源，形成了种养结合的模式。

⑤果林种植区　位于园区西北部，占地面积 21hm²。上层种植桃、梨、杏、樱桃、葡萄等，行间种植西瓜、白兰瓜等水果以及红薯、豆类、花生等作物，以供游人采摘，不仅可营造优美的田园景观，也能带来一定的经济效益。果林种植区分片交替种植，延长采摘时间，并且能达到春季赏花、夏秋摘果、冬季赏雪的效果。

⑥生态保育林区　位于园区西部，占地面积 24hm²。将有机猪场与村庄道路进行分割，一方面给猪场创造安静的环境；另一方面保育林也可以净化猪场中的臭气、扬尘等，在冬季有效降低西北风，夏季绿化遮阴，增加空气湿度。

⑦园林绿地区　遍布园区的各个部位，在厂房、村落、办公区、入口区处都有分布。园林绿地区主要通过运用丰富的植物素材，营造出林地、花海、色叶植物等观景效果，为各区域提供一个赏心悦目的自然环境。

(2) 生态恢复植物规划

生态恢复植物分布在生态防护林区、生态湿地区以及园区内建筑、厂房、村落的背景林。由于园区场地环境的特殊性，现状植被覆盖率低，水土流失严重，生态环境条件较差。因此，植被重建时首先要进行快速植被覆盖，改善园区环境条件。植物选择以抗性强、速生、乡土植物为主。规划种植的植物有刺槐、馒头柳、油桐、黄连木、毛白杨、臭椿、黄栌、女贞、栾树、雪松、侧柏、圆柏、五角枫、广玉兰、核桃、砂地柏、棣棠、连翘、紫花苜蓿等，形成以落叶乔木为主，常绿乔木、花灌木和地被植物相结合的乔灌草复层混交的防护林带和背景林带。

湿地作为功能齐全的生态系统和特殊的景观类型，具有显著的生态效益。在植物规划时选择

芦苇、千屈菜、香蒲、斑茅、荷花、二月蓝、水生美人蕉、慈姑、泽泻及砂地柏、垂柳等。

(3) 景观观赏植物规划

在满足园区生态恢复和农牧业生产的条件下，对园区中的重点区域进行绿化美化种植，规划种植一些观赏价值高的园林植物，营造优美的植物景观。景观观赏植物主要包括行道树和景点、建筑环境绿化植物。

行道树作为园区的绿线，具有很强引导性和展示性，一级园路两侧选择七叶树、榉树、朴树、银杏、栾树、鹅掌楸等落叶乔木作为行道树，既满足车辆通行的需要又可以创造观赏景观。行道树下种植垂丝海棠、木槿、紫荆、二月蓝、波斯菊等灌木和草本植物，丰富立面景观。

游客服务区以香樟、桂花、银杏为主，搭配紫叶李、紫薇、紫荆、木槿、红叶石楠等形成色彩丰富的植物景观，给游客带来愉悦的感觉。古村落以及农家乐区域规划种植皂荚、柿、杏、石榴、垂丝海棠、桂花等带有美好寓意或者能唤起游客乡村记忆的树种。矿坑中的休闲垂钓区沿湖种植垂柳、桃、迎春、鸢尾、水葱、书带草、麦冬等耐水湿的植物，浅水处种植菖蒲、黄花鸢尾、荷花、睡莲、荇菜、田字萍等。

3.2.3.7　项目实施现状

港鑫休闲农业园于 2015 年开始建设，项目建设分为三期进行，总建设时间为 5 年。前期已整理土地 123hm²，种植紫花苜蓿，经复垦的土地土层厚度平均 1.8m，可耕种率达到 92.5%。一期工程（2015—2016 年）在已复垦土地上进行，建设面积 124hm²，通过垃圾处理、道路修建和绿化建设，已搭建起园区框架，初步建成了入口服务区、油用牡丹种植试验区、苗木培育区、油用牡丹高产示范区、园林绿地、牧草种植，使园区一部分先绿起来，恢复园区小环境气候；二期工程（2016—2018 年）建设面积 183hm²，将油用牡丹高产示范区种植规模扩大，形成带动示范作用，园林绿化面积逐步扩大并进一步提升，有机猪养殖产业开始发展，初步形成园区生态循环结构。

同时加强了古村落保护区、果林种植区、生态保育林区景观建设，吸引游客进入园区进行自助采摘、烧烤等休闲活动；三期工程（2018—2020年）建设面积 $136hm^2$ ，集中精力建设园区的矿坑遗址区、古村落保护区、滨水休闲区以及旅游配套农家乐等，目前种养殖产业已经初具规模，在三期建设中还将进行产品深加工建设。

目前，我国绿地建设中存在的概念形式包括"城市绿地系统""城市绿色空间""乡村绿地"等，国外绿地建设中则提出"城乡绿色空间"概念。城乡绿色空间思想可以概括和归纳为"控制""连接"和"融合"三类思想，要求在分析绿地在空间地域上的形态与要素、结构与功能的基础上，有机地综合城市与乡村各类绿地，构成区域化、网络化的绿色空间。强调城乡绿地的有机结合，自然生态过程畅通有序，在空间尺度上，将绿地的范围拓展到城乡一体的区域范围，结构上要求形成网络化的城乡绿地系统。这种思路值得国内借鉴，应做到立足本土、立足具体的空间实体，用战略性的眼光规划建设城乡绿色空间，发现、挖掘、利用和创造新的空间载体和景观形态，实现我国城乡绿地建设长足、健康、和谐发展。

3.3 园林植物景观持续和养护

水、肥、气、热、光、生物等因子影响园林植物的生长发育。园林植物栽植后，只有供给充足的水分、养分，创造适宜的生长发育环境，才能健康生长，发挥最佳的绿化、美化、改善环境的效果。因此，对人工栽培、建植的园林植物要加以养护管理，主要包括水、肥、土管理及整形修剪、有害生物防治等。

3.3.1 水分管理

景观园林植物的水分管理，就是根据不同类型植物对水分需求特点，采取不同的技术措施与方法，为植物生长提供适宜的土壤、空气湿度环境，满足植物对水分的需求。科学的水分管理，能改善景观园林植物的生长环境，确保其健康生长，进而促进植物生态功能与景观功能的发挥；同时，采取适宜的水分管理方法，还可以达到节约用水、降低管护成本的目的。

水分管理的工作内容主要有灌水和排水两大任务。在制定水分管理方案时，要充分考虑景观植物的需水规律与特性、绿地土壤环境等因素。水分管理要遵从以下原则：

(1) 因植物而异

不同植物对水分需求有一定差异。一般说来，生长速度快、生长期长、生长量与生物量大的植物需水量较大，相反需水量较小。木本植物中的乔木比灌木需水多，喜光性树种比耐阴树种需水多，浅根性树种比深根性树种需水多，中生、湿生树种比旱生树种需要较多的水分。因此，在制订水分管理方案时，首先要考虑不同景观植物的需水特性。

(2) 因生长发育时期不同而异

在植物生长发育周期中，随着植株体量的增大，总需水量也在相应地增加，个体对水分的适应能力也在增强。通常幼年期需水小于青年期、成年期。在年生长周期中，处于生长季植株的需水量大，休眠期的需水量小；在生长过程中，许多植物都有需水临界期，即对水分需求特别敏感的时期，此时如果缺水将严重影响植株营养生长和生殖生长。

(3) 考虑景观植物的栽植年限

刚刚栽植的植株，特别是裸根栽植，根系损伤大，吸收功能弱，根系在短期内难与土壤密切接触，常常需要连续多次灌水，方能保证成活。而定植生长一定年限后，根系吸收功能增强，植株适应能力也增强，需水的迫切性会逐渐下降。但以后随着年限增长，植株生长量增大，需水量也会增加。

(4) 考虑景观植物生长的立地条件与管理技术

由于受气候、地形、土壤、建筑物等的影响，生长在不同地域环境的景观植物，其需水状况有差异。在气温高、日照强、空气干燥、风大的地区，叶面蒸腾和株间蒸发均会加强，植株的需水量大，反之则小。土壤的质地、结构与灌水密切相关。如砂土，保水性较差，应"小水勤浇"，较黏重土壤保水力强，灌溉次数和灌水量均应适当减少。土壤管理措施对植物的需水情况也有影响。如经过深翻、中耕、客土，施有机肥改良的土壤，其结构性能好，可减少土壤水分的消耗，土壤水分的有效性高，因而灌水量较小。

3.3.2 土壤管理

土壤是园林植物生长的基础，园林植物生长所需的水分与矿质营养主要由土壤供给。而园林植物生长的土壤环境多为人工改造，环境条件较为复杂。生产实践中需不断加以管理与调整，以满足园林植物生长发育的需要。

3.3.2.1 城市绿地土壤的特点

(1) 土壤结构差

城市建筑施工扰动土壤，破坏了原土壤表层或腐殖层；土体在机械和人的外力作用下，土壤密实度高，破坏了通透性良好的团粒结构，形成理化性能差的密实、板结的片状或块状结构。

(2) 土壤侵入体多

土壤中侵入大量的渣砾等建筑垃圾，改变了土壤固、液、气三相组成和孔隙分布状态及土壤水、气、热、肥状况。

(3) 土壤养分匮缺

新建绿地土壤侵入体多，或为外来客土，腐熟情况差，有机质含量低；绿地内园林植物的枯枝落叶多被运走或烧掉，使土壤不能像林区自然土壤那样进行养分循环；目前很少对多年的绿地土壤进行养分管理，植物生长在这样的土壤上，势必使绿地土壤越来越贫瘠。

(4) 土壤污染较为严重

城市绿地中的街道绿地，往往受到城市人为活动所产生的废水、废物等的影响，造成土壤污染。特别是一些北方城市用10%～20%的氯化钠盐作为主要干道的融雪剂，融化的盐水会对园林植物产生不利影响。

改善土壤结构和理化性质，提高土壤肥力，创建水、肥、气、热协调，质地结构适宜，土壤

养分均衡的最适宜于园林植物生长的土壤环境。

3.3.2.2 土壤管理的内容与方法

(1) 土壤耕作

由于人为与自然因素的影响，城市绿地土壤多板结、黏重，耕性差，通气透水性不良。许多绿地因人踩压实的土壤厚度达3～10cm，土壤硬度达14～70kg/cm²。当土壤硬度在14kg/cm²以上，通气孔隙度在10%以下时，会严重妨碍微生物活动与树木根系伸展；土壤容重大于1.4g/cm³时，影响园林植物生长。土壤中耕的目的是改善土壤的水分和通气条件，促进微生物的活动，加快土壤的熟化进程，提高土壤肥力。同时，为大多数深根性园林植物的根系活动提供伸展空间，以保证树木随着年龄的增长对水、肥、气、热的不断需要。土壤耕作的方法主要有：

①土壤深翻　深翻就是对园林植物根区范围内的土壤进行深度翻垦，增加土壤孔隙度，改善理化性状，促进微生物的活动，加速土壤熟化，提高土壤肥力。

深翻时期　园林植物土壤深翻主要有秋季深翻与春季深翻两个重要时期，生产中也可根据具体土壤类型、气候条件、园林植物种类与生长情况等选择适宜时期。

深翻深度与次数　深翻深度以稍深于园林植物主要根系垂直分布层度，这样有利于引导根系向下生长，但具体的深翻深度与土壤结构、土质状况以及园林植物特性等有关。如深根性园林树木翻深50～70cm，浅根性园林树木40～60cm，园林花卉30～40cm，地被类20～30cm。土壤深翻的效果能保持多年，因此没有必要每年都进行深翻。一般2～3年深翻一次，对树木根盘也可以采用对角线连年更换的深翻方法。

深翻方式　包括根盘深翻、行间深翻、全面深翻、隔行深翻。应根据栽培植物种类、土壤条件与气候等具体确定采用哪一种方式。深翻应结合施肥和灌水进行，面积大的绿地可采用机械深翻。深翻时可将上层肥沃土壤与腐熟有机肥混合填入深翻沟的底部，将心土放在上面可促使心土

迅速熟化，以改良根层附近的土壤结构，为根系生长创造有利条件。

②土壤中耕 中耕主要是通过浅层翻垦方法达到疏松土壤，改善通气，调节水分状态，促进土壤微生物活动，提高肥力的目的。另外中耕也是清除杂草的有效办法，减少杂草对水分、养分的竞争，使树木生长的地面环境更清洁美观，同时还阻止病虫害的滋生蔓延。

中耕深度一般为6～10cm，可根据植物种类与土壤情况具体确定。中耕次数应根据当地的气候条件、园林植物特性以及杂草生长情况等确定。一般每年2～3次。可采用机械或人工中耕，操作时要注意保护园林植物的根系，不能伤根，选择在土壤干湿适宜期进行，北方城市要注意避免造成扬尘。

(2) 土壤改良

①客土 对于土壤环境完全不适合园林植物生长的建设绿地采用换土或填土种植。如土壤过黏重、土壤盐碱化程度严重、土壤被废物或废水污染严重、土壤石砾过多等，可以全部或部分换入肥沃土壤，以创建适宜的园林植物生长的土壤环境。客土的土壤来源要清楚，应选适宜种植的肥沃农田土壤或园土；可以局部客土，也可全面客土，根据土源、经济条件、种植地情况而定；客土厚度应根据栽种的植物确定，园林乔木树种的客土栽植穴客土厚度应大于80cm，草坪、地被植物的客土厚度为30cm左右。

②施肥改良 通过施入厩肥、堆肥、禽粪肥、土杂肥、绿肥以及绿地上枯枝落叶等有机肥，改善土壤的结构，增加土壤的孔隙度与腐殖质，提高土壤保水保肥能力，缓冲土壤的酸碱度，从而达到改善土壤的水、肥、气、热状况的目的。生产中结合土壤养分管理进行。

③土壤化学改良 土壤化学改良主要是指通过施用化学药剂与无机肥料调节土壤酸碱度。园林植物多适宜中性至微酸性的土壤，然而在我国许多城市的园林绿地酸性和碱性土面积较大。一般说来，我国南方城市的土壤pH偏低，北方偏高。所以，土壤酸碱度的调节是一项十分重要的土壤管理工作。

土壤的酸化改良 土壤酸化是指对偏碱性的土壤进行必要的处理，使之pH有所降低，符合酸性园林植物生长需要。目前，土壤酸化主要通过施用释酸物质进行调节，如施用有机肥料、生理酸性肥料、硫黄等。据试验，每667m²施用30kg硫黄粉，可使土壤pH从8.0降到6.5左右；硫黄粉的酸化效果较持久，但见效缓慢。对盆栽园林树木也可用1∶50的硫酸铝钾，或1∶180的硫酸亚铁水溶液浇灌植株来降低盆栽土的pH值。

土壤的碱化改良 土壤碱化是指对偏酸的土壤进行必要的处理，使之土壤pH有所提高，符合一些碱性植物生长需要。土壤碱化的常用方法是向土壤中施加石灰、草木灰等碱性物质，但以石灰应用较普遍。石灰石粉的施用量（把酸性土壤调节到要求的pH范围所需要的石灰石粉用量）应根据土壤中交换性酸的数量确定。

④植物改良 植物改良是指通过种植一些具有根瘤固氮、枯枝落叶易于腐熟分解的地被植物来达到改良土壤的目的。选择的地被植物要满足园林景观要求，繁殖容易，适应性强，根系有一定的固氮力，枯枝落叶易于腐熟分解，覆盖面大，有一定的观赏价值。常用种类有地瓜藤、胡枝子、金银花、常春藤、金丝桃、地锦、络石、扶芳藤、荆条、三叶草、马蹄金、萱草、麦冬、沿阶草、玉簪、鸢尾、虞美人、羽扇豆、草木犀、香豌豆等，各地可根据实际情况灵活选用。

(3) 土壤覆盖

覆盖物是理想的土壤保护层，具有土壤温湿度调节器的功能，既可以遮挡烈日，避免土壤温度持续升高，又能在天气寒冷时保存土壤热量，减少极端土温对树木根系的伤害，特别是在冬春季节，覆盖物能够减少土壤冰冻降涨现象的发生机会，这对于多年生草本植物，新栽或移植树木来讲显得尤为重要。

覆盖物还具有极好的保持土壤湿度的能力。覆盖物能够蓄积雨水，并能够组织水分沿着土壤主细管输送到地面而被蒸发，还可以有效地保持土壤水分，减缓土壤温度变化的幅度，从而起到了节水保水的作用。

土壤覆盖材料主要有人造覆盖材料、无机覆盖材料、有机覆盖材料、废弃物覆盖材料等类型。生产中常用的有塑料薄膜、砾石、木屑、碎树皮、秸秆等。在国外大量应用的绿地有机覆盖物是专业生产的碎木片（屑），具有保墒、改良土壤与美化景观的多重功能。土壤覆盖多采用局部覆盖方法（树盘覆盖、小块绿地覆盖），有机覆盖厚度15cm 左右。

3.3.3 养分管理

营养是园林植物生长的物质基础，植物的养分管理就是对植物进行合理施肥，通过合理施肥来改善与调节植物的营养状况。园林植物正常生长发育需从土壤、大气中吸收碳、氢、氧、氮、磷、钾、钙、镁、硫、铁、铜、锌、硼、钼、锰、氯等元素作为养料，在自然条件下，植物生长环境中提供的养分原料往往不足，不能满足生长需要。通过合理施肥，可提高土壤肥力，补充植物所需元素，确保健康生长。

3.3.3.1 施肥的原则与依据

(1) 根据植物与肥料种类施肥

植物不同，生态习性各异，对养分需求特性不一。如速生植物需肥量大于慢生植物，耐贫瘠植物需肥量小于好肥水植物。

(2) 根据植物的生长状况与生长发育阶段施肥

植株缺乏不同的营养元素，所表现的生长状况不同，应根据表现决定施肥的种类；植株处在速生期，需肥量增加；营养生长阶段对氮素的需求量大，而生殖生长阶段则以磷、钾及其他微量元素为主。

(3) 根据植物的观赏用途施肥

观叶、观形植物营养生长较为旺盛，氮肥需求多；而观花观果树种对磷、钾肥的需求量大。选择肥料，要考虑植物的观赏用途。

(4) 根据土壤条件施肥

施肥要考虑土壤的质地、结构、含水量、酸碱度等。如土壤水分缺乏时施肥，会导致由于土壤中肥分水平过高，植物不能吸收利用而产生毒

害；积水或多雨时又容易使养分被淋洗流失，降低肥料利用率。

(5) 根据气候条件施肥

施肥要考虑植物生长各个时期的温度、降水量等。如低温可使植物吸收养分的功能减弱，干旱常导致缺硼、钾及磷；多雨则易导致缺镁。

3.3.3.2 园林植物施肥的类型

根据施用时期和肥料的性质，园林植物的施肥包括基肥和追肥两种类型。基肥以有机肥为主，一般在生长期开始前施用，通常有栽前、春季和秋季 3 个施用时期。在春季与秋季可结合土壤深翻施用，一般施用的次数较少，但用量较大。追肥是当植物需肥急迫时就及时补充施肥，多施用速效性无机肥，施用次数可以较多，但一次性用肥量却较少。

3.3.3.3 施肥的方法

依肥料元素被植物吸收的部位不同，施肥方法可分为两大类：

(1) 土壤施肥

将肥料直接施入土壤中，然后通过植物根系吸收。土壤施肥应根据根系分布特点，将肥料施在吸收根集中分布区附近，才能被根系吸收利用，充分发挥肥效，并引导根系向外扩展。土壤施肥方法有全面施肥、沟状施肥、穴状施肥等。具体根据施肥深度和范围、采用的方法根据植物种类、年龄、土壤和肥料种类、栽培管理条件等确定。土壤施肥应与灌水相结合，才能充分发挥肥效。

(2) 根外施肥

将肥料通过根系以外器官吸收供应给植物。根据吸收和施用部位不同，可分为叶面施肥和树干注射施肥两种。

叶面施肥 用机械方法将按一定浓度配制好的肥料溶液，直接喷洒到植物叶面上，养分通过叶面气孔和角质层吸收后，转移运输到植物各个器官。叶面施肥具有用肥量小，吸收见效快的特点。叶面施肥的效果与叶龄、叶面结构、肥料性质、气温、湿度、风速等密切相关。幼叶生理机

能旺盛，气孔所占比重较大，较老叶吸收速度快，效率高；叶背较叶面气孔多，且表皮层下具有较疏松的海绵组织，细胞间隙大而多，利于渗透和吸收。叶面施肥多作追肥施用，生产上常与病虫害的防治结合进行，要掌握好施用浓度（一般为0.1%～0.5%）。

树干注射施肥　采用树干注射或输液，通过枝干的韧皮部、木质部来吸收或运输肥料营养的方法，目前国内已有专用的树干注射器、输液袋及专用营养液。这种施肥方法主要用于衰老古树、珍稀树种和大树移栽。

3.3.4　整形修剪

整形修剪是园林植物栽培及管护中的经常性工作，园林植物的景观价值需通过株形、冠姿来体现，生态价值通过植株冠体结构来提高，这些都可在整形修剪技术的应用中得以调整和完善。整形修剪，也有利于园林植物的病虫防治和健康生长。

3.3.4.1　整形修剪的目的

整形修剪是对园林植物个体的营养生长和生殖生长的调节，对城市绿化来说，也具有重要意义。

(1) 调控植株结构，培养冠形，提高植株景观效果

整形修剪可使植株的各层主枝在主干上分布有序、错落有致、主从关系明确、各占一定空间，形成合理的植株冠体结构，避免非安全隐患；在栽培管护中，通过不断的适度修剪来控制与调整树木的植株冠体结构、形体尺度，以保持原有的设计效果，增强景观效果；同时还可改变植株的干形、冠形，创造植物具有更高观赏价值的艺术造型（图3-31）。

(2) 调控植株各部分的生长均衡关系

修剪打破了植物原有的营养生长与生殖生长之间的平衡，调节植株内的营养分配，协调植株的营养生长和生殖生长，促进开花结实。

(3) 调控植株构成合理的生态环境

通过适当的疏剪，可使植株冠体通透性能加

图3-31　修剪整齐的罗汉松，增添了道路景观的趣味性

强、相对湿度降低、光合作用增强，从而提高植株的整体抗逆能力，减少病虫害的发生。

(4) 有利于提高栽植成活率，促进老龄植株的复壮更新

树木移栽特别是大树移植过程中必须对植株冠体进行适度修剪以减少蒸腾量，提高树木移栽的成活率；适度的修剪措施可刺激衰老树枝干皮层内的隐芽萌发，诱发形成健壮的新枝，达到恢复树势、更新复壮的目的。

3.3.4.2　整形修剪的原则

① 服从植物景观配置要求　不同景观配置要求采用不同的整形修剪方式。

② 遵循植物生长发育习性进行整形修剪　植物的生长发育习性不同，需要采用不同的整形修剪方式，其强度与频度，不仅取决于植物栽培的目的，更取决于植物萌芽发枝能力和愈伤组织形成能力、分枝特性、顶端优势的差异以及花芽的着生部位、花芽性质和开花习性、年龄及生长发育时期的不同等。

③ 根据环境需求进行整形修剪　植物在生长过程中总是不断地协调自身各部分的生长平衡，以适应外部生态环境的变化。即使相同的植物，因配置不同或生长的立地环境不同，也应采用不同的整形修剪方式。

3.3.4.3 整形修剪的时期

园林植物的整形修剪主要分为休眠期修剪和生长期修剪。

(1) 休眠期修剪

在落叶后到萌芽前（植株体液流动前）进行，其中有伤流现象的木本植物如葡萄、桦树、核桃等，要在树液压力最小的时候修剪，最佳时期应在果实采收后至叶片变黄之前（秋季），且能对混合芽的分化有促进作用；但如果为了栽植或更新复壮的需要，修剪也可在栽植前或早春进行。

(2) 生长期修剪

可在春季萌芽后至秋季落叶前的整个生长季节进行，主要目的是改善植株冠体的通风透光性能，一般采用轻剪，以免因剪口太大或剪除大量的枝叶而对树木造成不良的影响。对于发枝力强的树种，可有的放矢采取抹芽、去蘖以减少新梢的数量及冬剪接口处的过量新梢，以免干扰株形；嫁接后的树木，砧木易生长萌蘖，应加强抹芽、除蘖等，保护接穗的健壮生长。对于夏季开花的树种，应在花后及时修剪，可减少养分消耗，促进营养积累，有利于来年开花。一年内多次抽梢开花的树种，花后及时剪去花枝，可促使新梢的抽发，再现花期。观叶、赏形的植物，在生长期修剪可保持树形的整齐美观。常绿植物的修剪，因冬季修剪伤口已受冻害而不易愈合，故易在春季气温开始上升、枝叶开始萌发后进行。根据植物树种在一年中的生长规律，可采取不同的修剪时间及强度。

3.3.4.4 整形方式

整形主要是为了保持合理的植株冠体结构，维持植株冠体上各级枝条之间的从属关系，促进整体植株生长势的平衡，达到观花、观果、观叶的目的。主要整形方式有以下3种：

(1) 自然式整形

各个植物因分枝方式、生长发育状况不同，形成了各式各样的树冠形式。在保持原有的自然冠形的基础上适当修剪，称为自然式修剪整形。以自然生长形成的植株冠体为基础，仅对植株冠体生长作辅助性的调节和整理，使之形态更加优美自然。主要有：圆柱形、卵圆形、塔形、圆球形、倒卵圆形、丛生形、拱枝形、垂枝形等。自然式修剪整形能充分体现园林的自然美。自然树形优美，树种的萌芽力、成枝力弱，或因造景需要等都应采取自然式修剪整形。自然式修剪整形的主要任务是幼龄期培育恰当的主干高及合理配置主、侧枝，以保证迅速成形；以后做到"形而不乱"，只是对枯枝、病弱枝及少量扰乱树形的枝条作适当处理。常见的自然式修剪整形有以下几种（图3-32）：

① **尖塔形** 单轴分枝的植物形成的冠形之一，顶端优势强，有明显的中心主干，如雪松、南洋杉、大叶竹柏和落羽杉等。

② **圆柱形** 也是单轴分枝的植物形成的冠形之一，中心主干明显，主枝长度上下相差较小，形成上下几乎同粗的树冠，如龙柏、钻天杨等。

③ **圆锥形** 介于尖塔形和圆柱形之间的一种树形，由单轴分枝形成的冠形，如圆柏、银桦、美洲白蜡等。

④ **椭圆形** 合轴分枝的植物形成的树冠之一，主干和顶端优势明显，但基部枝条生长较慢，大多数阔叶树属此冠形，如加杨、扁桃、大叶相思

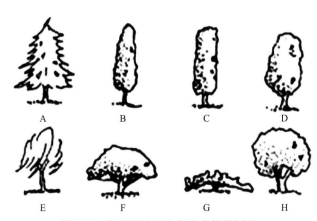

图3-32 常见园林植物自然式修剪树形

A.尖塔形 B.圆锥形 C.圆柱形 D.椭圆形 E.垂枝形
F.伞形 G.匍匐形 H.圆球形

图3-33　人工式整形

杯形　　　　　　中央领导干形

图3-34　自然与人工混合式整形

和乐昌含笑等。

⑤ 圆球形　合轴分枝形成的冠形。如樱花、元宝枫、馒头柳、蝴蝶果等。

⑥ 伞形　一般也是合轴分枝形成的冠形，如合欢、鸡爪槭。只有主干、没有分枝的大王椰子、假槟榔、国王椰、棕榈等也属于这种树形。

⑦ 垂枝形　有一段明显的主干，但所有的枝条却似长丝垂悬，如垂柳、龙爪槐、垂枝榆、垂枝桃等。

⑧ 拱枝形　主干不明显，长枝弯曲成拱形，如迎春、金钟花、连翘等。

⑨ 丛生形　主干不明显，多个主枝从基部萌蘖而成，如贴梗海棠、玫瑰、山麻杆等。

⑩ 匍匐形　枝条匍地生长，如偃松、偃柏等。

(2) 人工式整形

根据园林观赏的需要，将植物树冠强制修剪成各种特定形式，称为人工式修剪整形（或规则式修剪整形）。由于修剪不是按树冠的生长规律进行，植物经过一定时期自然生长后会破坏造型，需要经常不断地整形修剪。一般来说，适用整形式修剪整形的植物都是耐修剪、萌芽力和成枝力都很强的种类。依据园林景观配置需要，将植物修剪成各种图案模型，适用于黄杨、小叶女贞、龙柏等枝密、叶小的植物（图3-33）。

① 几何形式　通过修剪整形，最终植物的树冠成为各种几何体，如正方体、长方体、球体、半球体或不规则几何体等。

② 建筑物形式　如亭、楼、台等，常见于寺庙、陵园及名胜古迹处。

③ 动物形式　如鸡、马、鹿、兔、大熊猫等，

惟妙惟肖，栩栩如生。

④ 古树盆景式　运用树桩盆景的造型技艺，将植物的冠形修剪成单干式、多干式、丛生式、悬崖式、攀缘式等各种形式，如小叶榕、勒杜鹃等植物可进行这种形式的修剪。

(3) 自然与人工混合式整形

在自然株形的基础上，结合观赏和植物生长发育的要求而进行的整形方式，主要有杯状形、自然开心形、中央领导干形、多主干形、灌丛形、棚架形等（图3-34）。

① 杯形　这种树形无中心干，仅有很短的主干，自主干上部分生3个主枝，夹角约为45°，3个枝各自再分生2个枝而成6个枝，再从6个枝各分生2枝即成12枝，即所谓"三股、六杈、十二枝"的形式。冠内不允许有直立枝、内向枝的存在，一经发现必须剪除。

② 自然开心形　由杯形改进而来，没有中心主干，分枝较低，3个主枝错落分布，自主干上向四周放射而出，中心开展，故称自然开心形。但主枝分枝不为二叉分枝，树冠不完全平面化，能较好地利用空间。

③ 多领导干形　留2～4个中央领导干，其上分层配备侧生主枝，形成匀称的树冠。适宜于生长较旺盛的树种。

④ 中央领导干形　留一强中央领导干，其上配列稀疏的主枝。这种树形，中央领导枝的生长优势较强，能向内和向外扩大树冠，主枝分布均匀。适用于干性较强的树种，能形成高大的树冠，最宜于作庭荫树。

⑤ 丛球形　类似多领导干形，只是主干较短，

干上留数主枝成丛状。叶层厚，美化效果好。

⑥ 棚架形　先建各种形式的棚架、廊、亭，种植藤本树木后，按生长习性加以修剪整形。

(1) 行道树的修剪

通过各种修剪措施主要控制行道树的生长、体量及伸展方向，以获得与生长立地环境的协调。考虑的因素主要有枝下高和植株冠体开展性。枝下高的标准，我国一般掌握在城市主干道为 2.5 ～ 4m，城郊公路以 3 ～ 4m 或更高为宜，同一条干道上枝下高保持整齐一致。行道树的修剪要点应该根据电力部门制订的安全标准，采用各种修剪技术，使植株冠体枝叶与各类线路保持安全距离。可通过修剪降低植株冠体高度，使线路在植株冠体的上方通过；修剪植株冠体的一侧，让路线能从其侧旁通过；修剪植株冠体内膛的枝干，使线路能从植株冠体中间通过；或使线路从植株冠体下侧通过。主要造型行道树的修剪技术如下：

杯状形　在树干 2.5 ～ 4m 处截干，萌发后选 3 ～ 5 个方向不同、分布均匀的主枝，与主干成 45° 夹角，主枝间的夹角均匀，各主枝上留两根一级侧枝，各一级侧枝上再保留两根二级侧枝，依次类推，形成"三股、六叉、十二枝"的树形，定植后 5 ～ 6 年内完成整形。骨架构成后，植株冠体扩大很快，疏去密生枝、直立枝、内向枝，促发侧生枝。树形整齐美观，侧枝分布均匀，通风透光，但树势容易衰老，寿命短，开花结果面积小，结构不牢，整形修剪量大。

自然开心形　与杯形相近，无中心主干，分枝较低，内膛不空，主枝分布有一定间隔，自主干向四周放射伸出，直线延长，中心开展，主枝上分生的侧枝左右错落分布，植株开花结果面积大，生长枝结构较牢，植株冠体内光照充足，有利于开花结果，适用于干性弱的观花赏果树种。

中央领导干形　有强大的中央领导干，选留好植株冠体最下部的 3 ～ 5 个主枝，一般要求几大主枝上下错开，方向匀称，角度适宜，并剪掉主枝上的基部侧枝，第一层由比较邻近的 3 ～ 4 个主枝组成，层与层之间 50 ～ 100cm，下层间距较大，往上各层之间的间距依次减小。整个树形中央领导干生长势较强，易向外向上扩大植株冠体，适用于干性强、能形成高大植株冠体的树种，如银杏、枫杨、玉兰、毛白杨等阔叶树种及侧柏、雪松等松柏类乔木树种的整形修剪。主侧枝分布均匀，通风透光良好，进入开花结实期较早，常用于庭荫树、景观树的栽植。

多主干形　在树基部分出 2 ～ 4 个主干，其上分层配列侧枝，形成匀整、规则、优美、面积大的植株冠体，适用于观花乔木、庭荫树，如木兰、木槿、紫薇、桂花等树种。

伞形　有一明显主干，所有侧枝均下弯倒垂，通过冬季修剪，促使剪口右上方萌发，逐年扩大植株冠体，形成伞形，多为嫁接而成，如龙爪槐、垂枝榆等。常用于建筑物出入口两侧或规则式绿地的出入口，起引导作用，池边、路角等处也可作为点景应用（图 3-35）。

(2) 庭荫树的修剪

庭荫树的枝下高无固定要求，有些较矮的树种主干以 2 ～ 3m 较为适宜，形成植株冠体宽大、枝条低矮下垂的隐秘空间；若树势强旺、植株冠体庞大，则以 3 ～ 4m 为好，能更好地起到遮阴效果。一般认为，以遮阴为目的的庭荫树，冠高比以 2/3 以上为宜；整形方式多采用自然形态为宜，顺应树木自然习性，才能培养健康、挺拔的树木姿态。在条件许可的情况下，每 2 ～ 3 年进行一次，以疏枝为主短截为辅，将过密枝、伤残枝、病枯枝及扰乱树形的枝条疏除，并对老、弱枝进行短截。需特殊整形的庭荫树可根据配置要求或环境条件进行修剪，以达到更佳的景观效果。

(3) 绿篱的修剪

绿篱由萌芽力强、成枝力强、耐修剪的树种密集带状栽植而形成带状树丛，这种配置能起到观赏、分隔、界限、防范的作用，其修剪时期和方式，因树种特性和绿篱功用而异。

①高度控制　绿篱的高度依其防范对象来

图3-35　修剪成伞形的行道树

决定，有绿墙（160cm以上）、高篱（120～160cm）、中篱（50～120cm）和矮篱（50cm以下）。对绿篱进行高度控制修剪，既要考虑整齐美观，还要保持绿篱生长茂盛，长久保持设计的效果。

②绿篱整形方式　主要包括自然式整形、人工式整形两种方式。

自然式整形　多用于绿墙、高篱或花篱，适当控制高度，顶部修剪多放任自然，仅疏除病虫枝、干枯枝等，使其枝叶相接紧密成片提高阻隔效果。对萌芽力强的树种，出现衰老现象应及时进行平茬，使萌发的新枝粗壮，立体高大美观。

人工式整形　多用于中篱和矮篱。以观叶树种为主，常用于道路、草地、花坛缘，起到分隔或组织人流走向，多采用几何图案式的整形修剪以美观和丰富景园，为使尽量降低分枝高度、多发分枝、提早郁闭，种植后剪掉苗高的 1/3～1/2。生长季内对新梢进行 2～3 次修剪，使新枝不断发生，更新和替换老枝。使绿篱下部分枝匀称、稠密，上部枝冠密接成形。绿篱整形修剪时，中篱大多为半圆形、梯形断面，整形时先剪其两侧，使其侧面成为一个弧面或斜面，再修剪顶部呈弧面或平面，整个断面呈半圆形或梯形。由于符合自然植株冠体上大下小的规律，篱体生长发育正常，枝叶茂盛，美观的外形容易维持。矩形断面较适宜用于组字和图案式的矮篱，要求边缘棱角分明，界限清楚，篱带宽窄一致。由于每年修剪次数较多，枝条更新时间短，不易出现空秃，文字和图案的清晰效果容易保持。

③花果篱修剪　以栀子花、杜鹃花、火棘、枸骨等花灌木栽植的花篱，冬剪时除去枯枝、病虫枝，夏剪在开花后进行，可采用人工式整形，中等强度，稳定高度。对七姐妹、蔷薇等萌发力强的花篱，盛花后需重剪，以再度抽梢开花。以火棘、黄刺玫、刺梨等为材料栽植的刺果篱，一般采用自然式整形，仅在必要时疏除老枝进行更新。

④更新修剪　在绿篱树木出现衰老时，针对不同树种更新能力的差异，采用不同的修剪方法、修剪强度来更换绿篱大部分植株冠体，一般需要 3 年时间。第一年，疏除绿篱冠内过多的老干，使之通风透光，促进萌生更新的枝条。然后，对主干下部所保留的侧枝，先行疏除过密枝，再回缩修剪，通常每枝留 10～15cm 长度即可。常绿树

的更新修剪时间以5月下旬至6月底为宜，落叶树宜在休眠期进行，剪后要加强肥水管理和病虫害防治工作。第二年，对萌生的新生枝条进行多次轻短截，促发分枝，恢复冠形。第三年，再将顶部剪至略低于所需要的高度，以后每年进行重复修剪，以形成完美的植株冠体。对于萌芽能力较强的树种可采用平茬、抹头的方法进行更新，仅保留一段很矮的主干或几个主枝。平茬后的植株可在1～2年内形成绿篱的雏形，3年以后恢复成形。

(4) 观赏类灌木的修剪

①观花类 从因势和因时两方面介绍。

因势修剪 幼树生长旺盛宜轻剪，以整形为主，尽量用轻短截，以避免直立枝、徒长枝大量发生，造成植株冠体密闭，影响通风透光和花芽的形成；萌芽期间直接将斜生枝的上位芽抹掉，防止直立枝生长并减少养分的消耗；一切病虫枝、干枯枝、伤残枝、徒长枝等用疏剪方法除去；丛生花灌木的直立枝，选择生长健壮的直立枝长到一定高度进行摘心，促其早开花。壮年树木的修剪以充分利用立体空间、促使多开花为目的；在休眠期修剪时，选留部分萌生健壮直立枝，疏掉部分衰老枝，适当短截秋梢，保持丰满树形。老弱树木以更新复壮为主，采用重短截的方法，齐地面平茬，促其萌发新枝。

因时修剪 落叶灌木的休眠期修剪，一般以早春萌发前为宜，耐寒树种宜早剪，一些抗寒性弱的树种可适当延迟修剪时间。生长季修剪在落花后进行，以早为宜，有利控制营养枝的生长，增加全株光照，促进花芽分化。对于直立徒长枝，可根据生长空间的大小，采用摘心办法培养二次分枝，增加开花枝的数量。针对植物的开花习性归纳三类观花灌木修剪方法：

春花树种 连翘、榆叶梅、玉兰、碧桃、山桃、迎春、牡丹等先花后叶树种，其花芽着生在一年生枝条上，修剪方法因花芽类型（纯花芽或混合芽）而异，如连翘、迎春、榆叶梅、碧桃、山桃等修剪在花残后、叶芽开始膨大尚未萌发时进行，可在开花枝条基部留2～4个饱满芽进行短

截。混合花芽的灌木如西府海棠等，长枝生长势较强，修剪量很小，在休眠期利用短截、疏剪直立枝来调整花量及植株冠体整形，并将过多的直立枝、徒长枝疏剪即可，在花后剪除残花。牡丹花开新梢顶端，花蕾多时，摘除部分花蕾以提高保留花的质量，花后仅将残花剪除即可，夏季旺盛时将生长枝进行适当摘心，抑制其生长。秋季短截于饱满芽处。

夏秋季开花的树种 紫薇、木槿、珍珠梅等，花芽在当年萌发枝上形成，修剪应在休眠期进行；在冬季寒冷、春季干旱的北方地区，宜推迟到早春气温回升即将萌芽时进行。在二年生枝基部留2～3个饱满芽重剪，可萌发出苗壮的枝条，虽然花枝会少些，但由于营养集中会产生较大的花朵。对于一年多次开花的灌木如月季，短截当年生枝条或回缩强枝，疏除交叉枝、病虫枝、细弱枝及内膛过密枝，每次开花后及时将残花及其下方数枚芽剪除，留健壮芽刺激新梢的发生，剪口芽萌发抽梢开花，花谢后再剪，如此重复。

春季开花但花芽着生在二年生和多年生枝上的树种 如紫荆、贴梗海棠等，花芽大部分着生在二年生枝上，营养充裕时，多年生的老干也有花芽。这类树种修剪量较小，一般在早春将一年生枝条短截，有利于集中养分生长壮枝，并提高开花率；生长季节进行摘心，抑制营养生长，促进花芽分化。

②观果灌木类 其修剪时间、方法与早春开花的种类基本相同，生长期间要注意疏除过密枝，以利通风透光、减少病虫害、增强果实着色力、提高观赏效果；在夏季，多采用环剥、缚缢或疏花疏果等技术措施，以增加果实数量、单果重量，增强果实着色，提高观赏效果。

③观枝类 为了延长冬季观赏期多在早春芽萌动前进行修剪，由于这类树木的新梢色彩鲜艳，观赏价值高，故每年需重短截以促发更多的新枝，同时要疏掉老枝老干促进植株冠体更新。

④观形类 修剪方式因树种而异。对垂枝桃、垂枝梅、垂枝榆、龙爪槐等，短截时，剪口留拱枝背上芽，以诱发壮枝。而对合欢、龙桑等，成

形后只进行常规疏剪，通常不再进行短截修剪。

⑤观叶类 此类树种新叶色彩鲜艳，老叶色彩不佳，不同树种修剪方法不同，紫叶李、紫叶矮樱等可短截促生壮枝，新梢越长，红叶期越长。红枫以自然整形为主，一般只进行常规修剪，部分树种可结合造型需要修剪，夏季叶易枯焦，景观效果大为下降，可行集中摘叶措施，逼发新叶，再度红艳动人。紫叶小檗、金叶女贞等可作彩色树篱、树带等，在生长期短截促发新枝新叶，增加观赏效果。

3.3.5 自然灾害与病虫害防治

3.3.5.1 自然灾害

在园林植物生长发育过程中，由于低温、干旱等自然原因，对植株造成伤害，影响植物生长，严重的导致死亡。常见的自然灾害有冻害、霜害、风害、雪害等。北方地区的园林植物该如何度过寒冷的冬天，北方园林植物有哪些常见的防寒过冬的措施？我国的北方冬天非常寒冷，园林植物极易发生低温冻害现象，如果不加以保护，会造成不可挽回的损失。因此，对园林植物需要进行越冬防护，才能保证健壮生长。

(1) 低温伤害的主要类型及原因

根据低温对园林植物伤害的机理，主要分为冻害、冻旱和寒害3种类型。而北方地区主要受冻害及冻旱的影响。

①冻害 是植物在休眠期受0℃以下低温，使细胞、组织、器官受到伤害，甚至死亡的现象，是组织内部结冰引起的伤害。冻害主要表现为芽干缩不萌发、枝条受冻部分变色、树木主干纵裂等现象。其中，根颈进入休眠最晚，解除休眠最早，因此极易受冻。从内因来说，与树种和品种、枝条成熟度以及休眠时间等有关；从外因来说，与温度、地势与坡向、水体、种植时间和养护管理水平等有关。发生冻害时，应从多方面找出原因，并采取相应措施。

②冻旱 是另一种常见的低温伤害，是因土壤冻结，根系吸水下降，而地上部分枝、芽及常绿树的叶片仍在进行蒸腾作用，最终植株体内因水分平衡被破坏引起枝叶干枯、脱落甚至植株死亡。常绿树受冻旱威胁较大。冬季或早春晴朗时，短期的回暖会加速地上部分蒸腾，此时冻旱极易发生。

(2) 低温伤害的预防方法

① 坚持适地适树的原则 因地制宜选择抗寒能力强与较强的树种，是防止低温冻害最直接有效的途径。对不耐寒的树种，可以选择抗寒力强的嫁接砧木，以提高根系的抗寒力，或在适宜的小气候中种植。

② 加强栽培管理，提高抗寒性 加强养护管理，有助于植物体内营养物质的储备，保证植株健壮。对于不耐寒的植物种类，应在春季种植，养护时坚持"前促后控"的原则。此外，夏季摘心、施肥，促进枝条成熟，秋季控制水肥，均可有效提高枝条抗性。

③ 对植株进行保护，减少冻害 对于易受冻害的植物，在冬季低温来临前就应做好保护，如包裹、埋土等方法，保证植株的环境温度较高，且温度变化较小。

④ 树干涂白 利用白色吸收热量少、散热慢的特点，可以减少树干对太阳辐射热的吸收，防止树皮受低温、日灼伤害，并可防止病虫害。常用生石灰10kg、硫黄1kg、食盐0.2kg、动物油0.2kg、热水40kg进行调制，于11月下旬进行涂刷，涂刷高度在1.2~1.5m。

⑤ 改变小气候条件 可采用熏烟法、喷水法、吹风法、加热法等改变小气候条件，对易受低温伤害的植物进行保护。

3.3.5.2 常见园林植物病虫害及防治

园林植物在生长发育和储运过程中，由于受到病原微生物的侵染，或不良环境的影响，在生理上、组织上、形态上发生一系列病理变化，致使植物的生长发育不良，品质变劣，甚至引起死亡，造成经济损失和降低绿化效果及观赏价值的现象称为园林植物病害。

园林植物常见的病虫害防治的主要途径措施

有合理选择植物、加强栽培管理、采用生物防治、物理防治、化学药剂防治。其中高效低毒的化学药剂防治是城市园林植物应用最普遍的方法。

(1) 植物选择

在自然条件下,植物病虫害分布有一定的区域性。但在城市园林绿化施工中,由于苗木从不同地区调运,人为地将一些危险性病虫害在地域间传播,给城市园林绿化带来极大的威胁。因此,绿化施工前应严格选择植物,严格选择无病虫害的健康苗木,在绿化施工中发现病虫害时,立即采取措施,彻底消灭。

(2) 栽培措施

通过科学的栽培管理技术,防止病虫害发生,有利园林植物的生长发育,抑制或减少病原物的来源。

①选用多种绿化树种并进行合理搭配 很多病虫害都是在同品种植物间传播,若同种植物片植面积大就会加重一些病虫害的蔓延,植物种类多、同种植物片植面积小,则病虫因食物出现"断层"而无法传播,有一定防治效果。

②合理施肥和灌水 使用有机肥料要充分腐熟,以减少侵染源;使用无机肥料,要注意各元素间的平衡,促使植株生长健壮,增强抗病力。正确浇水的方法、次数、水量和时间可促进植物生长,增强抗逆性。

③防止病虫传播 及时清除病虫植株残体和枯枝落叶,集中销毁;操作时要避免重复污染,整枝修剪、中耕除草、摘心摘叶时要合理科学,防止用具和人手将病菌传给健康植株;有病的土壤和盆钵,不经消毒不能重复使用。

(3) 生物防治

生物防治对人、畜、植物安全,病虫不产生抗性,天敌来源广,且有长期抑制作用。采用以虫治虫、以菌治虫、以鸟治虫、以菌治病等防治方法。生物防治必须与其他防治措施相结合,才能充分发挥其作用。

(4) 物理防治

采用器械和物理方法防治病虫害。通过热处理、机械阻隔和射线辐照等方法进行防治。如早春地膜覆盖可大幅度减轻叶部病害的发生。覆膜后阻隔了病菌传播,同时土温升高、湿度加大,可加速病株的腐烂,减少侵染源。其次采用简单的人工捕杀法、诱杀法(灯光诱杀、毒饵诱杀、色板诱杀等)。

(5) 化学防治

化学方法简单、见效快。在城市绿化管理中,化学防治病虫害要注意选用选择性强、高效、低毒、低残留的农药,通过改变施药方式、减少用药次数,同时还要与其他防治方法相结合,充分发挥化学防治的优越性,减少其毒副作用。

根据病虫害的性质和种类,将植物病害分为真菌性病害、细菌性病害、病毒性病害、线虫病害及生理性病害等。植物虫害包括地下害虫、叶部害虫、枝干害虫和吸汁害虫。

3.3.6 园林植物越冬保护

冬季低温,特别是北方冬季严寒,会对园林植物造成冻害,有必要采取措施进行越冬保护。

(1) 覆盖法

在地面直接铺设塑料布或草帘进行覆盖防寒,可起到保温保湿的作用。多用于球根花卉的越冬保护。

(2) 堆土法

疏除过密或病虫害、截短过长的枝条,将地上部分进行包扎,给植株灌水,水下渗稍干后堆土 15~30cm,将土拍实。防寒土堆内温度高、变化小,土壤湿润,可以保护植物安全过冬。

(3) 暖棚法

暖棚即节能日光温室,是依靠太阳光来维持室内一定温度水平的保温措施。通过将植物移至暖棚,可达到保温的效果。

(4) 风障法

风障是比较有效的方法,在需要保护苗木主风向搭建风障,可以提高树体周围温度,并使风障向阳侧早日回暖化冻。在新植树木四周或主风向方向(华北地区为西北方向)用塑料布做风障,一般可使树体周围增温 2 ~ 3℃。在北京,玉兰、雪松、竹类等,栽植后的前 3 年冬天都需要搭风障。

(5) 主干包扎法

树木主干用草绳或塑料布缠绕包裹，可以起到防寒作用。若在草绳外围加一层塑料布，效果会更好。

(6) 全株包裹法

在对植株进行一定程度的修剪后，将全株包裹上塑料膜或绿色帆布，最后用草绳固定。修剪时基本只留主干和主干下一级的枝条，多用绿色帆布进行包裹，因其保温保湿且透光性弱，包裹层内部温度虽较低但有较好的防风效果。

(7) 树干涂白法

用涂白剂涂刷树木枝干，通过保温以及杀虫抚育苗木。涂白一般在严寒来临之前进行，一般高度在 1~1.5m 的范围。

(8) 行道树及景观乔木涂白

树干涂白是园林绿化行业常用的技术手段，主要使用生石灰、硫黄（或石硫合剂）、水、盐等材料按照比例混合成涂白液，然后根据树木实际情况对树干进行涂白。主要有三大功效：一是保护皮层，减少、预防树木冻伤的发生；二是防止病菌侵入，消灭寄居在苗木上的越冬害虫，减少越冬虫源，还能破坏病虫的越冬场所，起到杀虫的作用；三是具体操作中，树木涂白整齐一致，也起到了美化作用。

(9) 搭建防护围挡

可以结合绿地及周边环境，使用防风布搭建防护围挡，可有效抵御物理、机械、不良气候对植物的伤害，如冬季防治融雪剂对园林绿地的影响。

(10) 加强管理，增强植株抗性

在生产中有条件的情况下，对绿地花灌木、宿根花卉、草坪等植物进行统一浇水施肥，增强绿地植物的抗寒及抗旱能力；冬季来临前给乔灌木浇灌越冬水，可以防止外界温度突然变化对植物造成的伤害；根据植株个体情况，修剪去除病弱枝，可增强植株抵御风寒的能力。

园林植物自然灾害与病虫害防治具体技术方法，详见《园林植物栽培养护》等相关书籍。

小　结

园林植物的生长发育与外界环境条件密切相关。影响植物生长发育的环境因子包括光照、温度、水分、土壤和空气以及地形与地势等。其中光照、温度、水分、土壤和空气是植物生长过程中不可缺少又不能替代的因子。这些因子中的任何一个因子发生变化，都会对植物产生影响，同时这些因子间又是相互关联和相互制约的，它们综合影响植物的生长发育与生命活动。只有在适宜的环境中，植物才能健康生长与良好发育，充分发挥园林植物的景观功能并实现其生态价值。

园林植物形成地域景观特色，可以突出表现当地的城市景观的个性和地域的个性特点，给人以深刻的印象，从而使植物特色与城市印象对应起来。市花市树、乡土植物、古树名木等都是特色植物与地域文化融合的体现，如北京的槐和侧柏、海南岛的椰林、西双版纳的热带雨林、成都的木芙蓉、大理的山茶、深圳的叶子花、攀枝花的木棉等，都具有浓郁的地方特色。

园林植物栽植后，只有供给充足的水分、养分，创造适宜的生长发育环境，才能健康生长，发挥最佳的绿化、美化、改善环境效果。因此，对人工栽培、建植的园林植物要加以养护管理，主要包括水、肥、土管理及整形修剪、有害生物防治等。

园林植物景观设计的生态学原则要求植物选择与配置必须依据植物的生态习性，适地适树创造健康的植物生态群落。植物的选择与配置是植物景观建成的基础，栽植之后的养护管理是长期的也是保证植物景观实现观赏价值、发挥生态功能的必要条件。

思考题

1. 试述光照、温度、水分、空气、土壤如何影响植物的生长与发育？
2. 城乡绿化建设中，怎样做到适地适树？又怎样创造出具有地方特色的植被景观？
3. 园林植物的需水规律如何？怎样才能做到园林植物水分的科学管理？
4. 园林植物土壤管理的内容有哪些？

5. 园林植物施肥的方法有哪些？各有何特点？

6. 园林植物的整形修剪原则是什么？不同类型园林植物的整形修剪有哪些区别？

7. 园林植物越冬防寒措施有哪些？

推荐阅读书目

园林树木栽培学 . 祝遵凌 . 东南大学出版社，2015.

园林树木栽培学（第 2 版）. 吴泽民 , 何小弟 . 中国农业出版社，2009.

园林生态学 . 冷平生 . 中国农业出版社，2013.

园林树木栽植养护学（第 4 版）叶要妹，包满珠 . 中国林业出版社，2017.

园林树木栽培养护学 . 张秀英 . 高等教育出版社，2012.

第4章

园林植物景观设计原理与方法

园林植物景观设计必须遵循基本的原理，采用科学的方法和手段。首先要求各种植物之间的配置遵循生态学和美学原理，考虑植物的组合，平、立面的构图，色彩、季相以及园林意境美；其次要求园林植物与其他园林要素之间如山石、水体等统一起来，相宜配置。

4.1 园林植物景观设计原理

4.1.1 生态学原理

绿色植物是生态系统的初级生产者，是园林景观中重要的生命象征。城市绿地改善生态环境的作用是通过园林植物的生态效益来实现的。多种多样的植物材料组成了层次分明、结构复杂、稳定性较强的植物群落，使得城市绿地在防风、防尘、降低噪声、吸收有害气体等方面的能力也明显增强。园林植物不仅有乔、灌、草、藤本等形态特征方面的差异，其是否喜光，干、湿耐性，酸、碱性适应能力等生理、生态特性也各不相同。因此，在构建生态功能强大的复层植物群落时必须尊重自然界植物自身的生长规律及生态特性，这样才能保证园林植物正常生长，以期达到生态效益最大化；此外，园林植物固有的生态习性决定其有明显的自然地理条件特征，每个区域的地带性植物都各自的生长气候和地理条件背景，经过长期的自然选择与周围的生态系统达成了良好的共生关系。因此，在进行植物景观设计时应大力开发运用乡土树种，丰富绿化树种的多样性，

充分发掘并利用植物特性合理搭配，做到为春天增添嫩绿，为夏天增添阴凉，为秋季增添色彩，为冬季增添暖阳，力求在有限的城市绿地空间上建植丰富的植物景观。

4.1.2 美学原理

园林植物自身的特性美是构成植物景观观赏性的基础，每种植物都有自己独特的形态、色彩、质地、芳香、音韵、意境等美的特色。或平和悠然或苍虬飞舞的树姿、或亭亭玉立或曲虬苍劲的枝干、或金黄或碧翠或如火似焰的叶色、或雄浑或轻盈的质地、或香气逼人或暗芳沁脾的香味、或形态奇异或香艳诱人的果实等，无不令人赏心悦目，引人驻足赏叹自然之美。中国古人的诗词华章中，观赏植物被赋予了独特的人格精神，将植物视觉特色美升华至质韵意境美：居静吐芳的兰、虚心有节的竹、傲霜而立的菊、出淤泥而不染的莲等。

充分而巧妙地利用植物的形、色、质、韵等构景要素，通过植物间的组合配置，融入对比与调和、稳定与均衡、比例与尺度、节奏与韵律、变化与统一等艺术手法，可以展现植物自然特色美之外的群体形式美，能创造出情致各异的景观。

4.1.3 空间构成原理

植物具有创造空间的能力，植物空间设计是景观设计的核心内容之一。植物作为实体形成自己的组合的同时，成为空间构成的重要组分，又形成不同的空间形态和空间感。依据空间构成原理，在园林植物景观设计要注意考虑到实用空间

与审美空间的组合，形成宜人的心理感受。一般地，在充分认识植物材料的基础上，确定空间构成的目标，形成独创性的室内外空间形态，如成为视觉焦点、或分隔限定空间，通过丰富的植物表现技术实现园林植物景观。

园林植物景观空间与建筑空间不同，园林植物景观空间具有"时间"的维度，在设计时应考虑植物在不同生长阶段时期、不同季节、不同气候、不同时段，其空间的感受会随着叶色、形态等变化因素产生变化。同时，植物形成的空间形态复杂且多样化，空间尺度也随着植物的生长变化较大。在植物设计时，要注意根据地形、地貌、气候环境等，与其他构筑物等园林要素进行搭配，构成优美园林空间。

4.2 园林植物景观设计原则

4.2.1 科学性原则

(1) 尊重植物自身的生长习性

各种园林植物的生长习性不尽相同，如果立地条件与其生长习性相悖，往往造成生长不良甚至死亡而难以形成预期景观。如在高楼林立的居住区内，住宅楼北面的背阴地面，常常不易绿化，需选用耐阴的乔木、灌木、藤本及草本来绿化这些背阴地带。在城市绿地因地制宜地选择植物进行绿化才能有效地提高植物覆盖率，增强绿地的净化空气、消减噪声、改善小环境气候等多种功能（图4-1、图4-2）。

(2) 注重景观建成的时空性

各种植物生长速度和生命周期不尽相同，注重植物多样性的同时，还应当注意植物是持续生长变化的，植物选择与配置应兼顾远、近期不同植物景观的要求。做到速生树种与慢生树种的合理配置，大、小规格苗木合理密植，保证植物良好生长的充足空间条件。统筹兼顾，以形成生机盎然的近期景观和远期稳定的群落景观。如上海、苏州等地，在20世纪90年代中后期采用乔木小规格密植的做法栽植大量樟树，满足了当时的绿化景观建成，如今又可作为其他绿地建设的苗圃资源，堪称科学绿化的妙笔。

4.2.2 功能性原则

实现功能性是营造绿化景观的首要原则，植物种植是为实现园林绿地的各种功能服务的。首先应明确设计的目的和功能，如侧重庇荫的绿地种植设计应选择树冠高大、枝叶茂密的树种；侧重观赏作用的种植设计中应选择色、香、姿、韵俱佳的植物；高速公路中央分隔带的种植设计，为达到防止眩光的目的，对植物的选择以及种植

图4-1 水湿环境植物配置

图4-2 干旱环境植物配置

图4-3 鲜艳、明快的游乐园绿地

图4-4 庄严、肃穆的陵园绿地

密度、修剪高度都有严格的要求；城市滨水区绿地种植设计要选择吸收和抗污染能力强的植物，保证水体及水景质量；在进行陵园种植设计时，为了营造庄严、肃穆的气氛，在植物配置时常常选择青松翠柏，对称布置等（图4-3、图4-4）。

在绿地内进行乔、灌、草等多种植物复层结构的群落式种植，是在园林内实现植物多样性和生态效益最大化最为有效的途径和措施。但如若绿地全被植物群落占据，不仅园林的景观由于空间缺乏变化而显得过于单调，而且园林绿地的许多功能如文化娱乐、大型集体活动等也难以实现。因此，城市园林绿地内的植物种植，应从充分发挥园林绿地的综合功能和效益出发，进行科学的统筹设计，合理安排，使绿化种植呈现出宜密则密、当疏则疏、疏密有致、开合对比、富于变化的合理布局，

实现园林绿地多种多样的功能（图4-5）。

4.2.3 艺术性原则

植物景观是运用艺术手段产生美的植物组合，不仅要注意植物种植的科学性、功能布局的合理性，还必须讲究植物配置的艺术性，布局合理，疏密有致。使植物与城市园林的各种建筑、道桥、山石、小品之间以及各种花草树木之间，在色彩、形态、质感、光影、明暗、体量、尺度等方面，营造出充分展现园林植物的形、色、质、韵等个性美和群体形式美等现代园林空间（图4-6）。

4.2.4 安全性原则

安全性是人性化设计的第一要素。植物景观安全性首先是选择的植物自身不应有危害性。如

图4-5 疏密有致的空间

图4-6 色彩、体量、形体组合的群体美

图4-7　林中汀步

儿童游乐区及人流集中区域不宜种植带刺、有毒、飘絮、浆果的植物，阻隔空间用的植物应选择不宜接近的植物，而供观赏的植物则不能对人体及环境有危害。其次植物自身还可起到将人们的活动控制在安全区域内的作用，如居住区建筑物、水体、假山或其他有危险性的区域周围可以密植绿篱植物加以阻隔或警示。植物与植物之间、植物与建筑物之间不同的尺度关系可以营造不同的心理环境空间，植物配置应根据实际需要选择不同的尺度，营建出不同开敞度的植物空间，满足人们不同程度心理安全的需要。

4.2.5　整体性原则

植物景观设计要与其他园林绿地要素结合起来，以达到景象的统一、人与自然的和谐。植物种植与地形的统一可以通过合理选择、配置植物来增强或减弱地形的起伏变化，柔化或锐化坡度轮廓线条等；与水体的统一体现在：如用松、枫及藤蔓植物突显山崖飞瀑的湍急，竹、桃、柳等衬托溪谷幽美情致，耐水湿常绿乔木作水岸透景绿屏，缀边花草结合湖石美化岸线等；植物与园路的结合是将园路融入植物景观，常采用林中穿路、竹中取道、花中求径等顺应自然的处理方法，使得园路变化有致（图4-7）。

4.2.6　经济性原则

经济性原则是指以适当的经济投入，在设计、

施工和养护管理等环节上开源节流，从而获得绿化景观、经济和社会效益最大化。主要途径有：合理地选择乡土树种和合适规格的树种，降低造价；审慎安排植物的种间关系，避免植物生长不良导致意外返工；妥善结合生产，注重改善环境质量的植物配置方式，达到美学、生产和净化防护功能的统一；适当选用有食用、药用价值等经济植物与旅游活动相结合。同时要考虑绿地建成以后的养护成本问题，尽量使用和配置便于栽培管理的植物。

4.3　园林植物景观设计程序

园林植物景观设计的程序和步骤可概括为：前期现状调研分析阶段、初步设计阶段、技术设计阶段、施工图设计阶段和种植施工阶段五大部分。

4.3.1　前期现状调研分析阶段

现状调研与分析是进行植物景观营造的前提和基础，必须了解甲方意图和目标，并对场地的高差、植物的生长情况、水文、气候、历史、土壤和野生生物等情况进行调研，尤其是各种生态因子直接决定植物选择及配置方案。

(1) 获取项目基本信息

通过访问委托方、调查场地现状环境、评估场地等方法，接收并消化委托方提供的地理位置图、现状图、总平面图、地下管线图等图纸资料等。准确认知甲方的要求、愿望及计划投资额等，以便深刻掌握项目基本信息，为完成符合客户意愿的规划和设计方案奠定基础。

(2) 地形坡度

地形坡度在种植设计的定位和植物选择中有重要的作用，特别是空间环境有特殊要求的地形，更应充分地评价分析。调查时注意地形的高程、坡向、坡度，根据坡度分级，一般坡度为0%～3%的等级是平缓的斜坡，在建设配套建筑设施和循环设备的过程中，所需修改较少，土壤厚度和土质合适，适合栽培各种类型的植物，如果要求有强烈的视觉效果，则需要加入大型的植物或设

置挡土墙。

(3) 光照条件

对区域内各处的光照程度进行分类记录，包括全日照、半日照、全遮阴、微暗、较暗、极暗等。最好能够明确区域内阳光的日照模式，记录一天内阳光所经过的范围、照射方向、照射时长及建筑阴影覆盖区的变化，为设计确定植物种类提供依据。对于面积更小的设计场地，则要更加仔细观察细部的变化，如小庭院的设计。

(4) 地质与土壤及土地利用状况

地质构造与土壤种类是选择合适植物的基础，应检测确定土壤情况：黏土、砂壤土、贫瘠、肥沃、pH 值、地下水位、土壤结构等。例如，地表土壤的厚度是非常重要的指标，若地表土壤浅，下层岩石则会限制植物的生长；若地表下地下水位较高，同样会影响植物的生长。不同植物适合不同酸碱性的土壤，干燥或半干燥地区的高盐土壤也会限制植物的生长发育。

种植能否成功往往由基址以前的使用情况决定的，所选择的用地性质（如垃圾填埋场、化学废料堆、果园、苗圃、荒地、裸露岩土等）对种植的影响很大，土地的承载力也是评估具体场地的部分内容。

(5) 水文条件

设计之前需要了解是否有供植物浇灌的水源位置、大小和容量，土壤水位，水质，用水量，原有河流、湖泊的水流状况及管线情况等。水文资料所需内容包括：排水地区分布图、潜在的洪水（包括频率和持续时间）、溪流的低速流动、溪流对沉积物的承受力、固体在地表水源中溶解的最大量、地表水的总量和质量、地表水体的深度、可做水库的潜在地区、地面水源的利用率、井和测试孔的位置、到地下水位的距离、地下水位的海拔、承压水位的海拔（水位有季节性变化，井水水位高度有升降）、渗透物质的厚度、地面水源的质量、可以再补充水的地区等。

(6) 气候条件

气候条件与植物生长及植被数量有着直接而明显的关系。气候变化可以起到限制或扩大某些

植物品种作为设计元素的作用，其中降水量和气温是关键因素。主要考虑的气候条件有月平均温度和降水量、温度变化最大范围、积雪的天数、无霜冻的天数、洪水水位、最大风速、湿度等，以及地方的极端气候出现的情况。

(7) 现存建筑物与构筑物及其他设施

现存建筑物与构筑物及其他设施包括公用设施（含地下段设施）、道路、房屋、娱乐设施及其他建筑的位置、数量、尺寸、容量、朝向，它们的设计利用及对场地植物的栽种影响是现存设施调查重点考虑的内容，在规划过程中，必须把这些要素绘制在一张图纸上以便设计时综合考虑。

(8) 人文、社会资料

当地史志资料、历史沿革、历史人物、典故、民间传说、名胜古迹；现场周边环境交通、人流集散、周围居民类型与社会结构，如工矿区、文教区、商业区等，是将景观设计与人文、社会环境紧密融合的前提基础。

(9) 现有资源审美及利用价值评估

对场地内现有植物资源进行调查记录，确定基址上每一株植物和植物群的位置、树龄、大小、生长状态（如标明植物冠幅、胸径、株高、姿态等）、保留运用于设计的潜在可能性，在场地上精确定位，并对当地的先驱性物种、过渡性物种、近盛期和全盛期的物种、邻近地区的物种进行了解。对当地区域的植物资源材料的收集整理，是场地种植设计的必要手段，这也是种植的基础，更是乡土树种适地适树的重要依据。

此外，应将现有资源在图纸上表达清晰，在规划过程中，应对这些要素进行综合分级评定、综合取舍，做到"嘉则收之，俗则屏之"。这类资源包括地形的起伏、独特的地貌、植物类型及景观、空间层次性、不同视点的构图等基本情况。

4.3.2 初步设计阶段

现状分析是在完成现场勘察和资料汇总后，结合各方面的主客观因素的要求进行分析。这一阶段要提出可以达到工程目标的初步设计思想，并由此安排基本的规划要素。明确植物材料在空间组织、

造景、改善基地条件等方面的作用，确定植物的功能分区，做出植物方案设计构思图，形成初步方案设计。植物配置主要考虑如下几个方面：

(1) 场地功能对植物的需求

结合各个场地确定植物的各种功能，如护坡、水土保持、组织交通、屏障、观赏等，并对植物起到的或预期起到的作用及功能进行分析，当然这个过程要结合种植设计的基本审美考虑。不同功能区的特征和使用要求选择不同的植物类型，利用不同植物的颜色、姿态、质地、范围、季相、种植方式以及平衡关系来支持设计。例如，室外林荫活动场所，需要选择能提供林荫、枝下高的植物类型；如果是以观赏为目标的空间则以植物的观赏特性为主要参考依据。

(2) 种植设计对原有区域环境的影响

在设计区域内，应重点分析新引入的植物种类对该处生物的影响、供水灌溉的要求、对原有自然植被破坏造成的环境影响，对现有植被的保护要着重考虑，并重视植物多样性、乔灌草的合理搭配。

(3) 植物生长环境

通过调查确定区域气候、小气候、现有水源、土壤情况、降水量等因子，确定特定地点所需的植物类型，以保证植物生长良好。避免种植需要大量灌溉才能维护的植物，应多采用低维护以及节约用水的植物，同时应分析各种植物对水分的需求量的差异，将水分需求相近的植物安排在同一生境中。

(4) 现状植物评估及引入植物的评估

在植物设计时应尽量从建设费用、景观需求和生态效益方面多考虑现存植物的保留。原有植物原则上尽量加以利用，特别是一些大树，即使需要进行全新的植物配置，也应对现存树木进行移植再利用。对于引入植物要进行仔细分析，否则将干扰当地植物种群的自然演化。

总之，在为一个设计方案的园林布局选择植物时，首先应以其设计功能为基础，然后再考虑它的园艺特征，并融入各空间的特殊要求，列出各场地的种植方案。

4.3.3 技术设计阶段

(1) 具体植物选择阶段

在初步设计方案确定后，进行具体植物的选择。应以基地所在地区的乡土植物种类为主，同时考虑已被证明能适应本地生长条件、长势良好的外来或引进的植物种类。另外，还要考虑植物材料的来源是否方便、规格和价格是否合适、养护管理是否容易等因素。由于生长习性的差异，植物对光线、温度、水分和土壤等环境因子的要求不同，抵抗劣境的能力不同，因此，应针对基地特定的土壤、小气候条件安排相适应的种类，做到适地适树，尽可能地选择植物种类适合于基地所在地区的气候条件，主要考虑如下内容：

① 根据不同的立地光照条件分别选择耐阴、半耐阴、喜光等植物种类，特别要考虑建筑、围墙、树木的遮挡。喜光植物宜种植在阳光充足的地方，如果是群植，应将喜光的植物安排在上层；耐阴的植物宜种植在林内（作中木）、林缘或树荫下、墙的北面。

② 沿海等多风的地区应选择深根性、生长快速的植物种类，并且在栽植后应立即加桩拉绳固定，风大的地方还可设立临时挡风墙。

③ 利用小气候种植。在地形有利的地方或四周有遮挡形成的小气候温和的地方可以种些稍不耐寒的种类，否则应选用在该地区最寒冷的气温条件下也能正常生长的植物种类。

④ 受空气污染的基地还应注意根据不同类型的污染，选用相应的抗污染种类植物。大多数针叶树和常绿树不抗污染，而落叶阔叶树的抗污染能力较强，如臭椿、槐树、银杏等就属于抗污染能力较强的树种。

⑤ 对不同pH的土壤应选用相应的植物种类。大多数针叶树喜欢偏酸性的土壤(pH3.7～5.5)，大多数阔叶树较适应微酸性土壤(pH5.5～6.9)，大多数灌木能适应pH为6.0～7.5的土壤，只有很少一部分植物耐盐碱，如柽柳、白蜡、刺槐、柳树、乌桕、苦楝、泡桐、紫薇等。

⑥ 低凹的湿地、水岸旁应选种一些耐水湿的

植物，如乌桕、水杉、池杉、落羽杉、垂柳、枫杨、木槿、芦苇等。

(2) 详细设计阶段

种植设计是园林设计的详细设计内容之一，当初步方案决定之后，便可在总体方案基础上与其他详细设计同时展开。此阶段是植物材料在设计方案中构思的具体化，包括详细的种植配置平面、植物的种类和数量、种植间距等。从植物的形状、色彩、质感、季相变化、生长速度、生长习性、配置效果等方面来考虑，将乔木、灌木、藤本、竹类、草坪地被、花卉等合理搭配，以满足设计方案中的各种要求。

另外，要注意植物生长量的前瞻性设计，要确保土壤厚度和栽植空间，特别是停车场的屋顶花园更应注意最小的树池深度与直径，对植物成年以后的生长空间有所预测。兼顾建筑、围墙等建筑物的地基和市政管线铺设的位置、规模、埋深等。绘种植平面图时图中植物材料的尺寸按现有苗木的大小画在平面图上，这样，种植后的效果与图面设计的效果就不会相差太大。稳定的植物景观中的植株间距与植物的最大生长尺寸或成年尺寸有关。从造景与视觉效果上看，乔灌木应尽快形成种植效果、地被物应尽快覆盖裸露的地面，以缩短园林景观形成的周期。因此，一开始可以将植物种得密些，过几年后逐渐移除去一部分。例如，在树木种植平面图中，可用虚线表示若干年后需要移去的树木，也可以根据若干年后的长势，种植形成的立地景观效果加以调整，移去一部分树木，使剩下的树木有充足的地上和地下生长空间。解决设计效果和栽植效果之间差别过大的另一个方法是合理搭配和选择树种。种植设计中可以增加速生种类的比例，然后用中生或慢生的种类接上，逐渐过渡到相对稳定的植物景观。

4.3.4　施工图设计阶段

在种植设计方案完成后就要着手绘制种植设计施工图。种植设计图包括设计平面表现图、种植平面图、详图以及必要的施工图解和说明。由于季相变化，植物的生长等因素很难在设计平面

中表示出来，因此，为了相对准确地表达设计意图，还应对这些变动内容进行说明，种植设计图可以适当加以表现。种植设计施工图是种植施工的依据，其中应包括植物的平面位置或范围、详尽的尺寸、植物的种类和数量、苗木的规格、详细的种植方法、种植坛或种植台的详图、管理和栽后保质期限等图纸与文字内容。

4.3.5　种植施工阶段

种植设计的技术决定了设计素材使用的成功与否，如果设计的位置不恰当，植物将不能充分展现其潜力，应遵循以下的一般规则以达到植物生长的最佳条件：

(1) 种植间距

选择的种植地点要保证植物达到其成熟期时有足够的空间生长，种植过密会造成植株之间对光照、土壤养分和生长空间的过度竞争。

(2) 种植时间

栽培工程应尽量在植物休眠期进行，确因工程需要，常绿树可以在任何季节栽种，但要细心维护，尽可能减少根部损伤。但一般情况下落叶树木应在停止生长期间栽种。

(3) 土壤要求

种植坑的大小根据植株而定，必要时可做一些土壤的改良或客土，如果土太厚或砂太多，增添一些淤泥或腐殖土之类的有机物。

(4) 工期安排

及时完成栽植规划申报，在相关的绿地条例法规中，不同规模用地的绿化面积、植物量、树种、配置有不同的规定，应考虑申报的时间因素。有计划地安排整地、采购苗木、种植以及交叉施工等时间，对大规模树木要尽量提前采取断根等技术措施。

(5) 养护管理

"三分种七分养"，园林绿地的养护管理水平对景观的持续与发展起着决定性的作用。主要包括树木的支撑围护、肥水补给、复剪、施工现场清理、病虫害防治等措施，保证植物的成活及植物景观建成、稳定与发展。

图4-8 芦苇形成的独特植物景观

图4-9 香山红叶一角

4.4 园林植物景观设计方法

4.4.1 创造景点

在园林景观构图中，主要观赏面可能更多的是树木和花草，植物是构图的关键，以植物为主的景点，起到补充和加强山水气韵的作用（图4-8）。不同的园林植物形态各异，变化万千，可孤植以展示个体之美；同时也可以按照一定的构图方式配置，表现植物的群体美；还可根据各自生态习性，合理安排，巧妙搭配，营造出乔、灌、草结合的群落景观，从而成为一个重要的植物景观点。

就乔木而言，银杏、毛白杨树干通直，气势轩昂；油松曲虬苍劲；铅笔柏则亭亭玉立。这些树木孤立栽植，即可构成园林主景。而秋季变色叶树种如枫香、乌桕、黄栌、火炬树、重阳木等大片种植，可形成"霜叶红于二月花"的景点（图4-9）。观果树种如海棠、柿、山楂、沙棘、石榴等的累累硕果则呈现一派丰收的景象和秋的气息。

色彩缤纷的草本花卉更是创造观赏景点的极佳材料，既可露地栽植，又能盆栽组成花坛、花带，或采用各种形式的种植钵，点缀城市环境，如街头、广场、公园到处都能看到用大色块的花卉材料创造的景观，烘托喜庆气氛，装点人们的生活。花境应用也很普遍，一个好的花境设计往往一年四季鲜花盛开，富有变化。

不同的植物材料具有不同的意韵特色，棕榈、大王椰子、槟榔营造的是热带风光；雪松、悬铃木与大片的草坪形成的疏林草地展现的是现代风格和欧陆情调；而竹径通幽、梅影疏斜表现的是我国传统园林的清雅隽永；成片的榕树则形成南方的特色。

许多园林植物芳香宜人，能使人产生愉悦的感受。如桂花、蜡梅、丁香、茉莉、栀子、中国兰花、月季、晚香玉、玉簪等有香味的园林植物非常多，在园林景观设计中可以利用各种香花植物进行配置，营造"芳香园"景观，也可单独种植成专类园。芳香园、月季园可配置于人们经常活动的场所，如在盛夏夜晚纳凉场所附近种植茉莉和晚香玉，微风送香，沁人心脾。专类园植物景观具有更强烈的视觉冲击效果，容易给人留下深刻的印象。

中国现代公园规划常沿袭古典园林中的传统方法，创造植物主题景点。如北京紫竹院公园的植物景点有竹院春早、绿茵细浪、曲院秋深、艺苑、新篁初绽、饮紫榭、风荷夏晚、紫竹院等；上海长风公园的植物景观有荷花池、百花亭、百花洲、木香亭、睡莲池、青枫绿屿、松竹梅园等。

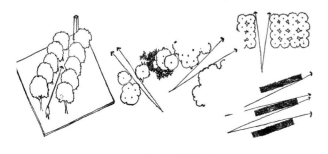

图4-10 视线遮挡与引导

但作为主景的植物景观要相对稳定，不能偏枯偏荣，才能有较好的植物景点效果。

利用植物材料创造一定的视线条件可增强空间感、提高视觉和空间序列质量。安排视线有引导与遮挡两种情况（图4-10）。视线的引导与阻挡实际上又可看作景物的藏与露。根据视线被挡的程度和方式，可分为障景、漏景和部分遮挡及框景几种情况。

（1）障景

障景控制和安排视线挡住不佳或暂时不希望被看到的景物内容。为了完全封闭住视线，应使用枝叶稠密的灌木和乔木分层遮挡形成屏障，控制人们的视线，所谓"嘉则收之，俗则屏之"。障景的效果依景观的要求而定，若使用不通透植物，能完全屏障视线通过，而使用不同程度的通透植物，则能达到漏景的效果。用植物障景必须首先分析观赏位置、被障物的高度、观赏者与被障物的距离以及地形等因素（图4-11）。此外，需要考虑季节的变换。在各个变化的季节中，常绿植物能达到这种永久性屏障作用。

障景手法在传统与现代园林中均常见应用，如用于园林入口自成一景，位于园林景观的序幕，增加园林空间层次，将园中佳景加以隐障，达到柳暗花明的艺术效果。如北京颐和园用皇帝朝政院落及其后假山、树林作为障景，自侧方沿曲路前进，一过牡丹台便豁然开朗，湖山在望，对比效果强烈。

（2）漏景

稀疏的枝叶、较密的枝干能形成面，但遮蔽

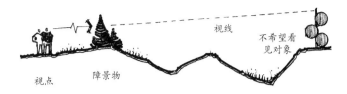

图4-11　利用植物进行障景

图4-12　乔木树干形成的漏景

不严，出现景观的渗透，视线穿越植物的枝叶间或枝干，使其后的景物隐约可见，这种相对均匀的遮挡产生的漏景若处理得当便能获得一定的神秘感，产生跨越空间和由枝叶而产生的扑朔迷离的、别致的审美体验，丰富景观层次（图4-12）。因此，漏景可组织到整体的空间构图或序列中去。

（3）部分遮挡及框景

部分遮挡的手法最丰富，可以用来挡住不佳部分而只露出较佳部分，或增加景观层次。若将园外的景物用植物遮挡加以取舍后借景到园内则可扩大视域；若使用树干或两组树群形成框景景观，能有效地将人们的视线吸引到较优美的景色上来，可获得较佳的构图。框景宜用于静态观赏，但应安排好观赏视距，使框与景有较适合的关系，只有这样才能获得好的构图，突出强化景物的美

图4-13　框景图

图4-14　植物组成的透景线

感和层次（图4-13）。另外，也可以通过引导视线、开辟透景线、加强焦点作用来安排对景和借景（图4-14）。总之，若将视线的收与放、引与挡合理地安排到空间构图中去，就能创造出有一定艺术感染力的空间序列。

(4) 隔景

隔景是用以分割园林空间或景区的景物。植物材料可以形成实隔、虚隔。密林实隔使游人视线基本不能从一个空间透入另一个空间。疏林形成的虚隔使游人视线可以从一个空间透入另一个空间。

(5) 控制私密性

私密性控制就是利用阻挡人们视线高度的植物，对明确的所限区域进行围合。私密控制的目的，就是将空间与其环境隔离。私密控制与障景二者间的区别在于，前者围合并分割一个独立的空间从而封闭了所有出入空间的视线；而障景则是植物屏障，有选择地屏障视线。私密空间杜绝任何在封闭空间内的自由穿行，而障景则允许在

植物屏障内自由穿行。在进行私密场所或居民住宅设计时，往往要考虑到私密性控制。由于植物具有屏蔽视线的作用，因而齐胸高的植物能提供部分私密性，高于眼睛视线的植物则提供较完全的私密性效果。私密性控制常用在别墅及别墅花园的绿化设计中（图4-15）。

(6) 夹景

植物成行排列种植，遮蔽两侧，创造出透视空间，形成夹景，给人以景观深邃的透视感觉（图4-16）。

总之，通过设计元素植物的建造功能和植物基本配置方法，可以产生不同的空间从而达到设计的空间使用目的。

4.4.2 背景衬托

园林景观设计中非常注意背景色的搭配。中国古典园林中常有"藉以粉壁为纸，以石为绘也"的例子，即为强调背景的优秀例子。任何色彩植物的运用必须与其背景景象取得色彩和体量上的

图4-15 高篱营造私密性空间

图4-16 夹 景

图4-17 植物映衬假山

图4-18　植物衬托置石

图4-19　植物衬托雕塑

协调。现代绿地中经常用一些攀缘植物爬满黑色的墙或栏杆，以求得绿色背景，前后相应，衬托各种鲜艳的花草树木等，整个景观鲜明、突出，轮廓清晰，展现良好艺术效果。一般地，绿色背景的前景用红色或橙红色、紫红色花草树木；明亮鲜艳的花坛或花境搭配白色的雕塑或小品设施，给人以清爽之感（图4-17）。以圆柏常绿为主色调，配以灰、白色，会呈现出清新、古朴、典雅的气息和韵致。绿色背景一般采用枝叶繁茂、叶色浓密的常绿观叶植物为背景，效果更明显；绿色背景前适宜配置白色的雕塑小品以及明色的花坛、花带和花境；用对比色配色，应注意明度差与面积大小的比例关系，如远山、蓝天以及由各种彩色叶植物组成的花墙等。背景与前景搭配合理，不仅体现在一段时间范围内，还应注意植物的四季色彩变化特征。

植物的枝叶、林冠线呈现柔和的曲线和自然质感，是自然界中的特质，可以利用植物的这种特质来衬托、软化人工硬质材料构成的规则式建筑形体，特别是在园林建筑设计时，在体量和空间上，应该考虑到与植物的综合构图关系。一般体型较大、立面庄严、视线开阔的建筑物附近，宜选干高枝粗、树冠开展的树种；在结构细致、玲珑、精美的建筑物四周，要选栽一些枝态轻盈、叶小而致密的树种。现代园林中的雕塑、喷泉、建筑小品等也常用植物材料作装饰，或用绿篱作背景，通过色彩的对比和空间的围合来加强人们对景点的印象，同时突出各种材料的质感，产生

烘托效果（图4-18）。园林植物与山石相配，能表现出地势起伏、野趣横生的自然景色；植物与水体相配则能形成倒影或遮蔽水源，造成深远的感觉，可以更加突出各种材料的质感。

植物材料常用的烘托方式有几种典型情况：

① 纪念性场所　如墓地、陵园等，用常绿树、规则式的配置方式来烘托庄严气氛；

② 大型标志性建筑物　常以草坪、灌木等烘托建筑物的雄伟壮观，同时作为建筑与地面的过渡方式；

③ 雕塑　多以绿篱、树丛、草地作背景，既有对比，又有烘托，常使用色彩的对比方法来表现，如不锈钢或其他浅色质感的雕塑，用常绿树或其他深色树或篱作背景或框景，通过色彩对比来强调某一特定的空间，加强人们对这一景点的印象。所以绿地常作为雕塑的展出场地，让作品与自然对话、融合、互相衬托（图4-19）；

④ 小品　多用绿色植物作背景或置于草地或绿篱中，衬托出小品的外形和质感。

4.4.3　装饰点缀

绿化装饰是指将千姿百态的观花、观叶、观果等观赏植物按照美学的原理，在一定的环境中进行装饰表现自然美的造型艺术，起到烘托和美化空间、改善环境质量、提高生活品位的作用。

我国传统园林艺术中的植物造景主要是烘托陪衬建筑物或点缀庭院空间，园林中许多景点的形成都与花木有直接或间接的联系。圆明园中

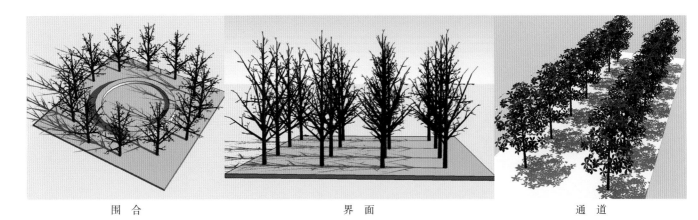

| 围 合 | 界 面 | 通 道 |

图4-20 植物塑造空间

有杏花春馆、碧桐书屋、汇芳书院、菱荷香、万花阵等景点。承德避暑山庄中有万壑松风、松鹤清樾、青枫绿屿、金莲映日、梨花伴月、曲水荷香等景点。苏州古典园林中的拙政园，有枇杷园（金果园）、海棠春坞、听雨轩、远香堂、玉兰堂、柳荫路曲、梧竹幽居等，以枇杷、荷花、玉兰、海棠、柳树、竹子、梧桐等植物为素材，创造植物景观。又如香雪海、万竹引清风、秋风动桂枝、万松岭、樱桃沟、桃花溪、海棠坞、梅影坡、芙蓉石等都是以花木作为景点的主题而命名。并且，春夏秋冬等时令交接，阴雪雨晴等气候变化都会改变植物的生长，改变景观空间意境，并深深影响人的审美感受。利用植物材料，可以创造富有生命活力的园林景点。也有以植物命名的建筑物，如藕香榭、玉兰堂、万菊亭、十八曼陀罗馆等，建筑物是固定不变的，而植物是随季节、年代变化的，这就加强了园林景物中静与动的对比。充分反映出中国古代"以诗情画意写入园林"的特

色。在漫长的园林建设史中，形成了中国园林植物配置的程式，如栽梅绕屋、堤弯宜柳、槐荫当庭、移竹当窗、悬葛垂萝等，都反映出中国园林植物配置的特有风格。

此外，现代室内绿化装饰点缀的常见形式有盆栽、盆景、组合盆栽、地栽、花艺插花等，应根据环境的空间大小、使用功能等选择适当的装饰形式。

4.4.4 空间塑造

植物以其特有的点、线、面、体形式以及个体和群体组合，形成有生命活力的复杂流动性的空间，这种空间具强烈的可赏性，同时这些空间形式，给人不同的感觉，或安全或平静或兴奋，这正是人们利用植物形成空间的目的。植物在室内外环境的总体布局和室外空间的形成中起着非常重要的作用，它能构成一个室内或一室外环境的空间围合物（图4-20）。

在运用植物材料构成室外空间时，与利用其他设计因素一样，应首先明确设计目的和空间性质（开敞、半开敞、封闭等），然后才能相应地选取和组织设计所要求的植物素材。

(1) 开敞空间

园林植物形成的开敞空间是指在一定的区域范围内，人的视线高于四周景物的植物空间，一般用低矮的灌木、地被植物、草本花卉、草坪等可以形成开敞空间（图4-21）。开敞空间在开放式公园绿地中较为多见，像草坪、开阔的水面等。这种空间向四周开敞、无隐秘性、视野辽阔、视

图4-21 草坪开敞空间

线通透，容易让人心情舒畅、心胸开阔，产生轻松自由的满足感。

(2) 半开敞空间

半开敞空间是指在一定区域范围内，四周不全开敞，有部分视角用植物遮挡了人们的视线（图4-22）。一般来说，从一个开敞空间到封闭空间的过渡就是半开敞空间。它可以借助于山石、小品、地形等园林要素与植物材料共同围合而成。这种空间与开敞空间有相似的特性，不过开敞程度较小，其方向性指向封闭较差的开敞面。如从公园的入口处进入到另一个区域时，采用"障景"的手法，用植物、小品来阻挡人们的视线，待人们绕过障景物，就会感到豁然开朗。

(3) 覆盖空间

利用具有浓密树冠的庭荫树，构成一个顶部覆盖，而四周开敞的空间。一般来说，该空间为夹在树冠和地面之间的宽阔空间，人们能穿行或站立于树干之中。从建筑学角度来看，犹如我们站在四周开敞的建筑物底层中或有开敞面的车库内。由于光线只能从树冠的枝叶空隙以及侧面渗入，因此，在夏季显得阴暗，而冬季落叶后显得明亮宽敞。此外，攀缘植物攀爬在花架、拱门、凉廊等上边，也能够形成有效的覆盖空间。

另一种类似于此种空间的是"隧道式"（绿色走廊）空间，是由道路两旁的行道树交冠遮阴形

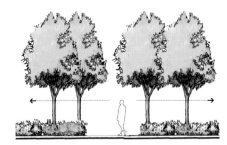

图4-23 覆盖空间

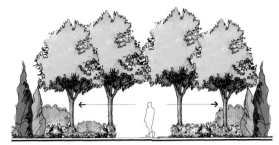

图4-22 半开敞空间

图4-24 封闭空间

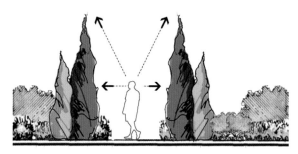

图4-25　垂直空间

成（图4-23）。这种布置增强了道路直线前进的运动感，使人们的注意力集中在前方。

(4) 封闭空间

封闭空间指人所在的区域内，四周用植物材料封闭，这时人的视线受到制约，近景的感染力增强（图4-24）。这种空间常见于密林中，它较为黑暗，无方向性，具有极强的隐秘性和隔离感。在一般的绿地中，这样的小尺度空间私密性较强，适宜于年轻人私语或人们安静地休息。

(5) 垂直空间

运用植物封闭的垂直面及开敞的顶平面就可以形成垂直空间。分枝点较低、树冠紧凑的圆锥形、尖塔形乔木及修剪整齐的高大树篱是形成垂直空间的良好素材（图4-25）。由于垂直空间两侧几乎完全封闭，视线的上部和前方较开敞，极易形成"夹景"效果，来突出轴线顶端的景观。如在纪念性园林中，园路两边栽植圆柏类植物，人在垂直空间中走向纪念碑，就会产生庄严、肃穆的崇敬感。

4.5　园林植物景观设计表达

4.5.1　常用表现工具及特点

常用绘图工具主要有：草图纸、硫酸纸；HB铅笔、彩色铅笔、马克笔、针管笔；直尺、比例尺、曲线板、模板及颜料、橡皮擦等辅助工具。

(1) 草图纸

园林制图采用国际通用的 A 系列幅面规格的图纸。A0 幅面的图纸称为零号图纸 (0#)，A1 幅面的图纸称为壹号图纸 (1#)。为了便于图纸管理和交流，通常一项工程的设计图纸应以一种规格的幅面为主，除用作目录和表格的 A4 号图纸之外，不宜超过两种，以免影响幅面的整齐美观及整理（图4-26）。

(2) 硫酸纸

硫酸纸又称描图纸，因为它的主要用途为描

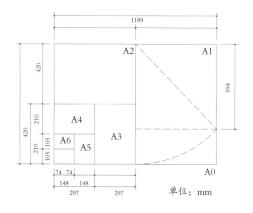

单位：mm

图4-26　草图纸大小(A)规格

图4-27　针管笔

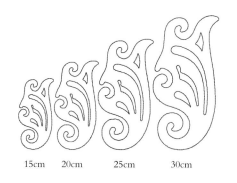

15cm　20cm　25cm　30cm

图4-28　曲线板

图，具有纸质纯净、强度高、透明好、不变形、耐晒、防潮、耐高温、抗老化等特点。

(3) 绘图铅笔

根据铅芯的软硬不同可将绘图铅笔划分成不同的等级，最软的为 6B，最硬的为 9H，中等硬度的是 HB 和 F。2B 以上的绘图铅笔多用于素描，作草图或构思方案的铅笔硬度多为 HB。

(4) 针管笔

针管笔是专门为绘制墨线条图而设计的绘图工具，针管笔的笔身是钢笔状，笔头由针管、重针和连接件组成。针管管径的粗细决定所绘线条的宽窄，一般要求要备有粗、中、细 3 种不同管径的针管笔。此外还有一次性针管笔，笔尖端处是尼龙棒而不是钢针，又称草图笔（图 4-27）。

(5) 曲线板

曲线板是用来绘制曲率半径不同的曲线的工具。曲线板也可用由可塑性材料和柔性金属芯条制成的柔性曲线条来代替。在工具线条图中，建筑物、道路、水池等的不规则曲线可用曲线板辅助快速作画（图 4-28）。

(6) 马克笔

通常用来快速表达设计构思，以及设计效果图之用。有单头和双头之分，是一种快速、简洁的渲染工具。具有色彩明快、使用方便、颜色持久性好且可预知等优点，备受设计师的偏爱，手绘作图使用较为广泛。

(7) 比例尺

一幅图的图上距离和实际距离的比，叫作这幅图的比例尺度。比例尺是用来度量某比例下图上线段的实际长度或将实际尺寸换算成图上尺寸的工具。"足尺"指的是图上所画尺寸与原物尺寸相同，即比例尺度为 1：1。三棱形比例尺尺身包含 6 种比例尺度（1：100，1：200…1：600），是设计者常用的比例尺类型。作图时比例尺度的选用应以保证图纸内容清晰、便于携带及使用为好。

4.5.2 设计表达的内容和形式

园林植物景观设计的表达主要通过种植设计表现图（包括透视图、剖面图等）、种植平面图、详图以及必要的施工图来完成，但由于季相变化，植物的生长要求及环境等因素很难在设计平面中表示出来，为了相对准确地表达设计意图，还应对这些变动内容进行说明。种植设计表现图可以适当加以艺术夸张，但种植平面图因施工的需要应简洁、清楚、准确、规范，不必加任何表现。另外还应对植物质量要求、定植后的养护和管理等内容附上必要的文字说明。植物的种类繁多，不同类型产生的效果各不相同，表现时应加以类聚，以区别表现出其特征。

4.5.2.1 平面图中植物的表现方法

景观设计图中的道路、庭院、广场等室外空间，以及一些室内设计，都离不开植物。树木的配置也是景观设计中应考虑的主要问题之一。平面图中树的绘制多采用图案手法，如灌木丛一般多为自由变化的变形虫外形；乔木多采用圆形，圆形内的线可依树种特色绘制，如针叶树多采用从圆心向外辐射的线束；阔叶树多采用各种图案的组团；热带大叶树又多用大叶形的图案表示。但有

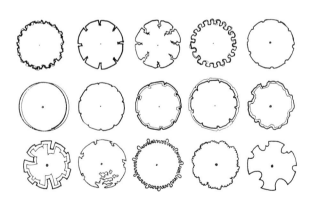

图 4-29　乔木平面树图例

图 4-30　不同类别植物平面图例

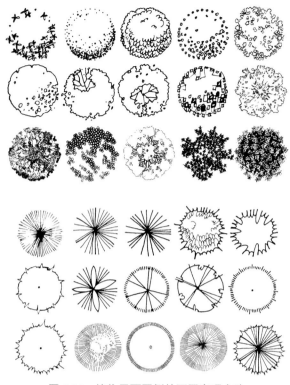

图 4-31　植物平面图例的不同表现方法

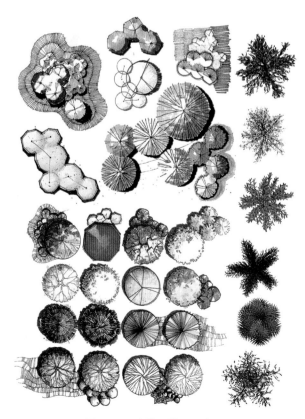

图 4-32　乔灌配置平面表现

时亦完全不顾及树种而纯以图案表示（图 4-29）。

平面树图例是平面图重要的组成部分，平面树图例一般要表明植物的类别（乔木、灌木、常绿与落叶、针叶等）、高度、数量等设计内容。

（1）乔木的平面表现

一般来说，树木的平面表示可先以树干位置为圆心、树冠平均半径为半径做圆，再加以表现，其表现手法非常多，表现风格变化很大。平面树图例表现方法可以分为轮廓法、分枝法、质感法3 种，不同类别的植物也可用相应的图例来绘制（图 4-30、图 4-31）。

彩色平面图常用在园林设计方案的种植设计表现图、种植平面图中，但主要是以表现为主，表达

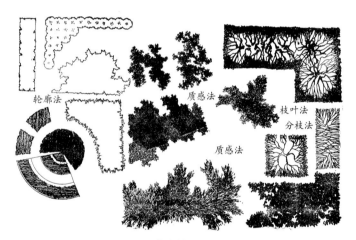

图4-33　灌木的平面图画法

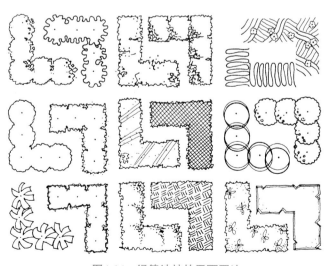

图4-34　绿篱地被的平面画法

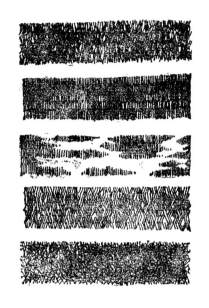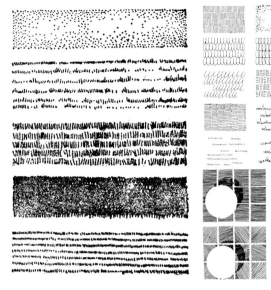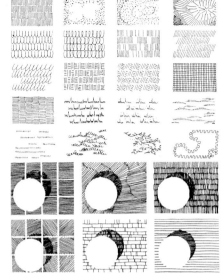

图4-35 草坪画法及不同投影下的草坪

植物的作用类型、色彩变化。在彩色平面中，可以给树添加色彩，同时也可以画出阴影（图4-32）。

(2) 灌木和地被植物的平面表现

灌木没有明显的主干，平面形状有曲有直。自然式栽植灌木丛的平面形状多不规则，修剪的灌木和绿篱的平面形状多为规则的或不规则但平滑的。灌木的平面表示方法与树木类似，通常修剪的规整灌木可用轮廓型、分枝型或枝叶型表示，不规则形状的灌木平面宜用轮廓型和质感型表示，表示时以栽植范围为准。由于灌木通常丛生，灌木平面很少会与乔木平面相混淆（图4-33）。地被宜采用轮廓勾勒和质感表现的形式。作图时应以地被栽植的范围线为依据，用不规则的细线勾勒出地被的轮廓范围（图4-34）。

(3) 草坪的平面表现

草坪的表示方法很多（图4-35），本书介绍一些主要的平面表现方法。

① 打点法　是较简单的一种表示方法。用打点法画草坪时所打的点的大小应基本一致，无论疏密，点都要打得相对均匀，在草坪边缘处相对密一些。

② 小短线法　将小短线排列成行，每行之间的距离相近，排列整齐的可用来表示草坪，排列不规整的可用来表示草地或管理粗放的草坪，所用线条相对要细，才不至于显得混乱。

③ 线段排列法　是最常用的方法，要求线段排列整齐，行间有断断续续的重叠，也可稍许留些空白或行间留白。

另外，也可用斜线排列表示草坪，排列方式可规则，也可随意，容易体现个人的绘画特点。

草坪和草地的表示方法除上述外，还可采用乱线法或"m"形线条排列法。用小短线法或线段排列法等表示草坪时，应先用淡铅在图上作平行稿线，根据草坪的范围可选用2～6mm间距的平行线组。若有地形等高线时，也可按上述的间距标准，依地形的曲折方向勾绘稿线，并使得相邻等高线间的稿线分布均匀，用小短线或线段排列起来即可。

4.5.2.2　效果图中植物的表现方法

(1) 树体枝干的表现

枝干是树木的骨架，也是构成树形的主要部分。树形的优美与否主要取决于枝干的处理方法正确与否。因此，要掌握植物树姿的大致分类，每一类树姿构成的树干形式是如何穿插组合的。处理得当的原则是枝干交接，互相穿插，斜伸直展，疏密相间，前后有别。近景树枝干要适当表现出其体积（图4-36），主要通过线条或颜色来塑造阴影关系。对树的根脚多不细加处理，使其向

图4-36　树体、枝干的各种姿态

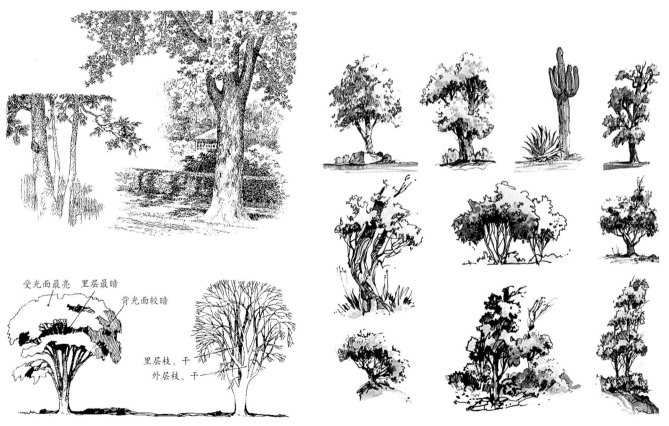

图4-37　树体枝、干、叶及冠的处理

图4-38　枝叶的体积感

受光面最亮　里层最暗

背光面较暗

里层枝、干

外层枝、干

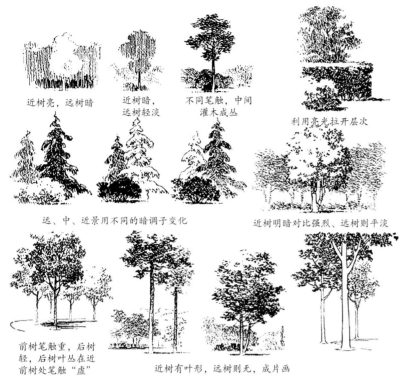

近树亮，远树暗　　近树暗，远树轻淡　　不同笔触，中间灌木成丛

利用亮光拉开层次

远、中、近景用不同的暗调子变化　　　近树明暗对比强烈、远树则平淡

前树笔触重，后树轻，后树叶丛在近前树处笔触"虚"

近树有叶形，远树则无，成片画

图4-39　组合树的表现方法

图4-40　植物线条衬托建筑

图4-41　植物的装饰作用

下逐渐消失，以增幽深效果，或以花草、灌木遮盖也可增加变化。

(2) 植物枝、叶的处理

树冠上一定要有空隙，实际上即使夏季浓叶成荫也必有空隙，从构图上讲也就是有疏有密。空隙的形状、大小、间距要有所差别，否则死板呆滞（图4-37）。近景树可以画出叶的具体形状，但也是概括的画法，如用不规则的自由短线来表现，树叶不必太具象。中景则可只有表现树冠体积感的轮廓，加上深色或排线表现阴影关系和体积。远景树叶往往各有轮廓，没有具体树叶形状。

(3) 植物的组团表现

组团表现要注意植株的疏密相间、高低错落、前后有别、斜枝穿插，把握体积感（图4-38）。多棵树在一起，产生了树与树之间的互相影响，枝条穿插更为复杂、光影变化更为丰富，无须面面俱到，应有取舍地突出群体美和整体感（图4-39）。

(4) 与其他要素配合的表现

在景观表现图中，树是常用元素，但更多的是与其他要素配合，常常作为衬托其他要素的背景或装饰。构图若以建筑为主，建筑物采用简洁表现方式，其配置树景只能简不能繁，也就是概括的图案方式。否则喧宾夺主，画面不协调。特别是建筑物表现得准确、细致，也就是很"板"时，为了不使画面呆滞，其配景更应简洁而随意，随意的配景树木、人物等就会使整个画面更生动、更有生机。如有的能明显地表现出树种特色，或枝叶茂密，或枯枝苍拙，可谓千姿百态、风格迥异（图4-40、图4-41）。

4.5.2.3　立面图中植物的表现

树的种类繁多，形体千姿百态，立面的绘制方法也多种多样。树的画法：先从树干画起，再画枝、叶，该画法能较清楚地表现树的结构；从树叶画起，再画树枝、树干，该画法较易表现树的动势，叶子浓密的树用此画法能很好地表现出描绘对象的特性。树木的立面表示手法也可分成轮廓型、分枝型和质感型等，或多种手法混合，并不十分严格。树木的立面表现形式有写实的，也有图案化的或稍加变形的，其风格应与树木平面和整个图面相一致，其画法自由，主要表现树木在立面中的位置、姿态、高度和尺度关系。在画立面图时要注意树木平、立面的统一，树木在平面、立（剖）面图中的表示方法应相同，表现手法和风格应一致。并且树木的平面冠径与立面冠幅相等、平面与立面对应、树干的位置处于树冠的圆心。这样做出的平面、立（剖）面图才和谐。

(1) 枝干结构

多株树木配置时树干的各自姿势及相互的呼应关系，树的整体形状基本决定于树的枝干，理解了枝干结构即能画得正确。树的枝干大致可归纳为下面两类：一是枝干呈辐射状态，即枝干于主干顶部呈放射状出权；二是枝干沿着主干垂直方向相对或交错出权。枝干出权的方向有向上、

平伸、下挂和倒垂几种，此种树的主干一般较为高大。枝干与主干由下往上逐渐分权，愈向上出权愈多，细枝愈密，且树叶繁茂，此类树形一般比较优美（图4-42A，B）。树干因树种不同而形成各自的姿态，如杉树、白桦，树干挺拔。柳树树干较粗，树枝弯转向上，细枝条向下垂。河边垂柳树干一般倾斜向河的方向。圆柏树干虽然不是很直，但劲挺的姿态给人以不屈的感受，在画树时，首先对树干要有总的印象，画起来就较易总体把握。树干因各自的树种不同，除了姿态变化外，在纹理上也有自己的特征，画时要特别留意，几棵树在一起时，要注意树干的各自姿势及相互的呼应关系（图4-42C）。

(2) 树冠造型

每种树都有其独特造型，绘制时须抓住其主要形体，不因自然的复杂造型弄得无从入手，依

图4-42　立面图中植物的表现

图4-43　近景树、中景树、远景树

树冠的几何形体特征可归纳为球形、扁球形、长球形、半圆球形、圆锥形、圆柱形、伞形和其他组合形等。以线勾画树叶，不要机械地对着树叶一片一片地勾画，要根据不同树的叶子的形态，概括出不同的样式，加以描绘。用明暗色块表现树叶，则是根据树叶组成的团块进行明暗体积、层次的描绘。在适当的地方，如一些外轮廓处或突出的明部，做一些树叶特征的细节刻画。

(3) 树的远近

　　树丛是空间立体配景，应表现其体积和层次，建筑图要很好地表现出画面的空间感，一般均分别绘出远景、中景、近景 3 种树。远景树通常位于建筑物背后，起衬托作用，树的深浅以能衬托建筑物为准。建筑物深则背景宜浅，反之则用深背景。远景树只需要做出轮廓，树丛色调可上深下浅、上实下虚，以表示近地的雾霭所造成的深远空间感。中景树一般和建筑物处于同一层面，也可位于建筑物前，中景树表现要抓住树形轮廓，概括枝叶、树种的特色。树叶除用自由线条表现明暗外，亦可用点、圈、条带、组线、三角形及各种几何图形，以高度抽象简化的方法去描绘（图4-43）。

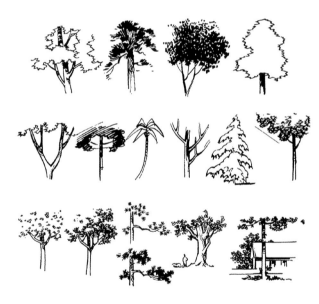

图4-44　植物表现常见问题

图4-45　绿篱正确表现方法

4.5.2.4　树木画法应避免出现的情况

　　树木绘画时可能会出现很多问题（图 4-44），树的绘图一定要以自然、活泼为特点，同一植物

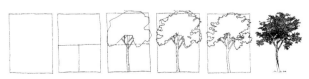

图4-46　画树的一般顺序

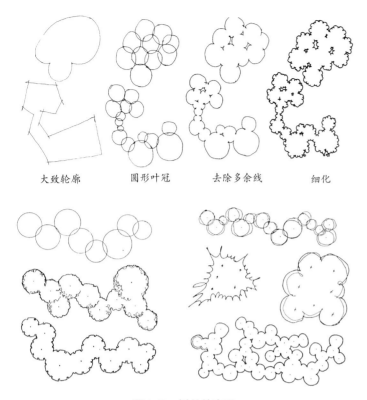

大致轮廓　　　圆形叶冠　　　去除多余线　　　细化

图4-47　树丛的表现

图4-48　剖面表现植物种植与环境的关系

图4-49　植物景观局部效果图

应用不同的线条、色彩来表示（图4-45）。

4.5.2.5　植物表现技法

① 确定树木的高宽比，可以用铅笔浅浅画出四边形外框。

② 画出主要特征修改轮廓，略去细节，将整株树木作为一个简洁的平面图形，明确树木的枝干结构。

③ 分析树木的受光情况。

④ 选用合适的线条表现树冠的质感和体积感、主干的质感和明暗关系，并且用不同的笔法表现远、中、近景中的树木虚实。

⑤ 树丛的画法顺序类似，先画轮廓，由粗至细，但应注意树丛之间的呼应关系（图4-46、图4-47）。

4.5.2.6　设计图纸类型

(1) 表现图

园林植物景观设计表现图重在艺术地表现设计者的意图和概念，不追求尺寸位置的精确，而需追求图面的视觉效果，追求美感，表达设计理念。平面效果图、立（剖）面图、透视效果图、鸟

瞰图等都可以归入这个范畴（图4-48、图4-49）。但表现图也不可一味追求图面效果，不能与施工图出入太大或不相关。

(2) 施工图

在种植平面图中主要标明每棵树木的准确位置，树木的位置可用树木平面圆心或过圆心的短十字线表示，植物图例不宜太过复杂。在图的空白处用引线和箭头符号标明树木的种类，也可只用数字或代号简略标注。同一种树木群植或丛植时可用细线将其中心连接起来统一标注。随图还应附上植物名录表，名录中应包括与图中一致的编号或代号或图例、植物名称、拉丁学名、数量、尺寸以及备注。低矮的植物常常成丛栽植，在种植平面图中应明确标出种植坛或花坛中的灌木、多年生草花或一、二年生草花的位置和形状，坛内不同种类宜用不同的线条轮廓加以区分。在组成复杂的种植坛内还应明确划分每种类群的轮廓、形状，标注上数量、代号，覆上大小合适的格网。灌木的名录内容和树木类似，但需加上种植间距

或单位面积内的株数。

种植名录应包括编号、名称、拉丁学名（包括品种、变种）、数量、高度、栽植密度，有时还需要加上花色和花期等。

种植图的比例应根据其复杂程度而定，较简单的可选小比例，较复杂的可选大比例，面积过大的种植地段宜分区作种植平面图，详图不标比例时应以所标注的尺寸为准。在较复杂的种植平面图中，最好根据参照点或参照线作网格，网格的大小应以能相对准确地表示种植的内容为准。

种植设计图常用的比例如下：林地 1 : 500；种植平面图 1 : 100 ～ 1 : 500；地被植物 1 : 100 ～ 1 : 200；种植平面详图 1 : 50 ～ 1 : 100。

种植平面图中的某些细部尺寸、材料和做法等需要用详图表示。不同胸径的树木需带不同的土球，根据土球大小决定种植穴的尺寸、回填土的厚度、支撑固定桩的做法和树木的修剪。用贫瘠土壤作回填土时需适当加些肥料，当基地上保留树木的周围需填挖土方时应考虑设置挡土墙。在铺装地上或树坛中种植树木时需要作详细的平面图和剖面图以表示树池或树坛的尺寸、材料、构造和排水（图4-50）。

4.5.3 计算机辅助设计

计算机软件强大的制图和编辑功能可以将设计师从笔、墨、颜料和纸张的烦琐工作中解脱，从而把精力更多地倾注于设计思想和理念的表达。园林植物景观设计中地形、植物等诸多要素可以借助 AutoCAD 软件绘制出园林平面图、立面图、剖面图和施工图等以线条为主的园林景观设计图。然后再结合 3ds Max、Photoshop、Coreldraw 等一些渲染和后期处理软件，进一步完善设计。

4.5.3.1 计算机辅助设计的优势与不足

计算机辅助园林设计的优势在于：便于存档管理；精确度高；方便修改；便于交流设计方案。此外，用计算机表现园林效果图生动逼真，不仅具有一定的实用性，同时也具有一定的艺术性和观赏性。

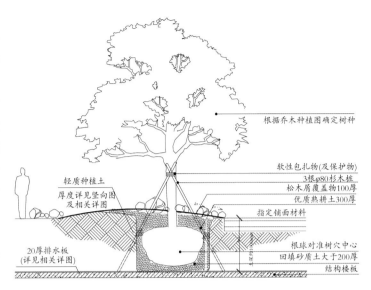

根据乔木种植图确定树种

软性包扎物（及保护物）
3根φ80杉木桩
松木屑覆盖物100厚
优质熟耕土300厚

指定铺面材料

根球对准树穴中心
回填砂质土大于200厚
结构楼板

轻质种植土
厚度详见竖向图及相关详图

20厚排水板
（详见相关详图）

图 4-50 施工详图中的乔木种植示意图

计算机辅助园林设计也有不足之处，比如在灵活性、多变性和艺术性上不及手工制图。但手工制图是计算机制图的基础，而计算机制图是手工制图的发展，这也是园林设计发展的趋势。

4.5.3.2 常用软件简介

(1) AutoCAD 软件

AutoCAD 是一个功能强大的图形图像开发软件工具库，是一个可以根据用户的指令准确绘制、编辑并修改矢量图的绘图软件。AutoCAD 可以保存每次绘图稿、进行单稿修改、图与图的合并和拆分、旋转和缩放，具有成图时间短、速度快、图纸线条明晰、标注数据精确、分层编辑等优点，并且有快捷的命令输入。首先，通过 AutoCAD 的点、直线、多线、矩形、圆、椭圆等命令绘制出图形；而复杂的图形，可以采用扫描仪、数字化仪等设备，将图形扫描到计算机内，在 AutoCAD 中进行图形的描绘。其次，通过 AutoCAD 编辑命令将园林绿地中的建筑、道路、山石、小品、水体、植物等设施进行合理布局，填充图案，赋予颜色，分层，分色，分线宽，分线型，尺寸标注等，绘制成一幅园林图。一般在 AutoCAD 中可以绘制园林景观的总平面图、立面图、剖面图、详图以及施工详图。

图4-51　运用3ds Max和 Photoshop软件辅助完成的景观设计效果图

AutoCAD 应用于园林设计中也存在一定局限性，如要求很高的精确性，操作相对耗神、枯燥；内置色彩不够丰富，无法完成细腻的二维彩色渲染；三维渲染功能不足。

(2) 3ds Max

3ds Max 在园林绘图中主要表现在利用其三维空间模式来模拟设计的园林小品、园林建筑、道路、地形、路灯、墙体、水系等。并能赋予、设置最接近真实场景或设计效果的贴图、灯光和自然效果等。而后，在虚拟空间放置一部模拟摄像机，利用虚拟相机观看不同视角的透视场景，锁定理想的观看点。确定渲染器的类型，进行图像的渲染成图等工作。可以渲染出平面、立面、轴测、鸟瞰、动态漫游等多套图纸和视频影片（图 4-51 ）。

(3) Photoshop 软件

Photoshop 高效率的快捷操作是软件绘图的最大优点。一般情况下，计算机园林效果图是将处理过的园林 AutoCAD 施工图导入 3ds Max 中进行模型创建，通过编辑材质、设置相机和灯光，可以得到任意透视角度、不同质感的园林效果图。Photoshop 软件在园林绘图工作中可以对图像进行编辑、修改、调整、合成、补充和添加效果等润色工作并能转换多种格式的图形文件。可以进行包括调整渲染图的颜色、明暗程度，为效果图添加天空、树木、人物等配景，制作退晕、光晕、阴影等特殊效果的后期加工、制作。在园林效果图中合成图像，如天空、植物、水体、雕塑、山石、人车等以不同的图层存在，并可进行编辑。

(4) Coreldraw 软件

Coreldraw 是 Corel 公司出品的矢量图形制作工具软件，具有使用功能强大的矢量绘图工具、强大的版面设计能力、增强数字图像、位图图像转换为矢量文件的能力，这个图形工具给设计师提供了矢量动画、页面设计、网站制作、位图编辑和网页动画等多种功能。

Coreldraw 图像软件是一套屡获殊荣的图形、图像编辑软件，它包含两个绘图应用程序：一个用于矢量图及页面设计；一个用于图像编辑。这套绘图软件组合带给用户强大的交互式工具，使用户可创作出多种富于动感的特殊效果，点阵图像即时效果在简单的操作中就可得到实现——而不会丢失当前的工作。Coreldraw 的全方位的设计及网页功能可以融合到用户现有的设计方案中，灵活性十足。

Coreldraw 软件套装更为专业设计师及绘图爱好者提供简报、彩页、手册、产品包装、标志、网页及其功能。Coreldraw 提供的智慧型绘图工具以及新的动态向导可以充分降低用户的操控难度，允许用户更加容易精确地创建物体的尺寸和位置，减少点击步骤，节省设计时间。

4.6 园林植物景观效益

4.6.1 植物景观的生态功能

(1) 净化空气

植物进行光合作用时，吸收 CO_2，释放出 O_2，从而保证大气层内的氧气的浓度不变，供给动植物呼吸使用。据统计，$1hm^2$ 阔叶林在生长季节每天能吸收 1t CO_2，增加 700kg 的 O_2。不同植物固定 CO_2 的能力不同，阔叶大乔木 0.9kg/（$10m^2$·d），小乔木和针叶乔木 0.63kg/（$10m^2$·d），灌木 0.24kg/（$10m^2$·d），多年生藤本 0.10kg/（$10m^2$·d），草本及草地 0.05kg/（$10m^2$·d）。由以上数据可知，乔木固定 CO_2 的能力大约是灌木的 3.7 倍，是草花的 17.5 倍，所以从净化空气的角度看，在绿地增大乔木的种植面积是一个好的选择。

植物还能吸收土壤、水、空气中的某些有害物质和有害气体，如净化 SO_2 和 NO_X，也能阻滞粉尘、烟尘或通过叶片分泌出杀菌素，具有较强的净化空气的作用。如龙柏、罗汉松、樟树、女贞具有较强的抗 SO_2 能力，棕榈、大叶黄杨、紫薇、桂花具有抗 HF 的能力。据数据显示，每公顷柳杉林每年可吸收 720kg 的 SO_2。桦木、桉树、梧桐、冷杉、白蜡等都有很好的杀菌作用，每公顷松柏林每天能分泌 20kg 杀菌素，能杀死空气中的白喉、肺结核、伤寒、痢疾等细菌。每公顷绿地每天平均滞留粉尘 1.6～2.2t，因此，在园林中绿色植物可以维持空气中氧和二氧化碳的平衡，有效阻挡尘土和有害微生物的入侵，防止一些疾病的发生。

(2) 调温调湿

在炎热的夏季，树荫下与铺装之间温差十分显著，高覆盖率的植物能够直接遮挡部分阳光，并通过树叶的蒸腾和光合作用消耗热能，起到降低温度的作用。据测定，绿色植物在夏季能吸收 60%～80% 日光能，70% 辐射能；植物下垫面由于蒸腾作用和遮阴功能，对城市环境起着降温作用，如草坪表面温度比裸露地面温度低 6～7℃，有垂直绿化的墙面温度低约 5℃，乔灌草群落结构的绿地降温效益是草坪的 26 倍；公园对周围城市环境也产生一定的降温效应，且可以延伸到距公园边界 1km 的地方。而在冬季，树叶可以降低风速，减少气流流动和延缓散热，树林内的温度比树林外高 2～3℃。植物的光合作用和蒸腾作用，都会使植物蒸发或吸收水分，因此植物在一定程度上具有调湿功能，在干燥季节里可以增加小环境的湿度，在潮湿的季节又可以降低空气中的水分含量。因此植物能够改善室外环境，提供更舒适的使用空间。

(3) 降低噪音

噪音污染是现代城市生活中常见的城市问题。噪音使人心烦意乱，焦躁不安，影响正常的工作和休息，还危及人们的健康，产生各种心理问题。植物主要通过枝叶阻挡、反射、吸收的方式来达到降低分贝的作用。一般针叶树因其更大的叶表面积，比其他叶形更有效地降噪。绿色植物组成的阻隔面，阻挡和降低噪声，对生活环境有很好的改善作用。

(4) 涵养水源及防风固沙

植物对于涵养水源具有重要意义，植物主要依赖土壤形成植物生态系统涵养水源。植物作为水分的主要蓄积库，与植被根系及其下的特殊生物群落形成也直接相关。陕西榆林群众常用砂地柏来固定流沙，结合其他的治沙植物如沙棘、沙枣、北沙柳、沙蒿、小叶杨、樟子松等来进行沙漠的绿化。著名的塞罕坝地区，原来是高原荒丘，通过近几十年的松林种植，形成了现在的森林公园，是植物防风固沙的一个典范。

(5) 维持生物多样性

在园林设计中作为一大要素的植物景观设计，特别是大面积的绿地，要更多考虑的是生物多样性，从园林设计的层面为生物遗传基因的多样性、生物物种的多样性和生态系统的多样性服务。国家公园这类大尺度的环境中，也是更多考虑生态环境。多层次的植物群落，会有更大的单位面积的绿量，而且景观价值也更高。高大的乔木层参差错落的树冠组成的林冠线一般会形成优美的天际线。而从平面看乔木、灌木、草坪、花卉或地被植物高低错落，曲线顺滑，衔接自然形成了自然柔曲的林缘线，观赏性也更强。植物多样性是营造生物多样性的重要基础之一，只有通过用植物营建食物链，才能进一步建立生物链，从而逐步达到生物多样的生态系统。湿地公园是维护生物多样的一个很好的绿地形式。

4.6.2 植物景观的保健治疗功能

现在的景观设计越来越多的关注人本身，关注人体身心健康与生理健康。在设计中，将环境心理学和医学理论渗透到各种城市绿地中越来越常见，在人造环境中实现人与自然和谐。利用花香治疗疾病古来有之，更成为现代医学的一种手段。一些"健康花园"，利用芳香植物通过消化系统吸收、呼吸系统吸入、皮肤渗透等途径发挥其药效作用达到治疗的作用。研究表明，部分芳香植物精油有降低血压的功效，如狭叶薰衣草（*Lavandula angustifolia*）、香叶天竺葵（*Pelargonium graveolens*）等。经过森林浴，可以提高人体免疫力；香气可以减少疼痛感；植物散发的气味还可以影响人的心理和情绪，部分植物具有提神醒脑的功效。"森林疗法"主要是针对与精神压力有关的疾病，利用了森林和林产品带来的生理或心理上的缓解紧张效果。现已经证明的森林疗法机理包括：减少人体产生应激激素；增强副交感神经活动（控制平静期生理活动）；减弱

交感神经活动；降低血压和心跳数；缓和心理紧张，增加活力；提高免疫力；增加抗癌蛋白质数量；森林植物散发的"芬多精"，可以杀死空气中的细菌。如在百日咳的病房地板散放冷杉枝叶，可将空气中的细菌量减至原有的10%。而矮紫杉、檀香、沉香等香气可使人心平气和，情绪稳定。森林中山溪、瀑布、喷泉的四溅水花，植物光合作用所产生的新鲜氧气，以及太阳的紫外线等，均可产生无数负离子，对人体健康有益，可镇静自律神经，消除失眠、头痛、焦虑等，有益呼吸器官和肺功能，增进血液循环与心脏活力，减轻高血压及预防血管硬化，促进全身细胞新陈代谢、美颜及延年益寿等。流行的"园艺疗法"是指人们在从事园艺活动过程中，在绿色的环境中得到情绪的平复和精神安慰，在清新和浓郁的芳香中增添乐趣，放松心情，从而达到治病、保健的目的，有益于精神和心理方面的功效。精神方面可消除不安心理与急躁情绪，增加活力，培养忍耐力与注意力，增强责任感和自信心，还可以提高社交能力、增强公共道德观念；身体方面，可刺激感官，强化运动机能；植物气味治疗疾病，已为许多国内外科学家证实。

4.6.3 植物景观的社会功能

(1) 美化功能

园林植物具有丰富的色彩，优美的形态，丰富的季相变化，在生硬的城市建筑空间里起到了一个很好的柔化作用，让环境更具有生机和活力。植物的美化功能主要表现在以下3个方面：

其一，具有时序变化的植物个体美与群体美。地球上植物种类繁多，每种植物均独具姿态、色彩、质感、芳香等美的特色。这些特色又随着季相及树龄的变化而丰富变化。形成春季花柳争妍，夏季荷榴竞放，秋季桂子飘香，冬季梅花破玉的景观和妙趣。而不同年龄的植物又展现出不同的姿态和观赏特性。如油松在幼龄时大致为树冠呈球形，壮龄时亭亭如华盖，老年时则枝干盘虬而有飞舞之姿。

植物列植、丛植、群植等不同设计手法组合

在一起，则能体现植物的群体美。植物群落则通过乔木层、灌木层、地被形成色彩丰富、景色宜人的自然景观。而纯林亦呈现出独特群集美，如白洋淀的荷花、井冈山的竹林、香山的红叶。人工整形和修剪的灌木，通过与周围景观的配合，也可以体现人工与自然相结合的美感。

其二，植物的衬托作用。利用植物所具备的自然美衬托建筑、小品、雕塑、道路等使得其特点得到充分体现。同时衬托、掩映也可以减少人工做作或枯寂气氛，增加景色的生趣和变化。例如颐和园万寿山中轴线建筑群庄严宏伟、金瓦红墙的宫殿式建筑，配以苍松翠柏，色彩和形体上均可以起到"对比""烘托"的效果。建筑的基础栽植则使得建筑本身与环境有一个自然的过渡。

其三，植物可以组织和构成空间。表现在利用植物在绿地形成不同感受的空间，并通过视线组织起到分隔空间、引导视线等作用。如运用绿化植物来组织空间，形成实空间和虚空间、不同大小的空间的对比。

(2) 文化功能

中国传统文化一直有君子比德的传统，用植物来表达自己的某种情感。梅兰竹菊在园林中常用指代不同的喻志，如梅——探波傲雪，剪雪裁冰，一身傲骨，是为高洁志士；兰——空谷幽放，孤芳自赏，香雅怡情，是为世上贤达；竹——筛风弄月，潇洒一生，清雅澹泊，是为谦谦君子；菊——凌霜飘逸，特立独行，不趋炎附势，是为世外隐士。如在庭园中植松，表现了主人的坚强不屈，不惧风霜雨雪。这种源自中国传统文化的内涵仍旧反映在现代园林设计中。例如四季常青、抗性极强的松柏类，常用以代表坚贞不屈的革命精神，如南京雨花台公园群雕以雪松衬托。而富丽堂皇、花大色艳的牡丹，则被视为繁荣兴旺的象征，表现主人雍容华贵、富贵昌盛。在佛寺中，种植与佛教文化有关的植物如菩提树（北方用椴树或暴马丁香替代）、娑罗树（北方用七叶树替代）、无忧树、吉祥草等，佛教用的其他树种还有罗汉松、南天竹、桂花、樟树、银杏、松、柏、楠木、青桐、瑞香等。

(3) 休闲游憩功能

随着城镇化建设的加快，人们的生活节奏也明显加快，城市绿地的布局充分考虑到人们日常的迫切需要，让绿地的可达性较好，即在高压力、快节奏的工作之余，能够就近有温馨舒适的天地来休闲放松自己的身心，缓解生活压力，调整状态。而植物景观通过营造生机盎然、鸟语花香的环境，让人们暂时放开紧张的工作和学习，享受植物景观带来的惬意，消除疲劳振奋精神。

4.6.4 植物景观的经济功能

园林绿化的直接经济效益来自其直接的使用价值，如药用、食用、果用、材用等，以及在园林景观的设计、施工、养护、管理这系列过程中带动的相关产业发生经济效益。但是园林绿化的间接经济效益一般比较难以准确量化。如由于绿化对生态环境的改善，而影响人的行为和健康，产生的一系列有益于社会的蝴蝶效用。以房地产开发为例，地产商往往以高质量的环境绿化，来提升地产价格，达到较高的投入产出比。其次，庭园绿化的生态效益也是一笔巨大的无形资产，据美国科研部门研究资料统计，绿化间接的社会经济价值是其直接经济价值的18~20倍。对于植物景观的经济功能的评价及计算有其复杂性，主要考虑3个方面的问题。

(1) 城市绿地生态效益的复杂性

城市生态环境是城市宜居的重要指标，绿地的建设过程中，城市的管理者、普通居民、专业的规划师和景观设计师都十分重视和关心城市绿地系统的生态功能，希望城市具有好的生态效益。为了充分了解城市以及城市周边绿地对于城市的总体生态效益，研究者从城市园林植物的生态功能、改善环境的功能、防护功能、生态学、景观生态学的角度来研究。然而生态效益的评价往往牵扯到生态和环境许多方面的因子，各因子量纲不同，造成其评价结果较难以单一的直观的数值方式表达，使得绿地生态效益的总体评价准确性较差。

(2) 城市绿地价值的复合性

由于人们对于价值的理解不同，城市绿地的价值的计算方法就会不同，又由于绿地所包含的价值是复合的而不是单纯的绿地，不仅仅具有经济价值，还具有生态价值，此外还有社会价值等，所以评价城市树木的经济价值是很困难的事情。比如，树木的个体效益方面包括提高房地产的价值以及木材本身的价值，同时，对于环境的调节作用可以降低人们的空调使用费（Heisler，1986）。社会价值和环境价值方面包括美化环境（Dwyer et al，1993）、减少社区的噪声和空气污染问题（Reethof et al，1978；Rowntree，1989）以及增加生物多样性。尽管这些困难存在，但是随着数字技术的发展，评价的方法更为准确和丰富。如李雄利用网络大数据对北京森林公园社会服务价值评价，陈烨利用计算机软件对观赏植物选择分析技术及景观绩效评价。

城市绿地的生态功能多种多样，一般认为包括空气质量方面如吸收 CO_2 放出 O_2、分泌杀菌素、吸收有毒气体、阻滞和吸附尘埃等；改善局部微气候；温度、湿度方面，可以有效缓解城市热岛效应、增加空气湿度等；水分方面，有湿地的综合作用、减缓降雨过程对城市下水管道的压力等；此外如改善光照条件、减少噪声污染、防风固沙、涵养水源、保持水土等方面。如何将如此多的生态效益综合表达成人们习惯的方式是当前园林研究的重点内容之一。

(3) 城市绿地的间接价值高于直接价值

城市绿地在公共空间和城市树木本身具有广泛的效益，而且通常直接用多少钱的方式来评价这些效益有很大的难度（Jessie L. et al，2000）。从这个意义上说，要想精确地计算哪怕是一棵树的价值都是很困难的。

目前，普遍存在于公众宣传媒体中的价值估算方法是砍一棵树生态价值的损失是其木材价值的9倍。据报道，美国森林的间接效益价值为木材价值的9倍。1999年北京市采用替代法对全市森林的生态价值进行核算，结果得出其是森林经济价值的133倍。据四川省林业厅报道，森林生态价值是其木材价值的31.3倍。也有人算出森林间接经济价值是直接经济价值的29.5倍（成克武等，2000）。吉林省环境保护研究所计算森林间接经济价值是直接经济价值的12.2倍（于连生，2004）。从众多的研究数据来看，价值估算的出入是比较大的，其准确性很难衡量。

一些相关的研究更多的是针对森林的研究，城市绿地的效益研究开始受到重视，研究项目逐渐增多。绿地美化环境的效益在很大程度上是间接效益，尽管估算起来更是没有全面准确的依据可循，社会效益很难计算，但是城市绿地的效益对城市仍然是举足轻重的。

虽然树木改善环境的生态价值本来就被人们所认识，然而直到最近还是难以准确量化到树木的作用上来。目前对城市植被的生态效益研究尚处于起步阶段，国内对城市植被生态效益的评价工作起源于对园林绿化生态效益的研究。早期的相关工作是对绿地改善空气质量、释氧固碳、调节小气候等方面的研究。这些研究侧重于从某些环境因子入手，通过对绿地和其他土地利用类型的比较来证实植被对城市环境具有的改善作用，是研究植被生态效益的基础工作。陈自新、苏雪痕等对北京市生态效益的研究可以说是目前比较全面的基础工作。20世纪90年代后对绿地生态效益的评价开始注重定量化的研究。李晶等通过观测盛夏西安市不同植被景观区的温度、湿度日变化，研究植被对温度和湿度的调节作用，并计算出植被对温度调节作用的生态效益。李俊祥等对上海市外环线以内地区进行城市地表温度与绿地系统相关性的研究，以延安中路绿地为例进行分析，结果表明，绿地建成后，地表温度降低了0.87～1.29℃，大大减缓周围地区的热岛效应。余文婷对株洲市道路绿地植物群落及生态效益研究，主要研究温湿度、负离子含量与群落的关系。例如刘滨谊对风景园林感受量化进行了研究；刘颂对生物传感技术支持的景观体验计算进行了研究；张德顺对风景园林进行了定量化方面的研究。随着计算机技术和网络技术的发展，景观绩效定量化的研究方法越来越多，经济效益、社会效益做定量化研究迈进了一大步。

绘制出满足园林景观建设需要的各种设计图。

小结

植物是园林要素的重要组成部分，植物的选择和种植需满足科学性、功能性、艺术性等原则，这样才能使建成的植物景观满足园林空间构成的需要、满足观赏需求，实现生态效益。

创造观赏景点、做衬托背景、装饰点缀小品以及塑造各种各样的空间都必须在科学选择植物的基础上，按照设计程序营造植物景观，园林植物景观设计的程序和步骤可概括为：前期现状调研分析阶段，初步设计阶段，技术设计阶段，施工图设计阶段，种植施工阶段五大部分。

随着计算机应用领域的不断拓宽，烦琐的园林设计工作借助强大的计算机软件，变得有章有序，可以使设计人员把更多的精力倾注于设计思想和理念的表达。应熟练掌握相关设计软件的应用，将地形、植物等诸多要素相融合，

思考题

1. 如何理解植物景观设计的生态学原理？
2. 如何理解植物景观设计的艺术性原理？
3. 植物景观设计遵循的原则有哪些？
4. 如何运用园林植物创造景点？

推荐阅读书目

植物造景 . 卢圣 . 气象出版社，2004.

风景园林设计 . 王晓俊 . 江苏科学技术出版社，2000.

园林种植设计 . 周道瑛 . 中国林业出版社，2008.

计算机辅助设计 . 严军 . 东南大学出版社，2005.

植物景观规划设计 . 苏雪痕 . 中国林业出版社，2012.

第5章

各类形式园林植物景观设计

5.1 园林植物景观设计的基本形式

人们欣赏植物景观的要求是多方面的，而全能的园林植物是极少的，或者说是没有的。如果要发挥每种园林植物的特点，则应根据园林植物本身的特点进行设计，如片植的油松，孤植的雪松都会形成独特的景观。而草本花卉的种植则更

图5-1 草坪上孤植的紫薇

图5-2 孝顺竹对植于入口两侧

会加强季相景观的变化，产生更加绚烂的景观效果。乔木、灌木、草本花卉的巧妙组合才能形成多变而富于魅力的景观。

5.1.1 乔灌木为主的设计形式

树木具有体量、外形、色彩和纹理的变化，是组成园林的基本骨架。而且树木给人的印象不仅仅是外形的质感，当风吹拂树叶，相互摩擦而发出婆娑声时，可使人联想起宁静的乡村，带来迥异于城市噪声的情趣。花香、硕果、落叶均能引起人们对自然的遐想，缓解人工城市带来的疏离感。

要根据树木各自的观赏特性，采用不同的方式进行种植设计，反映出设计者对场所的使用目的，以及对周围环境特点的理解。以乔灌木为主的设计形式主要有：孤植（图5-1）、对植（图5-2）、列植（图5-3）、丛植（图5-4）、群植（图5-5）、林植（图5-6）、篱植（图5-7）等。

5.1.2 草本为主的设计形式

草本花卉往往以其花、叶的形态、色泽和芳香取胜。它不仅同树木一起营造多变的空间，而且是造就多彩景观的特色植物，即所谓"树木增添绿色，花卉扮靓景观"。

由于草本花卉种类繁多、生育周期短、易培养更换，因此在城市的美化中更适宜配合节日庆典、各种大型活动等来营造气氛。草本花卉在园林中的应用是根据规划布局及园林风格而定，常

图5-3 公路边列植的水杉行道树

图5-4 丛 植

图5-5 群植的树阵

图5-6 林植的水杉

图5-7 篱植的红花檵木

见的设计形式有花境、花池（图5-8）、花台、花丛、花群和草坪等。

5.1.3　藤本为主的设计形式

在垂直绿化中常用的藤本植物，有的用吸盘或卷须攀缘而上，有的垂挂覆地，用柔长的枝条和蔓茎、美丽的枝叶和花朵组成景观。许多藤本植物除观叶外还可以观花，有的藤本植物还散发芳香。利用藤本植物发展垂直绿化，可提高绿化质量，改善和保护环境，创造景观、生态、经济三相宜的园林绿化效果。根据环境特点、建筑物的类型、绿化的功能要求，结合植物的生态习性和观赏特点，藤本植物的应用主要有以下几种形式。

(1) 棚架式

棚架式的依附物为花架、长廊等具有一定立体形态的土木构架。这种形式多用于人们活动较多的场所，可供市民休息和交流。棚架的形式不拘，可根据地形、空间和功能而定，"随形而弯，依势而曲"，但应与周围的环境在形体、色彩、风格上相协调。棚架式攀缘植物一般选择卷须类和缠绕类，木本的如紫藤、中华猕猴桃、葡萄、木通、五味子、炮仗花等（图5-9、图5-10）。

(2) 篱垣式

利用攀缘植物把篱架、矮墙、护栏、铁丝网等硬质单调的土木构件变成枝繁叶茂、郁郁葱葱的绿色围护（图5-11），既美化环境，又隔音避尘，还能形成令人感到亲切安静的封闭空间。篱垣式通常以吸附式及缠绕类植物为主，如用蔷薇、凌霄、地锦等混植绿化城市临街的砖墙，既可衬托道路绿化景观，达到和谐统一的绿化效果，又可延长观赏期——春季蔷薇姹紫嫣红，夏季凌霄

图5-8　道路边的花池

图5-9　蔷薇艳丽的花色在草坪和绿篱的映衬下分外鲜艳

图5-10　各色矮牵牛与紫藤塑造色彩缤纷的空间

图5-11　紫藤与石头墙垣的配置

红花怒放，秋季地锦红叶似锦。在种植时应考虑适宜的缠绕、支撑结构并在初期对植物加以人工的辅助和牵引。

(3) 附壁式

附壁式为最常见的垂直绿化形式，依附物为建筑物或土坡等的立面，如各种建筑物的墙面、断崖悬壁、挡土墙、大块裸岩等。附壁式绿化能利用攀缘植物打破墙面呆板的线条，吸收夏季太阳的强烈反光，柔化建筑物的外观。附壁式以吸附类攀缘植物为主，如地锦、凌霄、常春藤和扶芳藤等。建筑物的正面绿化时，应注意植物与门窗的距离，并在生长过程中，通过修剪调整攀缘方向，防止枝叶覆盖门窗（图5-12）。用攀缘植物攀附假山、山石，可增加山林野趣。在山地风景区新开公路两侧或高速公路两侧的裸岩石壁，可选择适应性强、耐旱的种类。

(4) 立柱式

城市的立柱包括电线杆、灯柱、廊柱、立交桥立柱、高架公路立柱等，对这些立柱进行绿化和装饰是垂直绿化的重要内容之一。随着城市建设的发展，立柱式绿化已经成为藤本植物应用的重要方式之一。由于立柱所处的位置大多立地条件差，空气污染严重，因此应选用适应性强、抗污染并耐阴的种类。立柱的绿化可选用缠绕类和吸附类的藤本植物，如五叶地锦、常春藤、常春油麻藤、三叶木通、南蛇藤、络石、紫藤、凌霄、素方花、西番莲等。

(5) 垂挂式

不设棚架，在阳台和屋顶种植野蔷薇、藤本月季、叶子花、探春、常春藤、蔓长春花等藤本植物，让其悬垂于阳台或窗台之外，起到绿化美化的效果。或使藤本植物攀附于假山、石头上，能使山石更富自然情趣。

此外，也可以利用藤本植物对陡坡、裸露地面进行绿化，既能扩大绿化面积，又具有良好的固土护坡作用。

图5-12 五叶地锦的秋色富于变化

5.1.4 竹类为主的设计形式

竹子作为我国古典园林中重要的植物材料，具有悠久的应用历史。在江南古典园林中几乎无园不竹，竹景成了江南园林艺术的代表。竹与石头、亭子、水体、园路等搭配，营造出竹径通幽、粉墙竹影、移竹当窗等园林景观。竹子千姿百态，形态各异，秆有方有圆，秆型奇特的有龟甲竹、佛肚竹、罗汉竹等；有高有矮，高如毛竹、红竹、麻竹等，矮如铺地竹、翠竹、菲白竹等；有散生有丛生，散生如毛竹、紫竹、罗汉竹等，丛生如孝顺竹、凤尾竹、慈竹等。竹子种类的多样为其应用形式的多样提供了基础。同时，竹子景观设计应充分考虑竹子的生态习性。竹子大多喜温暖湿润的气候，一般要求阳光充足，年平均温度12～22℃，1月平均温度-5～10℃及以上，年降水量1000～2000mm，年平均相对湿度65%～82%，性喜深厚肥沃、排水良好的微酸性或酸性土。部分竹种具有特殊习性，如鹅毛竹、菲白竹、铺地竹等耐阴性相对较强；黄槽竹、早园竹、金镶玉竹等可在冬季寒冷干燥的北京露地过冬；刚竹、淡竹等可生长于微碱性的瘠薄土壤。

5.1.4.1 丛植

在中国古典园林中，丛植竹子是最为常见的竹景，在亭、堂、楼、阁、水榭附近，栽植数丛翠绿修竹，不仅能起到柔化线条的作用，还可使人体会到白居易所说"映竹年年见，时闻下子声"的情境（图5-13）。石笋三两根，紫竹数秆，生机盎然，亦富情趣。以粉墙为背景配合山石，结合诗词、画题，勾画出意境深远的场景。

5.1.4.2 林植

竹林景观，因其浩瀚壮观、气势恢宏，故又称"竹海"。竹海可以是散生竹也可以是丛生竹，以散生竹居多。形成的景观于浩瀚壮观之中，也不乏秀丽清雅之美。如浙江莫干山竹海，漫山遍野皆是竹，劲竹挺拔，风摆凤尾，竹波万里，甚为壮观，陈毅元帅曾题诗曰："莫干好，遍地是修篁。夹道万秆成绿海，风来凤尾罗拜忙，小窗排队长"，置身其中，宠辱皆忘，心旷神怡。除"莫干山竹海"外，我国较为著名的赏竹胜地有"蜀南竹海""安吉竹海"及"宜兴竹海"等。

5.1.4.3 与其他元素的配置

竹类植物能与自然景色融为一体，在庭院布局、园林空间、建筑周围环境的处理上有显著效果，易形成优雅惬意的景观，令人赏心悦目。竹在园林中与其他景观元素的配合应用主要有以下几种形式：

(1) 竹中辟径，创造"竹径通幽"景观

竹林中开辟小径是竹林景观设计的常用手法，古典园林中"竹径通幽"艺术手法在现代园林游憩区绿化中依然适用（图5-14）。为营造含蓄深邃的意境，竹径的平曲线和竖曲线应力求变化，如果竹径较长，可辟若干开敞空间，奥旷交替，以免单调。同时竹径可用宿根花卉镶边，丰富竹林景观的色彩构图。竹径铺装如能拼成竹子图形，则进一步促使园林意境的延伸。杭州西湖的云栖竹径，在1km长的曲径两旁，高大翠竹成荫，溪水伴竹而流，形成了"一径万竿绿参天，几曲山溪咽细泉"的天然景致，让人身临其境，深感"曲径通幽"之美。

(2) 竹与建筑搭配，软化硬质线条

在楼、阁、亭、榭附近，栽植数株翠绿修竹，能起到与建筑色彩和谐的作用。竹子与园林建筑

图5-13　角隅的丛生竹

图5-14　竹径通幽

配置时，应让建筑立面优美的线条和色彩充分展现出来。根据园林建筑的高度和体量特征，一般选用中小型观赏竹种，江南园林中常用的有孝顺竹、紫竹、斑竹等。在房屋墙垣、角隅，配置紫竹、方竹等，能形成层次丰富、造型活泼的景色，缓解、软化墙角廊隅的生硬线条，增强自然、生动的气氛，同时起到遮挡、隐蔽建筑构图中某些缺陷的作用。

(3) 竹与山石、水体组景，呈现自然之态

假山和景石以表现山石的形态和质感为主，可用竹作背景，以突出主景。也可用竹作配景，衬托假山和景石的线条与质感（图5-15）。水体边竹子造景应因地制宜，对于溪涧曲水的自然式山石驳岸，宜配置中小型竹子，如箬竹、菲白竹、凤尾竹等，其体量与山石驳岸应协调统一。对于大面积的缓坡驳岸，宜配置大中型竹林景观，水中竹林倒影与岸上竹林动静的对比，可增加竹林景观的空间层次。

(4) 竹与其他植物配置，相得益彰

竹类与其他植物材料的组合，不仅能创造优美的景致，更能将诗情画意带入园林，表达出中国园林特有的意境。竹丛前植以春花（桃、梅、茶花、杜鹃花等）、秋实（紫金牛、朱砂根、南天竹等）及红叶（红枫、鸡爪槭）等植物，与竹相映，艳丽悦目，颇有特色；如竹与桃搭配，形成"竹外桃花三两枝，春江水暖鸭先知"的意境；以竹为背景，兰花、寒菊为地被植物衬托，几株梅花点缀其间构成的景观，既突出了"四君子"主题，又给萧瑟的冬季带来了清新的意境；将严冬时节傲霜斗雪、屹然挺立的松、竹、梅混栽，则构成一幅生动的"岁寒三友图"。

5.1.4.4 以竹为主，创造专类竹园

竹类公园是供游人观赏竹景、竹种的专类竹园。它主要运用现代园林造景手法，科学组织观赏竹种的形态美要素，结合人文景观，创造深邃的园林意境，展示竹子的外在风姿和内在品质，为城市居民提供赏心悦目的休闲娱乐空间。专类竹园主要收集各种竹类植物作为专题布置，在品

图5-15 以竹衬托景石

种、色泽、秆形上加以选择搭配，创造一种雅静、清幽的气氛，同时兼有科普教育的作用。北京紫竹院等就是以竹取胜的专类竹园，展现了丰富的竹类品种和竹荫、竹声、竹韵、竹影、竹趣等竹景风采。

5.2 花坛设计

花坛设计注重色彩的丰富性和景观的多样性，一直以来都是园林植物造景的重要组成部分。近年来，花坛在我国各地的城市园林绿化建设中逐渐兴起。成功的花坛作品不仅要有美的形象，还需要有精巧的立意构思，应能够表达一个主题，塑造一种造型，传达一种文化。

5.2.1 花坛设计前的准备

环境与植物有着密切的联系，成功的种植设计都是在对种植环境进行全面准确的调查和分析基础上完成的。除对自然条件的分析外，还要明确花坛设计的目的和作用：是为了分割空间、装饰环境、丰富景观、引导视线，还是仅仅为了结合场所营造某种特定的氛围。只有明确花坛的目的和作用，才能选择合适的植物材料，塑造契合环境的景观。

5.2.1.1 自然条件分析

在设计花坛前,应该对各项环境因素如气候与小气候、光照条件、土壤类型、排水情况、风力风向等进行深入的了解。同时还应根据花坛周围的植物种植情况进行设计。草坪、绿篱、树丛常常作为花坛布置的背景,相互映衬。开阔的草坪常常作为规模宏大的盛花花坛、模纹花坛天然的背景,翠绿的底色上装饰着似锦的繁花,形成一派生机勃勃的景象;在西方园林的花园中,绿篱常常作为花坛的背景,它包括规则式绿篱和自然式绿篱两种,经常用于对称的几何式花坛中,给人以庄严、稳重之感;高低错落的树丛以其自然的形态多作为自然式花坛的背景,充分展示了自然生态的植物群落之美。还需要考虑到的是花坛周围植物,尤其是乔木对花坛投影的程度。因此,植物材料的选择必须根据该地接受阳光照射的时间来决定。光照时间短或根本得不到阳光照射的花坛,必须选择半耐阴或耐阴的花材;反之,阳光充足的地方,就应选择喜光花材。

5.2.1.2 环境条件分析

这里的环境是指所需要布置花坛的位置的周边情况和立地条件,一般包括地形、建筑、道路等。环境中包含的各种因子对植物的生长有着很大的影响,同时也影响到花坛的应用形式、植物种类的选择等。花坛的设计需在充分考虑周边环境,统一布局后进行,营造出与环境协调,又能充分发挥花坛本身最佳效果的景观花坛。

(1) 花坛和建筑的关系

花坛与建筑相结合的形式较为常见,具有坚硬外表的建筑与柔美艳丽的花坛植物相互衬托,刚柔并济。在建筑附近设置花坛时,要考虑与建筑的形式、风格协调统一。在现代化的建筑群中,可采用各不相同的几何式轮廓,而在古代建筑附近的花坛,则以采用自然式为宜。花坛外部轮廓线应与建筑物的外边线或相邻的道路边线取得一致。花坛面积大小的确定,应根据建筑面积和建筑群中广场面积大小同期考虑,如广场中央花坛,一般情况下为广场面积的1/3~1/4,也不能小于

1/5,这样的大小比例在人们视觉上处于最佳观赏效果。个体花坛不宜大,一般图案式花坛直径的短轴置在主景垂直轴线的两侧,花坛横轴应与建筑物或广场轴线重合。长轴以8~10m为宜,大者不超过15~20m。

(2) 花坛和道路的关系

在道路绿化美化过程中,花坛常常采用带状花坛、连续花坛等能够在路旁连成延长线的花坛形式(图5-16)。带状花坛的宽度宜小于道路的宽度,长度则可依路的长度而定。带状花坛与连续花坛变化不宜太繁杂,应营造节奏较慢的变化,同时花色不宜过于鲜艳,适当减少红黄色系花的使用,以避免分散司机的注意力或给乘客带来眩晕感。

在3条以上道路交叉处,可设置三角形、圆形、方形、多边形花坛的中心岛式花坛,可四面观赏,通常以高大浓密的植物为视觉焦点,四周的植物材料高度逐步降低,形成岛状,可四面观赏。岛式花坛的体量通常都比较大,面积高度要适度,以不影响车行为准。

(3) 功能分析

花坛在园林中,有时是作为主景出现,如在广场中央、建筑物前庭、大门入口处等;有的则作为配景起着衬托作用,如墙基、树木基部、台阶旁、灯柱下、宣传牌或者雕像基座等。因此在

图5-16　道路边缘的连续花坛

设置时应考虑诸多因素，使之不但能表现花坛自身的美，且能和周围环境融为一体，充分发挥花坛在园林景观中"画龙点睛"的作用。花坛的色彩要与功能相结合，装饰性花坛、节日花坛要与环境相区别，组织交通用的花坛要醒目，而基础花坛应与主体相配合，起到烘托主体构筑物的作用，不可过分艳丽，以免喧宾夺主。

5.2.2 花坛平面设计

5.2.2.1 花坛植物材料选择

一、二年生花卉为花坛的主要材料，其种类繁多，色彩丰富，成本较低。球根花卉也是盛花花坛的优良材料，色彩艳丽，开花整齐，但成本较高。不同类型的花坛其植物材料的选择依据有所不同。

(1) 花丛花坛植物材料选择

花丛式花坛（盛花花坛），是利用高低不同的花卉植物，配置成立体的花丛，以花卉本身或者群体的色彩为主题，当花卉盛开的时候，有层次有节奏地表现出花卉本身群体的色彩效果。花丛花坛表现的主题是花卉群体的色彩美，因此适宜作花坛的花卉材料应满足以下特点：①株丛紧密，低矮；②花色艳丽、着花繁茂，在盛花时应完全覆盖枝叶；③花期一致，花期较长，至少保持一个季节的观赏期；④生态适应性好。

盛花花坛一般都采用观赏价值较高的一、二年生花卉，如三色堇、金盏菊、鸡冠花、一串红、半支莲、雏菊、翠菊等。

(2) 模纹花坛植物材料选择

应用不同色彩的观叶植物和花叶兼美的花卉植物，互相对比组成各种华丽复杂的图案、纹样、文字等，是模纹花坛所表现的主题。模纹花坛所选用的花卉材料应满足如下要求：①植株低矮；②枝叶细而密、繁而短；③生长速度慢，萌发性强、极耐修剪；④观赏期长；⑤生态适应性好。

一般多选用观叶植物如五色苋、石莲花、景天、四季海棠等，有时也选择少量灌木如雀舌黄杨、龟甲冬青、紫叶小檗等。

图5-17 鸡冠花、秋海棠等色块构成花坛内图案，展示群体美

(3) 饰边植物材料选择

饰边是指在花坛的边缘，对花坛的轮廓起到确定、装饰或保护作用的一种形式，一般用植株低矮或成匍匐状，颜色为白色、灰色、绿色等中间色的植物构成。常用的植物材料有垂盆草、雏菊、藿香蓟、半支莲、香雪球、美女樱、银叶菊等。

5.2.2.2 图案纹样设计

不同类型的花坛，对图案纹样设计的要求不同。通常模纹花坛外形简单但内部纹样丰富，而盛花花坛则主要观赏群体的色彩美，图案应简洁。但就总体而言，花坛内部图案要清晰，轮廓明显。采用镶边材料勾勒或通过株高突出图案，要求大色块的效果（图5-17），忌在有限的面积上设计烦琐的图案，要求有大色块的效果。花坛组成文字图案在用色上有讲究。通常用浅色如黄、白作底色，用深色如红、紫作文字，效果较好。

5.2.2.3 花坛色彩设计

(1) 配色方案

盛花花坛表现的主题是花卉群体的色彩美，其配色方法有：

① 对比色应用 这种配色较活泼而明快。深

图5-18　紫色与黄色三色堇对比配色方案

图5-19　类似色配色方案

图5-20　同色调配色方案

有序美

杂　乱

图5-21　紫色、红色、黄色花卉的不同搭配法

色调的对比较强烈，给人兴奋感，浅色调的对比配合效果较理想，对比不那么强烈，柔和而又鲜明。如堇紫色＋黄色（堇紫色三色堇＋黄色三色堇、藿香蓟＋黄早菊、荷兰菊＋三色堇），绿色＋红色（扫帚草＋星红鸡冠）等（图5-18）。

②类似色应用　类似色搭配，色彩不鲜明时可加白色以调剂。暖色调花卉搭配配色鲜艳，热烈而庄重，在大型花坛中常用。如红＋黄（图5-19）或红＋白＋黄（黄早菊＋白早菊＋一串红或一品红、金盏菊或黄三色堇＋白雏菊或白色三色堇＋红色美女樱），冷色调搭配使人有清凉之感。

③同色调应用　使用不同明度和饱和度的同一色调的植物，如深浅不同的红色（图5-20）。这种配色不常用，适用于小面积花坛及花坛组，起装饰作用，不作主景。

(2) 色彩设计中应注意的其他问题

①　一个花坛配色不宜太多　一般花坛2～3种颜色，大型花坛4～5种足矣。配色多而复杂则难以表现群体的花色效果，并显得杂乱无章，此时可选择中间色植物进行调和。图5-21两处花坛配色方案基本相同，但右图图案轮廓较为鲜明，使用浅紫色的三色堇加以调和。就景观效果而言，右图更为热烈，但略显凌乱，而左图则协调而富于变化。

②　在花坛色彩搭配中注重颜色对人的视觉及

心理的影响　在设计各色彩的花纹宽窄、面积大小时要考虑到，暖色调通常会给人以面积上的扩张感，而冷色调则会产生视觉收缩的效果。例如，为了达到视觉上的大小相等，冷色调部分设置比例要相对大些。

③ 花卉色彩不同于调色板上的色彩，需要在实践中对花卉的色彩仔细观察才能正确应用　同为红色的花卉，如天竺葵、一串红、一品红等在明度上有差别，分别与黄早菊配用，效果不同。一品红红色较稳重，一串红较鲜明，而天竺葵较艳丽，后两种花卉直接与黄菊配合，也有明快的效果，而一品红与黄菊中加入白色的花卉才会有较好的效果。同样，黄、紫、粉等各色花在不同花卉中明度、饱和度都不相同（图5-22）。

④ 不同种花卉群体配合时，除考虑花色外，也要考虑花的质感相协调才能获得较好的效果　精致质感的植物相互搭配时会有细腻柔和、如梦似幻般的景观效果，而粗糙质感的植物搭配往往会更有视觉冲击力。

5.2.3　花坛的立面处理

花坛以平面观赏为主，为使花坛主体突出，通常花坛种植床应高出地面 7～10cm，最好有 4%～10% 的斜坡以利排水。草花的土层厚度至少为 20cm，灌木 40cm。就植物材料高度而言，模纹花坛植物材料通常高度一致或者稍有变化，而盛花花坛则有不同。常规的立面设计是采用内高外低的形式，使花坛形成自然的斜面，便于人们从各个角度都能观赏花坛整体景观造型（图5-23）。而面积较大的花坛和花坛群的中心花坛，在应用株高基本相同的花卉时，可在花坛中心部位配置较高大的常绿植物及开花灌木，以打破平淡的布局。

5.2.4　花坛的边缘处理

花坛的边缘处理方法很多。为了避免游人踩踏装饰花坛，在花坛的边缘应设有边缘石或矮栏杆，一般边缘石有磷石、砖、条石以及假山等，也可在花坛边缘种植饰边植物。边缘石的高度一般为 10～15cm，最高不超过 30cm，宽度为 10～15cm（图5-24），若兼作坐凳则可增至 50cm，具体视花坛大小而言。

花坛边缘的矮栏杆可有可无，主要起保护作用，矮栏杆的设计宜简单，高度不宜超过 40cm，边缘石与矮栏杆都必须与周围道路与广场的铺装材料相协调。

5.2.5　花坛的季相与更换

花坛可以是某一季节观赏的花坛，如春季花坛、夏季花坛等，至少保持一个季节内有较好的观赏效果。但设计时可同时提出多季观赏的实施方案，可用同一图案更换花材，也可另设方案，一个季节花坛景观结束后立即更换下季材料，完成花坛季节交替。

图5-22　精致型植物的搭配

图5-23　花丛花坛的立面处理

图5-24　利用饰边植物美化花坛的边缘石

图5-25　加拿大布查特花园的美丽花境

① 春季花坛花卉　主要有矮牵牛、万寿菊、一串红、三色堇、金盏菊、雏菊、矮牵牛、虞美人、美女樱、四季秋海棠、风信子、郁金香等。

② 夏季花坛花卉　初夏花卉主要有矮牵牛、一串红、石竹、万寿菊、孔雀草、鸡冠花、彩叶草等，盛夏花卉主要有矮牵牛、百日草、千日红、四季秋海棠、大岩桐、夏堇、凤仙、洋凤仙、彩叶草、一些景天科植物等。

③ 秋季花坛花卉　主要有翠菊、荷兰菊、菊花等。

5.3　花境设计

花境的植物材料选择范围广，以宿根花卉、花灌木等观花植物为主要材料，季相变化丰富，是最有魅力的园林花卉应用形式（图5-25）。

5.3.1　花境设计前的准备

同花坛设计一样，在进行花境的平立面设计前，应对花境所处的立地条件、包括气候和小气候、土壤条件等各种具体的环境条件进行分析。

5.3.1.1　花境的自然条件分析

花境立地的光照条件直接影响着植物的选择，所以在确定花境位置时，应分析立地中光照强度的变化以及其对植物生长的影响。宽敞而开阔的地区比较适宜喜光性植物的生长，易达到鲜艳的色彩效果；而阴地环境以耐阴植物为主，也能获得非常美丽的效果，若在阴地下选择浅色植物，则有提亮空间的作用（图5-26）。还应考虑到光照的均一性，对应式花境要求长轴沿南北方向展开，以使左右两个花境光照均匀。其他花境可自由选择方向，但要注意花境朝向不同，光照条件不同，选择植物时要根据花境的具体位置有所考虑。

确定花境位置时还要考虑风的影响。因为草

图5-26　林荫下的白色植物

本植物容易遭受风害，即使是灌木也有可能被吹成畸形，所以花境最好要避开风带。如果必须种植于暴露的环境中，应适当加建防风绿篱或屏障。

土壤也是花境营建中需要着重考虑的一个因素。要根据场地土壤的成分、酸碱度、排水量以及场地中的小气候来选择植物，以免造成生长不良，从而影响景观效果。

5.3.1.2 环境条件分析

花境可设置在公园、风景区、街心绿地、家庭花园及林荫路旁。作为一种半自然式的种植方式，极适合用于园林中建筑、道路、绿篱等人工构筑物与自然环境之间，起到由人工向自然过渡的作用。不同位置的花境设计应有所区别。

5.3.1.3 花境的主要材料

最初的花境只是在庭园中丛状混植药草、蔬菜和花卉等植物。1618 年，William Lawson 建议将供观赏为主的花园从菜园中分离出来，以便人们更好地享受花草的芬芳与清香，而不必受洋葱和卷心菜气味的干扰。绚丽的草本花境经过短暂的花期后会留下大片空地，于是产生了混合花境。混合花境中以宿根花卉为主体，同时也给灌木、球根及一、二年生花卉留有空间，并且还可以种植一些小型的乔木。因此，混合花境的产生是花境艺术的又一个重要创新及发展。花境虽然在不同季节都具有一定的观赏价值，但通常会考虑一个主观赏季，这需要根据周围环境条件的要求事先确定，以便于植物材料的选择。

5.3.2 花境的平面设计

5.3.2.1 种植床的轮廓与形状

花境的种植床一般是带状的。单面观赏花境的后边缘线多采用直线，前边缘线可为直线或自由曲线。两面观赏花境的边缘线可以是直线，也可以是流畅的自由曲线。

①直线形　花境种植床边缘笔直的线条具有规则式的风格，修剪及养护较为容易，但易产生

图5-27　曲线形花境

呆板的感觉。如果想打破这种风格，可利用植物来模糊这种直线感，如种植时可以采用一些叶片或花序伸展到直线外的植物。直线形的花境可以将人的视线引向远方的某一点，尤其在两个对应的平行花境中，所以在路的尽头可以设置一些焦点景观，如喷泉、雕像或造型树等，或者与远处更别致的景观相呼应，这样会产生较好的景观效果。

②曲线形　具有曲线形轮廓的花境有很好的园林装饰效果，使景观产生一种生动的延伸感，具有峰回路转的情趣（图 5-27）。曲线可以引导观赏者的视线，能给人带来景物徐徐展开的惊喜和新鲜的感觉。但要避免过于尖锐的转弯，以舒缓柔和为上。

③几何形　几何外形的花境也带有规则式的风格，往往出现在规则式的园林环境中。建造几何形花境主要是为了突出植物的外形。边缘种植低矮的植物或围以低矮的绿篱，可以突出外形。但在花境中要避免过于尖锐的尖角，如星形或三角形，这样会增加种植难度。

5.3.2.2 花境的长度与宽度

花境大小的选择取决于环境空间的大小。就整体而言，大的花境可以提升空间感，具有统一的效果。但为管理方便及体现植物布置的节奏、

韵律感,可以把过长的种植床分为几段,每段长度不超过20m为宜。段与段之间可留1~3m的间歇地段,设置座椅或其他园林小品。花境的短轴长度(宽度)有一定要求。就花境自身装饰效果及观赏者视觉要求出发,花境通常不应窄于1.5m(庭院中的花境可根据庭院面积适度缩小)。过窄不易体现群落层次感,过宽则会超过视觉欣赏范围造成浪费,也给管理造成困难。同时,花境的宽度决定着能种多高的植物。据国外的经验,一个花境的宽度应最少是其中最高植物高度的2倍以上。通常,混合花境、双面观赏花境较宿根花境及单观花境宽些。下述各类花境的适宜宽度可供设计时参考:①单面观混合花境宽度一般为4~5m;②单面观宿根花境宽度一般为1~3m;③双面观花境宽度一般为4~6m。在家庭小花园中花境可设置1~1.5m,一般不超过院宽的1/4。

5.3.2.3 斑块的面积与材料

花境的平面种植采用自然块状混植方式,每块面积大小与材料以及设计思想有关,但不应平均分布,不宜过于零碎和杂乱。

通常大型园林中的斑块面积大,一个斑块常由十几株植物组成,而庭园中的花境面积通常较小,几株甚至1株都可组成一个斑块(图5-28)。花卉的株形也影响斑块的大小,水平型的斑块往往较特殊型和竖直型的斑块面积大。一般花后景观效果较差的植物面积宜小些,如八宝景天在雨

后易倒伏,应限制其使用面积,也可在花后叶丛景观差的植株前方配植其他花卉给予弥补。使用少量球根花卉或一、二年生草花时,应注意该种植区的材料轮换,以保持较长的观赏期。

花境的平面设计中还应注意不同花卉的各种差异,如生长特性,根系深浅及生长速度等。如荷苞牡丹与楼斗菜类上半年生长,炎夏茎叶枯萎进入休眠,应在其间相应配置一些夏秋生长茂盛而春季又不影响它们生长与观赏的花卉,如鸢尾、金光菊等。石蒜类花卉根系深,开花时无叶,如与浅根系茎叶葱绿而匍匐生长的垂盆草配合种植,则会收到良好效果。注意要使相邻的花卉在生长强弱和繁衍速度方面相近,植株之间能共生而不能互相排斥,否则设计效果就不能持久。

5.3.3 花境的立面设计

花境要有较好的立面观赏效果,应能充分体现群落的美观,并展现植株高低错落有致,花色层次分明。因此立面设计应充分利用植株的株形、株高、花序及质地等观赏特性进行差异性设计。

5.3.3.1 植株高度

宿根花卉依种类不同,高度变化极大,从几厘米到二三米,都可供充分选择。花境的立面安排一般原则是前低后高,在实际应用中高低植物可有穿插,以不遮挡视线、实现景观效果为准。在花境的前沿若能少量应用具有明显特征的高型

图5-28 花境的大小常决定斑块面积

植物，则可与其后的低矮型植物相互衬托从而增强立体效果。

除考虑植物自然高度外，还需要考虑不同季节的季相变化，如夏季大部分时间内，玉簪的株形矮小紧凑，但到夏末会长出高高的花茎。其次，同一种类不同的园艺品种会有不同的形态，而同一品种在不同的气候、土壤、光照、水分条件下，形态又会有所不同，故在设计时须考虑清楚。如鸡冠花有高干型也有矮干型，花序有穗状也有头状、鸡冠状等；百日草有中等高度也有矮生的，配置时一定要相互协调。

5.3.3.2　株形与花序

每种植物都有其独特的株形、质感和颜色。花坛设计中，我们通常更关注颜色，而对于花境设计，前两种因子在某种程度上更为重要，因为如果不充分考虑株形和质感，花境种植设计将成为一种没有特色的色彩混杂体。株形与花序是构成植物外形的两个重要因子，结合花相构成的整体外形，可把植物分成水平形、竖直形及独特形三大类。水平形植株圆浑，开花较密集，多为顶生单花或各类伞形花序，开花时形成水平方向的色块，如八宝、蓍草、金光菊等。具体而言，水平形的植物也可分为匍地水平形、半圆形和圆形几种。竖直形植株耸直，多为顶生总状花序或穗状花序，具有力量感，如火炬花、羽扇豆、飞燕草、蜀葵等（图5-29）。独特形常为具有轮廓鲜明的线形叶片的植物，如蒲苇、凤尾兰、鸢尾等；或是植株高大，具有雕塑观感的叶片和花朵，如向日葵、美人蕉等。具有不同外轮廓的植物相互穿插所形成的强烈的对比感正是花境的独特魅力。水平形植物在种植时须有一定的数量，而竖直形和独特形材料在种植时是花境中的视觉焦点，若单个斑块的面积过大，往往会削弱其外轮廓变化带来的戏剧性效果。

5.3.3.3　植株的质感

质感是人的视觉以及触觉感受，是一种心理反应，不同的植物有各自不同的形态特征，其株

形、花果稠密度、颜色等都会影响植物的整体质感（图5-30）。这些综合因素形成的植物外观可能是粗糙、中间或细腻的质感。

细腻型植物比较柔和，没有太大的明暗变化，外观上常有大量的小叶片和稠密的枝条，叶片比较光滑，看起来柔软纤细。因此，可大面积运用细腻型的植物来加大空间伸缩感，也可作背景材料，显示出整齐、清晰、规则的格调，常见的细腻型的花卉如楼斗菜、老鹳草、石竹、唐松草、金鸡菊、蓍草、丝石竹等。粗糙型植物有较大的明暗变化，看起来强壮、粗糙，外观上也比细腻质感的植物更疏松，当将其植于中等及细腻型植物丛中时，便会跳跃而出，首先为人所见。因此，

图5-29　花境中醒目的竖直型植物

图5-30　质感粗糙的朝鲜蓟、精致的威灵仙及质感中等的八仙花搭配得当

粗糙型植物可在景观中作为焦点，以吸引观赏者的注意力。也正因为如此，粗糙型植物不宜使用过多，避免喧宾夺主，使景观显得零乱无特色，常见的花卉如向日葵、虞美人、蓝刺头、玉簪、博落回等。

而在一个特定范围内，若质感种类太少，容易给人单调乏味之感；但如果质感种类过多，其布局又会显得杂乱。有意识地将不同质感的植物搭配在一起，能够起到相互补充和相互映衬的作用，使景观更加丰富耐看。大空间中可稍增加粗质感植物类型，小空间则可多用些细腻型的材料。外观粗糙的植物会产生拉近的错觉，种植在花境的远端，可以产生缩短花境的效果。而外形精致的植物会产生后退的错觉，产生景物远离赏景者的动感，会产生大于实际空间的幻觉。

植物质感不是一成不变的，随着植物本身的生长发育和周围环境的变化，或者观赏者以及观赏者心境的变化，植物质感也随之变化。除了植物材料本身的质感特征外，观赏距离、人工修剪、环境光线以及其他景观材料的质感特征等也会影响植物材料的质感。正是植物质感的这种不确定性，反而促使景观表现更加丰富、多样。近距离可以观察单株植物质感的细部变化，较远则只能看到植物整体的质感印象，更远的距离则只能看到不同植物群落质感的重叠和交织。环境中光线强弱和光线角度的不同也会产生不同的质感效果。强烈的光线使得植物的明暗对比加强，从而使得质感趋于粗糙；相反，柔和的光线使得植物的明暗对比减弱，质感趋于精细。另外，通过修剪、整形等手段可以改变植物的轮廓和表面特征。种植设计时必须关注相邻植物之间的质感差异。

5.3.4 花境的背景设计

花境背景十分重要，可以是建筑、草坪、绿篱或者其他园林要素，总体来说采用均一的材料可以加强整体的统一性。

5.3.4.1 建筑物墙基前

在形体小巧、色彩明快的建筑物前，花境可

连接周围的自然风景，使建筑与地面的强烈对比得到缓和，柔化规则式建筑物的硬角，起到基础种植的作用。这种装饰作用在1～3层的低矮建筑物前装饰效果为好，若建筑物过高，则会因比例过大而不相称，不宜用花境来装饰。围墙、栅栏、篱笆及坡地的挡土墙前也可设花境。作为建筑物基础栽植的花境，应采用单面观赏的形式。

平整的墙面和白色的栅栏也可以很好地衬托花境，但本身具有很强装饰性的，如色彩过于强烈、纹理过于夸张复杂、细节过于烦琐的景墙类等容易分散观赏者的注意力，并且有损花境的美观；富有装饰性的栅栏也会产生同样的效果。可通过攀缘植物的绿化来降低这种负面影响，也可在这些硬质背景前选种较为高大的绿色观叶植物，形成绿色屏障，再设置花境。

5.3.4.2 道路两侧

花境也常设置于园林中游步道边。通常有两种布置方式，一是在道路中央布置的两面观赏花境，道路的两侧可以是简单的草地和行道树，也可以是简单的植篱和行道树，还可以是单面观赏花境。二是在道路两侧，每侧布置一列单面观赏的花境，这二列花境不必完全对称，但要相互呼应，成为一个整体构图（图5-31）。

5.3.4.3 绿篱前

绿色的树篱是草本花境的良好背景，统一的绿色可以突出前面花境中植物的色与形，帮助锁定观赏者的视线，使他们可以聚焦欣赏花境本身。但树篱需要经常性的修剪，在生长期容易与花境植物争夺水分与养分，所以可以在绿篱与花境之间留段空隙，以便养护。较宽的单面观花境的种植床与背景之间可留出70～80cm的小路，既便于管理，又能起通风作用，并能防止作背景的乔木和灌木根系侵扰花卉。

5.3.4.4 宽阔的草坪上

宽阔的草坪上、树丛间可设置花境。在这种绿地空间适宜设置双面观赏花境，可丰富景观，

图5-31　道路两侧的花境不必完全对称，强调呼应

图5-32　英国Malmsbury Abbey的水边花境

组织游览路线。通常在花境一侧辟出游步道，以便游人近距离观赏。

5.3.4.5　其他特定环境

如水边、岩石旁等特殊区域可形成有特色的花境景观（图 5-32）。水边环境能够滋养许多在其他地方不能繁茂生长的植物，若背景为水体，水岸边修长的香蒲、鸢尾科植物和灯心草等都能提供很好的衬托；若前景为水体，则会产生倒影景观或是增强作为线条对比的水生花卉的美感。

5.3.5　花境的边缘设计

精心布置的花境若其轮廓分明，往往更容易引人注目。花境边缘可以用饰边植物，也可以用碎石砌成一定造型，或用大小不等的自然石块做成宽度不等或自由断续的形式布置于边缘，有时花境设计中也会将边缘满地覆盖，将许多有缺陷的地方用饰边植物遮掩。花境常用的镶边植物有矮生金鱼草、四季秋海棠、过路黄、垫状福禄考、石竹、三色堇、赛亚麻、马齿苋、何氏凤仙、美女樱等株形低矮的丛生植物。有些花境，尤其是仿造自然环境的野花花境，没有确定的镶边植物，任由花境中的植物自然蔓延，这样有助于形成自然的气氛。

5.3.6　花境的色彩设计

宿根花卉是色彩丰富的一类植物，加上适当选用部分球根及一、二年生花卉，使得花境色彩更加绚丽。虽然花境的色彩主要由花色来体现，但植物叶色调配作用也是不可忽视的。

5.3.6.1　配色方案

同花坛类似，花境色彩设计中主要有 4 种基本配色方法。

(1) 单色系设计

单色系设计不常用，通常在只为强调某一环境的某种色调或一些特殊需要时才使用。最富于魅力的单色系花境设计就是白色花境（图 5-33），白色属于冷色调，但是它亮度很高，尤其在夜晚。所以白色植物在门前使用可以吸引人的视线，起引导作用。如果想让狭长庭院看起来短一些可以在末端配置白色植物。若是建筑为白色或者有白色镶边等装饰元素，就需要反复使用白色植物材料来过渡空间。需要注意的是即使是白色花境也包含了微妙的颜色变化，纯白色、浅蓝色、浅粉色、浅黄色都可以出现在白色花境中，除了花色的不同，叶片的变化也是观赏的重点，并且强调植物株形和质感的变化。

(2) 类似色设计

这种配色法常于强调季节的色彩特征时使用，如早春的鹅黄色，秋天的金黄色等，但应注意与环境协调。一个以黄色为主色调的小型花境，如果配置从奶黄色到橙色一系列浓淡不同的花和叶片，以深绿色或者银灰色的背景做衬托，其效果

图5-33　英国Sissinghurst著名的白色花园

图5-34　类似色设计——蓝紫色调花境

一般是令人满意的。以红色为主色调的花境，用深绿色和紫色叶片的植物作为背景比较好。另外一种常见的类似色设计为蓝紫色调（图5-34），这种配色富于浪漫的格调，可在夏天里给人以清凉的感受。

(3) 补色设计

对比色之间，能引起一种强烈的视觉对比感，具有突出的视觉效果，是花坛配色中常见的配色方式，但在花境中，由于植物材料众多，多样对比色容易形成杂乱无章之感，因此多用于花境的局部配色，使色彩鲜明艳丽。

(4) 多色设计

多色设计是花境中常用的方法，使花境具有鲜艳、热烈的气氛（图5-35）。但应注意依花境大小选择花色数量，若在较小的花境上使用过多的色彩反而产生杂乱感。在选用多种色调进行配置时，最好倾向于选用黄色色调或者蓝色色调作为基调。

5.3.6.2　色彩设计中应注意的问题

在花境的色彩设计中可以巧妙地利用不同花色来创造空间或景观效果。如把冷色占优势的植物群放在花境后部，在视觉上有加大花境深度、增加宽度之感；在狭小的环境中用冷色调组成花境，有空间扩大感。在平面花色设计上，如有冷暖两色的两丛花，具有相同的株形、质地及花序时，由于冷色具有收缩感，若使这两丛花的面积或体积感相当，则应适当扩大冷色花的种植面积。利用花色可产生冷、暖的心理感觉，花境的夏季景观应使用冷色调的蓝紫色系花，以给人带来凉意；而早春或秋天用暖色的红、橙色系花卉组成花境，可给人暖意。在安静休息区设置花境宜多用冷色调花；如果为增加色彩的热烈气氛，则可多使用暖色调的花。

在进行不同色调转换前，需要给观众留下可以观赏一段时间的过渡色。这样，当另外一种色调映入观众眼帘时，才会产生一种新奇感。如冷

图5-35　色彩鲜艳的多色花境

灰色、银灰色或略带蓝色的白色。

　　花境的色彩设计中还应注意，色彩设计不是独立的，必须与周围的环境色彩相协调，与季节相吻合。开花植物（花色）应散布在整个花境中，避免某局部配色很好，但整个花境观赏效果差的情况。

5.3.7　花境的季相设计

　　丰富的季相变化是花境的魅力之所在（图 5-36）。在花境内部，植物的配置有季相的变化，一般春夏秋每季有 3 ～ 4 种主基调花开放，来形成季相景观。而且秋天通过种植色叶类、观果类植物可营造秋叶五彩斑斓或硕果累累的意境；即使冬天缤纷的落叶和经霜后植物枯萎的茎干，也能为花境提供另一种意境和情趣，在适当的场所设置会有意想不到的景观效果。有些植物，在不同季节都可以展现出富于魅力的景观，如群植的芍药：春天其色彩美丽的幼嫩枝条可以作为白色水仙的理想背景；暮春时，可以和颜色协调的郁金香相配，芍药叶片展露，正是郁金香的花期；而当球根花卉的叶片逐渐干枯时，芍药进入了花期；而后是观叶的季节，随着秋季的到来，芍药逐渐显现它美丽的秋色，可以给盛放的百合作铺垫，也可作为菊花的前景。

　　较大的花境在色彩设计时，可把选用花卉的花色用水彩涂在其种植位置上，然后取透明纸罩放在平面种植图上，绘出某季节开花花卉的花色，检查其分布情况及配色效果，可据此修改，直到使花境的花色配置及分布合理为止。

5.4　造型植物景观设计

　　植物造型是指技术人员经过独特的艺术构思，对园林植物进行特定的栽培管理、修剪整形等创造出美好的艺术形象。根据植物造型在园林中的应用形式可将其分为：绿篱、绿雕、立体花坛等。

5.4.1　绿篱

　　由灌木或小乔木以近距离的株行距密植，栽

A. 花境的季相变化——春季

B. 花境的季相变化——夏季

图5-36　同一花境的不同季节景观，春天株形多样，5 月底，矢车菊、花亚麻、石竹与鸢尾竞相开放

成单行或双行，紧密结合的规则的种植形式，称为绿篱。可以有高低、宽窄、大小之分，再加之颜色、开花、结果的不同，绿篱本身也是一段迷人的边界，是一道优美的屏障，它还是花园中悦目的背景、赏心的景致。

5.4.1.1　绿篱的景观功能

(1) 作为装饰性图案或主景

　　园林中经常用规整式的绿篱构成一定的花纹图案，或是用几种色彩不同的绿篱组成一定的色带，以突出整体美。如欧洲规则式的花园中，常用针叶植物修剪成各式图案。园林中用绿篱作为主材造景的例子很多，多用彩叶篱构成色彩鲜明的大色块或大色带。也可以将彩叶篱置于空间的视觉焦点处，应用其引人注目的色彩而引起人们的注意，成为景观和观赏处的中心点。

　　西方园林中修剪整齐的各种几何造型的树篱

一直是重要的景观，是园林中一种独特的园林美学形式，最能体现西方园林的美学特征（图5-37）。树篱因其造型和植物种类的各种组合，形成丰富的季相美、图案美和色彩美。还可以采取特殊的种植方式以构成专门的景区，如在国外流行用绿篱做成的迷宫，其所形成的景观极富趣味性。

(2) 作为背景植物衬托主景

园林中多用各式各样的常绿绿篱、绿墙作为某些花坛、花境、雕塑、喷泉及其他园林小品的背景，以烘托出一种特定的气氛。作为喷泉或雕像的背景，可将白色的水柱或浅色的雕像衬托得更加鲜明、生动，高度一般要与喷泉和雕像的高度相称，色彩以选用无反光的暗绿色树种为宜。在一些纪念性雕塑旁常配植整齐的绿篱，给人以肃穆之感。在一些小品旁配植与其高度相称、无反光的暗绿色绿篱，可以遮挡游人视线，使小品更加突出。作为花境背景的绿篱可以映衬得百花更加艳丽，一般均为常绿的高篱及中篱。

(3) 作为构成夹景和营造意境的理想材料

用绿篱夹景，强调主题，起到屏俗收佳的作用。园林中常在一条较长的直线尽端布置景色较别致的景物，以构成夹景。绿墙以它高大、整齐的特点，最适宜用于布置两侧，通过其枝叶的密闭性引导游人向远端眺望，去欣赏远处的景点（图5-38）。现代园林设计中，在一些出入口处，

利用树篱的特殊表现形式——树棚，营造曲径通幽的意境。

(4) 障景与分景

在园林中，常用绿篱的遮挡功能，将一些劣景和不协调的因素屏障起来。绿篱或绿墙可以用来遮掩园林中不雅观的建筑物或园墙、挡土墙、垃圾桶等，也可将周边的劣景或与园内风景格格不入的建筑等遮挡住。常用方法是多在不雅观的建筑物或园墙、挡土墙等的前面，栽植较高的绿墙，并在绿墙下点缀花境、花坛，构成美丽的园林景观。也可应用高篱或树墙将园林内的风景分为若干个区，使各景区相互不干扰，各具特色。

5.4.1.2　常见绿篱植物

根据绿篱的观赏对象的差异，除常绿的普通绿篱外，还可分为刺篱、花篱、果篱、叶篱等。常用绿篱树种有：

①普通绿篱　通常用福建茶、千头木麻黄、九里香、罗汉松、珊瑚树、凤尾竹、石楠、女贞、海桐、锦熟黄杨、雀舌黄杨、黄杨、大叶黄杨、圆柏、侧柏、小蜡等。

②刺篱　通常是植物体具刺的灌木。一般用枝干或叶片具钩刺或尖刺的种类，如金合欢、枳、胡颓子、枸骨、火棘、小檗、花椒、黄刺玫、蔷薇等（图5-39）。

图5-37　几何形的绿篱

图5-38　高大的欧洲紫杉绿篱形成夹景，收束和引导视线

图5-39　刺篱（枸骨）

图5-40　花篱（云南黄馨）

图5-41　果篱（南天竹）

图5-42　叶篱（红花檵木与女贞）

③花篱　通常是耐修剪的观花灌木（图5-40）。一般用花色鲜艳或繁花似锦的种类，如扶桑、叶子花、五色梅、杜鹃花、龙船花、桂花、茉莉、六月雪、栀子、金丝桃、月季、黄馨木槿、迎春、绣线菊、锦带花、棣棠，其中常绿芳香花木用在芳香园中作为花篱尤具特色。

④果篱　通常是耐修剪的观果灌木。一般用果色鲜艳、结实累累的种类，如枸骨、九里香、小檗、南天竹、紫珠、火棘等（图5-41）。

⑤彩叶篱　叶形美丽或具色彩及斑点、条纹等。如洒金千头柏、小龙柏、金叶女贞、紫叶小檗、洒金珊瑚、变叶木等（图5-42）。

5.4.1.3　绿篱的设计

(1) 高度设计

①绿墙　高1.6m以上，主要用于遮挡视线，分割空间和作背景用（图5-43）。多为等距离栽植的灌木或乔木，可单行或双行排列栽植。其特点是植株较高，群体结构紧密，质感强，并有塑造地形、烘托景物、遮蔽视线的作用。为增加景致，可在其上开设多种门洞、景窗以点缀景观。用高篱形成封闭式的透视线，远比用墙垣等有生气。在西方古典园林中，高篱常作为雕像、喷泉和艺术设施景物的背景，尤能形成美好的气氛。造篱材料可选择法国冬青、圆柏、石楠、欧洲紫杉等。

②高篱　高1.2～1.6m，主要用作界限和建筑物的基础栽植。可选择法国冬青、小蜡、圆柏、石楠等并加以高度控制。

③中篱　高0.5～1.2m，常用作场地界限和装饰，能分离造园要素，但不会阻挡参观者的视线，是园林绿地中常用的类型（图5-44）。在园林中应用最广，栽植最多。宽度不超过1m，多为双

图5-43　绿墙阻隔和引导游人视线

图5-44　龙柏修剪成中篱以分割空间

行几何曲线栽植。人的视线可以越过中绿篱，但人不能跨越而过，可起到分隔大景区、组织游人活动、增加绿色质感、美化景观的目的。中绿篱多营建成花篱、果篱、观叶篱。常用的植物有栀子、木槿、金叶女贞、金边珊瑚、小叶女贞、火棘等。

④矮篱　高0.5m以下，主要用于花坛、花境的镶边材料，或道路旁草坪边来限制人的行为，也可以组字和构成图案，起到某种标志和宣传作用。由于是矮小的植物带构成，游人视线可越过绿篱俯视园林中的花草景物。矮绿篱有永久性和临时性两种不同设置，植物材料有木本和草本多种。常用的植物有月季、黄杨、六月雪、千头柏、万年青、彩叶草、紫叶小檗、茉莉、杜鹃花等。

(2) 绿篱横断面形式设计

绿篱依修剪整形可分为自然式和整形式，前者一般只需施加少量的调节生长势的修剪，后者则需要定期进行整形修剪，以保持景观效果，是一种高养护强度的园林植物应用形式。整形绿篱的横断面和纵断面的形状也变化多端，常见的有波浪形、矩形、圆顶形、梯形等。

①梯形绿篱　篱体上窄下宽，有利于地基部侧枝的生长，不会因得不到光照而枯死稀疏。

②矩形绿篱　篱体造型比较呆板，顶端容易积雪而受压变形，下部枝条也不易接受到充足的

光照，以致部分枯死而稀疏。

③圆顶绿篱　这种篱体适合在降雪量大的地区使用，便于积雪向地面滑落，防止积雪将篱体压变形。

④自然式绿篱　一些灌木或小乔木在密植的情况下，如果不进行规整式修剪，常长成这种形态。

(3) 绿篱种植方式

绿篱种植方式可分为单行式、双行式和多行式。中国园林中一般采用品字形的双行式，它见效快，屏障景物效果好，也可以通过修剪形成绿篱造景；有些园林中则采用单行式种植，因为单行式光线好，有利于植物的均衡生长，节约费用，管理简便。园林中有的采用多行式种植，形成了色块、迷宫、绿墙以及绿篱造景等。

绿篱栽植中可有高矮和造型的变化。在种植中，可将数段不同树种和高矮的绿地进行组合种植，采用连锁式或者交叠式的种植，可形成不同的立面景观和空间感受。如一条绿篱修剪成一段高（如1m），一段矮（如0.5m），这样高高低低如同城墙垛口的形式，别有情致。

5.4.2　绿雕

绿雕是指利用单株或几株植物组合，通过修剪、嫁接、绑扎等园艺方法来创造各种造型。英文中绿雕为"topiary"，单词前半部分的top是一

个希腊词根，表示地点、场所，可引申为规则，指通过修剪灌木的枝叶而塑造成各种造型。绿雕造型丰富，包括几何造型、独干树造型、动物造型、各种奇特造型、藤本植物造型等。

5.4.2.1 几何型绿雕

几何造型又可分为简单几何造型和复合几何造型。简单的几何造型在园林植物造型中最为常见，通常有球形、半球形、塔形、锥形、柱形等（图5-45）。此类植物造型采用单株、一种色调的植物作为单体。复合几何造型是指将不同或相同的几何造型进行组合，与普通的几何造型相比，它的形式和内容更加丰富。它通过将简单的几何植物造型按一定的艺术法则进行有机地组合，往往变得更加丰富多姿和富有动感。

几何造型适用于办公楼前、居住区、公园入口处作孤植，或由1种多株或2种以上多株形体或色调不同的单体造型组合在一起，多用于道路主干道两侧、公园主景点区，以渲染热闹、喜庆气氛。群植几何造型形式多、面积大，应布置于开阔地带。最适用于几何造型的植物主要是生长缓慢或中等、树冠密实的植物，如圆柏、黄杨、冬青、小蜡等。一方面这些树种生长较缓慢，可以减少修剪工作；另一方面这些树种都是常绿树种，又具有较小的叶片，可使造型密实、饱满，具有较长观赏时间。

几何造型的创造，一般采用修剪的手段，植物需要多次修剪才能成型。一般从幼树开始着手，当其生长高度超过预期的高度时，连续几年对其进行轻度修剪以刺激植株生长得密实、均匀；然后，将植株剪至需要的高度并进行整形，再经过几次修整，使几何形状更加完美；再以后就是造型的保持和养护。

5.4.2.2 动物造型

将植物塑造成动物或人的形态，并常赋予其一定的文化内涵。在园林环境中以生肖动物为创作源泉的植物雕塑比较常见，如牛的植物造型，象征着勤奋、坚强，羊的造型则代表了善良和温顺，……这是一种民俗的造型艺术，也是民俗文化的表征，更是传统的文化潮流，能引起游人的共鸣。这种造型的创造有一定的难度，对植物的要求和几何造型相似。对于创造动物或人的造型不可能每个细节都面面俱到，因为植物本身有着向上生长的特性，使动物的四肢都比较难以处理，所以一般只能在外形上创造出接近于动物本身形态的植物造型（图5-46）。越复杂的造型创作的难度就越大，应用乔灌类植物时通常需要进行多年的栽培、修剪、绑扎等，对修剪和维护的要求也更高。在植物雕塑中通常使用嫁接的办法来缩短对树冠的培养时间。

图5-45 锥形的简单几何绿雕

图5-46 动物造型

图5-47　意大利Gamberaia水剧场的高篱柱廊

图5-48　玩具鸭子立体花坛

5.4.2.3　绿色建筑

　　园林植物进行建筑式造型主要以园林建筑为雏形，通过人工搭建骨架和镶嵌的巧妙结合，构成绿色的小品（图 5-47）。建筑作品立体造型的形体有亭子、花架、门柱、景墙等。常用的植物有圆柏、法国冬青、龙柏、小叶女贞等。

5.4.2.4　植物图案

　　植物图案主要是指彩结和模纹花坛，绿篱经修剪形成各种各样的图案，产生不同的景观效果。植物修剪要求一致平整，选用叶色不同的植物可以表现精美细致、变化多样的图案，如花叶式、星芒式、多边式、自然曲线式、水纹式、徽章式等。

5.4.3　立体花坛

　　立体花坛的英语为"mosaiculture"，可直译为"马赛克栽培"。通常是指运用一、二年生或多年生的小灌木或草本植物，结合园林色彩美学及装饰绿化原则，经过合理的植物配置，将植物种植在二维或三维的立体构架上而形成的具有立体观赏效果的植物艺术造型，它代表一种形象、物体或信息。

5.4.3.1　立体花坛的主题

　　立体花坛的设计主题可主要归纳为生态环境、民俗文化、其他艺术、社会生活、时代精神五大方面。

　　(1) 生态环境主题

　　立体花坛除了绿化美化作用之外，其主题设计应在表现生态环境、创造生态环境方面起到点睛的作用。围绕生态环境设计主题可以从以下几个分主题考虑：保护环境主题、自然山水主题、植物主题、动物主题等。

　　(2) 民俗文化主题

　　民风民俗是一种极富地方特色的饱含民族情感的地方文化。民俗文化是一个民族的文化符号和精神特质，其内容丰富，包括神话传说、民俗节日、传统习俗、民间工艺、图腾崇拜等，并且具有鲜明的特色，以民俗文化为表现主题，通过丰富的内涵和多彩的外在形式，使立体花坛成为具有较高审美价值的文化景观。

　　例如，在中国的立体花坛创作中有大量的神话传说，如"盘古开天""精卫填海""夸父追日""女娲补天""后羿射日""牛郎与织女""济公传""白蛇传"等洋溢着积极、浪漫主义色彩

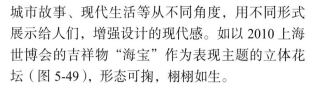

的神话传说。民间工艺在立体花坛中的应用也极为常见，如剪纸、窗花、风筝、玩具和泥塑等（图5-48）。

(3) 其他艺术门类

艺术是人类审美活动的大家族，它的成员有文学、美术、音乐、舞蹈、戏剧电影、曲艺、杂技、建筑等，各种门类的艺术都是反映社会生活和表现人们思想感情的，立体花坛主题设计也经常从艺术领域吸取创作灵感。例如，我国地域辽阔，民族众多，建筑形式也丰富多样，有江南水乡建筑、羌族的碉楼、珠江的岭南建筑、西藏的藏居、内蒙古的蒙古包等，它体现了我国各族人民辛勤创造和智慧的结晶。以建筑艺术为主题设计立体花坛就可以使立体花坛造型和建筑形象一样具有文化价值和审美价值，具有象征性和形式美，体现出民族性和时代感。此外，利用立体花坛再现文学作品、舞蹈、电影、动漫中的景点场面的设计也屡见不鲜。

(4) 社会生活主题

社会在飞速发展，展现出日新月异的变化，科技正在改变着每个人的生活。立体花坛的设计应该与社会发展同步，体现社会发展的速度。"文章合为时而著，歌诗合为事而作"，立体花坛同样应该是时代思想情感、审美价值观念的反映，从时代精神中挖掘创作素材，将社会发展中的特殊贡献者、重要的历史事件、城市标志、城市品牌、城市故事、现代生活等从不同角度，用不同形式展示给人们，增强设计的现代感。如以2010上海世博会的吉祥物"海宝"作为表现主题的立体花坛（图5-49），形态可掬，栩栩如生。

(5) 时代精神

青岛世园会期间在景区入口制作了一个二维码立体花坛，充分体现了时代特色。

在立体花坛的设计中，常将几个主题进行综合，设计寓意更加丰富。如"燕京鹿鸣"（图5-50），是以世界珍稀动物麋鹿从原始栖息地中衰亡、他国保存、重返故土的传奇故事为题材，反映了人类保护生物、尊重自然的崇高理想。花坛的背景由传统建筑故宫角楼和城墙组成，其中城墙从传统的"大红墙"造型巧妙延伸变化成"鸟巢"的现代桁架风格，既展现了北京的历史文脉，又富有时代精神。

5.4.3.2 主体设计

(1) 体量大小

立体花坛的体量大小，由布展场地的空间和表现对象的特点来决定。根据视觉规律，人们所选择的观赏位置多数处在观察对象高度视平线2倍以上远的位置，并且在高度3倍的距离前后为多。以高度为主的对象，在高度3倍以上的距离去观赏时，可以看到一个群体效果，不仅可以看到陪衬主体的环境，而且主体在环境中也处于突

图5-49 "海宝"立体花坛

图5-50 燕京鹿鸣

图5-51 稻草人立体花坛

图5-52 植物雕塑小象的尺寸,既符合游人
的观赏习惯,又不至于失真

出的地位。如果在主体 2 ～ 3 倍的距离进行观赏,这时主体非常突出,但环境处于第二位。以宽度为主的对象,比较集中有效的观赏范围一般是在视距等于 54º 视角的范围,在此范围内观赏者无须转动头部即能看清物体的全貌。以四面观圆形

花坛为例,造型一般高为花坛直径的 1/6 ～ 1/4 较好。在造型体量确定时,可参考视觉规律,结合布展场地大小,以能给观赏者留出最佳观赏视点的体量尺寸为佳。

在体量确定时还应该考虑造型的题材,一些在人们心目中较小的形体,如小的动物等就不宜用太大的体量表现。所以在大的布展空间,首先应确定适用于大体量表现的造型题材,再参考视觉规律确定具体体量。

(2) 色彩设计

一般花坛内的色彩不宜太多,主要的色彩一般以两三种为主,尽量避免出现"五色乱目"的现象。但花坛的色彩细部,在不影响主色及花坛整体效果的前提下,配色尽可能丰富。如青岛世园会的稻草人花坛(图 5-51),整体造型由两种颜色的五色苋组成,轮廓鲜明,但稻草人所穿的小马甲使用了蓝色及橙色的三色堇,色彩鲜艳,烘托了欢快的气氛。而美国雷蒙市的作品"西部牛仔",选用 16 种植物、16 种色彩进行合理的搭配。其中色彩最抢眼的是马鞍和牛仔的腰带,园艺师巧妙利用红、黄色的绯牡丹勾勒出橙红和金黄两条炫目的立体花边,出色的色彩搭配使得马匹和牛仔显得神采奕奕。

(3) 造型各细部之间的比例关系

造型时各部分比例关系要得当,如建筑小品景亭是立体花坛造型中经常选用的对象,亭顶的大小与亭柱粗细及高度的比例关系很重要;凤凰造型,凤凰的头、躯体、腿、脚的比例是否合适,关系到人们是否会认同该造型形象。此外,鉴于视错觉等影响,造型尺寸不能完全写实,做到协调美观,符合人们的观赏习惯。如在小象的造型设计中,耳朵常较实际尺寸短,更能体现小象的憨态可拘(图 5-52)。

5.4.3.3 植物装饰材料选择

植物材料是立体花坛最重要的设计要素,设计师必须全面了解植物的特性,合理选择植物,保证花期交替的合理运用,保证株形高低的合理搭配。

(1) 选择植物的要求

① 以枝叶细小、植株紧密、萌蘖性强、耐修剪的观叶观花植物为主　通过修剪可使图案纹样清晰，并维持较长的观赏期。枝叶粗大的材料不易形成精美纹样，在小面积造景中尤其不适合使用。

② 以生长缓慢的多年生植物为主　如金边过路黄、半柱花、矮麦冬等都是优良的立体花坛材料。一、二年生草花生长速度不同，容易造成图案不稳定，一般不作为主体造景，但可选植株低矮、花小而密的花卉作图案的点缀，如四季秋海棠、孔雀草等。

③ 要求植株的叶形细腻，色彩丰富，富有表现力　如暗紫色的小叶红草、玫红色的玫红草、银灰色的芙蓉菊、黄色的金叶景天等，都是表现力极佳的植物品种。

④ 要求植株适应性强　要求所选择的植物材料抗性强，容易繁殖，病虫害少。如朝雾草、红绿草等都是抗性好的植物材料。

(2) 适地选择植物材料

根据植物的生物学特性、土壤及气候条件等因素，来选择植物的品种。有些植物品种要求全光照才能体现色彩美，如佛甲草，一旦处于光照不足的半阴或全阴条件下，就会引起生长不良；而有些植物则要求半阴的条件，在光线过强时恢复绿色，失去彩色效果甚至死亡，如银瀑马蹄金。

(3) 艺术选择植物材料

在选择植物材料时要将植物材料的质感、纹理与作品所要表现的整体效果结合起来，选择最具有表现力的植物材料。如朝雾草，叶质柔软顺滑，株形紧凑可作流水效果或动物的身体；蜡菊，叶圆形、银灰色、耐修剪，可用于塑造立面的流水、人的眼泪等造型；爵床科半柱花属叶色纯正，华丽，适用于人物造型的衣着等；苔草等可作屋顶用；细茎针茅等可作鸟的翎毛；红绿草可作纹样边缘，使图案清晰，充分展示图案的线条和艺术效果。

5.4.3.4　非植物性材料的使用

立体花坛的外装饰以植物材料为主，通常要求植物材料覆盖的面积达到总面积的80%以上，

图5-53　以造型植物为主，非植物材料为辅的立体花坛

但同时也允许使用少量装饰材料。有些立体花坛由于造型独特以及色彩、质感的需要，或是形体尺度的限制，如建筑的某些特殊位置、动物造型的头部、眼部、尾部等，结构细微无法填土栽植植物，在形象表达上又十分关键，这时装饰材料的使用就显得十分重要，可采用干硬植物的皮、茎、叶、果实来代替或者事先用塑料泡沫、石膏、木料等制成，然后安装到立体造型上。但立体花坛的魅力在于它的"植物雕塑性"，如果装饰材料应用较多，喧宾夺主，会减弱立体花坛自身的魅力，所以在选用装饰材料上，仍须以栽植活体植物材料为主，只有在十分需要的情况下，才可适当辅以其他材料（图5-53）。

5.5　容器植物景观设计

花园中的美，是一种多样化的协调美。无论是在室内还是室外，当没有足够的空间布置一个真正的美丽花园时，容器种植提供了一种既便利又丰富多样的制作迷你花园的手段。容器植物景观是可以搬动的，材料更换方便。正是因为容器种植的这些特点，使它成为近年来流行于欧美，并广受世界各地人民欢迎的植物装饰形式。

5.5.1　容器植物景观的特点与应用范围

容器植物景观顾名思义是将观赏植物种植于

容器中，通过植物与植物、植物与容器的丰富组合形成多变的景观。近些年来，随着多种种植结构的商业化，容器植物景观的应用日益普遍。

5.5.1.1 容器植物景观的特点

容器植物景观具有其他种植所不具备的优越性，以经济性而言，组合单元作物养成周期短、成本低、品种多样化、附加价值高；以产品的针对性而言，可针对时令、节庆、对象及价格设计商品；以作品的艺术性而言，花卉立体装饰结合植物、容器、环境空间、人文思想，设计表达手法多样。

种植方便 组合单元作物养成周期短，品种多样化；

环境可调 容器种植使得土壤、光照、水分等条件容易控制；

空间灵活 可利用室内外各种空间；

艺术性强 可进行多样的组合，满足人们永无止境的创意表现。

5.5.1.2 容器植物景观类型

容器植物景观类型丰富，无论是容器，还是植物材料的选择几乎都是无穷尽的，依据摆放形式可分为以下几种类型：

① **垂吊式** 悬垂于空中，如路灯、屋檐之下的吊篮（图5-54）。

② **壁挂式** 悬垂于空中，一面附壁，如阳台、窗台的花箱、花槽和吊篮。往往以单面观赏为主，多选用植物姿态飘逸、叶形秀美的花卉材料（图5-55）。

③ **摆放式** 以直立型花卉材料为主，同时配以少量蔓性植物，可以形成层次多变、高低错落的装饰效果（图5-56）。

5.5.2 容器的选择

种花的容器颜色多、质感差异大、形状也多变，容器形式变化多样，但必须与植物和谐搭配。容器内植物材料，特别是主体的选择，要根据容器的大小及高度而定，当然也可以根据植物选容器。

5.5.2.1 容器的材质

容器花园的容器材质极为丰富，从传统的瓦盆、陶土盆、木盆等，到今天广泛采用的金属盆、塑料盆等。对于材质的选择，最为重要的就是保水透气性及其观赏特性。表5-1介绍了几种常见材质的特点。

表5-1 常见容器材质

类型	成本	优点	缺点
陶瓷	高	美观，有光泽	易碎，昂贵，排水不畅，重
陶土	中	美观，自然排水良好	易碎，重
塑料	低	价格低，颜色及形状多样	排水和透气性差，阳光下易老化
金属	中低	重量轻，特色鲜明	易生锈，排水和透气性差
木	中低	自然，大小易调整，排水良好	重，内衬易腐烂
吊篮	中高	体量轻	保水性差

图5-54 垂吊式容器植物景观

图5-55 壁挂式的容器植物景观

图5-56 摆放式组合盆栽

图5-57　暗色容器与植物形成鲜明对比

图5-58　色彩与株形的配置

悬垂植物：银瀑马蹄金；前景植物：矮牵牛；
中景植物：斑叶川旦、大戟；主体植物：天山蜡菊

目前应用最多的是塑料和陶质容器，其规格也较齐全。木质容器需到木器厂定做，其他材料市场上供应不多，价格偏高。容器的材料、形状、色彩和风格等是建立它与植物、室内环境和谐关系的基础。一般来说，瓦盆是不直接用于布置的，用木质、柳条或竹子等进行套盆后方可进入室内，在木质地面上布置最富自然韵味；光洁的石质地面宜用陶质和金属容器；塑料容器宜于组合盆栽，形成一种整体氛围。

5.5.2.2　容器色彩

为突出表现植物丰富多变的色彩，容器的颜色多以素色或暗色为主，如深蓝色的盆器搭配红色的红瑞木枝条（图 5-57）；但有时候为鲜艳的植物选择色彩明丽的盆器可得到意想不到的效果，如紫色盆器搭配橙色的硫华菊。

5.5.2.3　容器形状和大小

容器种植形状丰富，有盆、钵、箱、篮等，具体选择取决于立地条件和选择的植物材料。如在空间有限时，宜选择高而窄冠的容器，以减少地面占用。进行街头绿地的布置时，小型的盆栽

花卉无法在如此大的空间里有良好的景观表现。若是单个容器，则高度应控制在 1.2 ～ 1.5m 及以上，加上植栽，高度可以达到 1.8 ～ 2.0m 甚至更高，才能达到理想的景观效果。若在大面积的草坪上布置容器种植，为避免突兀可以采用几个容器一起，形成一组或者一个系列的容器组合。这种容器组合建议容器风格一致，可以完全相同，也可以同一形式、大小高低错落配置。总体来说，大草坪周边的容器组合，应考虑景观稳定感，适量控制容器高度。

5.5.3　植物材料的选择与布置

容器种植景观魅力的体现不仅是造景形式上的别具一格，更依赖于深厚的植物学知识，是对植物生长需求与栽培管理技术的均衡把握。适宜的植物选择和合理的营养土配置不仅能让植物的生命力和感染力展示得淋漓尽致，同时也使养护管理变得简单易行。

5.5.3.1　植物材料的类型

一般而言，在进行容器种植时，所选的植物分为几大类：主体、中景、前景和垂吊植物

（图 5-58）。主体植物通常高度较高，具有比较美丽的色彩和株形，是容器种植中的视觉焦点，可分为观花型、观叶型及观果型。观花有春花、夏花、秋花和冬花，如紫薇、桂花、蜡梅等小型乔木，还有穗花牡荆、金叶锦带、醉鱼草等小型灌木。观叶型以观有色叶或变色叶为主，如红枫、鸡爪槭等，还有银姬小蜡、意大利鼠李、朱蕉等新型常绿灌木品种。还有一些高大的宿根和球根花卉如飞燕草、羽扇豆、美人蕉、百合等在容器种植中也表现不凡。

中景植物最为丰富，色彩艳丽，株高在 30～60cm 的植物种类都可采用，这些植物或开花艳丽，或花朵繁茂，或形体优美，或花期长、易养护，是丰富容器景观的重要元素。如黄金菊、荷兰菊等宿根花卉，也有金盏菊、繁星花、香彩雀等一、二年生草花。

前景植物多以矮生植物为主，如雏菊、三色堇、萼距花、矮牵牛等，10～30cm 高度植物大都可以作为前景。

垂吊植物可用于勾勒容器线条，起到延伸植物景观的作用，多用常春藤、蔓长春、蔓性美女樱、垂吊矮牵牛等。

5.5.3.2　色彩配置

在考虑如何配色时，必须先确定配色效果，然后选择一种色彩作为主体色，以其他色彩作为对比、衬托。一般以淡色为主，深色作陪衬，效果较好。若淡色、深色各占一半，就会使人感到呆板、单调。当出现色彩不协调时，白色介于两色中间，可以增加观赏效果。一个组盆内色彩不宜太多，一般以 2～3 种为宜，同时还应考虑到组盆色彩与周围环境（景物）的色彩相协调。

5.5.3.3　观赏期

提起观赏期，不可回避的就是成本问题。如果不考虑成本，可以不间断地更换时令花卉，以满足最好的景观效果。若考虑成本问题，则应多选择一些观赏期长的植物，尤其是彩色叶植物及观赏草类。观赏草的观赏性大体上来说，形态飘

逸、线条明快、绿量大，还拥有不同的叶色；主要以春夏季观叶，秋冬季观穗为主；全年根据季节不同，可以展现不同的景观特色。正因为这样，以观赏草作为主材的组合盆栽，就可以满足长时间观赏的要求，不用定期更换品种，可降低栽植以及更换等方面的成本。

5.6　绿墙景观设计

随着城市的发展，绿地与建设用地的矛盾日益突出，绿墙作为新兴的绿化方式具有占地面积小，景观效果突出的特点，在城市中的应用日益普遍。

5.6.1　绿墙的涵义和特点

广义上的墙体绿化（green wall）指的是垂直于或者接近垂直于水平面的各类建筑物的内外墙面上，或与地面垂直的其他各类墙面上进行的绿化。狭义的绿墙（living wall）指的是先在建筑墙面上安装骨架，将植物种植在种植槽、种植块或者种植毯内并安装在骨架上，这种形式更加灵活，既可用于室内也可用于室外。

5.6.2　绿墙的类型

5.6.2.1　攀缘植物类绿墙

在需要绿化的墙面下，沿着墙角种植爬山虎、五叶地锦、凌霄、扶芳藤等有吸盘或者气生根的攀缘类植物。近年来，传统的方式也发生了变化，对于高层建筑或者一些不利于攀缘的墙面，可以设置如二维或者三维网格系统提供种植空间和攀缘面。

5.6.2.2　种植槽式绿墙

种植槽墙体绿化是较早期的绿墙做法。绿墙建造时，先在距离墙面几厘米或者直接贴在墙面搭建与墙面平行的钢制骨架，安装滴灌或者其他灌溉系统，最后将种好植物的种植槽放入骨架的空格中，或者直接在建筑墙面上安装人工基盘实现墙面绿化（图 5-59）。它的优点是保水性好，但

图5-60 模块式绿墙的模块单元

图5-61 种植袋式结构

图5-59 种植槽式绿墙

基建和管理费用较高，植物生长不够茂密的时候易露出支撑结构。

5.6.2.3 模块式绿墙

模块式绿墙在方形、菱形、圆形等单体模块上种植植物，待植物生长好后，通过合理的搭接或绑缚固定在墙体表面的不锈钢或木质等骨架上，形成各种形状和景观效果的绿化墙面（图5-60）。单元模块由结构系统、种植系统和灌溉系统构成，结构系统是"绿墙"的骨架，灌溉系统就是"绿墙"的血管。模块式绿墙的结构系统简单，施工速度快，植物更换方便，景观效果突出，可以用于大面积高难度的墙面绿化，是近年来最常用的结构类型。但绿化模块需确保结构稳定、安装牢固，有时还需要工程师按照风载大小和绿化模块的重量进行严格计算，成本和施工要求较高。

5.6.2.4 种植袋式绿墙

种植袋式绿墙系统由种植袋、灌溉系统、防水膜、无纺布构成，不需要建造钢制骨架。在做好防水处理的墙面上直接铺设软性植物生长载体，比如毛毡、椰丝纤维、无纺布等，植物可以连带基质直接装入种植袋，实现墙面绿化（图5-61）。灌溉系统主要采用渗灌和滴灌。优点是支撑结构的自重轻，成本低，施工方便，形成效果快。缺点是保水性差，对防水膜的要求很高。

5.6.3 植物材料的选择

5.6.3.1 选择的原则

①植物的选择以多年生常绿观叶植物为主 考虑到植物绿墙植物的群落稳定性以及观赏性与种植成本，室内外绿墙均以常绿的观叶植物为主，适量配置观花植物。

②选择体积小根系浅、须根发达的轻质植物 考虑到植物绿墙的施工可操作性和施工后的安全性，单体植物材料的体量通常相对较小。

③选择抗性强、适应性强，养护管理简单的植物 室外绿墙要选择耐寒、耐热、耐贫瘠、抗风、适应性强、滞尘减噪能力强的植物材料，应以乡土植物为主。室内绿墙要选择喜阴、耐阴的

图5-62　景天科植物用于绿墙

图5-63　小叶栀子形成的细腻效果

图5-64　大叶植物的观赏效果

植物，在北方由于冬季室内取暖的影响，还需要注意选择耐低空气湿度的植物。

④选择生长速度和覆盖能力适中的植物　植物生长速度过快会挤压周边植物的生长空间，并增加承重系统的负担，生长过慢则无法覆盖承重和灌溉结构，影响景观效果。

⑤选择具有较高观赏价值的植物　绿墙的主体植物往往是植株低矮、枝叶纤细、质感细腻的植物以形成整体效果，但也会搭配形体、线条、色彩、亮度等观赏效果突出的植物材料。

5.6.3.2　常见植物类型

①小叶低矮草本植物　绿墙中作为图案基底的材料，是绿墙植物最重要的类型。这类植物通常具有生长势一致性高、植物低矮、枝叶细密等特点。常见的如蕨类植物，佛甲草、垂盆草、

胭脂红景田等景天科植物，五色苋、天门冬等（图5-62）。

②观花低矮草本植物　选择植物低矮、开花鲜艳、花期一致的植物材料形成鲜艳的图案效果。常见如三色堇、角堇、四季秋海棠、矮牵牛、洋凤仙等。

③低矮灌木　在室外绿墙中，经常选择植物低矮、枝叶密度高、适应性好的木本植物作为主体材料，室内绿墙中考虑到光照条件的限制，仅在局部使用。常见如海桐、大花六道木、'金森'女贞、小叶女贞、小叶栀子、黄杨、红花檵木、六月雪、鹅掌柴、紫金牛、朱蕉等（图5-63）。

④大叶植物　在绿墙中常局部使用，形成视觉焦点。常选择叶型较大、视觉效果突出、色彩鲜明的植物材料，如大吴风草、绿萝、春芋、安祖花、花叶芋、鸟巢蕨等（图5-64）。

⑤悬垂性植物　在绿墙中，有时会选择具有一定悬垂性的材料，这类材料往往生长迅速，可以快速遮挡承重和灌溉系统。常见的如吊兰、常春藤、络石、花叶络石、花叶蔓长春、扶芳藤等。

5.6.4　绿墙植物景观设计

植物绿墙的设计首先要契合设计场所的总体风格，找出适合周围环境的整体绿墙造型，再根据气候及微气候条件选择适宜的植物，是一个由大场景到小个体的深入过程。

图5-65　几何形图形的绿墙

图5-66　曲线式

5.6.4.1　色彩配置

绿墙的配色方案通常以绿色作为主题色，然后选择几种其他色彩作为对比、衬托。在实际应用中，绿色由于植物本身色彩的差异以及叶片质感的不同也形成了明暗深浅的微妙变化，设计时应注意利用这种差异，避免出现大面积使用同种植物，造成呆板、单调的感觉。一个绿墙内色彩不宜太多，一般以 2 ～ 4 种为宜，色彩太多会给人以杂乱无章的感觉。同时我们还应考虑到绿墙色彩与周围环境（景物）的色彩相协调。

5.6.4.2　图案设计

在绿墙内部的图案设计中常见的有规则式、曲线式、绘画式和自然式几种类型。

（1）规则式

最为常见的规则式以几何形的图案为主（图 5-65），追求规则感和秩序感，花草和灌木经过人工的修剪，整齐的边缘和规则的质感给人干净和清爽的感觉。直线型的色带的设计是最常见的图案形式。这种形式可与规则的几何形建筑相统一，常用于比较正式的场所。

（2）曲线式

采用自然流畅曲线，常采用一种植物形成一个色带，不同色带不仅仅是色彩的差异，在植株高低、叶片质感等各方面都有差异，形成错落有致、层次分明的效果（图 5-66）。法国著名的绿

图5-67　绘画式

墙设计大师 Patrick Blanc 的设计中经常采用这种形式。

（3）绘画式

绘画式的设计往往采用绘画式的布局，具有明确的构图，若能借鉴经典的传统名画，更能激发观赏者的兴趣（图 5-67）。但由于植物材质的限制，绘画式在进行创作时要进行画面的简化处理，如辰山植物园的绿墙主题是莫奈的睡莲，采用了大面积的绿色植物形成底色，间或点缀旱金莲、矾根、紫叶酢浆草等圆叶植物形成睡莲的意向。

（4）自然式

自然式的设计没有明确的图案，而是仿造植物在自然界的群落状态，根据美学的基本原则，

图5-68　自然式造型绿墙

将性状、质感、色彩、形态不同的植物材料自由组合，形成仿自然之形、传自然之神的整体设计（图5-68）。自然式绿化不追求植物墙质感的精细，植物按照自身的形态和生长规律长成，形成绿化效果。

5.6.4.3　植物形态的设计

绿墙的设计要综合协调植物丰富的色彩美、形体美、线条美和质感美。植物的形态是各种点、线、面的结合，通过点、线、面的相互作用，就产生了丰富的形态语言。叶型和大小的差异会带来不同的观赏效果，细软的条形叶可以营造流水般的美感，质地硬挺的条形叶则充满张力；圆形叶俏皮可爱；戟形叶轮廓鲜明，可以成为视觉焦点。还可以利用植物鲜艳的叶色、纷繁的花朵、丰硕的果实、奇异的气生根等丰富景观。在植物绿墙设计时，要注意不同植物形态间的对比与调和以及轮廓线的变化，才能构成美妙的画面。

5.6.4.4　绿墙植物的环境与植物的生态习性

室外绿墙由于布置于建筑立面，日照时数、光照强度、温度、风向及风速等气象条件在不同朝向时差异巨大，因此植物的选择和总体设计有着不一样的要求。建筑南立面是建筑物主要的景观面，白天日照非常充足，几乎全天都有日光直射，墙面受到的热辐射量大，形成特殊的小气候，延长了植物生长季。南立面绿墙植物适合选用花灌木等观赏价值较高、耐热、耐干旱的材料。建筑北立面处于阴影中，光照时间段，环境温度较低、相对湿度较大，冬季风速高，不利于植物过冬。垂直绿化适合选择耐阴、耐寒植物，考虑到北立面是北方冬季风的主要迎风面，垂直绿化植物不宜选择枝干或外形太过伸展的植物。建筑东立面日照量比较均衡，光照温度的日变化相对较小，环境条件较为温和，适宜的植物种类较多。建筑西立面西晒严重，日温差大，西立面垂直绿化以防止西晒为主，适合选用喜光、耐燥热、不怕日光灼伤的植物，常常形成大面积的绿化遮挡强烈的日光照射。

室内绿墙由于处于室内环境，没有明显的四季变化，可以选择一些在本地区无法露地越冬的植物，丰富当地的植物景观。但室内环境通常光照不足、昼夜温差小、通风较差，也会影响植物的生长。在北方，还需考虑冬季室内采暖季空气湿度较低，对一些喜高空气湿度的亚热带和热带的观叶植物生长不利。

除了了解绿墙植物生长的总体外环境，设计时需了解并掌握群落内各种植物的性状、生长高度、冠幅、生长速度、根系深浅，才能使绿墙植物群落生长稳定，形成稳定的良好景观。尤其要考虑相邻植物的生长势和生态习性的一致性。长势过快，如在华东地区的室外绿墙种小叶栀子、海桐会挤压覆盖到其他植物，影响绿墙图案的完整性和清晰度，也增加了绿墙系统的承载负担；长势过差，植物不能完全覆盖基质土和种植槽，景观效果差。

5.6.4.5　观赏期

绿墙的主体是常绿植物，考虑到成本，绿墙的主体部分应具有较长的观赏期，但局部材料可以随时更换，这也正是绿墙造景的优势。可以利用植物随季节变化而开花结实、叶色转变等来表达时序更迭，形成四季分明的季相景观。春季以观花为主，可用三色堇、角堇、美女樱等；秋季可以增加彩叶植物的应用，如彩叶草、红花檵木、金叶大花六道木等。

5.7 案例分析

5.7.1 青岛城阳区区政府花坛设计

项目位于青岛市城阳区区政府前广场，原有景观存在植物老化，层次单调，四季景观不够丰富等缺陷。本次设计原则为：在现有绿化基础上增加植物层次，丰富四季景观。注重景观的延续性、开敞性、适用性、美观性，创造多层次、多色彩、多季相性的多维立体空间。注重植物在道路空间中的生态保护作用和安全引导功能，在保障行人安全舒适的前提下，给人以丰富多彩的视觉享受。

设计中采用尺度较大的流畅线条的设计，相对而言，在中间部位的线条总体尺度较小，变化较为细致；远端更强调大色块的效果；从配色方案上，也强调了这种变化，中间部位采用了最能烘托欢快气氛的红黄配色，向远端延伸处逐渐过渡到蓝紫色为主，蓝紫色最为冷色，能起到延长视线的作用，更加凸显花坛的规模（图5-69）。

植物选择以体现春夏花的植物石竹、矮牵牛、三色堇、白晶菊、毛地黄等植物层次序列或丛植点缀在原有常青绿篱中，花坛两端种植时令草花形成层次鲜明、花团锦簇景观效果，种植材料详见表5-2。

5.7.2 贵州云漫湖岩石花园花境设计

岩石花园项目面积达 23 000m²，位于贵州贵

阳郊区，海拔 1250m，年平均气温 18.3℃，夏无酷暑，冬无严寒，非常适宜植物生长。设计区域是一块具有典型喀斯特地貌的乱石荒地，土层瘠薄，对植物生长不利。

设计师在保留原始地形地貌、生境和部分原生植被的基础上，选择植株低矮、生长缓慢、质感细腻、色彩鲜艳的千余种观赏植物，进而模拟高山植物及岩生植物的生存环境。全园以杜鹃花为主要植物，分为春鹃区、夏鹃区、高山杜鹃区、东洋鹃区、西洋鹃区五大主要园区，另有四季花园区、花境区、砾石芳香区、绣球区、月季区、红千层区、藤花区、彩枫区、观赏草区等次级园区（图5-70）。虽然分区中只有一个花境区，但整体上的花卉应用形式是以花境为主。

选择了园林植物1322种及品种，在保留了场地乡土植物的同时，科学地引种适生的观赏性较高的植物新品种。实现了乡土植物的野性之美与栽培植物人工之美的和谐统一。随着春天的到来，蔷薇科里的美人梅、高盆樱桃先声夺人，海棠、榆叶梅紧随其后，草本花卉中紫罗兰、毛地黄、钓钟柳、铁筷子等竞相开放。5月，杜鹃花、月季、铁线莲争奇斗艳，宿根植物萱草、玉簪等进入花期。6月，杜鹃花渐渐枯萎，绣球和红千层开始绽放，宿根福禄考、忽地笑、穗花婆婆纳、蛇鞭菊、半支莲、翠芦莉、玉蝉花交相辉

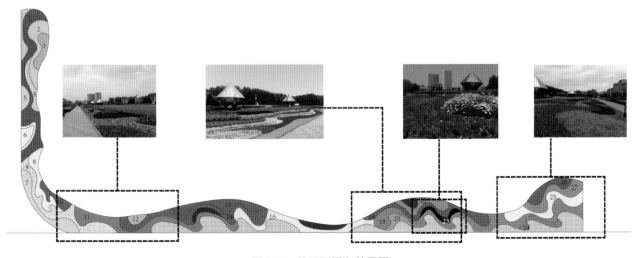

图5-69 总平面图和效果图

表5-2 花坛植物名录

序号	植物名称	拉丁名	品种	颜色	面积（m²）	密度（株/m²）
1	矮牵牛	*Petunia hybrida*	海市蜃楼	玫红色	49	64
2	花烟草	*Nicotiana alata*	阿瓦隆	柠檬绿	22.7	49
3	金鱼草	*Antirrhinum majus*	神箭	品红	11.5	64
4	金盏菊	*Calendula officinalis*	棒棒	黄色	9.7	49
5	金盏菊	*Calendula officinalis*	棒棒	橙色	6.5	49
6	角堇	*Viola cornuta*	美田迷你	混色	6.5	81
7	角堇	*Viola cornuta*	美田迷你	混色	6.5	81
8	金盏菊	*Calendula officinalis*	棒棒	黄色	20.2	49
9	石竹	*Dianthus chinensis*	美田明星	晨红	39.6	64
10	毛地黄	*Digitalis purpurea*	胜境	玫瑰粉、淡紫混色	10.9	16
11	三色堇	*Viola tricolor*	美田宝石	新蓝宝石	46.3	64
12	金鱼草	*Antirrhinum majus*	神箭	黄色、品红混色	5.6	64
13	角堇	*Viola cornuta*	美田迷你	小紫燕	5.5	81
14	石竹	*Dianthus chinensis*	美田明星	富贵红	44.9	64
15	大花飞燕草	*Delphinium grandiflorum*	卫士/北极光	卫士蓝、淡紫混种	25.2	16
16	三色堇	*Viola tricolor*	美田宝石	黄金	34.6	64
17	大花楼斗菜	*Aquilegia glandulosa*	折纸	红白双色	9.6	64
18	石竹	*Dianthus chinensis*	美田明星	富贵红	29.3	64
19	矮牵牛	*Petunia hybrida*	虹彩	粉色	66.5	64
20	南非万寿菊	*Osteospermum ecklonis*	艾美佳	渐变淡紫色	8.4	64
21	羽扇豆	*Lupinus micranthus*	画廊	混色	4.6	16
22	石竹	*Dianthus chinensis*	美田明星	鲜红	15.3	64
23	白晶菊	*Chrysanthemum paludosum*	白雪地	白色	7.9	36
24	矮牵牛	*Petunia hybrida*	海市蜃楼	中度蓝	8.3	64
25	金盏菊	*Calendula officinalis*	棒棒	黄色	30.1	49
26	大花飞燕草	*Delphinium grandiflorum*	卫士/北极光	卫士蓝、淡紫混种	16.4	16
27	石竹	*Dianthus chinensis*	美田明星	鲜红	23	64

映，是花境植物最为繁盛的时候，7、8月盛夏，八宝景天、薔草展现出地毯般的效果。9月，夏季开花的木槿、紫薇方兴未艾，月季卷土重来，秋季开花的荷兰菊、金光菊、蒲棒菊也开始上场。10月，除了各种花卉，大量的观赏草伸出柔长的花序，狼尾草、香根草、花叶蒲苇、香茅、'金碗'苔草、金叶苔草、橘红苔草、细叶芒、细茎针茅、拂子茅、花叶拂子茅、粉黛乱子草，

营造出自然野性的效果。11～12月，矾根、墨西哥鼠尾草和茶梅的开花预示着整个花园四季将再一次开始轮回（图5-71）。

5.7.3 绿墙设计

绿墙位于青岛西海岸新区张家楼镇达尼画家村的现代农业公共服务中心大厅（图5-72）。因此在选择绿墙主题时，以梵高两幅非常相近的油

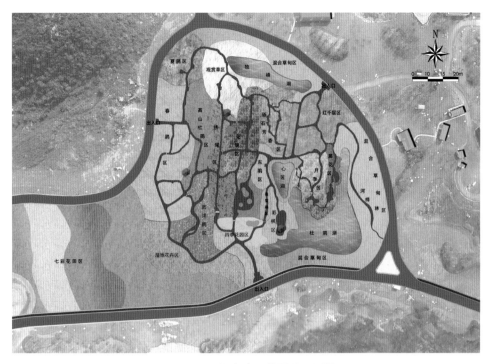

图5-70 云漫湖岩石花园总平面图

图5-71 贵州云漫湖岩石花境

画作品《麦田的丝柏树》为主题，两幅壁画均高3m，采用种植袋式结构。以豆瓣绿作为画面的绿色基底，红掌构成的丝柏树是整个画面的主景色，秋海棠、孔雀竹芋、鸟巢蕨、花叶万年青作为整个植物壁画的陪衬（图5-73）。两棵丝柏树同样以豆瓣绿为基底，取得两幅作品之间的一致性，但主体丝柏树的材料为平安蕨，这与原画的色调更为吻合，为提亮整体色调，选择了叶色更为丰富的秋海棠、孔雀竹芋、吊兰、花叶万年青作为整个植物壁画的陪衬（图5-74）。

小　结

随着现代文明的进步，城市的发展，人们对工作和生

图5-72　绿墙整体环境

图5-73　绿墙——丝柏树

图5-74　两棵丝柏树

活环境的改善有了更高的要求，呼唤绿色，热爱大自然，在城市建设中更加重视园林绿地的发展。所谓"绿"主要是体现在植物上，应用乔木、灌木、藤本及草本植物来创造景观，充分发挥植物本身形体、线条、色彩等自然美，配植成一幅幅美丽动人的画面，供人们欣赏，这就是"植物造景"。

园林植物的形式多样，木本植物，尤其是乔木构成的园林的骨架，它们或孤植或对植或列植或丛植或林植或篱植，构成了园林绿色的基调。而草本花卉花色艳丽，季相变化丰富，就是绿色基调上最好的点缀，花坛、花境、花丛、花台是其重要应用形式。花坛最为常见，花境则是近年来才渐被熟知的花卉应用形式，但其艳丽的色彩和丰满的群体形象给人留下深刻的印象。绿雕、立体花坛、容器种植等应用方式作为城市绿化的一部分，也成为人们生活的一部分。

无论何种园林植物景观，设计之初首先是对环境条件，包括小气候、土壤、光照以及周围的植物种植进行分析，根据其环境特点和功能特点，确定基本体量和种植风格。在此基础上，进行细致的平立面设计、色彩设计和季相设计。指导设计准则有形式美的艺术的基本法则，但艺术并不能粗暴地干涉自然的领地，所使用的材料处于不断变化当中，时间跨度的影响对园林植物景观设计较之其他艺术形式更为明显，所有的设计都必须置于自然的环境之下，在时间的流淌中逐渐绽放。对于园林植物景观设计来讲，如同其他所有的艺术一样，必须注意整体和局部的关系，花坛常在规则式园林中出现，而花境多见于自然式园林；容器种植中容器颜色多、质感差异大、形状也多变，容器变化虽多，但必须与植物和谐搭配，好的种植设计应实现整体大于各局部之和。

园林植物景观魅力的体现不是造景形式上的别具一格，而是深厚的植物学知识，是对植物生长需求与栽培管理技术的均衡把握。园林绿化工作者在进行植物景观设计时，应根据具体位置和空间环境进行具体分析和体会，在创造良好生态环境的同时，创造出丰富多彩的园林空间。

思考题

1. 你所在的城市有哪些常见的园林植物应用形式？它们在设计中存在哪些问题？
2. 花坛与花境平面设计有何异同？
3. 花坛与花境色彩设计有哪些异同？
4. 立体花坛设计中应注意哪些问题？
5. 花坛、花境、立体花坛对植物材料各有什么要求？
6. 植物造型设计常选用哪些材料？
7. 绿墙在你所在区域应用状况如何？主要有哪些类型？

推荐阅读书目

园林花卉应用设计. 董丽. 中国林业出版社，2003.

花境设计与应用大全. 魏钰，张佐双，朱仁元. 北京出版社，2006.

花境设计师.〔英〕Richard Bird 著. 周武忠译. 东南大学出版社，2000.

植物景观设计. NancyA. Le Szynski 著. 卓丽环译. 中国林业出版社，2004.

景观植物整形艺术与技巧.〔英〕戴维·乔伊斯著. 乔爱民等译. 贵州科技出版社，2002.

景观的视觉设计要素.〔英〕西蒙·贝尔著. 中国建筑工业出版社，2004.

缤纷的容器花园：各式容器中花卉的配植方法. 主妇之友社. 中国林业出版社，2001.

室内盆栽花卉和装饰.〔英〕盖伊·塞奇著. 中国农业出版社，1999.

The planting design handbook. Nick Robinson. Arboricultural Journal, 2013.

植物景观色彩设计.〔英〕池沃斯著. 董丽译. 中国林业出版社，2007.

植物景观规划设计. 苏雪痕. 中国林业出版社，2012.

花境赏析 2018. 成海钟. 中国林业出版社，2018.

花境设计. 王美仙，刘燕. 中国林业出版社，2013.

第6章
建筑与园林植物景观设计

建筑塑造的人工美，如雄伟、轻盈、庄严等形象与周围植物形成的自然美相辅相成。植物丰富的色彩变化、柔和多样的线条、优美的姿态及风韵都能增添建筑的美感，使之产生一种生动活泼而具有季相变化的特有的感染力和情调，使建筑与周围的环境协调。好的建筑植物配景可使建筑别具风韵，甚至成为建筑的一部分，而建筑则成为植物的生长空间，为植物生长创造适宜的生长环境。精心的设计能使二者和谐一致、相得益彰。

6.1　建筑与园林植物的关系

6.1.1　建筑对园林植物的作用

建筑能为植物提供基址，改善局部小气候，通过建筑的遮、挡、围等作用，为各种植物提供适宜的环境条件。

建筑还能起到背景、框景、夹景的作用。"以壁为纸，以石为绘"，小区中一丛翠竹，数块湖石，以沿阶草镶边，以景墙为背景，使这一小景充满诗情画意；各种门、窗、洞对植物起到框景、透景的作用，形成"尺幅窗"和"无心画"，与植物一起组成优美的构图（图6-1）。

隐建筑于山水之中，将自然美提升到更高的境界。中国传统建筑常隐于山水之中，如"海棠春坞"的小庭园中，造型别致的书卷式篆额，嵌于院之南墙。院内海棠数枝，初春时分万花似锦，古典建筑与娇羞海棠共同营造出清静幽雅的美感。嘉实亭四周遍植枇杷，亭柱上的对联为"春秋多佳日，山水有清音"，充满诗情画意。常绿的枇杷，使嘉实亭即使在隆冬季节依然生机盎然。此外，还有"雪香云蔚亭""四面荷花亭""荷风四面亭""梨花伴月""曲院风荷""闻木樨香轩""写秋轩""柳浪闻莺""平湖秋月""知春亭"等，尽现古典建筑与山水、植物组合之佳境。而现代一些建筑设计为了保留原有植物景观，把植物作为建筑的一部分考虑，重视与环境的融合，特别是一些生态建筑更加注重与环境的关系（图6-2）。

图6-1　展览馆与其室外植物构成优美的画面

图6-2　室外植物景观成为建筑的组成部分

图6-3 建筑外的对景

图6-4 建筑与植物成为一个整体

图6-5 掩映在植物丛中的卫生间

图6-6 植物软化建筑，丰富构图

6.1.2 园林植物对建筑的作用

(1) 植物作为建筑的对景

室外景观往往是各种建筑重要的对景，因此很多建筑设计会考虑室内向外观看到的景观。因为植物的自然属性可以使人放松心情，在感受季节变化的同时，具有很好的心理调节作用，所以植物往往是布置对景最常用的对象，常用的手法是以建筑的窗或透明玻璃为框来布置对景（图6-3）。

(2) 植物协调建筑与周边环境的关系

建筑的背景往往是绿色植被，建筑也常以绿色植物来丰富和完善建筑的构图，包括平面和立面，使之融于自然环境（图6-4）。植物还常用于掩盖不方便外露的小型建筑或构筑物，如室外的厕所、库房等（图6-5）。与自然环境紧密结合，是园林建筑的基本特征，而园林植物的配置对园林建筑融于自然起着重要作用。植物配置能软化建筑的硬质线条，打破建筑的生硬感，丰富建筑物构图，用"柔软""曲折"的植物线条打破建筑"平直""机械"的线条，可使建筑景观丰富多彩（图6-6）。自然环境中依山傍水的园林建筑，往往将植物配置其间，使其与环境融成一体，成为完整的景观。

(3) 植物烘托建筑的氛围

不同的建筑有不同的形象轮廓、线条、色彩与气质，依据建筑的主题、意境、特色进行植物

图6-7　张拉膜结构的建筑与自然布置的植物浑然一体

图6-8　植物作为建筑背景

图6-9　建筑因植物季相变化而呈现不同的美

配置，可使建筑的主题与气氛更加突出（图6-7、图6-8）。园林植物对建筑有着自然的隐露作用，对于小型建筑"露则浅，隐则深"，在植物掩映下若隐若现是常用的构景手法。

(4) 植物赋予建筑时间和空间上的季相变化

建筑的位置和形态是不变的，而植物有季相的变化，春华秋实、盛衰枯荣。当建筑与植物融为一体时，植物的四季变化使得建筑环境也呈现出时间和空间上的变化，生机盎然，变化丰富（图6-9）。

6.1.3　室外植物景观设计注意事项

6.1.3.1　建筑性质、风格与植物景观设计

植物是协调自然环境与建筑室内外空间的最

灵动的手段之一（图6-10），但应注意不同性质的建筑在进行植物设计时应考虑相应的功能要求。

(1) 陵园、寺院等园林建筑的植物景观设计

纪念性园林中的建筑常具有庄严、稳重的特点。如烈士陵园要注意纪念意境的创造，常用松、柏来象征革命先烈高风亮节的品格和永垂不朽的精神，也表达了人民对先烈的怀念和敬仰（图6-11）。又如纪念堂选用白兰花，别具风格，既打破了纪念性园林只用松、柏的界限，又不失纪念的意味。常绿的白兰花象征着先烈为之奋斗的革命事业万古长青，香味醇郁的白色花朵象征着先烈的业绩流芳百世、香留人间。

寺院、古迹等地为求其庄严、肃穆，配置树种时必须注意其体形大小、色彩浓淡要与建筑物的性质和体量相适应。

(2) 中国古典皇家园林建筑的植物景观设计

为了反映帝王至高无上、威严无比的权力，宫殿建筑群具有体量宏大、雕梁画栋、色彩浓重、金碧辉煌、布局严整、等级分明等特点，常选择姿态苍劲、意境深远的中国传统植物，如白皮松、油松、圆柏、青檀、七叶树、海棠、玉兰、银杏、槐树、牡丹、芍药等作基调树，且一般用多行规则式种植，来显示王朝的兴旺不衰、万古长青。这些华北地区的乡土植物，耐旱耐寒，生长健壮，叶色浓绿，树姿雄伟，与皇家建筑十分协调。颐和园、中山公园、天坛、御花园等皇家园林均是如此。颐和园前山部分，建筑庄严对称，植物配置也多为规则式。园内配植的玉兰、西府海棠、牡丹、芍药、石榴等树种，寓意"玉堂富贵""多子多福"。

(3) 私家园林建筑的植物景观设计

江南古典私家园林小巧玲珑、精雕细琢，以咫尺之地象征"万壑山林"，建筑以粉墙、灰瓦、栗柱为特色，用于显示文人墨客的清淡和高雅。植物配置重视主题和意境，多于墙基、角隅处种植松、竹、梅等象征古代君子品行的植物，体现文人像竹子一样具有高风亮节，像梅一样孤傲不惧和"宁可食无肉，不可居无竹"的思想境界。

南方园林以苏州园林为代表，是代表文人墨客情趣和官僚士绅的私家园林。在思想上体现士大夫清高、风雅的情趣，建筑色彩淡雅，园林面积不大，故在地形及植物配置上运用了小中见大的手法，通过"咫尺山林"再现大自然景色。

(4) 英式建筑的植物景观设计

英国式建筑为主的园林，植物造景中以开阔、略有起伏的草坪为底色，其上配置雪松、龙柏、月季、杜鹃花等鲜艳花灌木，或丛植，或孤植，模拟英国或澳大利亚一些牧场的景色。

(5) 岭南风格建筑的植物景观设计

岭南风格以广东、广西园林中的园林建筑为代表，自成流派，具有浓厚的地方风格，轻巧、通透、淡雅。建筑旁大多采用翠竹、芭蕉、棕榈科植物配置，偕以水、石，组成一派南国风光。

(6) 现代园林建筑的植物景观设计

现代建筑以其独特的形象、现代的材质为典型特征，所以常用整齐、简洁的方法进行植物配置（图 6-12）。

6.1.3.2　建筑色彩与植物景观设计

植物独特的形态、颜色、质感，能够使建筑物体量突出、色彩鲜明。植物对建筑生硬的轮廓有软化作用，在绿荫环绕的自然环境之中，建筑能很好地突出出来。如北海公园琼华岛山顶上的白塔被满山翠柏烘托得更加鲜明，白塔与郁郁葱葱的植物背景更加融合（图 6-13）。

图6-10　竹为建筑空间增加层次

图6-11　植物营造庄严氛围

图6-12　简洁大方的室外植物配置与现代建筑相得益彰

图6-13　白塔在深色的植物背景下更突出

图6-14　建筑南面植物虽美但略影响采光

图6-15　整齐的绿篱衬托出建筑的形式美

6.1.3.3　建筑朝向与植物景观设计

建筑的自然采光是建筑设计的主要方面之一，植物景观设计不应影响建筑的自然采光，一般要求大乔木不能离建筑采光窗太近，因此，建筑南向宜以低矮植物为主，进行基础栽植（图6-14）。建筑北向则要注意植物的耐阴选择。而对于墙面绿化，根据朝向不同，采用的植物材料也不同。一般来说，朝南和朝东的墙面光照较充足，而朝北和朝西的光照较少，有的住宅墙面之间距离较近，光照不足，因此要根据具体条件选择光照等生态因子适合的植物材料。当选择爬墙植物时，宜在东、西、北3个朝向种植常绿植物，而在朝南墙面种植落叶植物，以利于朝南墙面在冬季吸收较多的太阳辐射热。所以，在朝南墙面，可选择地锦、凌霄等；朝北的墙面可选择常春藤、薜荔、扶芳藤等。在不同地区，适于不同朝向墙面的植物材料不完全相同，要因地制宜进行选择。

6.1.3.4　建筑形体与植物景观设计

建筑形体的设计往往也与植物景观设计密切相关，特别是小型建筑，植物对其形体美的影响更为明显，因此，要求小型建筑的植物景观设计更为精细，应不影响建筑形式美，最好能够衬托建筑的形体、色彩、特色等（图6-15）。

6.2　建筑入口、窗、墙、角隅等的植物景观设计

优秀的建筑作品，犹如一曲凝固的音乐，给

人带来艺术的享受，和植物搭配起来，更具生机与活力（图6-16）。建筑与园林植物之间的关系应是相互因借、相互补充，使景观具有画意，但如果处理不当则会适得其反。

建筑入口、窗、墙、角隅等处的植物配置首先要符合建筑物的性质和所要表现的主题。如在杭州"平湖秋月"碑亭旁，栽植一株树冠如盖的较大秋色树；"闻木樨香轩"旁，以桂花环绕等。其次要使建筑物与周围环境协调。如建筑物体量过大，建筑形式呆板或位置不当等，均可利用植物遮挡或弥补。最后要加强建筑的基础种植。如墙基种花草或灌木，能使建筑物与地面之间有一个过渡空间，或起到稳定基础的作用。另外，屋角点缀一株花木，可弥补建筑物外形单调的缺陷；墙面可配植攀缘植物；雕像旁宜密植高度适当的常绿树作背景；座椅旁宜种庇荫的、有香味的花木等。

6.2.1　建筑入口植物景观设计

入口是视线的焦点，有标志性的作用，是内与外的分界点，通过精细设计的植物配置，往往给人留下深刻的第一印象（图6-17至图6-19）。在一般入口处植物配置应有强化标志性的作用，

如高大的乔木与低矮的灌木组成一定的规则式图案，鲜艳的花卉植物组成一些文字图案，排列整齐的植物起到引导作用，突出入口位置，使人们很容易找到主要入口。较大的入口用地，可采取草坪、花坛、树木相结合的简洁大方的方法强化、美化入口。

一般入口处的植物配置首先要满足功能要求，不阻挡视线，以免影响人流车流的正常通行；某些情况下，特殊方向可故意挡住视线，使入口若隐若现，起到欲扬先抑的作用。建筑的入口性质、位置、大小、功能各异，在植物配置时要充分考虑相关因素。在一些休闲功能为主的建筑、庭院入口处，可配置低矮花坛，自然种植几株树木，来增加轻松和愉悦感。

园林建筑常充分利用门的造型，即以门为框，通过植物配置，与路、石等进行精细的艺术构图，不但可以入画，而且可以扩大视野，延伸视线（图6-20）。

6.2.2　建筑窗前植物景观设计

植株和窗户高矮、大小、间距的关系，以不遮挡视线和无碍采光为宜，同时要考虑植物与窗户朝向的关系。东西向窗最好选用落叶树种，以

图6-16　建筑入口对称的列植具
有强烈的视线引导作用

图6-17　传统建筑入口的构图

图6-18　挺拔的乔木烘托建筑的形体

图6-19　植物渗入建筑架空层内部

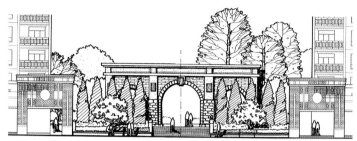

图6-20　植物突出入口

图6-21　尺幅窗

图6-22　植物装饰粉墙

图6-23　以白墙为背景展示植物的自然姿态与色彩

保证夏季的树荫和冬季的阳光照射；南北向窗户则无这种限制，但同样要注意植物与建筑之间要有一定的距离，一般3m以上为宜。植物也可充分用作框景的对象，安坐室内，观赏窗框外的植物景观，俨然一幅生动画面，即所谓的"尺幅窗""无心画"（图6-21）。但是窗框的尺度是固定不变的，植物却不断生长，随着生长，体量增大，可能会破坏原来画面，因此，需选择生长缓慢、变化不大的植物。如芭蕉、南天竹、孝顺竹、苏铁、棕竹、软叶刺葵等种类，近旁可再配些尺度不变的剑石、湖石，增添其稳固感。这样有动有静，构成相对稳定持久的画面。为了突出植物主题，窗框的花格不宜过于花哨，以免喧宾夺主。

6.2.3　建筑墙体植物景观设计

墙体的一般功能是承重和分隔空间，现代墙体的形式和表面装饰材料多种多样，植物配置要与墙体协调。不能破坏建筑墙基，通过植物色彩、质感将人工产物和自然完美融合在一起，注重构图、色彩、肌理等的细微处理。若建筑墙基的色彩鲜艳、质地粗糙，植物应该选择纯净的绿色为主色调来软化质地，在形成对比的同时使其和谐统一；若建筑墙基为灰色调、质地中性，植物选择较为多样，既可是彩色植物也可为绿色植物。纪念性建筑应选择庄重的树种。在墙基保护方面，要求在墙基3m以内不种植深根性乔、灌木，一般种植浅根性草本或灌木。

古典园林常以白墙为背景进行植物配置，如几丛修竹、几块湖石即可形成一幅图画；现代的一些墙体常配置各类攀缘植物或垂吊植物进行立体绿化，经过美化的墙面，自然气氛倍增。苏州园林中的白粉墙常起到画纸的作用，通过配置观赏植物，以其自然的姿态与色彩作画（图6-22、图6-23）。

6.2.4　建筑角隅植物景观设计

建筑的角隅多，线条生硬，多呈直角，偶有其他形状，如直线与圆弧、相交、钝角等形式，转角处常成为视觉焦点，有效的软化和打破方法是对其进行适宜的植物配置。通过植物配置进行缓和点缀时，宜选择观果、观叶、观花、观干等种类成丛栽植，多种植观赏性强的园林植物，并且要有适当的高度，最好在人的平视范围内，以吸引人的目光。也可放置一些山石，结合地形处理和植物种植，缓和生硬、增加美感，对于较长的建筑与地面形成的基础前宜配置较规则的植物，以调和平直的墙面，同时也是统一美的体现（图 6-24、图 6-25）。

6.2.5 建筑基础植物景观设计

建筑基础是指紧靠建筑的地方。一般的基础绿化是以灌木、花卉等进行低于窗台的绿化布置，在高大建筑天窗的地方也可栽植林木。建筑基础是建筑实体与大地围合形成的半开放式空间，是连接建筑与自然的枢纽地带。建筑基础绿化装饰的好坏很大程度上影响建筑与自然环境的协调与统一。

建筑基础植物配置是美化、强化建筑及其环境文化性、功能性的重要手段。而且适宜的植物配置能够减少建筑和地面的烈日暴晒、各种辐射热，以及吸附地面扬尘。在临街建筑进行基础栽

植还可以使建筑与道路有所隔离，免受窗外行人、车辆以及儿童喧闹的干扰，降低噪声。建筑基础植物配置要注意以下几点：

① 建筑的高低不同，基础绿化选择的植物不同，绿化方式和效果也各异。建筑物一般有多个面，基础绿化主要针对主视面，美化功能占主导地位（图 6-26），对于临街建筑面的隔音防噪功能也不可忽视。

② 受建筑物的影响，不同朝向形成不同类型的小气候，因此在植物选择上要注意其适应性。

③ 植物配置要与建筑的艺术风格和表现一致，巧妙运用植物色彩、质地、形状合理配置，或显或隐，不可喧宾夺主。

④ 除攀缘植物外，基础栽植不可离建筑太近，灌木要保持 1m 以上，以保持室内通风透光，窗前乔木要在 5m 以上。建筑基础植物配置常采用的方式有花境、花台、花坛、树丛、绿篱等。

6.2.6 建筑过廊植物景观设计

过廊是建筑之间带状连接用的封闭或半封闭

图6-24 植物与瀑布形成的怡人空间

图6-25 古建筑角隅的种植与石笋

图6-26 建筑基础绿化

图6-27　建筑过廊的绿化

的建筑形式。过廊周围的植物配置主要考虑内外视线的交融和景观的形成。一般宜形成逐步展开的一系列画卷式框景（图6-27）。

6.3　庭园植物景观设计

庭园与建筑关系密切，建筑物的性质决定了庭园的性质，建筑的风格决定了庭园的风格。如纪念性的建筑，其庭园庄严肃穆；行政办公性质的建筑，其庭园简洁大方；宗教性质的庭园严整、神秘；而宾馆、商场、餐厅等庭园比较活跃；私人庭园则可根据主人对建筑和庭园的爱好而决定其形式和内容。

6.3.1　庭园分类

庭园可以根据建筑物的性质和功能划分为住宅庭园和公共建筑庭园；可以根据庭园在建筑物中的位置划分为前庭、中庭、后庭、侧庭、小院；根据庭园的景观主题划分为山庭、水庭、水石庭、平庭。不管如何，庭园的组合空间，是客观存在的立体境域，是通过人的视觉反映出来的。庭园空间是由庭园景物构成的，由于它位于建筑的外部，并由建筑物所围成，所以不同于建筑的室内空间，也有别于不受建筑"围闭"的园林空间，而是一种类似"天井"的空间。单一的庭园空间，其景观以静观为主。但如果采用适当的组景技法，去组织空间的过渡、扩大和引申，就可使庭园空间"围而不闭"，产生具有先后、高低、大小、虚实、明暗、形状、色泽等动态的景观序列，使庭园景观生动而有秩序（图6-28、图6-29）。所以，除了个别单一的庭园空间外，最

图6-28　庭园与建筑的关系　　　　　　　　图6-29　庭园成为室内空间的延伸

图6-30　规则式布置植物的庭园

图6-31　用植物突出景墙

理想的办法是使植物与庭园空间组合，形成有变化的空间层次和景观序列，使庭园空间的景观优势充分发挥出来。此外，庭园空间的组合、空间层次的安排和景物序列的塑造还应考虑建筑物的性质和使用功能，通常纪念性、宗教性、行政性的庭园空间组合较为严整、堂皇，而一般民用及公共建筑的空间组合，多以灵活自如取胜（图 6-30、图 6-31 ）。

6.3.2　建筑庭园植物景观设计

建筑庭园植物景观设计需注意以下几方面的问题：

① 在地形变化较多、功能复杂的地方要将建筑与绿色相融，可将建筑化整为零，分割出许多庭园，使建筑、庭园和环境相互融合，成为一个整体。植物在其中更多的是适应场地变化，使建筑与绿色互融（图 6-32 ）。

② 以庭园特别是中庭作为建筑的核心来处理，建筑组合围绕中心庭园而展开，这种庭园具有内向聚集的空间效果。其硬质材料产生的日照热辐射和人流集中造成的高温与污浊空气可被园林调节，植物在其中起到组景、净化空气和美化环境的重要作用，在许多中低层公共建筑中被采用。

③ 抽空式内庭在高层建筑中，可活跃建筑内的环境气氛，常将建筑内部的局部空间抽去作为内庭，从而形成耐人寻味、景观变化较为丰富的

"共享空间"。这种以植物为主的空间，起到重要的缓冲作用，为人们的高层活动提供放松、休憩的环境。

④ 建筑围合绿色空间，即用建筑、墙、廊等围合成封闭向心或通透自由的庭园，既可以是规则整齐的，也可以是与自然山水有机结合的多种围合形式，这种处理手法在我国古典私家园林中采用最多，如苏州园林。

6.4　植物与环境小品

6.4.1　雕塑与植物景观设计

园林要素对园林空间的营造要有统一性。特别是以雕塑为中心营造的场所，对空间整体性要求更高，因此在植物景观设计时要仔细推敲。植物景观设计主要注意如下几点：

① 雕塑同周边植物环境间主客体的关系要清晰　景观雕塑若以植物为背景，通过植物的变化，能使视觉不断产生新的感觉和认识，而且对表现雕塑内容也会有所帮助。如高大乔木的树叶有很强的遮阴性，能反衬出雕塑的细致和温柔，适合于大理石、花岗石类雕塑；低矮的灌木丛植所形成的天然绿墙背景，能清晰和明确雕塑轮廓，使人的视觉更多关注雕塑的造型；攀缘植物可以用于丰富雕塑形象或弥补雕塑在处理中的某些缺陷，

图6-32　建筑及其庭园融于绿色空间

图6-34　雕塑与绿地融合

图6-33　雕塑与植物背景形成强烈
的质感和色彩对比

图6-35　悬铃木作为雕像的背景

更好地与大自然融合；地被或草坪等则会让雕塑更为突出（图6-33）。可以利用植物弥补原主体环境的不足之处或成为雕塑作品的一部分，完成雕塑与周边环境的呼应（图6-34）。

　　② 植物空间与雕塑空间要有机融合　雕塑空间同环境空间的融合不是简单的空间融合，而是实体空间之间相互凝聚和有机结合，它体现的是最终结合后产生的某种心理空间（图6-35）。

　　③ 要充分应用雕塑环境空间的场效应　植物与雕塑共同筑成的感应空间，会产生出一个具有视觉心理引力的空间磁场，感染或控制观赏者的思绪（图6-36）。

6.4.2　特色铺装与植物景观设计

　　特色铺装往往以图案特性使其别具特色，从而成为焦点及观赏点，而植物景观设计往往突出这种形式的色彩美（图6-37、图6-38）。如青石板冰裂纹碎拼铺地象征冬天的到来，在铺装周围的绿地中选择冬季季相特征的植物能够呼应铺装的象征意义，如冬季开花的蜡梅、梅花，常青的松柏类、竹类植物，与冰裂纹铺地一起可以起到彼此呼应、相互融合及表现景观主题的作用（图6-39、

图6-40）。

6.4.3　园林建筑小品与植物景观设计

　　园林建筑小品是在园林绿地中为市民提供服务，或用作装饰、展示、照明、休息等的小型建筑设施。其特征是体量较小、造型丰富、功能多样、富有特色。按照功能，园林建筑小品可分为服务小品、装饰小品、展示小品、照明小品4种类型。建筑小品与植物一起配置，若处理得当，不仅可以获得和谐优美的景观，还可获得单体达不到的功能效果。园林植物与建筑小品的配置功能与方法有以下几种：

(1) 植物配置突出建筑小品的主题

　　在园林绿地中，许多建筑小品都是具备特定文化和精神内涵的功能实体，如装饰性小品中的雕塑物、景墙、铺地，在不同的环境背景下表达了特殊的作用和意义，此时植物起着陪衬的作用。在古典园林中，漏窗、月洞门和植物合理地配置，其包含的意境是十分丰富的。通过选择合适的物种和配置方式还可以突出、衬托或者烘托小品本身的主旨和精神内涵。如纪念革命烈士为主题的雕塑以秋色叶树丛为背景，一到秋天，色叶树的

图6-36 绿色环绕中的雕像

图6-37 树阵与铺装

图6-38 艳丽的花坛软化了硬质铺装

图6-39 地面竹叶图案与竹丛呼应

图6-40 木屑与树木形成自然氛围

色彩把庄严凝重的纪念氛围渲染得淋漓尽致。

(2) 植物配置协调建筑小品与周边环境的关系

当建筑小品因造型、尺度、色彩等原因与周围绿地环境不协调时，可以用植物来缓和或者消除这种矛盾。如以照明功能为主的灯饰，在园林中是一项不可或缺的基础设施，但是由于它分布较广、数量较多，在选择位置上如果不考虑与其他园林要素结合，将会影响绿地的整体景观效果，利用植物配置和灯饰结合设计可以解决这个问题。将草坪灯、景观灯、庭院灯、射灯等设计在低矮的灌木植物丛中、高大的乔木下或者植物群落的边缘位置，既隐蔽又不影响灯饰的夜间照明。又如指示牌，在出入口或重要转折处，除了指示牌本身的艺术性和装饰性，植物也可帮助掩饰其支撑柱或突出指示牌本身。垃圾桶和厕所也有类似的问题，植物可以起到很好的装饰、掩饰的作用。

此外，植物配置不仅可以解决客观存在的问题，而且还可以配合建筑小品，使园林中的景观和环境显得更为和谐、优美。如休息亭以浓郁、成片的树林为背景或隐于常绿树丛之中

（图6-41），比单独放在一片草坪或者硬地上，更加自然，不显突兀，对于游人来说这样的休息亭也更易靠近，更具有安全感。

(3) 植物配置丰富建筑小品的艺术构图

一般来说，建筑小品特别是体量较大的休息亭、长方形的坐凳、景墙等的轮廓线都比较生硬、平直，而植物以其优美的姿态可以软化建筑小品

图6-41 掩映于树丛中的休息亭

的边界，丰富艺术构图，增添建筑小品的自然美，从而使整体环境显得和谐有序、动静皆宜。特别是建筑小品的角隅，通过植物配置进行缓和柔化最为有效，宜选择观花、观叶、观果类的灌木、地被和草本植物成丛种植，也可略做地形处理，高处增添一至几株浓荫乔木，形成相对稳定持久的景观。

景墙、栏杆、道牙主要起到分隔和装饰的作用，在进行植物配置时常种植爬藤类、低矮地被植物使其自然攀缘，这样不仅柔化、覆盖、遮挡了建筑小品硬质的棱角线条，而且也美化了环境，为游人增添了亲近自然之趣。在道路台阶边缘可用蔓长春花、扶芳藤等地被植物；在栏杆、景墙、围墙边上可以种植金银花、常春藤、油麻藤、紫藤等垂挂类的爬藤植物。

另外，建筑小品一般以淡色、灰色系列居多，而绿色的、色叶类的、带有各种花色和季相变化的植物与建筑小品的结合，可以弥补它们单调的色彩，为建筑小品的功能和内涵增添一种表达方式。

(4) 植物配置完善建筑小品的功能

好的植物配置不仅起到美化建筑小品的作用，而且还可以通过配置来完善建筑小品本身的功能。如指示小品（导游图、指路标牌）旁的几棵特别的树可以起到指示导游的作用；廊架上栽植攀缘

图6-42　桥上花篮组合

类植物，更加完善了廊架庇荫的功能效果。

座椅是园林中分布最广、数量最多的小品，其主要功能是为游人休息、赏景提供停歇处。从功能的角度考虑，座椅边的植物配置，要注意枝下高不应低于2.5m，同时应该做到夏可庇荫、冬不蔽日。所以座椅设在落叶大乔木下不仅可以带来阴凉，植物高大的树冠也可以作为赏景的"遮光罩"，使透视远景更加明快清晰，使休息者感到空间更加开阔。座椅后面的背景植物也可以增强人们休息时的安全感。

假山石旁植物配置一般以表现石的形态、质地为主，不宜过多地配置植物。有时可在石旁配置一二株小乔木或灌木，在需要遮掩时，可种攀缘植物；半埋于地面的石块旁，则常以书带草或与低矮花卉相配；溪涧旁石块，常植以各类水草，以添自然之趣。

6.4.4　花架植物景观设计

园林中的花架既可作小品点缀，又可成为局部空间的主景；既是一种可供休息赏景的建筑设施，又是一种立体绿化的理想形式。它可以展示植物枝、叶、花、果的形态色彩之美，所以具有园林小品的装饰性特点。花架常与花钵、花瓶、花柱、攀缘棚架、花格墙组合，具有灵活多样的特点，成为独立的景观设施（图6-42）。常用在道路、广场周边或中心，甚至在室内、商店、屋顶、天井内也有应用，成为美化与丰富生活环境的重要手段，也是创造室内外建筑与自然相互渗透、浑然一体的设施。花架的形式极为丰富，有棚架、廊架、亭架、篱架、门架等，所以也具有一定的建筑功能。同时，设置花架不仅不会减少绿地的比例，反而因植物与建筑紧密结合使园林中的人工美与自然美得到极好的统一。花架及周围植物的设计，要注意以下几点：

① 花架作为一件艺术品，既要在绿荫掩映时可坐赏周围的风景和休息，又要在落叶时仍可用且具有较强的观赏性。在设计时不应仅作构筑物来设计，还应考虑植物与花架的关系，需注意比例尺寸、材质和必要的装修，要根据攀缘植物的

特点、环境来构思花架的形体，根据攀缘植物的生物学特性，来设计花架的构造、材料等（图6-43）。

② 花架要为植物生长创造条件。要按照所栽植物的生物学特性，确定花架的方位、体量、花池的位置及面积等，尽可能使植物得到良好的光照及通风条件。花架宜与周围植物和地形配合，尽量接近自然，并与周围植物协调。综合考虑所在地块的气候、立地条件、植物特性以及花架在园林中的功能作用等因素。避免出现有架无花或花架的体量和植物的生长能力不相适应，致使花不能布满全架以及花架面积不能满足植物生长需要等问题出现。

③ 花架的组件只有支撑的墙、柱，可以结合植物的种植来设计。其四周一般较为通透开敞，并不一定是对称的，可以自由伸缩交叉、相互引申，使花架置身于园林之内，融汇于自然之中，光影和虚实变化结合，衬托植物的优美姿态，反映出环境宁静安详或热烈等氛围，集中表现其造型美。

④ 在专用绿地内周围建筑比重较大时，花架应当偏重于体现它装饰建筑空间和增加环境绿量的作用。要充分利用花架门、花架墙、花架廊等可利用空间来增加绿量，改善环境，美化和弥补建筑空间的缺乏和不足。

⑤ 选择适当的植物种类。一般情况下，一个花架配置1种攀缘植物，配置2～3种相互补充的植物也可以。各种攀缘植物的观赏价值和生长要求不尽相同，设计花架前要有所了解。例如，紫藤花架的紫藤枝粗叶茂，老态龙钟，紫色花序观赏性很强；葡萄架的葡萄有许多耐人深思的寓言、童话，可作为构思参考，而种植葡萄，要求有充分的通风、光照条件，还要翻藤修剪，因此，要考虑合理的种植间距；猕猴桃棚架最好是双向的，或者在单向花架板上再放临时支撑物件，以适应猕猴桃只旋而无吸盘的特点；对于茎干草质的攀缘植物，如葫芦、茑萝、牵牛花等，往往要借助牵绳而上，因此，种植池要近，在花架柱梁板之间也要有支撑、固定，方可爬满全棚；而藤本月季类花丰色艳，盛花期观赏性极高。

图6-43　开敞空间花架

6.5　屋顶植物景观设计

屋顶植物景观设计指在高出地面以上，周边不与自然土层相连接的各类建筑物、构筑物等的顶部以及天台、露台上的绿化设计（图6-44）。屋顶绿化有改善屋顶眩光，美化城市景观，增加绿色空间与建筑空间的相互渗透，以及隔热和保温、蓄水等作用。种种优点使屋顶绿化越来越受欢迎。屋顶绿化使建筑与植物更紧密地融成一体，丰富了建筑的美感，也便于居民就地游憩，减少市内大公园的压力。屋顶绿化涉及的技术问题比较复杂，设计时要考虑其可行性。

6.5.1　屋顶绿化景观构成要素

屋顶绿化景观由植物、基质、假山、水体、园路、雕塑、棚架等基本元素构成，其选择与露地园林有所差异。

(1) 植物

屋顶绿化一般应选用比较低矮、根系较浅的植物，以防风、防漏和减少土壤厚度。其中盆植方式安全、快捷、造价低。为增强其美化效果，种植容器可大可小，可高可低，可移动可组合，还可以与局部屋顶覆土种植相结合。对于大面积屋顶覆土绿化，由于覆土厚度薄及屋顶负荷有限，加之屋顶日照足，风力大，湿度小，水分散发快等特殊气候环境，要求植物具备喜光性、根系浅、耐旱以及抗风能力强等特点，体量也不能太大。

(2) 基质

屋顶绿化所用的基质与其他绿化的基质有很大的区别，要求肥效充足、轻质等。为了充分减轻荷载，土层厚度应控制在最低限度，符合屋顶绿化植物基质厚度要求（表6-1）。木屑腐殖土是目前应用较大且经济的一种基质。

表6-1　屋顶绿化植物基质厚度要求

植物类型	植物高度（m）	基质厚度（cm）
小型乔木	2.0～2.5	≥60
大灌木	1.5～2.0	50～60
小灌木	1.0～1.5	30～50
草本、地被植物	0.2～1.0	10～30

(3) 假山

屋顶上空间有限，又受到结构承重能力的限制，不宜在屋顶上兴建大型可观可游的以土石为主要材料的假山工程，仅宜设置以观赏为主、体量较小而分散的精美置石。可采用特置、对置、散置和群置等布置手法，结合屋顶绿化的用途、环境和空间，运用设置山石小品作为点缀园林空

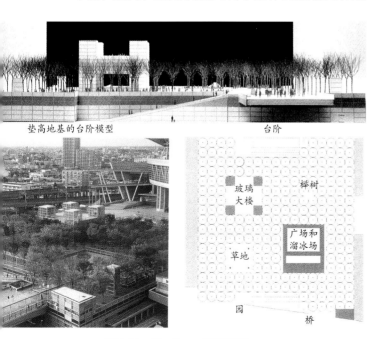

垫高地基的台阶模型　　　　　台阶

图6-44　**Sky Forest**屋顶花园

间和陪衬建筑、植物的手段。独立式精美置石一般占地面积小，由于它为集中荷重，其位置应与屋顶结构的梁柱结合。为了减轻荷重，在屋顶上建造较大型假山置石时，多采用塑假石做法，塑石可用钢丝网水泥砂浆塑成或用玻璃钢成型。

(4) 水体

水体工程是屋顶绿化重要组成部分，形体各异的水池、叠水、喷泉以及观赏鱼池和水生植物种植池等为屋顶有限空间提供观赏景物，但应注意承重与防水问题。

(5) 园路

屋顶绿化除植物种植和水体外，工程量较大的是道路和场地铺装。园路铺装是做在屋顶楼板、隔热保温层和防水层之上的面层。面层下的结构和构造做法一般由建筑设计确定，屋顶绿化的园路铺装应在不破坏原屋顶防水排水系统的前提下，结合屋顶绿化的特殊要求进行设计和施工。

(6) 雕塑

屋顶绿化中设置少量雕塑，可陶冶情操，美化心灵。为充实屋顶绿化的造园意境，选用题材可不拘一格，形体可大可小，刻画的形象可自然可抽象，表达的主题可严肃可浪漫。

(7) 棚架

棚架主要用于遮阴或作为攀缘植物的基体。

6.5.2　屋顶绿化方式

(1) 简单式屋顶绿化

简单式屋顶绿化是在承载力较小的屋顶上以地被、草坪或其他低矮花灌木为主进行造园的一种方式，多用于旧楼改造和高低交错时低层屋顶的绿化，以低成本、低维护的基础绿化为原则。以种植耐干旱、绿期长的地被植物为主，注重俯视效果。因其注重整体视觉效果，内部可根据现状不设或少设园路，只留出管理通道。其构造层包括屋面防水层、保温层、保护层、隔根层、排水层、过滤层、种植基质层，设计厚度应在25～40cm，种植基质的厚度为5～20cm。

可采用观叶植物或整齐、艳丽的各种草本花卉，构成色块图案。还可以在建筑屋顶的承重

图6-45　简单式屋顶绿化

图6-46　北京王府井停车楼屋顶绿化

墙位置，设置固定或非固定种植池，应季摆放盆栽观赏植物或种植悬垂植物，兼顾墙体立面绿化（图6-45）。

(2) 花园式屋顶绿化

花园式屋顶绿化用于荷载较大的新建建筑屋顶，并以提高人在屋顶活动的参与性和舒适度为原则。以植物造景为主，选择耐整形修剪的乔、灌、草植物，充分展示多种植物配置形式。为减轻建筑荷载压力，保证建筑整体结构的安全，花架、水池、景石等重量较大的园林小品必须通过荷重计算，设置在建筑承重墙、柱位置。屋顶绿化构造层包括屋面防水层、保温层、保护层、隔根层、排水层、过滤层、种植基质层，其设计厚度应在25~100cm，土层厚度30~50cm。

花园式屋顶绿化应在建筑设计时统筹考虑，以满足绿化对屋顶承重能力的要求，达到建筑与绿化的完美统一（图6-46）。这类屋顶绿化对屋顶的荷载要求较高，一般每平方米不低于400kg，植物配置时要考虑乔、灌、草的生态习性，按自然群落的形式营造成复杂人工群落。它除了考虑植物的生态效益，更重要的是要考虑植物的美学特性。

6.5.3　屋顶绿化关键技术

屋顶绿化必须要考虑屋顶的安全和实用问题，这也是能否成功建造屋顶绿化的两大因素，其中的关键技术是解决承重和防水问题（图6-47）。

1. 乔木
2. 地下树木支架
3. 与围护墙之间留出适当间隔或围护墙防水层高度与基质上表面间距不小于15cm
4. 排水口
5. 基质层
6. 隔离过滤层
7. 渗水管
8. 排（蓄）水层
9. 隔根层
10. 分离滑动层

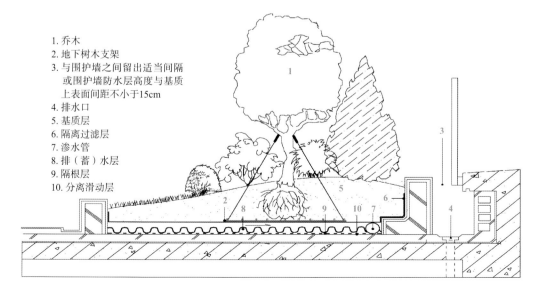

图6-47　屋顶绿化典型结构

(1) 选择轻质材料，减轻屋顶负荷

随着科技的发展，大量轻质材料不断涌现，可以显著降低屋顶绿化材料的自重。轻质建材包括小型空心砌块、加气混凝土砌块、轻质墙板、铝合金材料、塑料板材等。这些材料具有自重轻、耐磨、耐腐蚀、透水、透气等优点，利于植物的根系生长。轻质栽培介质包括蛭石、珍珠岩、稻壳、花生壳、聚氨酯泡沫等。它们同腐殖土、泥炭土等混合，再加入骨粉等物质，高温腐熟后进行土壤消毒，便可用于屋顶绿化。选用木屑、蛭石、砻糠灰等掺入土，既可减轻重量，也有利于土壤疏松透气，促使根系生长，增加吸水肥的能力。同时土层厚度控制在最低限度，一般草皮及草本花卉，栽培土深 16cm，灌木土深 40～50cm，乔木土深 75～80cm。种植土约 50cm 时便可以满足多数屋顶绿化植物的要求，新型的轻质种植土，将更好地胜任屋顶绿化。只要是可上人屋面，都可以采取盆植方式，土深 30cm 左右的浅盆可以在屋面均匀密布。

(2) 采用科学方法，做好防水

传统的屋顶防水处理一般用柔性防水层法或刚性防水层法。柔性防水层法因油毡等防水材料的寿命有限，往往在几年内就会老化，降低防水效果。刚性防水层法因受屋顶热胀冷缩和楼板结构受力变形等因素的影响，易出现不规则的裂缝，造成防水层渗漏。在实际工作中，可使用双层防水层法和硅橡胶防水涂膜处理。

(3) 注意在承重墙或支柱上设置花池、种植槽、花盆等构筑物

具体内容详见 6.5.1 节。

(4) 屋顶绿化养护

屋顶绿化的养护，包括各类地被、花卉和树木的养护管理，水电设施和屋顶防水、排水等的管理工作。如日常浇水施肥、病虫害的防治、季节植物的更换、松土除草等，一般应由有园林绿化种植管理经验的专职人员来承担。管理人员应注意不得在屋顶绿化中增设超出原设计范围的重物，以免造成屋顶超载。在更改原暗装水电设备和系统时应特别注意不得破坏原屋顶防水层和构造，更不得改变屋顶的排水系统和坡向，保持屋顶园路及环境的清洁，防止枝叶等杂物堵塞排水通道及下水口，造成屋面积水，最后导致屋顶漏水。

6.6 室内植物景观设计

6.6.1 室内植物景观的作用与植物选择

室内植物景观是指在室内以绿色植物为主体所进行的装饰美化。它既包括一般家庭的客厅、书房、起居室等自用建筑空间的绿化，也包括宾馆、超市、咖啡馆、办公楼、影剧院、体育馆等共享建筑空间的绿化。

6.6.1.1 室内植物景观的作用

(1) 改善房间空气质量

室内植物可调节房间的温度、湿度，净化空气。一般植物在白天利用光能，通过光合作用制造氧气，供人们呼吸。夜间植物尽管需进行呼吸作用而消耗氧气，但耗氧量相对很小，室内植物以提供新鲜的氧气为主。植物还会经过叶面的蒸腾作用，向空气中散发水蒸气，增加空气湿度和氧离子数，使人产生清新、愉悦感。室内植物对降低炎夏室内的高温也有一定的作用。

(2) 缩小人与自然的距离

绿色植物遵循自然规律，生长、发育、成熟、衰老，与大自然的万物运行规律协调统一。人们可以通过室内植物，感受大自然的气息，缩短与自然之间的距离，在生理上和心理上都得到调节。

(3) 分隔、美化室内空间

色彩绚丽的观叶、观花植物可以在室内形成不同形式的隔断，分隔、限定不同的空间。这种由植物形成的隔断，能填充和美化空间，使空间变化富有时序性（图 6-48）。

6.6.1.2 室内环境与植物选择

室内环境条件与室外差异很大，大多具有光照不足、温度较恒定、空气湿度小等特点，且就不同的房间或每个房间的不同位置而言，生境条

图6-48　植物美化室内空间

件也有很大差异。因此，在进行室内植物景观设计时，需要根据具体位置的不同条件去选择适宜的植物。

(1) 光照

室内光照强度明显低于室外，室内多数地方只有散射光。根据室内区域不同，大致可分为5种情况：

阳光充足处　多见于现代建筑的阳光厅，如宾馆、办公楼等，一般专为室内绿化而设计，有大面积的玻璃天顶、天井或良好的人工照明设备。厅内光线充足，四季如春，适于绝大部分植物生长，尤其是喜光植物，如仙人掌类、龙舌兰类等。

有部分直射光处　在靠近东窗或西窗以及南窗附近，有部分直射光，光照也比较充足，大部分室内植物能生长良好，如吊兰、龙吐珠、朱蕉类、散尾葵等。

有光照但无直射光处　一般不宜种植观花植物，但可选一些耐阴的观叶植物，如观叶秋海棠类、金鱼藤、常春藤类、龟背竹、豆瓣绿类、喜林芋类、冷水花、鹅掌柴、白鹤芋等。

半阴处　接近无直射光的窗户或离有直射光的窗户比较远的地方。可以选择耐阴性很强的植物，如蜘蛛抱蛋、蕨类、白脉网纹草、广东万年青、合果芋类、安祖花、水塔花等。

阴暗处　离窗较远，只有微弱的散射光透入，只能选择最耐阴的观叶植物，如鸟巢蕨、肾蕨、细斑亮丝草、心叶喜林芋、吊竹梅、袖珍椰子、红背桂等。

(2) 温度

不同类型的房间温度变化情况不同。现代化的大型商场、宾馆及办公大楼内，冬季有取暖设施，夏季有空调降温，其温度适于大部分植物生长。我国北方地区能集中供暖的居民住房，一般冬季温度不低于16℃，适于多数植物越冬；而长江以南部分地区的居民住房，多数没有取暖设备，最低温度会较低，对一些植物安全越冬不利。在进行室内植物景观设计时要依具体条件选择不同种类的植物，室内观叶植物依对温度的要求不同，大致可分4类：

高温观叶植物　这类植物原产于热带地区，一年四季都需要较高的温度，而且昼夜温差较小，温度低于18℃即停止生长，若温度继续下降，还易导致冷害等，如绿萝、变叶木、旅人蕉、红背桂、鹤望兰、安祖花、孔雀凤梨、虎斑木等。

中温观叶植物　这类植物大多原产于亚热带地区，温度低于14℃即停止生长，最低温度不低于10℃左右，如橡皮树、龟背竹、棕竹、文竹、南洋杉等。

低温观叶植物　这类植物原产于亚热带和暖温带的交界处，在温度降至10℃时仍能缓慢生长，并能忍受0℃左右的低温，如苏铁、常春藤、南天竹、棕榈等。

耐寒观叶植物　这类植物大多原产于暖温带、温带地区，对低温有较强的忍耐力，有些能忍受-15℃的低温，但怕干风侵袭，盆栽植株可在冷室越冬，如大叶黄杨、龙柏、凤尾兰、丝兰、观赏竹类等。

(3) 湿度

一般室内的空气湿度不太大，尤其在我国北方，干燥多风的春季和用暖气供热的冬季，室内空气湿度很小，不适于多数室内观叶植物的生长。而在南方夏季的梅雨季节，连绵的雨水往往会使室内空气湿度过高，致使一些室内植物腐烂。因此，只有充分了解植物的特性，才能因地制宜，合理布置空间。

大多数室内观叶植物都需要较高的空气湿度。竹芋类、波斯顿蕨、球根秋海棠、白网纹草等，一般需要空气相对湿度80%；龙血树、豆瓣绿、天门冬类、棕榈类等要求空气相对湿度50%~60%；仙人掌类及一些多浆植物较耐干燥，一般30%的室内湿度都能生长良好。

6.6.2　室内植物景观设计的原则

(1) 色彩调和

室内植物色彩的选择要按照室内环境的色彩，如地板、墙壁、室内设施、灯罩、家具等色彩，从整体上综合考虑，既要有协调，又要有对比。如一间地板为黄色的房间里，若把红色花系的一品红、红色安祖花放在视线焦点，就易使人在协调中加深对红花的印象；若布置蓝色花系的勿忘我、瓜叶菊等，就会让人从强烈的对比中注意到植物的美丽；若把黄色的金叶女贞等植物布置于主视点，就会因色彩无对比而淡化植物的美感。

室内植物的色彩还应和季节、时令相协调。在喜庆节日或寒冷的冬季，宜选暖色调为主的山茶、杜鹃花、红背桂等植物，以烘托热烈的气氛；在炎炎夏季可选冷水花、白网纹草、马蹄莲等冷色调植物，使人感到清凉、淡雅。

花盆的色彩也要和室内环境相协调，一般不要选大红、大绿的鲜艳颜色。宜选用白色、棕色或深绿色的容器，或是直接选与附近地板和设施一致的色彩。

(2) 体量适中

室内植物的体量必须同房间的面积和层高相协调，小房间里摆放一盆高大的花木会给人以拥挤感，大空间内放置几盆小花会引起空旷感。因此，在较狭窄的室内，不宜摆放体量过大的植物，如苏铁、棕榈等，应选一些株形较小、叶片细柔的植物，如文竹、武竹、富贵竹等；在较宽敞的空间，则可选择株形高大的植物，如巴西木、春羽、发财树等。

(3) 位置适当

室内不同的地点会给人以不同的视觉感受，需要布置不同的植物。一般在屋角、墙基，宜摆放大、中型的观叶花木，如龟背竹、变叶木、橡皮树、广东万年青等；在窗台或家具上，宜摆放中、小型观叶、观花植物，如君子兰、凤梨类、蒲包花等；在茶几、书架上，宜摆放小型花卉，如天门冬、富贵竹、生石花等。

6.6.3　室内不同空间的植物景观设计

6.6.3.1　大型室内共享空间的植物景观设计

大型室内共享空间，是指宾馆、游乐场、购物中心、写字楼、酒店等处的公共空间，主要包括出入口、中厅、楼梯、走廊四部分内容。

(1) 出入口的植物景观设计

大型公共建筑的出入口在集散人流、空间过渡方面起着十分重要的作用，其植物配置要满足这一功能的要求。一般在出入口外的台阶上，宜布置醒目的植物，如高大对称的观叶植物或盛花花坛等，突出出入口的位置。对于由外到内的空间，宜选用色彩明快、暖色调的植物，既起到室内外自然过渡的作用，又营造出室内热烈的氛围。

(2) 中厅的植物景观设计

大型建筑的室内中厅是人们交流、购物、休息的共享空间，其植物配置主要是让人能贴近自然，回归自然（图6-49）。因此，植物装饰要体现出一种自然空间的再创造。从中庭的绿化形式上讲，有以我国写意园林为基础，堆山理水而建的古典园林式；有喷泉、瀑布结合，体现欧洲风情的西方园林式。国外也有布置成规模较小的专类园，如仙人掌及多浆植物园，岩石园，凤梨、热带兰等专类园。中庭绿化的目的是要为人们提供

图6-49 绿植墙给室内带来自然氛围

一个令人轻松、景色深远，并在感受上同工作环境迥然不同的空间（图6-50）。

(3) 楼梯的植物景观设计

一般台阶式的楼梯，其转角平台上常会有一些死角，可用较细长的观叶植物遮掩。较宽的楼梯，每隔几级可置一盆观叶或观花的植物，错落有致，体现韵律之美。对于现代中厅内的自动扶梯式电梯，可以在两部电梯之间留出种植槽，做成台地式的模纹或盛花花坛，使中厅更丰富多彩。

(4) 走廊的植物景观设计

走廊是联系室内各建筑单元的公用空间，主要起交通上的功能。因此，在植物配置时，尤其要注意不能妨碍通行，并保持通风顺畅。走廊较宽或空间较大的地方，可以摆设观叶植物点缀；一般走廊仅在尽端放置耐阴性强的大型观叶植物；在拐角处可放主干较高的木本植物，如酒瓶椰子等。也可放花架，摆放精美的盆花（图6-51）。

6.6.3.2 家庭居室的植物景观设计

(1) 客厅植物景观设计

客厅是接待客人和家人聚会之地，按我国的传统习惯，植物配置应力求朴素、典雅大方，不宜繁杂。色彩要以暖色调为主，简洁明快，既醒目又不能杂乱。在客厅的角落及沙发旁，宜放置大型观叶植物，如垂叶榕、棕竹等，也可利用花架摆放盆花，如吊兰、绿萝、四季秋海棠等。茶几、角柜之上，宜放小盆兰花、大岩桐、仙客来等。天花板上还可垂吊垂盆草、吊竹梅等。

(2) 卧室植物景观设计

卧室是休息、睡眠的地方，要求具有宁静、温情、令人轻松的氛围。一般以摆放颜色淡雅、株形中等或矮小的植物为主，植株以柔软、细小者为佳，如波斯顿蕨、袖珍椰子等。观花植物以花香淡者为宜，如茉莉、含笑、水仙、米仔兰等。

(3) 书房植物景观设计

书房是读书的场所，植物配置应烘托清静雅

图6-50 室内中厅绿化

图6-51 竹子为室内增添优雅

致的气氛。植物布置一般不需多，仅在书架、书桌上放置小巧玲珑的植物即可，如石莲花等。也可放小型盆景，再于墙壁上悬挂文人字画，更能增加其浓郁的高雅气氛。在宽敞的书房内也可以放置精美的插花以减缓眼睛的疲劳。

(4) 厨房植物景观设计

厨房的面积一般较小，温度、湿度变化大，且又有很多炊具，故植物配置宜简不宜繁，宜小不宜大。一般选抗性较强的花卉，如观赏辣椒、三色堇、金鱼草等。同时要充分利用一些闲置不用的空间进行绿化，如橱柜顶、墙角、墙壁、窗台等，可在墙壁上悬挂吊竹梅、吊兰，在橱柜顶放观赏南瓜及新鲜蔬菜，在窗台放沿阶草等，尽可能改变厨房内单调乏味的环境，使人在烦琐的家务中保持愉快的心境。

(5) 卫生间植物景观设计

卫生间一般面积小，湿度大，光线不足。选择植物时应选耐阴性强、喜湿的小型观叶植物，布置方式多用壁挂式或悬垂式，如选用玉景天、吊金钱等，也可在墙上布置一些插花艺术。某些高级宾馆的卫生间里，在人的视平线上摆上精致的盆景，显示设计者的独到之处。

小　结

园林植物与园林建筑的配置是自然美与人工美的结合，若处理得当，二者关系可求得和谐一致。建筑能为植物提供基址、改善局部小气候，为植物的生长提供适宜的环境条件；建筑还能对植物造景起到背景、框景、夹景的作用；同时，建筑隐于山水之中，将自然美提升到了更高的境界。而植物能够协调建筑与周边环境的关系，改善建筑物线条刚硬、平直、呆板的缺陷；同时植物还能烘托建筑的气氛，赋予建筑时间和空间上的季相变化。

在建筑的入口、窗、墙、角隅等处进行合理的植物景观设计，才能使建筑更具生气，使景观更具画意。入口处常进行精心的植物设计，加强美化效果，起到画龙点睛的

作用。

庭园与建筑有着密切的关系，庭园中建筑物的性质决定了庭园的性质，因此在进行庭园的植物景观设计时，要依据其性质进行合理的植物设计，更好地烘托其氛围。

屋顶绿化景观越来越受到欢迎和重视，在进行屋顶绿化设计时，首先要解决建筑的承重和漏水问题，再根据屋顶的条件选择合理的植物品种。屋顶绿化一般的构成要素有植物、基质、假山、水体、园路、雕塑、棚架。由于屋顶的条件各不相同，设计时含有的构成要素也不尽相同。

室内植物选择合理能够改善空气质量，能够给人美的享受，还能够规划环境、组织空间。在选择植物时要根据室内的温度、湿度、光照等条件进行合理的筛选，使得色彩和谐、体量适中、位置合适，最大限度地满足需要。

思考题

1. 影响室外植物景观设计的因素有哪些？如何选择适宜的植物材料？
2. 建筑入口、窗、墙、角隅等处进行植物景观设计时应该考虑的因素有哪些？
3. 雕塑、特色铺装、栏杆、花架及周围植物设计时应注意哪些事项？
4. 室内植物景观的功能及设计原则是什么？
5. 屋顶绿化的生态环境特点及种植设计原则有哪些？如何选择适宜屋顶绿化的植物材料？

推荐阅读书目

中国园林植物景观艺术.朱钧珍.中国建筑工业出版社，2003.

园林花卉应用设计（第3版）.董丽.中国林业出版社，2015.

种植设计.芦建国.中国建筑工业出版社，2008.

植物造景.卢圣，侯芳梅.气象出版社，2004.

种植屋面疑难问题解答.韩丽莉，王月宾.中国建材工业出版社，2018.

第7章
道路园林植物景观设计

城市道路是城市建设骨架、交通动脉、结构布局的决定因素，多在一定区域内起交通枢纽作用。根据中华人民共和国《城市道路设计规范》（CJJ 37—1990）将城市道路类型分为4类，分别为快速路、主干路、次干路以及支路。在城市道路系统中，城市道路绿化的作用和地位不容忽视。城市道路绿化包括城市道路绿带、交通岛绿地、园林景观路、街头绿地、停车场绿地等。城市道路绿化具有提高城市交通安全、改善城市生态环境、美化城市等作用。我国城市道路绿地率多在20%以上，近年的研究显示，城市道路绿化对生态环境的改善，尤其是缓解热岛效应、降低PM2.5、增高挥发性有机物等方面的效果是显著的。

城市道路绿化设计不可孤立存在，应纳入城市整体绿化设计中。道路就像是城市的骨架、交通的动脉，是展示城市风貌，体现秩序性、文明性的一个窗口。凯文·林奇曾经在《城市意象》（*The Image of the City*）一书中提到，人们对城市印象的心理因素有5个方面：道路、边界、区域、节点和标志物，其中城市给人的第一印象就是它的道路。因此，可以说人们对于城市整体绿化的第一印象来源于道路绿化。一座城市的道路绿化水平能够反映它的整体环境风貌，现代的道路绿化已从早期单纯追求视觉感官效果向更加注重生态性、生物多样性和艺术审美性相结合的多元化方向发展。

7.1　道路绿地植物景观设计

城市道路绿地是道路及广场用地范围内可进行绿化的用地，也是城市道路的重要组成部分，属于城市环境中一项重要组成结构，不仅能够加深人们对城市的了解，同时还能更好地感受城市的风情和景观特色。现代城市规划中城市道路绿地在满足组织和分隔交通作用的同时缓解驾驶疲劳，使车辆和行人安全性有明显提高，为行人出行提供方便。道路绿地还能美化城市环境，具有遮阴、降温、调节气候等功能，能够有效减少车辆噪声，对粉尘有非常好的遮挡和吸附作用，在一定程度上减弱人流和车辆所引起的噪声和污染，净化空气，从而改善城市环境，更好地体现城市面貌。

人类社会发展到今天，人们对园林的需求已经从单纯的游憩和观赏要求，发展到保护和改善环境、维系城市生态平衡、保护生物多样性和再现自然的高层次阶段。园林的景观构成要素主要包括园林植物、地形以及建筑、道路、水体等，从改善城市生态环境、维持生态平衡和美化城市人居环境等方面来看，园林植物是最重要的要素，这一点已被越来越多的人认识到。英国造园家劳克斯顿指出："园林设计归根结底是植物材料的设计，其目的就是改善人类的生态环境，其他的内容只能在一个有植物的环境中发挥作用"。即使从园林美学的角度，一个没有植物的园林空间，也就失去了它作为园林艺术的根本。因此，现在城市园林绿地，包括公园、广场、道路以及工厂、学校等各类公共庭院，其环境绿化、美化都以植物景观为主，以充分发挥其环境自然、优美、舒适、清新的特点，为城市居民提供更多、更好的开放空间——自然绿色空间。除了供人们欣赏自然美和人工美外，植物景观还能产生巨大的生态效应，创造适合人类生存的环境。

随着居民生活水平的提高，城市机动车辆的增多，交通污染日趋严重，利用道路绿化改善道路环境，已成当务之急。

7.1.1 道路绿地的分类

道路绿地是指道路及广场用地范围内可进行绿化的用地。道路绿地分为道路绿带、交通岛绿地、街边小游园、广场绿地和停车场绿地（表7-1）。

表7-1 道路绿地分类表

大类	中类	小类
道路绿地	道路绿带	分车绿带
		行道树绿带
		路测绿带
	交通岛绿地	中心岛绿地
		导向岛绿地
		立体交叉岛绿地
	街边小游园	
	广场绿地	
	停车场绿地	

（1）道路绿带

道路绿地是指道路红线范围内的带状绿地。道路绿带分为分车绿带、行道树绿带和路侧（人行道）绿带。分车绿带是指车道之间可以绿化的分隔带，其位于上下机动车道之间的为中央分车绿带；位于机动车和非机动车道之间或同方向机动车道之间的为两侧分车绿带。行道树绿带是布设在人行道与车行道之间，以种植行道树为主的绿带。路侧（人行道）绿带是在道路侧方，布设在人行道边缘至道路红线之间的绿带（图7-1）。

（2）交通岛绿地

交通岛绿地是指可绿化的交通岛用地。交通岛绿地分为中心岛绿地、导向岛绿地和立体交叉绿岛。中心岛绿地是指位于交叉路口，可以绿化的中心岛用地；导向岛绿地是指位于交叉路口，可绿化的导向岛用地；立体交叉岛绿地是指互通式立体交叉干道与匝道围合的绿化用地（图7-2）。

（3）街边小游园

街边小游园又称街边休息绿地。这类绿地是按一定距离呈块状布置在街道两旁，为行人提供游憩场所的绿地，位置可在道路红线以内，也可布置在道路红线外（图7-3）。

（4）广场、停车场绿地

广场绿地是指广场主体的相关部分空地上可进行绿化的用地（图7-4A）。停车场绿地是指供车辆停放的场所中可供绿化的用地（图7-4B）。

7.1.2 城市道路绿地的基本功能

城市道路绿地对于维护城市交通安全，净化城市空气，降低噪声，改善城市小气候，保护路面，增添城市风景等方面都能起到重要的作用。

图7-1 道路绿带

图7-2 交通岛绿地

A. 广场绿地

B. 停车场绿地

图7-3　街边小游园　　　　　　　　　　　图7-4　广场、停车场绿地

7.1.2.1　安全功能

(1) 分隔功能

城市道路上的绿化带、交通岛和分车绿带等具有组织交通的功能，并具有分隔空间、引导人流的作用，以此保证行车速度、维护城市交通安全。

(2) 遮光防眩

黑灰色调的路面容易让驾驶员感到视觉疲劳，从而引发交通事故，但绿色植物则可以缓解驾驶人员的疲劳，且还具有防眩光的作用，提高行驶的安全性。此外道路绿化可以防止行人穿越，提高交通行驶的效率，保障交通安全。

(3) 预防冲撞

道路绿化可以防止行人穿越，并且形成绿色防护墙，一定程度上对在交通事故中冲出路线的车辆起到缓冲作用，减轻事故的后果，并提高交通行驶的效率，保障交通安全。

(4) 引导视线

由于人的视野在水平线上具有一定盲区，为避免交通危险的发生，可以利用恰当的植物来引导驾驶员的视线，增强驾驶员的识别能力，增强安全性。在环岛或视野相对较差的地方以及有较大曲线弧度的道路外侧等，可以利用植物进行一定的标识，提高安全系数。

7.1.2.2　净化城市空气

在城市道路上具有各种灰尘污染如降尘、飘尘、汽车尾气等，而道路绿地则可以通过植物的枝和叶以及自身的生长特性，发挥降低风速的作用，将灰尘等物质滞留于绿化之中，防止灰尘飞起。同时道路绿化还具有吸收 CO_2、SO_2 等有害气体、减低噪声等作用，从而改善道路卫生环境，净化城市大气环境。

据测定，在具有良好绿化效果的路面上，距地面 1.5m 处的空气含尘量比没有绿化的路面地段低 56.7%；悬铃木、刺槐林带可使粉尘减少 23%～52%，使得飘尘减少 37%～60%；女贞、泡桐、刺槐、大叶黄杨都有很强的吸附能力；松树、柏树、樟树的叶子能散发出一些挥发性物质，起到杀菌的作用，以此来减少细菌的扩散和传播。道路旁绿化的草坪还可以防止灰尘第二次再起，从而减少了人类很多疾病的传播。另外悬铃木林带可降低 SO_2 的浓度；合欢、紫荆、木槿等具有很强的吸收氯气的能力；加杨、桂香柳等还能吸收醛、酮、醇、醚等毒气。

7.1.2.3 降低噪声

随着城市化的不断发展，噪声污染已然成为越来越明显的一个问题，道路上车辆行驶的噪声严重影响道路两边居民的生活质量。而通过道路的绿化设计，则可以形成一个绿色屏障，利用枝、叶特有的吸收噪声的功能，可以在一定程度上降低噪声的危害。

7.1.2.4 改善城市小气候

植物通过光合作用吸收 CO_2、释放 O_2，并利用散射和漫反射的原理，有效降低光照对硬质地面的热辐射作用，提供绿荫以降低地表温度，并通过植物根系的生长来涵养水土，增加空气中的湿度。

据测定，在气温为 31.2 ℃时，裸露的地表温度可达 43 ℃，而绿地内的地表温度则相对低 15.8 ℃。道路绿化植物的枝叶对太阳光的吸收和散射作用，能够起到为行人增加遮阴的功能，以此最大限度地减少水泥地面的热辐射，产生避暑效果。

7.1.2.5 保护道路的路面

道路绿化树木在夏季利用自身的枝与叶来阻挡太阳的直射，并通过蒸腾作用和光合作用来消耗空气中的热容量，从而起到降低气温的作用。

据测定，夏季树荫下的地面温度比裸露地面低 3～5 ℃，比柏油路面低 8～20 ℃。道路绿化不仅能通过吸收热量来降低路面的温度，同时还可利用其绿色植物的根系来紧固砾石与土壤，提高强度，防止道路水土流失，以此来延长道路的使用寿命。

7.1.2.6 防灾功能

道路绿化林带的合理布置能够将郊外的自然风导入市区，缓解城市热岛效应。因地制宜地种植植物，利用植物自身的生长习性，可充分发挥其防风防火、防灾防震的功能以及在特殊情况为人提供避难场所等作用。

7.1.2.7 美学功能

植物的营造可以使得街道的轮廓变得清晰，人们感受和体会最多的城市景观便是道路绿化景观。良好的道路边界可以形成丰富的街道界面，一定程度上延长人们的逗留时间，增加人们的驻足机会。由于长时间的与自然相疏离，人们对于接触自然有着越来越大的渴求。因此在道路和建筑间适当地进行植物点缀，可以使得人们多接触自然，体会植物的季相变化，使之四季有景可赏。处于城市中心处的景观可以重点营造，形成地标性景观。另外，植物还具有遮挡及装点建筑外立面的作用，加强美感。

7.1.3 道路绿地植物景观设计原则

(1) 满足功能的原则

道路绿化是城市道路的重要组成部分，但它是为满足道路的某些功能而设置的，因此道路绿化应与城市道路的性质和功能相适应。如城市中的主干道，因其基本功能都是交通，所以道路绿化应遵循"道主景从"的关系，在满足交通功能的前提下，降低对干道的污染，道路景观方面只需要因地制宜加以辅助点缀即可。道路的绿化也应该以服务交通为本，在满足这些基本功能后才可考虑美观这一辅助性的功能。

(2) 以人为本，生态优先的原则

人们户外活动的内容、形式繁杂，活动的动机和目的也多种多样，并且常常处于变化之中。人们的自发性活动发生的频度和持续时间直接反映了设计和建造的质量，因此在绿化设计的过程中最应该关注的是人们的自发性活动。这要求在进行道路绿化设计时设计服务和关心的对象就是那些"路人"，并且道路景观作为城市中与人们生产生活密切相关的一部分，是为人们服务、满足人们需求并使人们身心愉悦的线性空间。以人为本的思想最早起源于欧洲，在当前中国高速发展的背景下，以人为本的思想更是深入人心，具体应用到城市道路景观设计中，就是强调各项设计都要从人的角度出发，满足人的生理以及心理需求。城市道路分车绿化主要是以防护和安全的功能来为人们服务，其中作为城市干道的绿化规划设计原则主要包含：植物以乔木为主，乔、灌、地被结合；符合行车视线和净空要求；两侧绿化带宽度超过 8m 以上，应采用开放式绿地的设计形式，并且在进行绿化布置时应更多地考虑人与自然的交流。丰富绿化植物种类，增加地域特点，并结合生态学原理创造出当地特色道路绿地景观，从而统一道路绿化，丰富景观类型，给人以不同的观感和审美体验。

生态优先原则是建立在以人为本的基础上，不断完善和优化生态环境，从而达到人与自然和谐共处。在进行绿化设计时要充分认识生境差异，应根据道路的不同情况选择适合的植物品种，打造出最佳的植物群落形式。在树种选择方面也应该选用适合本地生长的乡土树种，不但可以强化地方特色，还可以降低成本。由于工厂区污染比较大，工厂区附近的道路绿地应多配置抗污性强、对污染物质吸收率高的植物种类；在居民区附近应选用有杀菌功能和保健功能的植物为重点的植物；护坡及坡地应选用深根、固土能力强的植物。从改善环境的角度出发，增强植物群落的多样性和抗逆性，扩大绿地景观面积和规模，创造不同层次的园林植物群落，实现多样化的道路绿地植物景观，才有利于保持道路绿地植物群落的稳定，达到生物多样化的要求。随着城镇化进程的加快，环境破坏问题日渐突出，道路景观不但可以美化环境，净化空气，缓解城市热岛效应，调节城市小气候，在防风防灾方面也具有重要的作用，创造最佳的道路绿地景观既可以解决人们休闲观赏的问题，也可以解决生态环保的部分问题，因此，在道路景观设计方面应强调以人为本、生态优先的原则，注重人本思想的同时，要让景观环境的净化功能发挥出来，让人与自然最终达到和谐共处。

(3) 适地适树，因地制宜原则

道路绿地植物景观设计在树种的选择以及植物配置的过程中，要根据植物的生态习性、当地气候条件、道路周边环境，选择当地乡土树种，适当引进适合当地生长的外来优良树种，从而能够最大限度改变道路周边环境。针对不同的城市所处的地理位置以及城市性质等方面的不同，应采取因地制宜的原则，创造符合城市特性的道路绿地景观，从而产生生态和景观上的效益。

(4) 整体环境协调的原则

城市道路景观的设计必须要体现和展示城市的整体形象，一定要将周边的街道景观、建筑景观、自然山体和水体等作为一个系统来考虑，使其相互适应相互补充，不应该只对道路绿地孤立地进行封闭式设计。城市道路路网错综复杂，要在城市总体规划过程中确定出清晰合理的街道布局，应划分出明确的街道等级，要明确各街道在城市整体景观中的地位和作用。选用植物种类时，要注意种植的科学性，合理布局，疏密有致，既体现植物的多样性，又不致出现繁杂零乱现象。道路绿地应根据需要合理配备灌溉设施，坡向坡度应符合排水要求并与城市排水系统相结合，防止绿地积水；宜保留有价值苗木并保护古树名木，改善土壤以保证绿化种植要求，保证植物所需的立地条件与生长空间，与市政设施之间协调安排。

城市道路绿地景观的整体性具有两层含义：道路绿地景观的规划设计应与道路其他区域的元素构成整体协调，道路景观兼顾城市景观和联系各类型绿地的功能。在进行道路绿地植物景观规划设计时，应考虑城市道路的连接性，从而使城市绿地系统的网络达到更好的生态效益和环境景观效益，塑造特大城市中心区道路绿地景观的整体特色。

(5) 突出个性化原则

道路绿地植物景观设计要为突出城市的个性服务，每个城市都有自己的个性与特色，城市特色以地形、气候等自然要素为基础，通过城市道路绿地景观进行塑造。道路景观个性化的创造不是依靠现有的完整结构与模式对环境进行简单的美化，它是统筹考虑区位与道路周围的环境关系，因地制宜通过不同的绿化配置、特色树种、景观灯柱、地面铺装等创造出具有特色和个性化的城市道路景观。

(6) 传承城市历史和文化原则

随着现代城市的高速发展，人类在不断改进自身的生活环境的同时，社会文化价值的观念也会随之更新并且发生变化，那些具有历史文化价值的场所都已变成了一种隐性的信号，与不同地域文化的社会价值相一致，从而产生文化认同感。随着信息化社会的到来，科学技术飞速发展，知识文化产业在城市产业中的比重越来越大，致使城市文化形态越来越被重视，而道路作为城市的骨架，应传承城市历史和文化，体现城市特色文化。因此，道路绿地景观应在尊重传统、延续历史、继承文脉的基础上进行创新设计，从而延续城市历史、传承城市文脉。

(7) 地域特色原则

地域特色是一个地方最本质的特色，可以体现该地的风土个性。所谓地域特色就是一个地区自然景观与历史文脉的综合，包括它的气候条件、地形地貌、水文以及历史文化资源和人们的各种活动行为方式等。地域特色原则是道路绿地景观在规划设计上充分利用乡土植物资源，结合道路周围区域的发展演变，根据不同区域的城市形态、城市功能定位和人文自然条件，打造出的具有地域特色的道路景观。

(8) 可持续发展原则

道路绿地规划应充分考虑到未来的发展，将可持续发展的理念深入到实践建设中去。道路绿地要运用规划设计的手段，结合自然环境，崇尚自然，追求自然，使规划设计对环境的破坏性降到最小，并且对环境和生态起到强化作用，同时还能充分利用自然可再生能源，节约不可再生资源的消耗，使道路绿地规划结构多样、协调、富有弹性，适应未来变化，满足可持续发展。

7.1.4 城市道路绿地的基本形式

7.1.4.1 城市道路绿地的横断面形式

(1) 一板二带式

这是道路绿化中最常用的一种形式，即在车行道两侧人行道分隔线上种植行道树。此法操作简单、用地经济、管理方便。但当车行道过宽时行道树的遮阴效果较差，不利于机动车辆与非机动车辆混合行驶时的交通管理（图7-5）。

(2) 两板三带式

在分隔单向行驶的两条车行道中间绿化，并在道路两侧布置行道树。这种形式适于宽阔的道路，绿带数量较大、生态效益较显著，多用于高速公路和人行道路绿化（图7-6）。

(3) 三板四带式

利用两条分隔带把车行道分成三块，中间为机动车道，两侧为非机动车道，连同车道两侧的行道树共为四条绿带。此法虽然占地面积较大，

图7-5 一板二带式绿地

图7-6 两板三带式绿地

图7-7 三板四带式绿地

图7-8 四板五带式绿地

图7-9 其他形式绿地

图7-10 主干路植物景观

但其绿化量大，夏季荫蔽效果好，组织交通方便，安全可靠，解决了各种车辆混合互相干扰的矛盾（图7-7）。

(4) 四板五带式

利用三条分隔带将车道分为四条而规划五条绿化带，以便各种车辆上行、下行互不干扰，利于限定车速和交通安全；如果道路面积不宜布置五带，则可用栏杆分隔，以节约用地（图7-8）。

(5) 其他形式

按道路所处地理位置、环境条件特点，因地制宜地设置绿带，如山坡、水道的绿化设计（图7-9）。

7.1.4.2 城市道路的形式

划分城市道路依据宽度及其在城市中发挥的作用，可分为主干路、次干路、支路等。

(1) 主干路植物景观

主干路起到连接城市的街头绿地、城市公园及城市广场的作用，宽度可达到40m以上，车速一般不超过每小时60km。主干路道路的特点就是绿化量大，夏季遮阴效果好，在组织交通方面更便利，给驾驶员带来更可靠心理感受。同时能够给予设计师更宽阔的设计空间进行合理的植物种植（图7-10）。

(2) 次干路植物景观

次干路是不同性质区域内的骨干道路，如大型工业区、集中居民区等均有自己的干道，道路宽为 20～30m，行车速度控制在 20～40km/h 之间。这种道路一般都在道路中间设宽 2m 以上的分车带，严格分开上行车辆及下行车辆。分车带最好是街道的绿地，可铺设草坪、栽植灌木，甚至可以栽植 1～2 行乔木（图 7-11）。

(3) 支路植物景观

支路一般为 10～20m，路面可以不划分分车道，行车速度一般控制在 15～25km/h。绿化的方式较单一，通常是在街道两旁的人行道与车行道之间各栽植行道树作为分隔，如果绿化宽度较宽，可以在行道树下方种植增强道路区域的划分性。可以选择单一的树种，也可乔木灌木间隔栽植（图 7-12）。

7.1.4.3 城市道路绿地的植物配置形式

根据植物在道路不同地段的配置情况进行划分，可分为行道树、分车带绿化、交通环岛绿化等形式。

(1) 行道树

行道树就是沿着道路来栽植的树木，其主要目的在于遮阴（图 7-13），同时也具有美化街景的作用。多数采取两侧行列式栽植，尤其是比较庄重、肃穆的地段。城市街道的行道树多沿街设置，树种选择上要有一定的枝下高度，保证车辆行人安全同行，树种还要考虑与道路宽度相适宜，树冠尽量不要交错在一起，保证车行道路中央的空气流通。在没有隔离带的较窄的道路两侧，行道树下不适合配置亚乔木或者常绿灌木，以免阻碍汽车尾气等悬浮物的及时扩散。

(2) 分车带绿化

分车带的绿化是指车行道之间的绿化带的植物种植（图 7-14）。绿带的宽度相差较大，窄的地方仅有 1m，宽的可达 10m 左右。在分车带的植物景观配置上除了考虑添加街景外，首先要保障交通安全和提高交通效率，不能妨碍司机及行人的

图7-11　次干路植物景观

图7-12　支路植物景观

图7-13　行道树

图7-14　分车带绿化

视线。通常情况下分车带上仅配置低矮的灌木及草皮，或分枝点较高的乔木。随着分车带的宽度增加，植物的配置形式也趋于多样化，并且要充分地考虑植物在季节和搭配的多样变化。在植物设计时最主要的是不要妨碍交通，正确处理好交通与植物的关系。

(3) 交通环岛绿化

交通枢纽植物景观设计主要指围绕城市立交系统的绿化，是平面、坡面与垂直三者绿化的结合（图7-15）。由于交通枢纽相对较集中，大气污染及噪声都较为严重，在绿化乔、灌、草地被的科学配置尤为重要，在不影响交通的情况下增加绿量，采取复层混交的配置形式，但要强调出疏密有致的配置，能够使有害气体顺畅地疏散开。

图7-15 交通环岛绿化

图7-16 绿化与灰色建筑物形成对比，丰富城市色彩

7.2 城市主干道植物景观设计

城市主干道是城市主要的交通枢纽，是连接城市各重要组成部分的脉络。城市主干道以交通功能为主，具有车道宽、流量大、车速快等特点，可绿化面积相对较大，绿化要求高。城市主干道应能够体现一座城市的地域特色和风貌。

7.2.1 城市主干道植物景观设计概述

7.2.1.1 城市主干道的功能特点

(1) 道路组成复杂

城市主干道除了要具备通行功能所需的车行道、人行道，还要兼顾道路绿化、照明、地上杆线和地下管道设置等，有的地方还要设置架空天桥、地下通道、地铁、地下停车场等，所以它不仅路面交通复杂，垂直层面的功能设施也很复杂。

(2) 车流量多、类型杂、速度差异大

城市主干道上通行车辆类型多，机动车与非机动车流量大，车速差异也大，会不可避免地出现相互干扰。

(3) 道路沿线建筑密集且形式多样

城市主干道大多位于城市交通运输繁忙、商业活动密集、对外联系紧密的区域，其建设势必带动周边地块各种经济活动的发展，道路两侧的建筑也迅速地建立。同时，主干道周边可能成为城市的黄金地段，建筑密度大，形式、功能种类多样。

(4) 道路绿化反映整个城市的面貌

城市主干道是连接城市的主要交通枢纽，同时也是展示城市风貌的一个重要窗口，主干道由于人流、车流较多，所以外界关注度也较高，其绿化水平的艺术性要求必然要高于其他次级干道。一个功能性强、生态型高、艺术性高的城市道路，能给每一个来访者留下深刻的印象，对整个城市面貌的提升也有很大促进作用（图7-16）。

7.2.1.2 城市主干道植物景观的影响因素

(1) 外部因素

影响城市主干道植物景观的外部因素主要是指道路周边的自然环境因素、人文历史因素和建筑因素。

①自然环境因素　每个城市都有其特有的自然环境特点，如平原、丘陵、山地等。道路景观在很大程度上受到这些自然因素的限制和影响。道路绿化要兼顾地形、水域、植被等现有立地条件，在不干扰道路使用功能的前提下，形成绿色补充，与其他元素融合为一个道路景观空间的整体。

②人文历史因素　道路所在区域的人文环境特点、风俗习惯、人们的生活习性、历史上的重大历史事件、名人名士或周边现存的古迹遗址等，这些因素在景观规划中都要考虑到。植物配置力求符合城市特点，突出城市特色，成为城市文化的一种传承。

③建筑因素　城市主干道两侧主要分布的是建筑，建筑形态是城市主干道景观的重要组成部分。各地的自然条件、文化历史、审美观的差异造就了各地特有的建筑形态，它们是城市道路环境中的重要角色，是形成城市天际线的主体。但只有这些硬质的建筑不能形成相对规整、有秩序、完整的城市大环境，还需要由植物将其联系起来，形成整体的道路线性景观，由植物与建筑共同构成城市上空丰富的天际线。因此，道路绿化中，要将植物配置纳入到整体规划当中，使之与城市街道空间边界的建筑相协调。

(2) 内部因素

影响城市主干道绿化的因素还包括道路自身存在的问题，道路的宽度、长度、车型、车速、道路现状及立地条件（土壤、水分、光照、通风等因子）是制约植物造景的根本因素。城市主干道车流量大、车速快、土层浅、土壤板结、肥力不足、空气污染、建筑垃圾多、人为损害严重等，都是制约植物选择的重要方面。

7.2.1.3　城市主干道植物景观的功能

(1) 有效分隔和疏导交通，保证行车安全

城市干道由植物材料进行的有效分隔，一方面能够诱导视线，强调道路的方向性、指示性；另一方面能够进行人车分流，将机动车上下行之间、机动车道与非机动车道之间、非机动车道与人行道之间相互隔离，提高了人行与车行的安全性、秩序性。

(2) 提供绿色的庇荫环境

绿色植物可以调节气候，降低地面温度，在夏季给行人提供庇荫环境，为城市道路营造一份清凉（图7-17）。

(3) 装点城市空间

植物种类繁多，姿态万千，能够在不同的时节、氛围营造多彩的空间效果，尤其是一些城市特设的园林景观路、重点地段等，对绿化水平的要求更高，成为城市对外展示的区域（图7-18）。

图7-17　枝繁叶茂的白蜡为夏日道路提供阴凉

图7-18　矮牵牛、三色堇大色块装点道路

图7-19　人行道路侧绿化与周围绿地结合，形成街边小游园

图7-20　公交车站边行道树枝下高过低

(4) 改善行车环境，维护生态平衡

道路绿化可以弥补硬质路面对环境的破坏，吸收道路粉尘和汽车尾气，增加空气湿度，降低风速等，对提高区域生态环境起到一定的改善作用。同时结合道路两侧绿地，可形成一定规模的小游园、休闲广场，对维护区域生态的良性发展起到一定的补充作用。

(5) 为城市远期发展提供可能

道路中的分车绿带一方面可以美化行车环境，另一方面为后期的通车量增大、扩宽道路提供可能，从而减少了对道路两侧现有环境的变动，因为道路两侧往往分布的是建筑，改动起来比单纯的缩减分车绿带难度要大得多。

(6) 与周边环境结合，增加人的互动性

道路两侧绿带可与街边小游园、绿地相结合，形成一个整体，为行人提供一定的休闲空间（图7-19）。另外，在部分地区，道路中央形成休闲绿地，人们可穿行、散步、停靠等，但若中央分车绿带窄，出于安全考虑，不准行人进入。

7.2.1.4　城市主干道植物景观设计的原则

(1) 从道路的功能性质出发，绿化与道路环境相适应

城市主干道是一个层次多、体系复杂的线性交通空间，绿化要处理好机动车与非机动车之间、车行道与人行道之间及人行道与周围环境之间的

关系。如快速通行的交通干道的绿化，要考虑机动车的行驶速度，植物的高度、尺度、配置方式以及观赏者的角度、速度之间的关系。道路的宽度、空间线形走势与植物在体量、高度、姿态、色彩和搭配方式上都有着内在联系，绿化时要综合考虑（图7-20）。

(2) 发挥植物的生态防护功能，构建城市生态廊道

一定规模的城市道路绿地，可以起到降温遮阴、防尘减噪、防风防火、防灾防震等生态功能，利用植物这种特有的功能，结合点植、丛植、列植、群植等多种配置方式，可在城市整体绿化体系中，构建绿色交织的道路网络系统。同时，在进行植物选择时应注意植物本身所具有的生态效应。例如，植物所释放的挥发性有机物会在高温下与汽车尾气发生反应生成臭氧等物质，会导致大气光化学烟雾事件发生。

(3) 体现城市特色，美化线性交通体系

道路绿化应能够体现一定的城市特色，与城市的整体氛围相适应。如我国大部分城市选择市树作为特色行道树，如天津的白蜡、北京的国槐、上海的白玉兰、沈阳的油松、无锡的樟树等，这些最能反映地区特点。每个地区的植物也同样体现着该地区的风格特点，如选择棕榈科植物，可彰显南方特有的南洋风格，与北方常绿针叶树种形成鲜明的对比。

(4) 协调与交通组织的关系，确保正常的运行秩序

道路绿化中植物的种植不能妨碍正常的交通运行，尤其是大乔木的种植，要留出竖向净空距离，同时横向伸展不妨碍司机的视线。在道路转弯处或路端交叉口的视距三角形范围内，禁止种植在高度、密度等方面干扰视线的植物，同时，在弯道外侧进行沿道路走向的连续栽植，可以预示道路的线形变化，起到诱导行车视线的作用（图7-21）。

(5) 兼顾好与市政设施的关系

城市道路上常布置各类市政公用设施，如路灯、电线杆、指示牌、电话亭等，它们的设置与植物种植之间的位置关系要按国家规定统筹考虑。树木的生长是一个长期、动态的过程，前期种植的小树，经过数年的历练，会长成参天大树，其生长需要足够的地下、地上空间。这就要求各类市政公用设施在布置时要预先留出这部分空间，同时，后栽树木也要避开市政公用设施，以保证植物后期生长不会干扰设施的正常使用（图7-22）。

(6) 应满足国家规定的城市道路的绿地率

道路绿化要满足我国城市规划的有关标准，园林景观路绿地率 ≥ 40%；红线宽度 > 50m 的道路，绿地率 ≥ 30%；红线宽度在 40 ～ 50m 的道路，绿地率 ≥ 25%；红线宽度 < 40m 的道路，绿地率 ≥ 20%。

(7) 植物选择以乡土植物为主，兼顾外来引种，形成丰富的群落景观

乡土植物是最适宜该地区生长、最能体现地区特色的，选择它们一方面降低选苗、买苗、运苗和后期养护的费用，保证了成活率；另一方面对形成区域环境特色，恢复生态起到一定的作用。在道路绿化中，乡土树种应该是占主要地位的，但也可选择一些适应该地区气候环境特点的外来植物，它们的选用可以丰富整体群落，形成一些新的景观结构，对过于统一的植物群落形成一定的补充（图7-23、图7-24）。

(8) 兼顾近远期，形成可持续发展的绿色空间

植物由幼年期生长为一定规模需要一定的时间、空间，这就要求在配置时考虑到这个变化的过程，如前期种植为形成一定效果，可将植物的株行距缩小，后期待植物长大再加大距离或缩减植物。在植物的选择上，也要兼顾速生树与慢长树、常绿树与落叶树、观花与观叶的要求。道路绿地常成为城市后期扩展的预留地，伴随着城市的发展，交通量的逐步增加，往往要缩减绿化带的宽度，来满足道路扩宽的需求（图7-25）。

图7-21　道路转弯处种植干扰视线

图7-22　树木遮挡交通指示牌及信号灯

图7-23 乡土树种结合外来植物丰富景观

图7-24 南京市悬铃木林荫道享誉海内外

图7-25 道路旁植物种植过密

图7-26 地被植物丰富下层空间

7.2.1.5 城市主干道植物选择

(1) 乔木的选择

道路景观中的乔木常布置于行道树绿化中，主要起到为行人遮阴和美化街景的作用。应选择具有一定观赏性、枝干通直、冠型整齐、抗性强、分枝点高、寿命长、不落果、无飞絮的树种。常见行道树树种有：槐树、银杏、白蜡、榆树、臭椿、悬铃木、绦柳、馒头柳、泡桐、青桐、广玉兰、樟树、无患子、杜英、女贞、马褂木、七叶树、水杉等。

(2) 灌木的选择

道路景观中的灌木多应用于分车绿带或人行道绿带中，可作为乔木下层的补充，起到色彩渲染的作用。应选择枝叶丰满、株形紧凑、花期长、耐修剪、抗性强的观花、观叶、观果小型品种。

常见灌木有连翘、迎春、珍珠梅、丁香、紫薇、黄刺玫、大叶黄杨、金叶女贞、紫叶小檗、月季、红花檵木、火棘、石楠、杜鹃花、海桐等。

(3) 地被植物的选择

为达到"黄土不露天"的效果，早期的绿化带下层常选择种植各类草坪品种，如北方大部分城市选择麦冬、黑麦草、剪股颖等冷季型草坪草。由于草坪的后期养护管理要求高，观赏效果单一，因此，一些具有观花、观叶的地被植物逐渐替代草坪，得到广泛应用（图7-26），如白三叶、二月蓝、萱草、鸢尾、马蔺、八宝景天、菁草、蛇莓、红花酢浆草、半支莲、吉祥草等，以可露地过冬的宿根花卉为主，大大丰富了乔、灌木的下层空间。此外，常春藤、五叶地锦等藤本植物也可应用于绿化带中，形成叶簇葱绿的效果。

图7-27　一板两带式道路植物景观断面示意图

图7-28　两板三带式道路植物景观断面示意图

图7-29　三板四带式道路植物景观断面示意图

图7-30　四板五带式道路植物景观断面示意图

7.2.2　城市道路绿地布置形式

城市道路绿地断面布置形式是规划设计作用的主要模式，通常分为一板两带式、两板三带式、三板四带式、四板五带式。

(1) 一板两带式

此形式是道路中的常见形式，道路宽度有限，在车行道与人行道之间种植绿化带。多见于道路两侧的对称种植，遇河道、地形变化时，可不对称或种植一侧（图7-27）。此种形式简单、占地少、便于管理，但安全性低、遮阴效果差、美化效果单一，适用于城市次级干道及支路。

(2) 两板三带式

道路宽度有所增加，在一板两带式绿化的基础上，增加了车行道中央的分车绿带，分车带宽度不宜小于2.5m，5m以上为佳，提高了一定的安全性和美化效果（图7-28）。在城市主要区域干道、快速路、高速公路中应用较多。

(3) 三板四带式

由两条绿带分别将道路两侧的机动车道与非机动车道进行分隔，与两侧的行道树绿带共同构成了4条绿带。此种模式占地面积较大，绿化效果好，安全性高，避免了不同车速通行之间的干扰，适用于城市主干道（图7-29）。

(4) 四板五带式

此种模式比三板四带式植物景观更为全面，增加了机动车道上下行间的中央分车绿带，结合两侧分车绿带、行道树绿带共同组成5条绿带。绿化覆盖面积更大、安全性更高、生态效益显著，适合于城市主干道及景观路（图7-30）。

7.2.3　人行道植物景观设计

人行道绿化是指非机动车道外缘与道路红线之间的绿地，包括行道树绿带和路侧绿带。这部分绿化在道路绿地中占有很大比重，是构成绿色街景的主要组成部分，是将人的步行通道与车行通道、外围环境进行有效分隔，为人们营造舒适、优美、绿色的步行空间。

7.2.3.1　行道树绿带

行道树绿带指在人行道与车行道之间的绿化带，又称步行道绿带。行道树绿带可以有效地改善道路生态环境，具有吸收噪声、粉尘，调节温度、湿度等功能，尤其在炎热的夏季，大乔木下的温度比裸露的混凝土路面低3～7℃，为行人和车辆提供良好的庇荫环境；同时，行道树的线性绿化，将复杂的城市道路连成整体，通过确定城市骨干树种，在不同道路选择不同植物，在统一的大环境下求得局部的变化，给人以视觉上的指示，强调区域特色。

(1) 绿化形式

①种植池式　人行道的步行空间一般宽度为3～5m，对于人流量大、宽度又窄的路段，为保证步行的畅通，常采用设置种植池的形式，这是

最常见的行道树绿化形式。

种植池式绿化通常要设置树池，树池的常见形状为正方形、长方形、圆形。城市道路中的正方形树池最为常见，一般为1.5m×1.5m；长方形树池以1.2m×2m为宜；圆形树池的直径以不小于1.5m为宜。树池外缘距非机动车道≥0.5m，行道树种于树池中心。

行道树绿化中树木株行距的确定要满足植物的生长需求，同时不妨碍正常的交通。一般以成年树的冠幅决定，还要考虑苗木规格、生长速度、道路要求等因素，最小株距应不小于4m。常采用的株距为4～8m，对于生长速度快、种植干径在5cm以上的树苗，株距应达到6～8m。

树池可高于、平于或低于人行道路面。对于高于路面的树池，边缘常高出路面8～10cm，主要是防止行人践踏，保护树体根部，树池内部可以选择种植草本花卉、藤本或选择卵石、木屑等铺设；树池边缘与路面相平，可方便行人通行，但一定要做好对树根部的保护措施，否则人的反复践踏，会使土壤板结，影响水分渗透及空气流通；树池边缘低于路面，要加盖箅子，使其与路面持平，既方便行走，又加强对树根部的保护。箅子为镂空，有铸铁、不锈钢、塑料和木质等材质，设计形式应简单、大方、坚固且拼装方便，以便松土和清除杂物时取出。箅子下面应铺满粒径2～4cm的石砾和特制陶砾，厚度20～30mm（图7-31）。

②种植带式 是在人行道与车行道之间留出一条宽≥1.5m，并且不加铺装的绿化带，间隔20～30m，设置横向铺装通道，方便行人穿行。依照不同的宽度，绿化带中可种植一行或多行行道树，或者搭配成乔、灌、地被结合的复层结构，在步行空间与车行空间之间形成一道绿色屏障，但要留有一定的通透性，确保道路上行驶的司乘人员能够看到路两侧的行人、建筑。一般树木的株距不小于树冠的2倍，如果是常绿树，应加大到4～5倍。

种植带式绿化的形式可以是规则式、自然式或混合式。宽度在1.5～3m的绿化带常采用规则式，种植一行乔木结合修剪规则的绿篱植物；宽度在3～5m的绿化带，可形成规则的绿篱与丛植乔灌相搭配的混合形式；宽度在5m以上的绿带，可形成乔、灌、地被相结合的自然式种植形式。

种植带式绿化的边缘也要进行池壁围合，可以根据实际需要和人行道宽度进行休闲设施处理，如在靠近人行道内侧将池边加宽加高形成休闲坐凳，方便行人途中短暂休憩（图7-32）。

(2) 植物选择

在人行道绿化中，行道树的选择至关重要，它关系着整条道路绿色空间的展示，关系着城市整体形象的体现，也是区域特色展示的空间。每个城市都有自己的市树、市花、乡土树种，这是城市主干道绿化的首选。当然，也提倡城市道路绿化中适当引用一些外来品种，以丰富区域生物多样性，改善生态环境。行道树绿化中，乔木是主角，在选择上要遵循以下原则：

图7-31 各类树穴做法示意图

图7-32 道路侧方花台与坐凳结合布置

① 以乡土树种为主；

② 树干挺拔，分枝点高，树形优美，冠大荫浓；

③ 深根性，成活率高，生长健壮；

④ 管理粗放，对土肥要求不严，抗性强，耐修剪，病虫害少；

⑤ 无飞毛、飞絮，不落果，无毒，无刺；

⑥ 发芽早，落叶晚，展叶整齐，落叶时间集中。

对于花灌木和地被的选择，乔木下层的花灌木选择耐阴或耐半阴的品种，地被以能在当地露地越冬的品种为主，一、二年生花卉要设计 1～2 个替换品种。树池中的草本植物选择抗寒、抗旱、管理粗放的品种。如天津用白三叶、佛甲草替换部分草坪，选用八宝景天、蓍草、鸢尾、萱草等花叶兼美的宿根植物，达到很好的效果，还可选择藤本植物，如常春藤、五叶地锦、蛇莓等（图7-33）。

7.2.3.2 路侧绿带

路侧绿带指在道路侧方，设置在人行道边缘至道路红线之间的绿带。路侧绿带常见有 3 种形式：建筑物与道路红线重合，路侧绿带紧邻建筑，形成建筑的基础绿化带；建筑退让红线后，在建筑与道路红线外侧间留出绿地，路侧绿带与道路红线外侧绿地结合；建筑退让到红线后，留出人行道，路侧绿带位于两条人行道之间。

路侧绿带保持人行道景观的连续性和完整性，与行道树绿带和分车绿带形成统一的道路绿化体系。毗邻建筑的基础绿化可以软化硬质线条，保护建筑内部环境及人员活动不受外界干扰。

(1) 绿化形式

根据人行道宽度设计，有时宽度较窄，人行道与建筑外墙或围栏紧邻，就没有路侧绿化；建筑物与道路红线重合，路侧绿带与建筑相邻，则常作为建筑的基础绿化出现。绿带设计要结合建筑风格、色彩、高度、功能等方面，起衬托和保护内围环境的作用（图7-34）。

路侧绿带的宽度，决定着绿化的形式，宽度小于 4m 时，可选择低矮的花灌木修剪成一定造型或配置成模纹花带装点硬质基础（图7-35），对于

蝎子草	常春藤和红花酢浆草	萱草
常春藤	红花酢浆草	鸢尾

图7-33 人行道绿化可选的地被植物

图7-34 绿带成为建筑外延到道路的自然过渡

图7-35 大叶黄杨、金叶女贞模纹带

建筑的基础绿地，避免选择高大乔木而影响建筑的采光和通风；宽度在 4～8m，可选择乔、灌、地被搭配，让大乔木靠近人行道一侧，与行道树形成林荫；宽度大于 8m 时，可以设计成开放式绿地，内设游步道和休闲设施，供行人进入休憩，植物配置更为灵活，借助植物的体量、色彩、高度、质感等方面的搭配，营造街边休闲绿地。若条件允许，还可与周边地块结合，形成街边小游园。

(2) 植物选择

路侧绿化与车行道的距离相对远些，受其干扰小，可绿化的区域和范围更宽泛，可选择的植物种类更多。除要满足行道树绿化的选择条件外，可增加花灌木、草本地被的比重，使之与行人更亲近，也更能用色彩和季相变化去丰富城市道路空间。

7.2.4 分车绿带植物景观设计

分车绿带是指在车行道之间划分车辆运行路线的分隔带上进行绿化的方式，也称绿色隔离带。在形式上包括上下行机动车之间的分车绿带，称为中央分车绿带；机动车与非机动车之间或同方向机动车道之间的分车绿带，称为两侧分车绿带。

道路上的分车绿带可以将快慢车道及上下行车辆进行有效的分隔，确保快慢车行驶的速度和安全；同时，通过绿色装点的城市道路，使行车路面富有生机，美化沿线景观，达到功能性与艺术性的统一。

分车绿带的宽度根据道路路幅的宽度而定，常见的有 1.5m，2.5～5m，5～8m，8m 以上等。加宽的分车绿带可以设计成自然的植物群落景观，同时为城市道路以后的扩宽留有可能。为方便行人过街，一般间隔 75～100m 设置横向步行铺装，同时结合大型建筑入口、车站、停车场等人流量大的出入口设置。

7.2.4.1 绿化形式

分车绿带由于紧邻道路车行空间，所以绿化设计上要以简洁、明快、韵律感强的线性布局为主，避免色彩、形式过于繁杂，给司机造成视觉上的混乱而影响行车安全。

(1) 根据分车绿带的宽度采用不同的绿化形式

分车绿带宽度在 1.5m 以下，选择灌木、地被搭配为宜，可以采取将花灌木修剪成规则的几何造型，利用高度、色彩、体量上的变化，达到景观上的韵律感，但形式要简洁明快；也可利用灌木与地被花卉结合，形成层次变化。

分车绿带宽度在 1.5～3m，可以选择乔、灌、地被结合的形式，配置形式简单，以规则式为多，植物品种不要超过 3 种，乔木分枝点要高于 3.5m，以免影响行车安全。

分车绿带宽度在 3～5m，植物配置选用种类可适当增加，重点路段可进行模纹花坛布置，图案要简单，尺度适宜，设计形式可规则式与自然式相结合。

分车绿带宽度在5m以上，植物配置手法更为灵活，可形成自然式配置的群落景观，或者形成体现大色块效果的规则模纹形式。

(2) 根据搭配形式形成不同风格效果

①规则篱植效果　此种情况主要是将耐修剪的小乔木、灌木修剪成一定的造型，或将乔、灌木按照一定的株行距排列种植，利用植物在高度、体量、色彩、质感上的对比，营造规整、秩序的空间效果。在城市主要干道、园林景观路中，为体现季相变化和渲染气氛，常结合一、二年生草本花卉做下层装点。

②自然混植效果　主要是指在宽度较大的分车绿带中，将乔、灌、地被进行自然式搭配，营造小型群落景观，丰富季相变化。此种搭配，可打破以往注重乔灌密集种植，形成块状镶嵌，只突出空间大色块而群落结构单一、景观过于僵硬的局面。

③图案效果　此种情况是将灌木或乔、灌木经过修剪，搭配成一定的几何图案，营造模纹花坛式样的效果。空间上突出的是整体形成的几何图案或大的色块，图案结合快速的交通运行，体现一定的节奏感和韵律感。

在进行分车带绿化中，对于快车道之间的中央分车绿带一般不种植大乔木，乔木产生的阴影会干扰司机的行车视线。但当中央分车绿带宽度大于8m时，可选用乔、灌、地被的搭配，乔木靠近分车绿带中心种植，既不影响行车安全，又可

形成丰富的植物景观层次（图7-36）；对于快慢车道之间的两侧分车绿带，在靠近非机动车一侧可以选择种植大乔木，为路人遮阴（图7-37）。

此外，分车带绿化设计还要协调好与市政设施的关系，分车带上的市政设施有公交车站、人行横道线、照明灯具、电线杆、广告牌等。绿化设计一方面要考虑设施对于景观连续性的干扰，另一方面还要保证市政设施的正常使用，如在公交车站附近避免种植高大植物，以免植物对司机视线造成干扰。

7.2.4.2　植物选择

分车绿带中，常见的是一些耐修剪的绿篱植物，如大叶黄杨、金叶女贞、紫叶小檗、红花檵木、海桐、石楠、枸骨等，以及观花、观果植物如珍珠梅、丁香、碧桃、石榴、锦带花、金银木、木槿、紫叶李、胡颓子、桂花、美人蕉、火棘、蜡梅、蚊母、黄馨、木芙蓉、结香等。对于宽度可以满足种植乔木要求的绿带，按照行道树绿带中乔木选择的原则即可。

7.2.5　植物景观与道路设施

道路绿化同各类市政设施共存于地上、地下空间，要做到"和谐相处、互不干扰"，就要在植物种植前，按照国家有关道路绿化规范，进行合理的位置选择，也要在苗木后期的养护管理中，进行适当的修剪，以确保各类设施的正常运行（表7-2至表7-4）。

图7-36　道路中央分隔绿带　　　　　　　图7-37　道路侧分车绿带

表7-2 树木与架空线路的间距

m

架空线名称	树枝与架空线的水平距离	树枝与架空线的垂直距离
1kV以下电力线	1.0	1.0
1~20kV电力线	3.0	3.0
3.5~110kV电力线	4.0	4.0
154~220kV电力线	5.0	5.0
电信明线	2.0	2.0
电信架空线	0.5	0.5

表7-3 树木与地下管线外缘最小水平距离

m

管线名称	距乔木中心距离	距灌木中心距离
电力电缆	1.0	1.0
电信电缆（管道）	1.5	1.0
给水管道	1.5	—
雨水管道	1.5	—
污水管道	1.5	—
燃气管道	1.5	1.2
热力管道	1.5	1.5
排水盲沟	1.0	—

表7-4 各类管线常用的最小覆土深度

名 称		最小覆土深度（m）	备 注
电力（10kV以下）		0.7	
电缆（20~35kV）		1.0	
电车电缆		0.7	
电信锌装电缆		0.8	置于人行道下可减0.3m
电信管道		0.7	
热管道	直接埋于土中	1.0	
	在地道中敷设	0.8	
给水管		1.0	管径＞500mm
		0.7	管径＜500mm
煤气管	干煤气	0.9	
	湿煤气	1.0	
雨水管		0.7	
污水管		0.7	

7.3 步行街植物景观设计

7.3.1 步行街的景观释义

步行街属于城市公共开放空间中的一个分支，强调空间的主体是人而非与其他交通工具并行，是真正人行的城市空间。"步行街就是城市道路系统中确定专供步行者使用，禁止或者限制车辆通行的街道。"其实，这种步行休闲、购物的形式在我国古代就已有记载，《清明上河图》中的汴梁城街道、《姑苏繁华图》中的苏州城街道都反映了当时城市商业空间丰富的街道景观和文化，这些街道多位于城市中心或城市内外交通便利的地方。现代商业步行街始于西方20世纪50年代，为解决城市迅速发展所带来的车辆交通、环境与居民外出活动之间的矛盾冲突，选择城市中商业活动集中的地段，设置了限制车辆通行的专属步行空间。

图7-38 上海南京路步行街

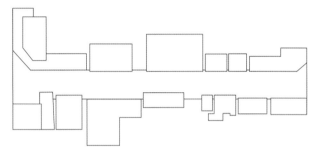

图7-39 线性布局步行街示意图

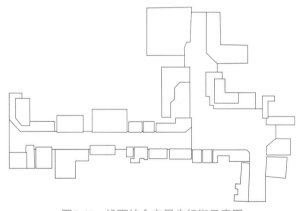

图7-40 线面结合布局步行街示意图

随着人们生活水平的提高，购物不再只是为了满足某种目的性需求，而是在其中寻求放松、愉悦的心情，外出购物已成为人们的一种休闲方式，步行街就成为了这种休闲需求的载体。现今各个城市都大力开展对步行街的建设，一方面可以保护区域建筑、环境特色，为广大市民提供相对安全、轻松、开放的户外步行空间；另一方面可以促进各

种商业活动的开展，提升城市经济文化品位和都市化形象。步行街已成为人们交往、休闲、娱乐、消费等活动的重要空间，被誉为"城市名片"（图7-38）。

7.3.2 步行街空间的基本形态

7.3.2.1 线性布局

步行街两侧由密集的建筑所夹，形成纵向或横向的线性布局，这也是最初级的步行街形式（图7-39）。此种形式的产生常因地块发展面积有限、建筑密集且依附于城市道路或自然地貌（河流、溪流等）走势，形成相对狭长地带。这种布局多是由历史商业形式衍生而来，为保护区域特色而保留原有建筑布局。

7.3.2.2 线面结合布局

大型建筑场所常需容纳较多的人流与活动，通常在此将空间扩大，与周围建筑布置与线状街道两侧，形成开放式的面状空间与线状空间结合的形式（图7-40）。此种形式多产生于后期建设的地块，在考虑商业活动潜力及地块可开发性的基础上，保留原有街道形式，将局部商业建筑门前扩宽，为后期可预见活动做充分的发展空间，如北京的王府井大街、天津的和平路步行街。

7.3.2.3 面状成片布局

在线面结合的基础上发展而来，多条街道的汇集处成为步行街的主要节点，以小型广场的形式出现。它包含着更复杂的交通流线、更大型的综合型建筑，节点在空间上起着承接转换的作用，供人们休息、交谈和娱乐等。这是现代城市中常见的商业步行街形式，常由多条道路交叉而来。此种形式占地面积大，商业店铺集中，常与城市干道相通，成为城市的标志性街区，如南京夫子庙步行街、上海城隍庙步行街等。

7.3.3 步行街植物景观设计方法

步行街植物景观具有多种功能，既能美化街道环境，为行人提供庇荫场所，又能对空间进行合理有效的划分。在掌握步行街植物景观设计原则的基础上进行景观营造，能够很好地体现区域特色和城市风貌。

7.3.3.1 步行街植物景观的功能

(1) 改善和美化街道环境

步行街是由两侧建筑和地面铺装共同围合成的线性空间布局，首要功能是满足不受外界交通干扰、以步行为主的通行需求，所以街面以铺装为主。为了改善硬质材料给人带来的生冷、压抑之感，可借助植物点缀、美化环境（图 7-41）。人们在步行街上，既有购物的需求，也有闲逛、散步、看人或赏街景的需求，借助植物季相、色彩、姿态、质感的变化，往往能平衡过于强烈的硬质建筑、铺装的生硬感，给街道带来生机，形成充满活力和变化的步行空间。

(2) 为行人提供庇荫场所

步行街内行道树的一个重要功能是给人提供庇荫的环境，尤其在炎热的夏季，缺少遮阴的街道，加之大量地面铺装的反射，容易使人产生反感、厌恶，从而失去购物休闲的兴趣。而凉爽的冠下空间，可以激发步行街的活力，并使这种活力持续而长久，因为人是决定这种活力的主要因素。

(3) 进行不同空间的有效划分

步行街具有一定的长度、宽度以满足人的各种需求，同时，人在步行街上的活动也分为动、静两种，这就需要在规划时，根据地块条件，划分出动空间和静空间。动空间主要是人的步行空间；静空间是人的休闲、停靠空间，可结合广场、绿地进行设计。植物可以形成这两种空间的有效隔离，如沿街道两侧布置的种植带，既给人们提供遮阴，同时又将中间的等候、停靠空间划分出来，形成自然的绿色隔离。

(4) 作为道路绿化的延续，体现城市风貌

步行街是城市道路系统的一部分，是道路绿化的延续，其树种选择需符合道路绿化要求且更加精细。选择当地具有代表性的树种，结合街内建筑、街道设施形成一定的风格，成为城市对外

图7-41 花钵丰富步行街的色彩

展示的一个窗口，突出地域文化特色。

7.3.3.2 步行街植物景观设计的原则

(1) 要满足植物生长所需的环境条件

步行街两侧经常有高大的建筑围合，内部光线较弱，尤其在北方一些地区，建筑高密度的围合，常造成冬季大风涡旋，这些都不利于植物的生长。如果选位不当，植物形成的景观效果不佳，反而画蛇添足，所以，植物配置前位置的选择十分关键。

(2) 不妨碍街内通行及各种活动的开展

步行街是以铺装为主的通行空间，植物主要起到点缀的作用，所占比重少，所以在配置上首先确保植物对通行不造成影响，如树木的分枝点高度、植物的叶色、植物花的香气、果实坠落等情况。同时，保证植物种植或钵体摆放的位置不会阻挡通行，尤其在商业步行街，经常会有一些产品宣传，聚集很多人，在植物配置时，要预留出这部分空间。

(3) 所选植物与环境风格相适应

影响步行街景观的主要因素有建筑、地面铺装、街道设施、园林小品和植物。建筑的外立面形状、色彩、高度，地面铺装的纹理、色彩、搭配方式，街道家具形式、色彩，雕塑、水池样式等都会影响步行街的整体景观效果。植物作为其中一个元素，要协调好与各元素之间的关系，做到与环境完美融合，同时又体现它的生命气息，这是设计师要着重权衡的。

(4) 能够体现一定的区域特色

理想的城市公共空间应能反映该城市一定的

地域文化特点，能够成为城市的一个标志性地段。绿化作为其中的一部分，要与这个整体相协调。如选择该城市中特有植物或人们喜爱的植物，以体现一定的城市风貌和该区域人民的生活文化。

7.3.3.3 步行街植物景观营造

现代社会的步行街为人们提供了一个集购物、休闲、娱乐、交往于一体的公共空间，是户外休闲活动的一种。按照城市步行街使用性质的不同，分为商业步行街和游憩步行街两种。商业步行街是以提供购物为主的各种商业活动的聚集地，往往位于城市繁华区；而游憩步行街以休闲、游赏为主，往往位于风景优美、远离喧嚣的区域。商业步行街以商业活动为主，其他形式伴随商业活动而产生，人流量大，铺装面积比重较大，所以绿化所占面积有限，常常以"见缝插绿"来弥补空间上绿色的缺失。在不妨碍通行的情况下，要充分以人为本，满足人的各种需求，协调硬质景观与软质景观之间的比例，为人们营造一个生态的、轻松的购物休闲环境。游憩步行街较商业步行街的绿化形式更为宽泛，对土地的限制不是很严格，可结合环境特点，选择多种植物材料进行搭配，充分发挥乔、灌、地被的特点，营造丰富的绿色空间。

(1) 按照绿化形式分类

在植物景观营造上，做到点、线、面相结合，在人流比较大的步行空间，以"点""线"装饰为主，在休闲、停靠空间，以"面"装饰为主。

①点状栽植　此种形式常位于步行街主次入口、节点处、街边建筑的橱窗前，起点景、强调、标志性作用，花坛、花钵、花箱是常见绿化形式。花钵、花箱具有占地空间小、见效快、易搬运、可更替等优点，是国内外商业步行街的常见形式（图7-42、图7-43）。用于花坛、花钵的植物以小型一、二年生草本花卉为主，少量的球根、宿根花卉为辅，所选花卉最好带有一定的蔓性，如三色堇、雏菊、矮牵牛等。选择上要与步行街的建筑、铺装、整体风格相一致，在色彩、高度、体量、质感上进行搭配组合，常与喷泉、雕塑、坐凳等其他园林小品结合，形成街道景观的点睛之笔。

②线状栽植　主要是指沿街的行道树绿化，可以根据街道宽度、周边建筑高度选择适宜的行道树，局部区域面积有限时可选择箱体栽植，节省空间、易于搬运。线状栽植，强调了步行街的空间走向，组织和分隔不同功能空间，弱化了街道两侧纷杂建筑外立面及各种广告牌所带来的无序性，体现了线性空间的流畅性（图7-44、图7-45）。注意植物配置不要过密，保证行人观看两侧街景视线的通透性。步行街上的行道树最好选择落叶阔叶植物，以满足夏季遮阴，冬季光照的需要。

③面的栽植　主要是指结合步行街休闲广场、主要入口、室外餐饮而进行的面的栽植，利用乔、灌、地被的搭配，为行人营造一个绿色环绕的休闲、停靠空间。入口处的大面积栽植，可以起到

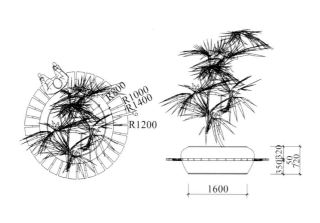

图7-42　花钵的平、立面

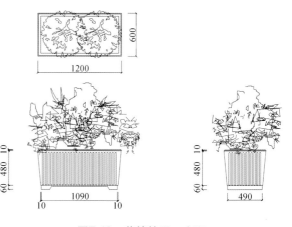

图7-43　花箱的平、立面

图7-44 橱窗前绿色植物丰富沿街的立面景观

图7-45 沿街线性绿化

图7-46 门前绿饰

隔绝外部嘈杂、吸引行人视线的标志性作用；步行街内的节点常布置为休闲广场，结合坐凳、雕塑、喷泉等其他园林小品和餐饮、娱乐等服务设施，在购物之余，为人们营造凉爽、轻松、绿色的休憩环境。

此外，在面积有限的步行街空间，提倡垂直绿化，如悬吊的花球、盘卷的绿藤、悬挑屋檐的花饰都是不错的选择。同时，可结合建筑沿街立面，在商铺橱窗前进行植物装点，更加强调商铺的特色，营造整条街的绿色氛围（图7-46）。

(2) 按照绿化空间位置分类

①中央绿化形式 此种形式绿化位于步行街上下通行的中央，沿纵向布局（图7-47），可选用花台、花钵、树穴、树箱等形式，展现的常为线状布局的特点。多用于步行街横向尺度较窄的情况。中央的绿植可为两侧行人提供遮阴，但由于覆盖面积有限，常使靠近建筑一侧行走的人暴露于阳光之下。

②两侧绿化形式 此种形式绿化沿建筑布局，位于步行街上下通行的两侧或单侧（图7-48），人多于中央行走，可形成林荫道式的效果；也有兼顾一侧遮阴，而另一侧处于建筑阴影中。以选择落叶阔叶树为佳，同时植物之间的株距要较城市道路行道树大些，以不遮挡行人观看街道两侧店铺的视线为宜。

③中央与两侧结合的绿化形式 这是较为理想的步行街形式，绿化与空间完美融合，为人提

供更人性化、更生态化的设计。要求步行街的横向尺度较大，除满足大流量的通行，还要满足较大面积的绿化，常以线性的沿街行道树布置与中央的花台、花钵结合，形成较为全面的绿化、美化效果（图7-49）。位于步行街中央的花台可结合坐凳，形成等候区域或作为室外休闲餐吧的分隔带，通过植物的自然划分，将步行的动态空间与

图7-47 中央绿化形式

图7-48 两侧绿化形式

图7-49 中央与两侧结合的绿化形式

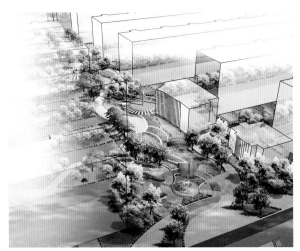

图7-50　步行街自然式绿化效果

图7-51　步行街规则式绿化效果

休憩、等候的静态空间同时安排在街道中，更为人性化地满足行人的多种需求。

7.3.3.4　案例分析

以居住区中央步行街绿化设计为例：

(1) 自然式设计手法

入口为形成小桥流水人家的含蓄效果，采用植物树丛围合，同时将线性街道内环境进行半遮挡，形成若隐若现的效果（图7-50）。街道以曲折蜿蜒的溪流贯穿，街内小径以大量水生植物围合，将道路掩映于植物丛中。主要节点广场作为两侧建筑通道的连接，以植物达到自然过渡的效果。步行街道两侧植物注重季相变化、复层结构的形成，为街内营造舒适、安静、多彩的效果。

(2) 规则式设计手法

入口处营造开敞、大气的空间，以动水烘托整体氛围，同时遮挡街道内的景观，形成欲扬先抑的效果，植物沿道路规整布局于两侧，采用行列式乔木与线性花钵结合的形式（图7-51）。步行街内植物栽植仍以列植为主，在主要节点处布置花坛，起到点景作用。同时，注重与居住区内横向道路的连接，植物配置延续区内绿化特点，突出季相变化。

7.4　游步道植物景观设计

游步道有别于城市道路，城市道路是以交通为主，而游步道中的"道"，只需满足通行、交通功能，"游"，有游玩、游赏之意，边游边赏，有景可赏，因此又常称为景观游步道。所以，游步道经常出现于风景区、公园、居住区、庭院等环境优美、景色丰富的区域，是园林中比较理想的造景空间，从某种意义上说，游步道就是一种景观。

7.4.1　游步道概述

7.4.1.1　游步道的景观释义

传统的游步道是指园林中具有游览功能的步行道路。近年来，随着新设计思想、技术的引入，游步道又有了更加丰富的内涵。广义的游步道不拘于形式、区域的限制，凡是以通行为主，对空间起到一定分隔、连接作用，为行人和骑车者提供休闲、娱乐、运动功能的线性开敞空间，都属游步道的范围。它既包括穿越草地、山坡、河流等自然区域的走廊，又包括可供人开展游憩活动的废弃的铁道、沟渠、风景道路等人工改造的走廊。所以，现代园林中的游步道既包括为造园而新建的道路（图7-52），也包括保留原基址特色改造而来，反映一定地域文化、遗址遗貌的游步道（图7-53）。

7.4.1.2　游步道在景观中的功能

游步道除具有交通功能外，还具有引导游览路线、组织空间序列、展示景观和提供休闲、散步、运动空间等功能，是可赏、可游、可玩的景观空间。

(1) 提供通行空间

无论哪种环境中的游步道，通行都是其最基本的功能，它可以连接各个目的地，让人通过它的指引到达想去的地方。

(2) 划分景观空间

游步道可以对景区进行区域分割，更加明确各个景观的边界，同时也起到连接的作用。在设置时，要尽可能降低对区域自然生态的破坏，在人流量少、幽静的区域，游步道尽量不设或设置宽度在 1m 以下。在有些区域，为不破坏环境，常将道路架高形成空中步道，以保证自然生态的完整性（图 7-54）。

(3) 引导游览路线

景观游步道可以引导游人到达各个景区，它更能在空间上给人以方向上的指引，同时结合不同区域的游步道景观设计，给人以心理上的暗示。如活动区的开敞绿化设计与休闲区的郁闭绿化设计，会让走在路上的游人体验到不同区域的划分。

(4) 组织空间序列

游步道既可设计成直线，又可结合地形需要，设计成曲线或折线。对于强调空间轴线，景点突出的地方，可以采用直线形游步道直通中心景观，起到对景观高潮的烘托。如纪念型园林中，常借直线形游步道烘托主体建筑或雕塑（图 7-55）。

对于不想让人立刻看到的景观，想通过欲扬先抑的手法调动游人兴趣点的，曲折多变的游步道是不错的选择。通过道路的蜿蜒变化，营造多变的景观层次，再结合空间在明暗、大小、方向上的对比，达到展示高潮景观效果，更能调动游者效果情绪上的波动。如苏州园林，常通过曲径通幽的道路和空间上的对比变化，达到小中见大的效果（图 7-56）。

(5) 展示景观层次

游步道是可游、可赏的通行空间，"赏"就是要有景可观，在散步、休憩中赏景，游步道的景观配置可满足人的这种需要。游步道的景观主要通过沿途两侧的植物造景，路口、路缘、路面的装饰来体现，其中植物配置起着十分重要的作用。它可以通过乔、灌、地被的搭配，向游人展示丰富的自然植物群落，也可以遮挡两侧观赏价值欠佳的地方。让人穿行于忽明忽暗、忽开朗忽幽闭、忽乔木林立忽花草争艳的多变的园林空间中（图 7-57）。

图7-52 为游览而设计的游步道

图7-53 保留工厂原状改造而成的景观游步道

图7-54 天津桥园架空的游步道景观

图7-55 南京雨花台规则式种植

图7-56 苏州园林蜿蜒曲折的小径

图7-57 路侧花带丰富景观层次

(6) 提供休憩、散步、运动等活动空间

游步道是放松心情的空间，沿路布置的坐凳可以让游人边走边停，时刻欣赏沿途风景。同时，设计师在部分区域特别设计的卵石铺路，还有足底按摩的保健作用。在运动区附近平坦的游步道，可以沿着曲折道路的走向开展轮滑、滑板等年轻人喜爱的运动。

7.4.1.3 游步道在景观中的分类及植物配置要点

(1) 按空间布局分类

①平地游步道 这是游步道的常见形式，凡是满足最低的排水坡度，与路面平行的游步道都属于此种类型。植物配置与区域氛围相吻合，既可以乔木搭配，也可以花卉装点；空间既可疏朗开阔，也可郁闭幽深（图7-58）。

②高于路面的游步道 主要指路面高程在空间上有所提升或起伏变化的情况，此类型常出现

图7-58 竖线条的乔木与丛生的禾本科植物形成对比，红色坐凳点亮了空间的色彩

图7-59 登山步道 　**图7-60** 下沉式临水步道

于山麓景观、自然风景区或公园中，如登山步道、架高的空中走廊等（图7-59）。对于山地中的游步道，通常选择竖向型生长的高大乔木，利用树高与路宽之间6：1～10：1（纵深效果显著）的比例关系，突显山地的高耸，使位于其中的人产生夹缝的感觉。此外，道路两侧植物要有一定厚度，形成光线昏暗的效果，结合道路设置的狭长与曲折，表现山林的幽深之感。

③低于路面的游步道 主要指路面高程在空间上有所下降的情况，一般多见于下沉式广场、庭院中（图7-60）。植物选择以矮生灌木、地被、草坪为主，注重与步道两侧挡土墙的结合，形成自然的过渡，也可选用藤本植物在墙壁上下垂，以加深低凹之感。

(2) 按设计形式分类

①规则式游步道 常见于规则式园林中或建筑、广场周边，形成建筑的向外延续或空间轴线的烘托。植物选择以枝干通直、冠型整齐、耐修剪的乔、灌木为主，配合一定的花卉栽植，形成严谨、有序、理性的空间氛围。可选用的植物有圆柏、龙柏、水杉、云杉、悬铃木、槐、玉兰、广玉兰、馒头柳、榉树、梧桐、樟树、无患子、山楂、大叶黄杨、金叶女贞等。

② 自然式游步道 常见于自然式园林中或水边、林地等自然风景区，游步道设计多以自然曲线为主，以植物的自然配置烘托空间的走势，强调的是与环境的融合（图7-61）。植物避免选择人工化强的植物如龙爪槐、龙柏、大叶黄杨等，而是选择姿态婀娜、冠形洒脱、有一定野趣之感的植物，如垂柳、合欢、元宝枫、乌桕、榆树、火炬树、连翘、迎春、金银木、二月蓝、波斯菊等。

③生态型游步道 此种类型是近些年从国外兴起的，随着人们越来越关注生态建设，对园林设计中如何最低程度地破坏原有生境，用最低的投入和养护成本达到最适合该区域生态环境特点或对恢复区域生境进行探索，形成独特的生态景观廊道。主要体现在对现有环境区域的生态恢复或对废弃区域的再利用上。植物选择多以当地乡土物种为主，没有特定的植物搭配技法，主要

图7-61 废旧轮胎布置路缘

图7-62 乡土植物点缀步道

图7-63 位置交错的两株灌木指引道路转向

图7-64 疏林草地中的小径

图7-65 湿地中的木栈道

图7-66 近距离观赏水生植物平台

图7-67 园林植物点景山石

是通过设计促成植物自然群落的形成，以唤起自然自我修复的功能，是值得倡导的生态之路，也是今后植物配置向更理性、自然发展的一个趋势（图7-62）。

(3) 按园林中的位置分类

① 陆地上布置的游步道 这是常见的形式，位于园林各种铺装场地，起到连接景区、分割空间、引导游线的作用。植物根据空间需要进行配置，选择范围比较宽泛。

② 草地中布置的游步道 穿越草地的游步道，为了不破坏草地景观的整体性，常选择宽度窄的小径（一般在1m左右）或汀步。有时道路顺应地形需要呈现曲线变化，其中植物配置多为散植、孤植或缀花草坪，以突出空间的疏朗（图7-63）。

③ 林地中布置的游步道 穿越林木的曲径，可以是疏朗开阔的林中空地，或是光线昏暗、空间封闭感强、视线朝天开敞的密林，此种情况多位于公园、风景区等人流量少的区域。植物选择多以高大乔木为主，结合地形起伏，加深纵向空间的幽闭之感（图7-64）。

④ 湿地中布置的游步道 游步道常靠近湿地边界，多以木栈道形式呈现，以形成野外观测鸟类为主的空间走廊。植物配置以水生植物耐水湿的乔、灌木为主。水生植物中挺水植物居多，如可以选择芦苇、香蒲、水葱、菖蒲、千屈菜、垂柳、水杉、水松等。木栈道在植物的簇拥中穿过，展现一片野趣、自然之景（图7-65）。

⑤ 水中布置的游步道 此种类型常设计成水中汀步，需注意既不能破坏水面的整体感，又要给人们提供近距离欣赏水中植物的机会。植物选择常以浮水、挺水植物为主，如荷花、睡莲、王莲、凤眼莲、荇菜等（图7-66）。

7.4.2 游步道（园路）局部的植物景观设计

游步道（园路）局部包括游步道（园路）的路口、路缘与路面。

7.4.2.1 路口植物景观设计

（1）路口植物景观的功能

① 点景、提示 利用植物与山石、雕塑、喷泉等园林小品结合，设置于路口，起到点景的作用（图7-67），常设于景观入口方向的道路中，指

图7-68 桂花、红枫植于路口指示游人

图7-69 矮牵牛、彩叶草点缀入口草坪

图7-70 雪松半掩道,隐约透出黑心菊吸引游人

图7-71 球形红花檵木、白花凤尾兰,点睛道路交叉口

图7-72 路口转弯处,木芙蓉顺应道路走势,形成自然过渡

引、提示游人(图 7-68)。

② 呼应主题 利用植物的造型、造景功能,将后面景观要表现的主题先透露给游人,预先做下伏笔,调动游人的好奇心,在这种心理的驱动下进行后面景观的欣赏。多见于植物专类园的入口,如花卉展示园,将要展示的花卉品种点缀于路口,让人们在远处就可窥之丰富的色彩,从而被吸引而至(图 7-69)。

③ 障景 遮挡景色不佳的地方,展示景色优美的区域,或欲扬先抑,利用植物群落先将后面的景观遮蔽,然后通过空间的转换,在峰回路转之际,将景观突然呈现给游者,通过这样的前后对比,造成人在心理上的波澜,调动人的兴奋感。

(2) 路口植物景观设计的方式

① 道路相交路口处理 道路相交时,路口交叉方式尽量保持垂直相交形式,交叉口作为空间的转折,一般做扩大处理。设计上应避免多条路相交,使人产生迷惑。路口植物配置常起到引导、提示作用,有时遇到复杂情况,为方便交通,还要设置道路指示牌,给人以更加直观的导向作用(图 7-70)。而当道路设置不合理时,则易发生草坪踩踏事件(图 7-71)。

② 转弯处路口处理 道路转弯处常作为一个方向的终点,同时又作为另一个方向的起点。植物配置在此常要起到承上启下的过渡作用,让行人在空间上有景可观,视线有所属,同时自然进入到下一段路的景观空间(图 7-72)。

7.4.2.2 路缘植物景观设计

路缘植物造景主要是依靠道路两侧植物的装饰，根据不同区域环境特点及要表现的整体设计风格，营造、烘托气氛。

（1）路缘植物景观的功能

①方向上的指引　道路本身对游人就有指引作用，但更多体现在水平空间上。植物延续这种作用，顺应道路走势，既强化了道路的边界，又形成竖向空间上的指引。

②美化、软化硬质线条　利用植物色彩、姿态、体量、质感等自然属性与人工化的硬质铺装相结合，使人工化的铺装边界融入自然，弱化了硬质的边缘，更多地展现整体效果。

③自然过渡　道路边缘的植物是道路与绿地的过渡带，植物的配置可以掩盖硬质的道路边缘，形成自然的过渡，道路好似嵌在绿地中的带子。

（2）路缘植物景观设计的类型

①按照设计形式划分

规则式　常用于以规则式设计手法为主的园林中，在靠近道路、广场区域，路缘两侧植物配置以对植、列植为主（图7-73）。

自然式　常用于以自然式设计手法为主的园林中，或邻近自然风景的道路，植物配置以丛植、群植为主，营造融为一体的景观效果（图7-74）。

②按照植物种类划分

以木本植物为主的装饰形式　包括单纯以乔木装饰、单纯以灌木装饰或乔、灌木混合装饰为主的形式，下层可点缀少量草本地被（图7-75）。

以草本植物为主的装饰形式　包括单纯以草坪或以草本花卉形成的花丛、花带、花境的装饰形式（图7-76）。

以藤本植物为主的装饰形式　主要是指以藤本植物为路缘镶边材料的装饰形式，如五叶地锦、

图7-73　修剪规整的杜鹃花，突出空间界面的规整和简洁

图7-74　自然配置的植物掩映悠长小径

图7-75　园路两侧的山桃成为早春亮丽的风景

图7-76　以醉鱼草、天人菊为主的花境

图7-77 幽暗竹林与明
亮门框对比

图7-78 空心砖游步道

图7-79 停车场草地砖

图7-80 小草装点铺装

常春藤、薜荔、络石等。

以竹类为主的装饰形式　以各类竹子为道路两侧的装饰植物，形成竹林幽幽之感（图7-77）。

③ 按照空间营造氛围划分

疏朗空间　利用低于人平均视线的植物材料或稀疏乔木的装饰，形成完全开朗或有空隙的疏朗效果。

半开半合空间　路缘部分被遮挡的道路空间，常常使要展现的区域开阔，而将其他区域设计成封闭的，通过对比，将人的视线指引到主景上。

郁闭空间　利用乔、灌、地被复层结构形成的幽暗、封闭的夹景效果，除两侧视线被遮挡外，树冠冠顶相互连接，形成封闭感很强的空间。

7.4.2.3　路面植物景观设计

路面植物景观主要表现在自然草本地被与硬质铺装之间的配合上，一般采用石块或混凝土块中嵌草，或者草地上嵌汀步的形式。它既可以看作是铺装的一种材料，也可作为绿化的延续。

(1) 路面植物景观的功能

这种硬质与软质材料共同形成的路面，具有一定的承载能力，与传统全部是硬质铺装的路面相比，具有更强的生态功能。一方面增加了绿地覆盖率，起到美化、装饰的作用；另一方面，它尽可能地减少了对环境的破坏，同时对于增加地下渗透、降低地表温度，都起到了很好的作用。

(2) 路面植物景观设计的形式

① 人工模具铺装与植物　现常用模具主要有预铸式植草砖、空心砖、塑料植草格和现场浇筑植草地坪等（图7-78），可应用于公园道路、人行步道、停车场等，具有一定承重能力和绿化覆盖能力。如用孔型混凝土砖铺设停车场和自行车存放的地面，砖孔中用腐殖质拌土填上，撒草籽使其生长于其中（图7-79）。

② 铺装缝间生长的植物　此种情况主要是在铺装缝隙间生长出植物，有些是铺设前预设的，还有些是后期由于道路铺装变形、破损后，自然生长的效果，都达到了一定的景观效果。如用实心砖，砖与砖之间留出一定空隙，空隙中是泥土，使草能自然生长出来；或石板路由石板拼接而成，中间留有一定空隙，杂草可生长其中，路面可透水，因此能起到降低地面温度的作用。这种经过长期磨损、消耗后，自然长出植物的生态路径，更具和谐之美（图7-80）。

7.5　高速公路植物景观设计

高速公路中的景观空间是一个封闭形式下的线性、连续性、方向变化性和迅速移动性的开敞空间，展现给司乘人员的往往是瞬间的景观片段，在植物营造上要充分考虑每个片段景观在纵向、横向上对观者所产生的心理感受，还要将这些片段串联，形成一个连续流畅的景观格局，这种动态的景观设计起来比静态的景观空间更为复杂而严格。

7.5.1 高速公路环境特点

(1) 行驶路线长，立地条件复杂

高速公路绿化有别于城市道路绿化，它覆盖面积大、路线长、常穿越多个城市之间，沿途可经过高山、河流、丘陵等环境条件复杂区域，多变的环境条件为植物营造丰富的景观提供了条件，同时也增加了植物筛选的难度，因此绿化要求更为特殊。

(2) 绿化土质条件差，养护管理难度大

高速公路绿化的大部分区域是填方或挖方区，土壤贫瘠，土层单薄，土质条件较差；土壤表层吸收热量大，水分蒸发快，空气干燥，较为干旱，再加上高速公路施肥、浇水、修剪难度大，这些都不利于植物的生长。因此，要选择养护管理粗放的品种，以适应较为恶劣的生长环境。

(3) 车流量大，污染严重

由于高速公路交通量大，汽车尾气、噪声对周围环境造成的污染较为严重，汽车行驶过程中产生的粉尘也影响着周边环境，这就需要发挥沿途绿化的生态效应，提高空气质量，减少污染。

(4) 封闭式行驶、车速运行快，安全性要求高

高速公路是在完全封闭式的环境下高速行驶，长时间同一姿势势必会造成司机的疲劳驾驶，所以高速公路绿化首先应该满足安全性要求。边坡隔离栅利用植物种植防止外围人畜的闯入，中央隔离带具有夜间行驶防眩光的作用和削弱疲劳的作用，路侧绿化可以防风、减噪，同时在发生交通事故时，起到减弱车辆冲击力的作用。

(5) 风速大，植物易倒伏，需水量大

高速公路上汽车高速驶过时的瞬时风速可达25m/s，引起树木激烈摇晃，会对树木产生机械损伤，同时也会加剧树木水分的损耗，造成树木需水量增加。

(6) 高温、干旱，植物易死亡

高速公路由于路面的辐射作用，夏季气温局部可以高达 60℃以上，这种高温持续的时间还比较长。我国降水分配的季节不均，集中在夏季，因此高速公路绿化植物易发生秋旱和冬旱。再加上高速公路的局部环境特点，树木的蒸腾作用大，对水分的需求量增加，土壤的水分往往供不应求，使得绿化植物缺水，影响植物生长，甚至造成植物的死亡。

7.5.2 高速公路植物景观设计原则

高速公路植物景观设计应首先满足安全性原则。高速公路上的行驶是在封闭模式下高速运行，驾驶员处于长时间的高度集中状态下，视点相对固定，视野范围小，容易形成疲劳感和紧张情绪，绿化设计要首先保证道路和行车的安全。应注意以下两点：

① 利用不同色彩、体量、高度、质感、季相的植物装点道路空间，既达到方向上的指示和诱导，又可缓解疲劳、放松心情。高速公路上的植物配置力求形式简洁、韵律感强、重点突出。过于变化，会吸引驾驶者的注意力，影响交通安全；而过于统一，会使空间更加枯燥，加重驾驶疲劳。中央隔离带可以起到两车交汇时防眩光的作用。同时，植物在形式上、种类上的变化可以应用于道路出入口、转弯处，起到警示的作用。要在统一的设计主题下，选择特殊地段或车速相对缓慢的地段（如出入口、服务区等）进行重点绿化，其他地段把握在大空间下变化即可。

② 在禁植区不可种植妨碍视线的乔灌木，以免影响行车安全，但可种植地被覆盖地面。边坡及隔离栅区域的植物栽植，主要是防止其他车辆或人畜进入。围栏式栽植植物，如可选择带刺、观果、观花的植物栽植(如火棘、红叶石楠、枸骨等)，一方面可以起到防止外围人畜闯入；另一方面还可以起到美观的作用。边坡上的乔灌栽植，在发生车辆撞击时，还可起到缓冲车辆冲击力的作用，以保护驾驶员和乘客的安全。

另外，还应坚持生态性原则、美学原则和经济性原则等。

7.5.3 高速公路植物景观营造

高速公路绿化范围包括：中央分隔带、边坡及路侧隔离栅以内区域、互通式立交区、隧道及沿线附属设施（如服务区、停车区、管理所、收费站等）。

7.5.3.1 中央分隔带植物景观设计

(1) 功能及设置要求

中央分隔带是高速公路绿化中的重要组成部分，它的环境条件差，但绿化水平要求高。中央分隔带的主要作用是诱导行车视线、绿化美化和防眩光，并利用植物在高度、体量、色彩、质感上的变化，缓解司乘人员的行车疲劳。

防眩光是中央分隔带的最主要作用之一。利用植物遮挡迎面来车前照灯的眩光，同时保证横向通视良好。若采用完全遮光，会缩小司乘人员的视野，加大了道路空间的压抑感和封闭感，同时影响巡逻车辆对道路的检查。高速公路的防眩措施一般有两种形式：一种是设置防眩板；另一种是植物防眩。防眩板易产生呆板、单调感，不如绿色植物的效果好，所以多用于在桥上或其他不宜种植植物的地方，而绿化防眩被广泛地应用于国内外高速公路中。

绿化防眩设计要考虑4个方面的要素：遮光角、防眩高度、防眩宽度和间距。同时，绿化植物要保证四季都能满足基本的防眩要求，故选择常绿植物为宜。根据国内外高速公路的使用经验，高速公路防眩设施应采用的遮光角在8°~10°。防眩植物间距（L）与防眩植物栽植宽度（B）、遮光角（α，取8°~10°）之间的关系为$L=B/\tan\alpha$。例如，中央分隔带宽度为1m，取实际植物栽植宽度0.8m，那么防眩植物间距为4.4~5.7m。

中央分隔带的宽度根据道路立地条件和使用需要控制，国外高速公路的中央分隔带宽度较宽，如美国一般为11m，城区和山区不小于4.9m；欧洲国家也在4~5m；日本因人均土地面积少，为节约用地，分隔带最窄为3m。较宽的中央分隔带不仅可以营造丰富的景观，同时有利于防眩、行车安全及未来道路扩宽需要。我国高速公路中央分隔带宽度一般为3m，最小山岭区域只有1.5m，带两侧或中间有护栏，有些地区道路面积占地大的，宽度可达5~10m。如京沪高速公路的中央分隔带为3m，较窄，不宜选用乔木，主要以花灌木为主，可以采用几种模式交替设置，如修剪规整的圆柏球与成排的黄刺玫或木槿等枝叶美观、干净、叶面小的植物组成色带；或以草本植物为主，如选用抗性强的多年生草本植物野牛草、白三叶、紫花苜蓿、半支莲等。宽度在4.5m以上，可采用几种花灌木结合草本地被植物的组合，但不宜选用乔木，乔木产生的阴影，容易影响高速行进中司机的视线。

防眩植物的高度与车辆前照灯高度、驾驶员视线高度、道路状况和车型组合等不确定因素有关。植物太低，达不到防眩的目的；植物过高，会阻断公路景观的连续性，如种植大乔木，路面上斑驳的树影会影响驾驶员的视力；一旦被强风刮倒，还影响行车安全。中央分隔带树高一般控制在1.5m左右，单株可适当高些，控制在1.8m，篱植可控制在1.2m，单株组合可控制在1.5m。

(2) 植物选择

中央分隔带可供植物生长的土层厚度一般仅为40cm左右，下方是压实度大于90%的路基，植物根系很难进入不透水层，再加上土壤质地差，易受施工垃圾污染，这都是影响植物生长的因素。但从其所属位置和作用来看，中央分隔带是高速公路中环境条件最差，但绿化景观水平要求最高的地方，因此，植物种类的选择就显得十分重要。其植物选择可依据以下条件：

①采用抗逆性强的种类 高速公路环境恶劣，植物要具备抗污染、抗高温、抗风沙、耐干旱、耐严寒、耐贫瘠等特点，如选择紫穗槐、黄栌、海桐、大叶黄杨等。

②乡土树种为主 乡土树种最能适应区域环境，体现区域特色，且苗木易得，造价低，成活率高。

③常绿植物优先考虑 防眩光是中央分隔带的最主要任务之一，要保证一年四季的绿化

效果，只有常绿植物能达到，落叶植物只作为辅助性的搭配，如选择侧柏、圆柏、大叶黄杨等（图7-81）。

④选择枝小叶密的植物 植物密集可以有效地防眩，过于稀疏不能达到此种要求，可选择海桐、石楠、紫穗槐、火棘、连翘等。

⑤适当选择彩叶植物 观花植物固然好看，但花期一般仅维持7～30d，个别植物稍微长一些，但只靠花不能达到调节中央分隔带色彩的效果；而彩叶植物具有半年以上的观赏期，能够很好地丰富景观层次，如紫叶小檗、金叶女贞、红花檵木等。

(3) 常用配置模式

①单一植物类型 常选用一种适合篱植的植物（如大叶黄杨、圆柏、海桐等），按同一株距均匀布局，修剪成规整的一条绿篱带，或者选用同一植物，修剪成球形，间隔一定株距，形成带状排列。

②植物组合类型 选用两种或两种以上植物，按照一定配置模式、株行距或空间上（高度、色彩、体量、质感等）的变化（图7-82、图7-83），达到造景和防眩的目的。

③图案式类型 以一种绿色灌木为基色材料，选择1～2种彩叶植物（如紫叶小檗、金叶女贞、红桑等）为图案材料，用色彩粗线条布置成各式图案。此种设计主要用于互通式立交区前后1km地段，配合立交桥区域绿化、美化。

此外，采用一些野趣的地被花卉，或当地土生土长的野花野草，也可装点出别样的风味，在养护管理上也可节约成本。在高速公路绿化中，对于在前期考察过程中发现的美的景观，尤其是野草之美的景观，应考虑如何将其保留并应用到设计中，越是天然的、不经人工雕饰的美，越值得我们去珍惜，形成的景观也越耐人寻味。

7.5.3.2 边坡及路侧植物景观设计

(1) 功能

这部分区域绿化主要是路侧隔离栅以内区域，包括边坡、路肩、护坡道、隔离栅及内侧绿化带，是高速公路与周围地形的过渡带，与周围环境的关系最为密切。要因地制宜，从大环境特点出发，将高速公路绿化与周围大环境相融合，削弱人工环境对自然造成的破坏。本区域因为与自然环境相接近，所以栽植条件较中央分隔带更为优化，可选择的植物种类范围更为宽泛，具备种植大乔木的条件。

边坡及路侧绿化主要是指对用地界内边沟外侧的空间进行绿化，目前，我国大多数地区的道路两侧边沟外可绿化的面积非常有限，一般宽度为3m以内，有的甚至只有1m，故很难形成大范围的乔、灌木搭配的群落景观，以乔木的列植或乔、灌木间植为多，形成防护林带效果。一些地区，在建设时与道路周围的经济林、苗圃、农田防护林的建设结合起来，达到一定的经济效益。针对这种情况，为避免搭配形式上造成单调、呆板之感，建议在植物品种选择上丰富一些，尤其选择一些季相变化明显的花灌木结合乔木，形成一定的风景林效果，从而提高整体的景观价值。

在高速公路修筑路基时，遇到地形起伏大的

图7-81 单一植物组成的带状效果

图7-82 两种植物修剪成球组成的分隔带效果

图7-83 两种植物间植组成的分隔带效果

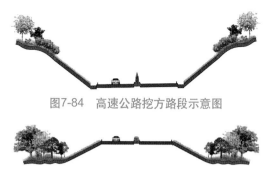

图7-84　高速公路挖方路段示意图

图7-85　高速公路填方路段示意图

图7-86　草本护坡效果

地段，高出标高的地方要挖方（图7-84），低于标高处要填方（图7-85），挖方形成的坡面叫上边坡（路堑边坡），填方形成的坡面称下边坡（路堤边坡）。无论是挖方，还是填方，都不可避免地令原有自然植被和土壤遭受破坏，裸露的坡面不仅有损路容和生态环境，还容易引起水土流失、塌方或滑坡。因此，裸露坡面、护坡构筑物均需要营造人工植被覆盖保护。边坡绿化是高速公路绿化中的重点，它直接影响着高速公路的整体景观效果，同时能够防止边坡坡面的水土流失和保证路基的稳定性。

(2) 植物选择

针对硬质护坡造成的视觉污染，应尽量柔化和美化坡面。选择上以乡土植物为主，外来引种为辅；以草本地被植物为主，藤本、小灌木为辅；以抗旱耐贫瘠植物为主；以种子繁殖的种类为主，无性繁殖种类为辅。同时，对于区域环境改善、景观效果好的野生植物，可任其自由生长，形成更富生态野趣的景观。

乔木树冠高，根系深，栽植乔木于边坡会提高坡面负载，增加土体下滑力和正滑力，尤其在有风的天气，树木把风力转变为地面的推力，易造成坡面的不稳定，从而对坡面造成破坏，同时，对司机的视野有阻碍作用，所以，不建议在边坡栽植乔木。

现今国内外常采用灌木、草本地被与藤本相结合的栽植方式。若单纯选择灌木，虽然它具有根系浅、不遮挡视线、可观花观果的优点，但成本较高、早期生长慢、植被覆盖率低、对早期土壤侵蚀的防治效果不佳。若单纯选择草本地被，

虽然其较灌木的成本低廉、生长快、对防止初期的土壤侵蚀效果好，但由于草本植物根系浅，抗拉强度小，所以固坡护坡效果差，同时群落易发生衰退，恢复周围生态环境难以持续进行。

藤本植物也越来越多地应用于边坡绿化中，它们生长迅速、攀附能力强、适应能力好，常用于岩石边坡或土石混合边坡的垂直绿化。用藤本植物进行垂直绿化是生态防护的特殊形式，它成本低、用地少、美化效果好，但由于边坡一般较长，藤本植物完全覆盖坡面的时间较长。

(3) 常见边坡绿化形式

①草籽喷播式　此种方法是将2～3种草本植物的种子与肥料、有机纤维、保水乳液、水配成混合剂进行喷播。有利于种子发芽，覆盖率高，人工投入少，适合土多的边坡采用（图7-86）。

②灌木、草本结合式　此种方式是采用小型花灌木与草本地被结合的形式，发挥草本植物早期迅速覆盖地面防止土壤侵蚀的作用，后期由灌木发挥作用。从长远角度看，这种结合更有利于群落结构的稳定发展，护坡效果更佳，如采用紫穗槐与野牛草结合或白三叶结合。

③藤本植物覆盖式　主要是选择藤本植物在护坡构筑物的底部或顶部，通过挖种植沟或砌种植槽，按一定株距植苗，利用藤本植物的向下悬垂或向上攀爬的能力覆盖坡面，有时常常上下同时植苗，这样覆盖更快而全面，特别对岩石多土少的坡面，解决了绿化难的问题。

④图案式绿化　对于处于重点地段（常见于出入口）、土质良好、光照充足、用于文化展示的位置，可选用色彩丰富的花灌木、地被花卉组

成一定的图案或文字标语，或以混凝土构筑出图案轮廓，再填以地被花卉，形成一定的图案效果，点亮局部景观。

⑤三维植被网植草 此网是以热塑性树脂为原料制成的三维结构，底层为具有高模量的基础层，一般由1～2层平网组成，上覆起泡膨松网包，包内填种植土和草籽，草皮长成后，草根与网垫、泥土一起形成一个牢固的体系，有效防止坡面冲刷，达到加固边坡、美化环境的目的。

7.5.3.3 互通式立交区植物景观设计

地形的高差变化和立交桥的曲线走势形成了较为特殊的绿化区域，植物配置首先要保证不妨碍司机对于道路走势的辨析，以低矮的灌木和多年生草本植物为主。根据立交桥的不同地段，有选择地进行植物配置，发挥植物在诱导、提示、美化方面的作用。

在立交桥的出入口地段，可以利用高度、色彩、体量上的变化，对司机起到提示和诱导的作用；在互通区大环的中心地段，在不影响行车视距的范围内，可依据生态学原理，设计稳定的树群，注重常绿植物与落叶植物的结合，乔木与灌木、藤本的结合，既可衬托桥梁之美，又可形成良好的自然群落景观，从而降低后期的人工管理费用；在建筑形式不同的各种交叉口，要保证司机通过时很快辨认出分流、合流、横穿等走势，植物配置要根据车流的方向而采取不同的引导树种或配置模式，形成空间上的导向性。立交桥中心每块绿地的整体面积较大，要根据排水沟渠的位置，依地形变化方式，进行微地形处理，以利于排水。

在立交桥绿化设计中，常会遇到河流、沟渠等特殊地势情况，要借助自然，巧妙利用其特点，将植物造景达到极致，营造与生俱来的效果。以人工有意的设计营造无意的自然和谐效果，是生态设计十分值得推崇的方法。将笔直单调的河道，改造成自然曲折的线形，同时植物配置顺应水流方向，营造河塘、树丛、花境的效果，宛如自然的溪流景观，给穿越此地带的司乘人员以美的感受，从而得到身心上的放松。

7.5.3.4 隧道植物景观设计

隧道是高速公路行驶中的过渡地带，常存在于地形高差变化较大的地区，如山区、丘陵地带。隧道的内外是风格迥异的两种空间，光线的明与暗、开阔与狭小及温度上的变化，都可以给人带来感官上的刺激。隧道景观的巧妙处理，可以作为高速公路景观上的一个"跳跃点"，处理得当可以缓解长时间驾驶所带来的疲惫感。隧道洞门是连接隧道和路基的构筑物，是隧道外露的部分，当车辆驶入光线较弱的隧道中时，人眼不能立即对这种明暗变化做出反应，会产生短暂的视觉障碍，所以，常在隧道口两侧种植植物，形成隧道外的部分延续（图7-87），利用植物对光线的部分遮挡，形成内外明暗的过渡，既起到提示作用，又可缓解人处于明—暗—明不同空间的视觉反差，提高驾驶的安全性。

7.5.3.5 沿线附属设施植物景观设计

高速公路沿线附属设施主要包括服务区、停车区、管理所、收费站、养护站所、交通标志牌、广告牌等，它们以路线中心为轴线，布置在公路两旁。沿线附属设施既是高速公路沿线地区的服务窗口，又是重要组成部分。这些区域首先要满足使用功能，同时，其中的绿化部分要与景观结合，与道路绿化整体风格相一致，并有所重点。

服务区常与高速公路相接，是长时间驾驶的中转区域，也是司机和乘客在路中可短暂休息的地方，

图7-87 隧道旁的植物种植

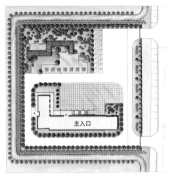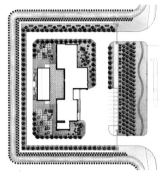

图7-88 高速公路收费站环境设计案例

应结合不同的服务内容进行与服务功能相一致的植物配置，同时搭配休闲设施、园林小品等，做较为精细的设计。服务区与外围道路之间进行植物围合，形成防护带，隔离由外围路况所产生的噪声、粉尘等，为内围营造较为安静、舒适的休息空间。加油区要通透，便于司机识别，植物以低矮灌木和草本多年生花卉为主，这些植物要具有阻燃性。

停车场周围绿化应以遮阴为主，选用高大乔木为宜。休闲区常为旅客设置休闲小游园，植物配置结合水池、花坛、雕塑等园林小品，选择具有观花、观果或保健型的树种，给司乘人员提供短时间放松的场所。

收费站主要是为办公人员提供较为安静、舒适的环境空间，要处理好内外环境的边界，利用乔、灌、地被自然搭配的复层结构或多层乔、灌木的列植形成绿色屏障，阻隔外环境的嘈杂。设计上注重在靠近庭院内，面向人观看的角度种植观花、观果植物，增添内部的景观视觉效果。在休息区，利用植物与花架、亭、景墙等园林小品结合，围合出半开敞空间。设计上利用植物与地面铺装的结合变化，分化出办公区与休闲区，突出功能性，兼顾艺术性，提高了小空间绿化的利用效率（图7-88）。

小结

城市道路绿化景观是在城市交通空间的基础上发展起来的，不同的时间，不同的城市，道路绿化的规划布局，形式都不同，所形成的城市人文环境也不同，其特色集中反映了一个城市的生产力发展水平、市民的审美意识、生产习俗、精神面貌、文化修养及道德水准等。城市道路的绿化不仅可以给城市居民提供安全、舒适、优美的生活环境，而且在改善城市气候、保护环境卫生、丰富城市艺术形象、组织城市交通和产生社会经济效益方面有着积极作用，是提高城市文化品位，创建文明城市的需要，因此，对现代城市道路园林植物景观设计的学习研究具有极强的现实意义。

城市道路绿化植物的选择主要考虑功能效果和艺术效果。在街道景观设计中，主要是以大量的乔木、灌木、藤本、草本植物组成的自然群落为基本绿化单元，以块面式为配置特点，点、线、面结合，建立起人工模拟自然植物群落为绿化形式的森林绿地景观，构建一个规则式的景观序列。

高速公路植物景观设计是实现公路与环境和谐统一的重要手段。渴望通过景观再造与环境保护设计使公路建设对生态环境的破坏减小到最低程度。高速公路是典型的线性景观，要根据中央隔离带、分车带、边坡、互通区、服务区等不同区域的立地条件和功能要求进行植物选择与配置。

思考题

1. 城市主干道绿化的内因、外因有哪些？
2. 行道树绿带有几种植物景观形式？植物选择时要注意哪些问题？
3. 步行街植物景观设计的功能与原则是什么？
4. 游步道按照空间布局分为几种形式？并说明各自特点。
5. 路口植物景观设计应注意哪些问题？其功能有哪些？
6. 高速公路植物景观设计有哪些原则？

推荐阅读书目

道路系统绿化美化. 杨淑秋，李炳发. 中国林业出版社，2003.
高速公路绿化. 常根柱. 中国农业科学技术出版社，2009.
城市道路绿化. 胡长龙. 化学工业出版社，2010.
边坡绿化与生态防护技术. 赵方莹，赵廷宁. 中国林业出版社，2009.

水是自然界中分布最广、最活跃的因素之一，它在地质地貌、气候、植被及人类活动等因素配合下，可形成不同类型的水体景观。或以静态的水出现，如湖泊、池塘、深潭等，常用曲桥、沙堤、岛屿分隔水面，以亭榭、堤岛划分水面，以芦苇、莲、荷、茭白点缀水面，形成亭台楼阁、小桥流水、鸟语花香的意境。或以动态的水出现，如溪流、喷泉、泻流、涌泉、叠水、水墙等，常与人工建筑动静结合，创造出浓郁的现代生活气息。园林中的水景不仅仅指水体，周围的植物配置也是构成水景的一个重要部分。

8.1 各类水体园林植物景观

水体植物景观设计范围为水域空间整体，包括水陆交界的滨水空间和四周环水的水上空间。根据水域空间的地域特征可分为滨水区、驳岸、水面、堤、岛、桥等几个部分。水体按照平静、流动、喷涌、跌落等存在状态可分为湖泊、池塘、溪流、泉、瀑布等形式，不同形式的水体对植物配置的要求也不同。

8.1.1 河流

河流是陆地表面成线形的自然流动的水体。可分为天然河流和人工河流两大类，其本质是流动的水。河流自身的一些特性，如水的流速、水深、水体 pH 值、营养状况及河流底质都会影响其植物景观。

8.1.1.1 园林中河流的主要类型

(1) 自然河流

自然河流是降到地表的雨水、积雪和冰川的融水、涌出地面的地下水等通过重力作用，由高向低，在地表低处呈带状流淌的水流及其流经土地的总称。园林中的自然河流通常仅限于在大型森林公园或者风景区内，了解其形态特征和植被特色有助于人工河流的绿化。

自然河流由于土质情况和地貌状况不同，在长期不同外力的作用下，一般呈现蜿蜒弯曲状态。水流在河流的不同部位，会形成不同流速。水湾处往往流速较为缓慢，有利于鱼类及相关水生动植物的栖息和繁衍。流速快的自然河水不利于植物在土壤中的固定，因而大部分区段河流内栖息地都鲜有植物分布，一般只在水流比较缓慢的区段，如水湾、静水区、河流湿地中生长大量的水生植物。

(2) 城市人工河流

城市人工河流是人类改造自然和构建良性城市水生态系统的重要措施。一般来说，城市人工河道主要是为了泄洪、排涝、供水、排水而开挖的，河流形态设计的基本指导思想是有利于快速泄洪和排水，有利于城市引水，因此，人工河流形态与自然河流相比，河道断面形式要简单得多，人工河流纵向一般为顺直或折弯河道形态，很少为弯曲河道形态。城市人工河流多结构简洁，水体基本静止，水中的溶解氧含量很低，不利于大多数水生植物的生长繁育和水体的自净化。

(3) 园林中的溪涧

溪涧是园林中一类特殊的河流形式。《画论》中曰"峪中水曰溪，山夹水曰涧"，由此可见，溪涧最能体现山林野趣。在自然界中这种景观非常丰富，但由于自然条件限制，在园林中多为人工溪流。园林中的溪流可以根据水量、流速、水深、水宽、建材以及沟渠等进行不同形式的设计。溪流的平面设计要求线形曲折流畅，回转自如，水流有急有缓，缓时宁静轻柔，急时轻快流畅。园林中，为尽量展示溪流、小河流的自然风格，常设置各种景石，硬质池底上常铺设卵石或少量种植土。

8.1.1.2 自然与人工河流植物景观营造

河流园林植物景观中植物集中种植于狭长的河道及河道两侧，形成线性景观，可构成城市独具特色的廊道。从观赏者的角度来说，因眺望的视点不同，可分为纵观景、对岸景和鸟瞰景3种类型：纵观景是从桥等处沿河流方向平行眺望所见景观；对岸景是从堤岸处与河流流向近乎垂直的方向眺望对岸所见的景观；鸟瞰景则是把河流范围尽收眼底所形成的景观，视点位置较高。

河岸植被的宽度同河流的大小有关，一般来讲，河流越小，河岸植被宽度越窄。有研究认为，河岸带植被宽度大于39m时河岸带最优，在15～

图8-1 苏州虎丘环山河

39m之间时较好，不能低于7m。由于影响河岸带植被宽度的因素很多，一般说来它主要取决于河流的类型、地质、土壤、水位以及相邻土地的使用情况等。城市河流两侧通常建筑物密集，绿地多呈狭长形，对于植物景观的营造稍显局促，不似湖面那么开阔。对于河面比较窄的滨河绿地，如北京的京密引水渠、长河、元大都城垣遗址公园、护城河、苏州虎丘环山河等（图8-1），其植物景观多从纵观景来考虑，强调纵向线性空间上植物景观的变化与节奏，如形成桃红柳绿、海棠花溪等景观。对于河面相对较宽的滨河绿地，如合肥环城公园的包河景区、北京的潮白河等，其植物景观除了纵观景，在对岸景上也可以处理得比较丰富，两边多植以高大的植物群落形成丰富的林冠线和季相变化，也可配置枝条柔软的树木，如垂柳、乌桕、朴树、枫杨等，或植灌木，如迎春、连翘、六月雪、紫薇、木芙蓉等，使枝条披斜低垂水面，缀以花草，亦可沿岸种植同一树种。而以防汛为主的河流，则以配置固土护坡能力强的地被植物为主，如禾本科、莎草科的一些植物以及紫花地丁、蒲公英等。鸟瞰景，往往在河流周围有山体、高架路面和高层建筑时才可实现，需要加强对植物景观整体的林冠线和林缘线的考虑。河流两岸带状的水生植物景观要求所用植物材料高低错落，疏密有致，能充分体现节奏与韵律，切忌所有植物处于同一水平线上。

8.1.1.3 溪涧园林植物景观

对于溪涧景观而言，水体的宽窄、深浅是植物配置重点考虑的因素，其配置风格有两种。

第一种是以展现植物景观为主，溪涧旁密植多种植物，溪在林中若隐若现，为了与水的动态相呼应，配置及园林植物选择上应以"自然式"和"乡土树种"为主，管理上较为粗放，任其枝蔓横生，显示其野逸的自然之趣（图8-2）。林下溪边配喜阴湿的植物，如蕨类、天南星科植物、黄花鸢尾、虎耳草、冷水花等。这种方式在东西方园林中都较为常见，如花港观鱼公园著名的花溪，花溪岸线曲折，水势收放有致，两岸植以高大的枫杨、合

图8-2　溪涧的自然式种植　　　　　　　　　　　　　　图8-3　花菖蒲花溪　　　　　　　　　　　图8-4　英国四季花
　　园的溪流

欢、珊瑚朴、柳树等乔木予以遮阴，树下植以各种各样的花灌木，如杜鹃花、山茶、海仙花、木芙蓉、紫薇、紫荆、臭牡丹、八仙花、金钟花、云南黄馨等。春暖花开之时，柳条轻拂，繁花似锦，水中各色锦鱼轻吻残花，整条花溪花影婆娑，生机无限。但在某些情况下，小小溪流，无须做太多种类的植物配置。如曲院风荷公园的芙蓉溪，只突出荷花，国外也有只种植鸢尾的花溪，一种植物就足以形成个性强烈、独具风格的水景，是一种事半功倍的植物造景手法（图8-3）。在西方岩石园设计中，不仅展现岩石及岩生植物景观，还选择恰当的沼泽、水生植物，展示高山草甸、牧场、碎石、陡坡、峰峦、溪流等多种自然景观，大型的自然式岩石园中多有丰富的溪流景观。溪涧通常与小型的瀑布、跌水结合，蜿蜒曲折，大量开花的小型水生和沼生植物沿岸铺陈（图8-4）。

　　第二种方式针对体量较小的溪涧，为突出水体景观，一般选择株高较低的水生植物与之协调，且量不宜过大，种类不宜过多，只起点缀作用（图8-5）。一般以香蒲、菖蒲、石菖蒲、海寿花等点缀于水缘石旁，清新秀气。对于完全硬质池底的人工溪流，水生植物的种植一般采用盆栽形式，将盆嵌入河床中，尽可能减少人工痕迹，体现水生植物的自然之美。

8.1.2　湖泊

　　湖泊面积较大，给人以宁静、祥和、明朗、

开阔的感觉，有时可产生神秘感。湖泊不仅面积大，水面平静，它在自然环境中给人们留下的阔达、舒展、一望无际的胸怀感等更加让人陶醉。这些明显的审美特征是湖泊区别于其他水景的关键，园林植物的应用也应突出这些审美特征。在中国古典园林系统中，以湖而著名的园林或风景区不少，如济南的大明湖，扬州的瘦西湖，颐和园的昆明湖，避暑山庄的湖泊组群。它们或为人工湖，或为自然湖，为水泥构筑的城市景观带来了生机和美丽，为忙碌的市民提供了游览、休息的场所。

　　水面开阔的湖泊，给人们宁静的感觉。湖泊水体光效应产生的倒影和色彩，使人思绪无限。

图8-5　杭州太子湾公园的溪流栽植

夏　景　　　　　　　　　　　　　　　　　　　秋　景

图8-6　英国谢菲尔德公园第一、二湖夏秋景观

湖面与湖中的景物亦可成为人们的视觉焦点。湖泊植物的配置要注意3点：一是要突出季相变化；二是要以群植为主，形成多样化的植物群落；三是要注重群落林冠线的变化和色彩的搭配。

西湖位于杭州市区西面，水域面积 5.66km²，苏堤、白堤和杨公堤把全湖隔为外湖、里湖、岳湖、西里湖和小南湖及茅家埠等几个部分。西湖各景区植物景观，以群体景观为主，进行了合理的景观分区，显示出不同的景观特色。在西湖北岸，将断桥西侧水体和岳湖作为大面积种植荷花的区域，形成接天莲叶无穷碧的美景，突出荷文化与夏景；湖畔种植树冠浑圆、体量较大的悬铃木与开朗的水体空间形成呼应。西湖东岸种植了大片垂柳，形成柳浪闻莺景观，并通过水体空间

图8-7　柔和的林冠线与大面积水域相协调，
　　　　形成开朗而宁静的景观空间

布局和色彩对比，强化水生植物配置的远近观赏效果。西部的茅乡水情则依据其自然水域的特点，大量种植乡土的湿地植物，营造出野趣浓郁的生态景观。英国的谢菲尔德公园以绚烂的植物景观而知名，4个湖面的种植设计各有特色。第一、二湖面以北美红杉、欧洲云杉、圆柏等高大的常绿植物作为背景，大量种植彩色叶和秋色叶植物，如常年异色叶植物红枫、金黄叶美国花柏，季相变化丰富的树种如卫矛、杜鹃花、落羽杉、水松等，秋景绚烂，形成热烈欢快的气氛。图 8-6 左为 6 月景观，水滨的蒲苇低矮，隐约可见，右为 10 月景观，蒲苇雪白的花序在岸边随风摇曳，与其侧方叶色已转为火红的卫矛相映成趣。而三、四湖面以植物对湖面的围合程度较高，绿色为主，间或点缀数株彩叶植物，形成了沉静内敛的气氛。

林冠线是植物群落立面的轮廓线，当视线与岸线垂直时，林冠线的高低变化成为视觉景观的首要方面。西湖植物配置的另一特色是通过植物灵活调整湖岸线条的变化。大面积水域湖面宽广，视野辽阔，这时水面就会变得有点平直，但变化的林冠线及水际线可打破这种呆板。西湖在水体中设堤、岛，增添了水面空间的层次感；在湖东岸及白堤种植低垂水面的垂柳；湖面中心苏堤种植悬铃木、樟树、无患子及大叶柳等树冠浑圆的树种，林冠线柔和变化，与大水面相协调（图8-7），形成开朗宁静的景观气氛；湖西岸则多水杉、池杉等树形峭立的

树种，林冠线有明显的尖锐角度变化，与西湖西侧稍显狭窄的水面相协调，同时树荫下轻拂水面的蔷薇、云南黄馨、金钟花等灌木又柔化了水岸线，丰富了色彩（图8-8）。

8.1.3 池塘

湖泊是指陆地上聚积的大片水域，池塘是指比湖泊细小的水体。界定池塘和湖泊的方法尚有争议。一般而言，池塘体量小，不需使用船只渡过。池塘的另一个定义则是可以让人在不被水全淹的情况下安全渡过，或者水浅得阳光能够直达塘底。池塘两字常连用，亦说圆称池，方称塘。通常池塘都没有地面的入水口，都是依靠天然的地下水源和雨水或以人工的方法引水进池。池塘是个封闭的生态系统，与湖泊有所不同。

8.1.3.1 园林中池塘的类型

(1) 自然式池塘

自然式池塘是模仿自然环境中湖泊的造景手法，水体强调水际线的自然变化，水面收放有致，有着一种天然野趣的意味，多为自然或半自然形体的静水池。人工修建或经人工改造的自然式水体，由泥土、石头或植物收边，适合自然式庭院或自然风格的景区。

(2) 规则式池塘

规则式池塘一般包括在几何上有对称轴线的规则池塘以及没有对称轴线，但形状规整的非对称式几何形池塘，中外皆有。西方传统园林的规则式池塘较为多见，而中国传统园林中规则式多见于北方皇家园林和岭南园林，具有整齐均衡之美。如故宫御花园浮碧亭所跨的池塘、北海静心斋池塘都是长方形的；东莞可园、顺德清晖园，其池塘也呈曲尺形、长方形等几何状。规则式池塘的设置应与周围环境相协调，多用于规则式庭园、城市广场及建筑物的外环境装饰中。池塘多位于建筑物的前方，或庭园的中心、室内大厅，尤其对于以硬质景观为主的地方更为适宜，强调水面光影效果的营建和环境空间层次的拓展，并成为景观视觉轴线上的一种重要点缀物或关联体。

图8-8 水杉的林冠线与狭小的水域相协调

(3) 微型水池

这是一种最古老而且投资最少的水池，适宜于屋顶花园或小庭园。微型水池在我国其实也早已应用，种植单独观赏的植物，如碗莲，也可兼赏水中鱼虫，常置于阳台、天井或室内阳面窗台。木桶、瓷缸都可作为微型水池的容器，甚至只要能盛30cm水的容器都可作为一个微型水池。

8.1.3.2 池塘园林植物景观营造

池塘面积较小，所形成的空间与人体尺度较为合宜，令人感到亲切，而且在设计中也易于控制池塘周边的环境，营造出具有某种气氛的独立空间。

(1) 自然式池塘园林植物景观营造

园林中池塘极为多见，与大型湖泊不同，小型的池塘在植物配置时主要考虑近观效果，更注重植物个体的景观特色，对植物的姿态、色彩、高度不种植物，而在其上种植大型乔木，岩上挂藤取其隐蔽，更显深远（图8-9）。

(2) 规则式池塘园林植物景观营造

中国传统的古典园林中规则式池塘周围通常都是垂直岸壁，种植极少，或只在池塘中种植几株睡莲加以点缀。而在欧洲园林中，规则式池塘的种植有几种形式。一种是水镜面的设置，平静的水面，产生倒影，如同镜子一般，俗语称"水平如镜"。以这种观赏效果为目的的水体，称为"镜池"。西方园林中的镜池通常面积较大，形式规则，强调倒影景观和反射效果。要使水体反射效果好，水体的水平面必须高而边岸低，水面积大且暴露，外形简洁，同时，水体须色深光暗而水面倒影明显。要做到这点，有两种方法：一是加大水深；二是加深水池底面和边岸的色彩。所以常在水镜面周围种植深绿色的树篱，保持驳岸的简洁，除草坪外几乎不种植其他园林植物。对于面积较大，与建筑有轴线关系的规则式池塘，也可进行规则式的栽植（图8-10），但在园林中，这种形式并不常见，因为水生花卉的株形通常不够规整，很难形成整齐划一的效果。面积较小的规则式池塘周围也常进行自然式的种植。通过池岸丰富的植物，如选择叶片较大型或者匍地生长的植物，如迎春、观音莲等柔化僵硬的驳岸线条。有时池岸的种植并不是覆盖整个池塘边缘，如日历花园在其中心的圆形规则式池塘周围种植了4个小花境，分别代表春夏秋冬4个季节，构思别具一格（图8-11）。

图8-9 渊潭的种植

有更高的要求，如黄花鸢尾、水葱等以多丛小片栽植于池岸，疏落有致，倒影入水，富于自然野趣，水面上再适当点植睡莲，丰富了景观效果。

在中国古典园林中，渊潭是一类特殊的水池，不取水之安和，而求意之深寂。"一泓秋水照人寒"（清·沈复），"山光悦鸟性，潭影空人心。万籁此俱寂，但余钟磬声。"（唐·常建），这种意境是非常超脱凡俗、引人遐想的。渊潭通常在水面

图8-10 威斯利花园的规则式水体种植

图8-11 水面种植睡莲，临岸处留出倒影空间

图8-12　微型容器沼泽园

图8-13　美国宾夕法尼亚州Kennett广场的意大利花园，喷泉的线形在草坪和高大绿色植物的映衬下分外明显

(3) 微型水池园林植物景观营造

对于微型水花园，首先是选择适宜的容器，容器要求不漏水，深度超过 20cm。尽量选择内饰颜色深的容器，如深绿色、黑色，因为深色调在视觉上会加深水体深度，并能够遮掩藻类生长的痕迹。在各种容器中，盆和桶最容易与庭园的景色融合，它们通常由自然材料制成，与传统栽培以及特色风景能够很好地结合，表现质朴的乡村风格。上釉的水坛或水罐则表现得比较正式，釉面的图案可以与植物一起更好地烘托主题。天然的石槽最容易与植物配置相协调，如寥寥数株鸢尾与矮灯心草等配合使用能够形成小水池。还有明亮的金属槽，配以色彩明快的图案，甚至可以营造出具有迷幻色彩的水景。容器可以放在地面上，也可以埋在地下，即陷地槽。陷地槽因为放置在地下，不容易受霜冻，在使用中只需要注意水的深度和总量是否能够满足要求，其表面形状、质地等都不重要，因此在使用上更加随意。在摆放时需要注意，水生花卉通常喜光照，应保证不少于 6h 的直射光。

微型水池通常选择的植物种类并不多，一般为 3～5 种，选择一种竖线条的植物，如菖蒲、花鸢尾甚至美人蕉作为景观的背景；前方种植浮水植物，通常选择观赏价值高的水生花卉，如睡莲、荇菜等；沉水植物也是必要的。不需要将整个容器都种满，过于拥挤常使水景看上去很混乱，不

论植物种类和数量多少，所有植物应该形成统一的风格。静态水景还有另外一种形式，即容器式沼泽景观。容器不装满水，而是装肥沃的腐殖质，只需要保持湿润，可种植玉簪、鸢尾、落新妇、海芋等沼生植物（图 8-12）。

8.1.4　喷泉与瀑布

喷泉是一种自然景观，是承压水的地面露头。在众多的水体类型中，泉的个性是鲜明的，可以表现出多变的形态、特定的质感、悦耳的音响……综合地愉悦人们的视觉、听觉、触觉乃至味觉，如济南趵突泉。但在园林中常见的是人工建造的具有装饰功能的喷泉。从工程造价，水体的过滤、更换，设备的维修和安全角度看，常规的喷泉需要大区域的水体，但却不须求深。浅池的缺点是要注意管线设备的隐蔽，同时也要注意水浅时，吸热大，易生藻类。喷泉波动的水面不适合种植水生植物，但在喷泉周围种植深色的常绿植物会成为喷泉最好的背景，并形成更加清凉的空间气氛（图 8-13）。

瀑布有两种主要形式：一是水体自由跌落；二是水体沿斜面急速滑落。这两种形式因瀑布溢水口高差、水量、水流斜坡面的种种不同而产生千姿百态的水姿。在规则式的跌水中，植物景观往往只是配角。而在自然式园林中，瀑布常以山体上的山石、树木组成浓郁的背景，同时以岩石

图8-14　沼泽园中的游线组织

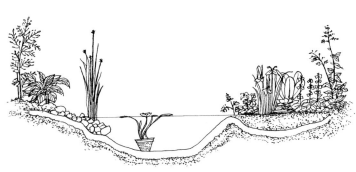

图8-15　附属于水景园的沼泽园断面

及植物隐蔽出水口。瀑布周围的植物景观通常不宜太高，而密度较大，要能有效地屏蔽视线，使人的注意力集中于瀑布景观之上。由于岩石与水体颜色都较为暗淡，所以瀑布周围往往种植彩叶植物增加空间的色彩丰富度。

8.1.5　沼泽与人工湿地

8.1.5.1　沼泽景观的营造

沼泽是平坦且排水不畅的洼地，地面长期处于过湿状态或者滞留着流动微弱的水的区域。20世纪60年代兴起的环保运动使景观设计师在理论上提出景观设计中应保护和加强自然景观的概念，并进一步将这种思想付诸实践。如种植美丽的未经驯化的当地野生植物，在城市中心的公园中设立自然保护地，展现荒野的景观。沼泽园仿照沼泽的立地条件，展现沼生和湿生花卉景观，其中湿生植物是沼泽园的最佳选择，如花菖蒲、泽泻、慈姑、海芋、千屈菜、梭鱼草、小婆婆纳等。

沼泽是一类能令人领略到原始、粗犷、荒寂和野趣的大自然本色的景观。大型沼泽园在组织游线时常在沼泽园中打下木桩，铺以木板路面，使游人可沿木板路深入沼泽园，去欣赏各种沼生植物（图8-14）；或者无路导入园内，只能沿园周观赏。而小型的沼泽园则常和水景园结合，由中央慢慢向外变浅，最后由浅水到湿土，为各种水生、湿生植物生长创造了条件（图8-15）。具有

沼泽部分的水景园，可增添很多美丽的沼生植物，并能创造出花草熠熠、富有情趣的景观。

8.1.5.2　人工湿地

从生态学上说，湿地是由水、永久性或间歇性处于水饱和状态的基质，以及水生植物和水生生物所组成的，是具有较高的生产力和较大活性、处于水陆交接处的复杂的生态系统。而人工湿地则是一种由人工建造和监督控制的，与沼泽地类似的地面，它利用自然生态系统中的物理、化学、生物的三重协同作用来实现对污水的净化。起初人工湿地主要局限于环境科学领域的研究和实践中，但近年来湿地和人工湿地逐渐被引入到景观规划设计中，如成都的活水公园、北京中关村生命高科技园区的湿地景观等。

目前人工湿地多种植挺水植物，挺水植物在人工湿地中起到固定床体表面、提供良好过滤条件、防止淤泥堵塞、冬季运行支撑冰面等作用。常用的挺水植物有芦苇、香蒲、灯心草等；浮叶植物有凤眼莲和浮萍等。人工湿地中的植物选择日益倾向于具有地区特色及对污染物有吸收、代谢及积累作用的品种。如成都活水公园人工湿地塘床系统栽培有香蒲、芦苇、灯心草、伞草、马蹄莲、凤眼莲、浮萍、睡莲等近30种湿地植物（图8-16），并由此形成含有高、低等生物的生物群落，与系统各湿地单元共同构成了较为完整的具有净化污水功能的生态滤池。

8.2 水体空间植物造景原则

8.2.1 生态性原则

在水体空间植物造景应先从生态的角度进行植物的选择和配置。首先要做到因地制宜，根据场地的水文及气候环境，依据各类植物的生态习性选择适宜的植物，保证植物景观的稳定性。其次植物群落应形成合理的空间和时间结构，具备水体净化、景观和为其他生物提供庇护场所等多样化的功能。

8.2.2 生物多样性原则

水体空间是园林中生物多样性最高的区域，滨水植物也是恢复城市生物多样性的重要手段。水体空间植物造景应遵循物种多样性的原则，借鉴自然植物群落，选取多种不同的植物进行混交，形成陆生植物—湿生植物—水生植物逐级渐变的植物景观。其中常绿与落叶搭配，挺水植物、浮水植物与沉水植物交替种植，这样才能使植物群落的生态稳定性得到增强，营造出更适宜动植物生存的生态环境。在重视多样性的同时，滨水空间的植物选择应坚持适地适树的原则，以乡土植物为主，并辅以其他多种优良外来树种，形成丰富的植物群落。

8.2.3 空间层次丰富原则

不同的水体，植物配置的形式也不尽相同；植物空间要依据水体的体量、水岸线的形状、水深、水体流动速度及周围的环境进行调整，避免平淡的单一的植物空间类型，利用植物材料的高度、郁闭度、密度的变化营造开敞式、半开敞式、覆盖式、封闭式和纵深式各种不同的植物空间，丰富观赏者的心理感受。

大面积的水域，多以静态美感为原则，通过植物突出水体的开阔，在植物配置时需充分考虑植物景观的远景效果，常采用面向水面的开放性空间，但也存在小部分封闭空间。大水面周围的种植设计常采用同一植物大量使用，注重林缘线与林冠线的整体变化（图8-17）。小型水体主要考虑近景效果，植物配置着重考虑植物的姿态、色彩、高度等特征，相对而言，以半开敞式和封闭式空间为主，地被植物、小灌木、小乔木以及各类水生和湿生植物相互结合，群落种植搭配较为丰富。小水体种植尤其要强调线条的变化，水平线条和竖直线条的搭配使用可获得里面丰富的层次效果，如水面上常用的香蒲、菖蒲、芦苇之类丛生而挺拔的植物与浮水的睡莲形成对比。

8.2.4 注重植物色彩和季相变化

水体景观尤其是静水景观本身往往色调均一、

图8-16 成都活水公园

图8-17 林缘线的整体变化

图8-18　水体种植中秋色叶植物的应用

图8-19　植物的倒影景观

线条简单，因此，水岸植物作为水景的重要视觉界面，常采用花灌木、常年异色叶、秋色叶、草本花卉等具有丰富色彩变化的植物（图8-18）。

　　早春时，滨水的迎春等花灌木竞相开放；在它们之后，浅水中鸢尾类植物次序绽放；盛夏荷花和睡莲会成为水中的焦点，期间再力花、梭鱼草和花蔺类植物会给景观增添别样的亮色；秋天时分，蒲棒褐黄、芦花摇曳，池边的秋色叶植物最终将水景带入深秋；在冬季，水景虽是平静寂寥，但一些植物岸边的常绿植物和水中残留的枝叶和干花，仍然会产生线条和色彩的变化，尤其

在下雪后更富有情趣。

8.2.5　注意水生植物的生长控制

　　水岸植植物景观由植物的丰富而多变的色彩、形态、季相来组建，而均质的水体如同陆地的草坪一样成为统一整体色调的天然底色。与草坪相比，植物在水中形成的倒影又为这些景观呈现出更为多姿多彩的情趣（图8-19），因此保留足够的倒影空间是水岸种植的重要原则。

　　在水岸植物景观中，水景和水生植物应当相互融合，好的水生植物与水体一起能够给人清澈、明快的感觉，并将水陆交接带进行充实、完善。水面植物不能过于拥挤，一般不要超过水面的三分之一，最多60%～70%的水面浮满叶子或花，以免影响水面的倒影效果和水体本身的美学效果。但许多水生植物有着明显的过度生长倾向，因此在水生植物种植时常需在水面下进行空间限定（图8-20），保证水面留出足够的空间，使观赏者在欣赏植物美的同时享受水面景观及倒影景观带来的视觉享受。

　　总之，水岸空间的种植设计要尊重水体独特的生态环境特点，选择丰富多样、生态合理的植物，构建具有综合功能的植物群落，同时要强调水岸植物景观的特殊性，丰富空间层次和

图8-20　水生植物种植时的生长控制

色彩变化。

8.3 水缘植物景观设计

水缘的植物配置是水体景观的重要组成部分。平面的水域通过配置各种竖线条的植物，形成具有丰富线条感的构图；水缘植物可以增加水的层次，植物的树干还可以用作框架，以近处的水面为底色，以远处的景色为画，组成一幅自然优美的图画。

水缘植物配置，主要是通过植物的色彩、线条以及姿态来组景和造景。淡绿透明的水色是各种园林景观天然的底色，而水的倒影又为这些景观呈现出另一番情趣，情景交融、相映成趣，组成一幅生动的画面。

8.3.1 水缘植物景观空间变化

根据不同层次的植物组合对景观空间特别是垂直面的限定，可将水缘植物空间分为开敞空间、半开敞空间、封闭空间、覆盖空间、纵深空间。这5种空间类型的划分主要以人的视平线高度与植物高度之间的关系为界定标准。通过种植设计形成何种空间主要取决于水面的大小，周围陆地空间的大小以及设计者的构思。

8.3.1.1 开敞空间

开敞空间最明显的特征是疏朗、空旷。人的视平线高于四周景物的空间是开敞空间。开敞空间主要是由低于视平线的植物所构成的，即使出现高于视平线的植物，也是以孤植、丛植或散植等方法配置的，对视线的遮挡能力很弱，视觉通透性好。

开敞空间具有外向性，多为平视或俯视景观，视野广阔，视线可延伸很远，令人心旷神怡。但如果空间过于开敞，会使景观重点难以突出，导致景观层次单一，缺乏视觉焦点。大型湖面常形成开敞空间，在水面设置小岛，精心配置形成季相变化丰富的群落景观，使其成为视觉中心。

8.3.1.2 半开敞空间

半开敞空间的特征是一部分垂直面被植物遮挡，阻碍了视线，另一部分则保持通透。半开敞空间方向性较强，指向开敞面，实际上是将视线延伸的方向予以限定，使其向某一特定的方向观视。

从平面布局看，大空间往往是三面被植物环绕，一面临水（图8-21）。这样的空间设计既提供了围合感又能恰到好处地给游人一种开敞的空间感受。在英式园林中用来围合大空间的植被都是片植的高大乔木（如橡树、栎树）而很少种植灌木，这就保障了视觉的通透性，使背景不至于因厚实而显得压抑。所以这种空间给游赏者最大的体验是既开阔又有领域感。

8.3.1.3 封闭空间

封闭空间的垂直限定面是由高于视平线的植物所形成的。垂直限定面顶部与游人视线所成角度越大，闭合性越强；反之闭合性越弱。如对于一些小型湖泊，水体几乎没有被分隔，由周边的植物和集中式布局的建筑将视线约束在一个以水体为中心的封闭空间内。封闭空间具有极强的隐秘性和隔离感，适于营造某一特定的环境氛围。由于封闭空间的四周被围合，因此并无明显的方向性。

古典园林中常用建筑来封闭空间，如留园的中心水体四面为假山和建筑所环绕，而用植物形成封闭空间则更自然（图8-22）。

8.3.1.4 覆盖空间

水际空间的顶平面被群植或林植的乔灌木浓密

图8-21 半开敞空间

图8-22　水面周围以乔木、假山与建筑形成封闭空间

图8-23　覆盖空间

图8-24　纵深空间

树冠所覆盖，就形成了覆盖空间。覆盖空间可分为内部观赏和外部观赏两种。外部观赏的覆盖空间，植物造景应以视线所及的林地边缘为重点，空间内部可以忽略。对于隔水体远望的覆盖空间而言，由于一般是远观，因此，在设计时应将风景林视为整体，主要考虑林冠轮廓线的形态和风景林的色彩，近观上的树木之间的层次关系并不重要；而位于视点附近的覆盖空间则反之，应精心设计林地边缘的植物群落垂直结构，推敲植物个体之间的形体、色彩、质感等观赏特点，使之统一与协调，以达到较好的景观效果。内部观赏的覆盖空间对植物配置的要求很高，除了空间外缘需具备观赏价值，空间内部也应如此，而且还要注意在林间开辟小路，使游人能够进入覆盖空间之中。

在覆盖空间接近水体的边缘，应重点处理好植物高矮、疏密、间距以及种类的选择等问题，形成视线通透性好的借景或视线被隔断的障景。借景的景观效果是将水景引入视野，吸引游人逐渐穿过覆盖空间到达水体。障景的景观效果是让游人在不知不觉中漫步走出覆盖空间，骤然到达水体，形成由郁闭到开朗的空间感受对比变化；如果能够结合俯视景观运用空间对比变化，效果将更佳。图8-23是西湖香古道的一处水际覆盖空间的内部景观，垂直结构简单，主要有乔木层和地被层。乔木层为水杉，灌木层较为稀疏，有山茶、八角金盘等；地被层丰富，有水栀子、熊掌木、十大功劳、箬竹等常绿植物。在水际种植了大量的美人蕉与木芙蓉，季相景观丰富。

8.3.1.5　纵深空间

纵深空间是由基面和两个竖向分隔面形成的狭长空间。由于竖向分隔面封闭了视线，使视线只能沿着某一确定方向延伸，因此具有强烈的导向性和纵深感。河道，尤其是园林中较窄的河道两侧常常通过种植高大乔木形成这种甬道般的空间。岸坡上生长的乔灌木通常密度很大。

图8-24是一处溪流植物景观，源头由山石堆砌而成，隐藏在灌木丛中。溪流两岸植物茂密，夹岸皆为花叶繁盛的各色杜鹃花，上层种植高大

乔木，形成左右遮挡的狭长空间，营造出宁静深邃的氛围。

8.3.2 驳岸植物景观

驳岸作为水陆过渡的界面，在滨水植物景观营造中起着重要作用。不同的驳岸形式为营造滨水植物景观提供了不同的载体，决定了不同的植物景观模式，而且对生物多样性也产生了巨大的影响。

园林驳岸按断面形式可分为规则式和自然式两类。对于大型水体和风浪大、水位变化大的水体以及基本上是规则式布局的水体，常采用规则式直驳岸，用石料、砖或混凝土等砌筑整形岸壁。对于小型水体和大水体的局部，以及自然式布局的园林中水位稳定的水体，常采用自然式山石驳岸，或有植被的缓坡驳岸。

8.3.2.1 自然式缓坡驳岸

驳岸采用自然土面缓坡入水形式，即湖岸按照水面周边原有的舒缓地形向水中延伸，形成自然岸线，并栽植高低不同的植物，完成水面与陆地的过渡。缓坡驳岸以软质景观与水体相接。从视觉效果看，自然岸坡可使水体与陆地过渡自然，使景观浑然一体，并能使人们获得亲切、舒缓的心理感受。此外，这种缓坡入水的驳岸不仅可以促进植物生长，并适宜自然界的各种生物生存繁衍。

自然式缓坡，适于在水体边缘种植各种湿生植物，既可护岸，又能增加景致。岸边的植物配置最忌等距离，用同一树种，同样大小，甚至整形式修剪或绕岸栽植一圈等形式。应结合地形、道路、岸线自由种植，有近有远，有疏有密，有断有续，曲曲弯弯，自然有趣。园林中自然式土岸边的植物配置，有两种主要类型。第一种是在驳岸处种植一些姿态优美的乔木树种，有些区域岸边植以大量花灌木，以树丛及姿态优美的孤立树为背景，展示丰富的季相变化（图8-25）。第二种类型是以草坪为底色，在岸边种植大批宿根、球根花卉，如落新妇、水仙、绵枣儿、报春属、蓼科、天南星科、鸢尾属植物（图8-26）。

图8-25 谢菲尔德公园驳岸种植

图8-26 英国花园驳岸自然式种植，色彩和株形变化丰富

当场地岸壁坡度在土壤自然安息角以内，地形坡度变化在 $1:5 \sim 1:20$ 之间时，可以考虑使用草坪缓坡驳岸，仅用少量植物点缀，这时的景观效果简洁自然，并有扩大水面的作用。图 8-27 为斯托海德公园的驳岸种植，水体转折处一侧种植了大量不同种类的杜鹃花，与之相呼应的是体量巨大的根乃拉草（ *Sarracenia minor* ），肥大的深绿色叶片近圆形，直径可达 1.5m，高可达 3m，足以与大灌木丛相呼应，并能引起游人的好奇与惊叹。

8.3.2.2 自然式山石驳岸

自然式的石岸线条丰富，优美的植物线条及

图8-27 斯托海德（Stourhead Park）公园的缓坡驳岸

色彩可增添景色与趣味，而且在功能上，可以使游人在此稍作休憩，坐赏湖光景色。在中国古典园林中，驳岸多为自然式山石驳岸。自然式石岸的岸石有美、有丑，植物配置时要露美而遮丑。驳岸常种植圆拱形的迎春，或者攀爬的薜荔、络石进行局部遮挡，增加活泼气氛。在现代园林中，岸边少为假山，多是简单的水平线条的石矶，水面种植常选择向上的线条，如菖蒲、黄花鸢尾等，形成与水平驳岸的明显对比，驳岸种植则可配置变化丰富的丛植景观。

8.3.2.3 规则式驳岸

用整齐的条石或混凝土等硬质材料砌筑岸坡，呈现出坚固、冰冷、笔挺的景观效果。人工设计的景观线条呆板，柔软多变的植物枝条可补其拙。细长柔软的柳枝下垂至水面，圆拱形的迎春枝条沿着笔直的石岸壁下垂至水面，遮挡了石岸的丑陋。一些大水面的规则式驳岸很难被全部遮挡，只能用些花灌木和藤本植物，如夹竹桃、迎春、地锦来弥补。另外，还可通过在其前方水体中种植观赏价值高的水生花卉，如荷花、睡莲来转移游人视线，弱化其坚硬感。

通常园林中的水体驳岸并不是一种类型，而是根据具体情况合理安排（图8-28），太子湾公园的驳岸处理就体现出这种多样性，景观效果丰富。

太子湾公园的水体通过对西湖引水渠的改造积水成潭，环水成洲，跨水筑桥，空间变化极为丰富。驳岸处理主要应用了缓坡入水驳岸、松木桩驳岸、自然式干砌驳岸和块石浆砌驳岸等形式，并结合驳岸形式采用了自然式种植形式。在源头

图8-28 驳岸及种植设计

图8-29　英国布伦海姆庄园的伊丽莎白岛上季相分明的树丛

处，模拟自然界的溪涧形成了层层跌水，具有极强的动态性，因此，水面没有栽植植物，只在驳岸的石隙中栽植了迎春、小檗等。引水渠的中部，作为钱塘江向西湖补水的通道，在补水时水位较常水位可增加60cm，且水流速度较快，因此驳岸在常水位以下布置驳毛石坎，随意点缀些许或高或低、或倚或侧、或断或续的石矶、石坎，并在水缘种植了黄花鸢尾、菖蒲、蒲苇等竖线条植物，丰富了景观。

而园中其他水体两岸多呈自然式缓坡延伸入水，其中最富魅力的一部分为逍遥坡景区，此处尽管不是钱塘江向西湖补水的主通道，但在补水时也会受到一定影响，水流速度较快，因此，在岸边打入树桩加固驳岸，同时在面向来水、水流冲刷力量较大的位置种植了大量的黄花鸢尾，岸坡的其余部分星星点点种植了数丛黄花鸢尾作为呼应。作为视觉中心的是仿制倒伏水面的枯木而成的小岛，整体景观以绿色为基调，清新自然，且与背景茂密的乔木林相互烘托、对比，呈现出丰富的景观层次和深邃的山野意境。为了丰富季相与色彩的变化，精心选择了各类高大的背景植物。水体西北侧以玉兰为主，春花如玉，暗香浮动；东北侧筑有一座茅草亭，亭前数棵火炬松，亭后数棵全缘叶栾树，每近夏末，黄花满树；北侧整体种植以乔木为主，通透性较好；南侧的种植则有非常强的空间围合感，采用行植的形式，由北向南依次种植了4个层次的植物：第一层为草本层，种植了多种草本花卉，以保证多个季节

的景观；第二层为灌木，种植了茶梅，不仅常绿，深秋或早春还可观花；第三层大灌木和小乔木层选择了桂花、紫叶李；第四层以常绿的雪松作为第一层背景，并借助背后九曜山的大量秋色叶植物作为大背景。整个群落景观层次丰富，季相变化显著。

8.3.3　岛、堤植物景观

水体中设置堤、岛是划分水面空间的主要手段。堤、岛上的植物，不仅增添了水面空间的层次，而且丰富了水面空间的色彩。

8.3.3.1　岛上的植物景观

园林中岛的类型众多，大小各异，有可游的半岛及湖中岛，也有仅供远眺、观赏的湖中岛。前者往往体量较大，如北海的琼华岛、颐和园的南湖岛；后者如布伦海姆庄园的伊丽莎白岛。在植物配置时要考虑导游路线，不能有碍交通，要注意通过植物、建筑等形成岛内郁闭空间和水面开朗空间的对比，并应留出透景线。后者不考虑登岛游，仅供远距离欣赏，可选择多层次的群落结构形成封闭空间，以树形、叶色造景为主，注意季相的变化和天际线的起伏。

在英国园林中，由于水面、草坪以及周围林地的整体尺度均较大，在岛上种植植物时，非常注意竖向景观，常种植意大利杨这种树形峭立，如同惊叹号一样能够吸引人视线的树种（图8-29）。而在较小水面上若也设置类似小岛，则应注意竖向景观不宜过于夸张，否则更显水面狭小，植物

选择时往往选择水平线条，具有明显亲水性的种类。杭州花港观鱼处半岛群落面积约 $170m^2$，三面临水，为人造土石小岛上的滨水植物景观。为了突出景观的古朴、优雅，主要材料的选择重姿态、重风骨，模拟自然，或倾斜，或偃伏水面，颇为入画，而丰富的藤蔓类植物与假山相配，则使该组植物更具自然韵味，季相搭配上恰到好处，富于变化。春有红枫、紫藤，夏有黄菖蒲、石蒜，秋有鸡爪槭，冬有梅花、枸骨，加上一年四季都可观赏的黑松，使得整个景观既富于变化，又不

图8-30　杭州花港观鱼半岛景观

图8-31　杭州太子湾公园步行桥植物景观

乏统一（图 8-30）。

8.3.3.2　堤、桥的植物景观

杭州的苏堤、白堤，北京颐和园的西堤，广州流花湖公园及南宁南湖公园都有长短不同的堤。园林中，堤的防洪功能逐渐弱化，往往是划分水面空间的主要手段，常与桥相连，是重要的游览交通路线。堤作为主要的游览道路，植物首先以行道树方式配置，考虑到遮阴效果，选择树形紧凑、枝叶十分茂密、质感厚重者。考虑到有人为活动进行，选择分枝点高的乔木，还要留出相对私密的小空间供人休息。杭州苏堤沿水面种植"一株杨柳一株桃"，形成了非常有韵律感的景观，而内部在配置方式上则采用自然式，形成开合有致、"幽、野、艳"的风格。上层高大乔木如樟树、无患子、重阳木等，不仅起到了延长空间的视觉效果，强化了进深感，而且使林冠线更趋浑圆丰满，成为桃柳岸的最佳背景。道路两旁铺设草坪，其上种植各式花木如玉兰、日本晚樱、海棠、迎春、桂花等。在某些地段，以两三棵樟树或大叶柳围合成覆盖空间，放置座椅供人休息、观水。

"枯藤老树昏鸦，小桥流水人家"，"朱雀桥边野草花，乌衣巷口夕阳斜"，"水底远山云似雪，桥边平岸草如烟"，桥几乎成了水体景观中一个必不可少的组成部分，它们高悬低卧、形态万千，有的古朴雅致，有的时尚大气，有的宛如玉带，有的形似蛟龙。由远处观水景时，桥及桥头的植物配置往往成为视觉的焦点、画面的重心，因而对于桥来说，植物景观常常起到一个衬托及软化的作用。

对于紧贴水面的平桥类，常常辅以水生植物，如荷花、睡莲、芦苇、香蒲等，具体种类视桥的风格和滨河绿地整体风格而定，以丰富水面层次，使桥体与水面的衔接不那么生硬（图 8-31），上方乔木或有或无。若有较大乔木，则更显桥之小巧，环境深邃；若无，则是平静安详的亲人场景。对于跨度不大、体量较小的桥，一般考虑在桥的一端或者两端种植一些观赏价值较高的植物，如桂

花、丁香、碧桃、鸡爪槭等叶色或花色鲜艳、枝叶开展的树种，植物的体量要与桥体相协调，桥的基部可用低矮的灌木、藤本或草本进行适量的遮挡，从而起到一定的软化作用；对于跨度较大的桥梁，植物对其起到的景观作用较弱，主要是吸引游人视线，引导游人由此经过。根据桥的位置、形式及宽窄、长短、造型及色彩、质地以及表现出来的建筑风格配置相应体量和数量的引导树。苏堤全长近3km，由北至南排列着跨虹桥、东浦桥、压堤桥、望山桥、锁澜桥、映波桥，体量都较大，因此，桥头两端常种植大体量的乔木，如垂柳、大叶柳、樟树、无患子以与桥体协调。需要注意的是，无论桥的形式、体量如何变化，桥头两侧尽量为不对称的种植。

图8-32是从上香古道进入茅家埠景区的桥头的景观效果。该水域面积狭窄，桥为花岗岩拱桥，坡度和缓，体量中等，种植时未使用乔木，而是采用丛植的手法种植质感粗犷的蒲苇。蒲苇高度约2m，从体量上与桥体较为协调，竖直向上的花序与桥的水平线条形成了对比，同时也符合茅家埠景区追求野趣的景观风格。其下选择质感、形态与高度不同的决明，其长椭圆状小叶与蒲苇线状叶片形成了鲜明对比，并遮挡了部分桥基。

8.3.4 水缘植物材料选择

在自然驳岸边种植的植物，首先要具备一定的耐水湿能力，这是滨水植物造景的基础。综合多项研究结果，耐水湿能力应包含两个方面：在土壤水饱和条件下的耐水淹时间及达到水饱和前对高土壤含水量的耐受能力。以耐水淹能力计，常见的滨水植物划分为以下4类。

① 极耐水湿植物　可以忍受水分饱和的环境，土壤含水量为40%～60%，甚至可以忍受较长期（2个月以上）的水淹，水涝后生长正常或略见衰弱，树叶有黄落现象，有时枝梢枯萎，如垂柳、旱柳、槐、榔榆、桑、柽柳、落羽杉等。

② 耐水湿植物　可以忍受水分饱和的环境，土壤含水量为40%～60%，能够忍受较短期（2

图8-32　桥头富于野趣的种植

个月以下）的水淹，水涝后生长必见衰弱，时间稍长即枯萎，即使有一定的萌发力，也难恢复长势的树种。如水松、棕榈、枫杨、榉树、山胡椒、枫香、悬铃木、楝树、乌桕、重阳木、柿树、雪柳、侧柏、龙柏、水杉、构树、夹竹桃、枸杞、迎春等。

③ 较耐水湿植物　有些种类虽能耐受土壤含水量为25%～40%的湿润土壤，可一旦被水浸淹，经过3～5d的短暂时间即枯萎而很难恢复生长，如马尾松、柳杉、杉木、石榴、海桐、柏木、枇杷、桂花、大叶黄杨、女贞、无花果、蜡梅、栾树、木槿、泡桐、桃、杜仲、刺槐、石楠、火棘、杜鹃花等。

④ 不耐水湿植物　有些种类不耐水湿，喜欢含水量为15%～25%的干燥土壤，如山茶、红千层。

树种选择要根据植物的耐水湿能力和具体栽植地点的土壤水分含量以及水位变化而定。常水位线下要选择极耐和耐水湿植物，在常水位线上可选择较耐或不耐水湿植物；在最低水位线下要选择极耐水湿植物，在最高水位线上可选择不耐水湿的种类。驳岸处于水陆交界处，土壤湿润，选用的植物材料应对水分条件的变化适应性很强，还要有与水体景观相协调的景观效果。除耐水湿植物外，还可选择沼生植物。而距离驳岸较远处，则根据园林植物选择的一般原则进行种植设计。

8.4 水面园林植物景观设计

水生、湿生植物是水域生态系统和园林水景的重要组成部分，其在生态保护和环境美化中所起的作用是其他植物难以取代的。配有水生植物的水体给人以明净、清澈、如诗如画的感受。在景观上，水生植物可以美化水面，打破水面的宁静，为水面增添动感、情趣，使水面景致生动活泼，还可以充实美化水陆交接带，给水岸线带来清新怡人的自然景观和四季分明的季相。在生态功能上，水生植物更有着无与伦比的优越性，除了具有一般陆生植物的生态功能外，通过它们的新陈代谢吸收水中的无机盐和有机营养，可以降低水体的富营养化程度并提高水体的自净化能力，从而改善水质。

8.4.1 水生植物材料

水生植物指生理上依附于水环境，至少部分生殖周期发生在水中或水表面的植物类群。除了在水面和水中自然生长的植物外，还包括在湿地、小溪、水潭、水池和湖泊、江河等边沿生长的植物。国内一般依据叶片与水面的相对位置及生活习性将其分为挺水植物、浮叶植物、漂浮植物、沉水植物。国外对水生植物的分类有所不同，常分为边缘植物、深水植物、荷花及睡莲类、漂浮植物、沉水植物。

中国水生植物资源丰富，高等水生植物就有近300种，适宜北方生长的约35科80余属180余种，具有园林观赏价值的有110余种。选择材料时要考虑的因素很多，如水生植物的类型、生长势、株形、体量、需要的水深和日照量等。

(1) 挺水植物

挺水植物是种植在浅水或水边的水生植物，是根部固着于土中，部分茎和叶伸出水面，直挺在空中，并在水面上开花的植物。如黄花鸢尾、荷花、千屈菜、花蔺、水葱等。挺水植物生长在水岸边，通过对水流的阻力减小风浪扰动，使悬浮颗粒沉降以净化水体。

(2) 浮叶植物

浮叶植物是根系或地下茎须扎根水底，茎生长于水中，叶柄长度随水位伸长，叶及花朵浮在水面上的水生植物。浮叶植物包括有"水中女神"之称的睡莲属，有"莲花之王"之称的王莲属。它们扎根于池底，叶浮于水面，优雅绚丽的花朵创造迷人的景致。

(3) 漂浮植物

漂浮植物是茎叶漂浮于水面、根部不在水底扎根的植物，其植株垂直于水中，随水漂流，水位较低时，根部也会固着于土中，但附着能力差，只要水位上升，植株即漂浮起来，如满江红、凤眼莲、水鳖等。漂浮植物可通过竞争营养、荫蔽水面，从而降低水温，减少光照投射量而抑制藻类生长。大部分漂浮植物属热带、亚热带植物，在冬季寒潮到来之前，需移出池塘越冬保护。

(4) 沉水植物

沉水植物是完全的水生植物，其在大部分生活周期中植株沉水生活，它们多生活在水较深的地方，如金鱼藻、苦草、水藓、虾藻等。沉水植物在水中能释放氧气，是水域生态系统的重要组成部分，对维护水域生态系统结构的完整性和稳定性具决定性作用，它主要通过吸附水体中生物性和非生物性悬浮物质来提高水体的透明度，增强水体溶解氧的能力，吸收固定底泥和水中的营养盐，如穗状狐尾藻等，同时向水体释放化感物质以抑制浮游生物的生长，有效增加空间生态位。

在一个健康的水池生态系统中，浮叶和沉水植物是必要的。沉水植物并不具备太多的景观功能，但它们进行光合作用，增加了水中的氧气，并使人们欣赏到游鱼在水草中如同精灵般穿行的活泼景观。浮叶植物如睡莲、眼子菜等能形成良好的水面景观。漂浮植物虽然不是绝对必要的，但却有可能成为自然水花园的点睛之笔，这些植物遇风时可产生不断变化的景观。而挺水植物则是最具有观赏性的类型。不同形态和色彩的水生植物，会引起人的各种心理活动和戏剧性效果。挺立在水中的宽叶香蒲和芦苇，阳光下的倒影或在薄雾笼罩中的朦胧姿态，都会使人浮想联翩；

漂浮在水面的睡莲或浮萍，却给人以一种神秘之感；叶硕大而光亮的根乃拉草，可使人联想到南美热带雨林的宿营地；水生酸模那异国情调的叶片所表现的秋色，常让人叹为观止。

8.4.2 水体的自然条件与植物景观

8.4.2.1 水体面积与植物景观

大水面能够形成一个比较稳定的生态系统，通常认为一个健康平衡的水体面积最小约为 50 000m²。在大水面配置应以营造水生植物群落景观为主，主要考虑远观效果。植物配置注重整体大而连续的效果，主要以量取胜，给人一种壮观的视觉感受（图8-33）。如黄花鸢尾片植、荷花片植、睡莲片植、千屈菜片植或多种水生植物群落组合等。东湖的荷花、西湖的曲院风荷都是此类景观。

水域面积越小，季节和昼夜引起的温度波动越大，越难获得一个较稳定的整体环境，同时自净能力差。在进行小水域水生植物配置时不宜过于拥挤，以免影响水中倒影及景观透视线。配置时小面积水面上的水生植物占水体面积的比例一般不宜超过 1/2，同时浮叶及漂浮植物与挺水植物的比例要保持恰当，否则易产生水体面积缩小的不良视觉效果。

例如，在池塘周围进行水生植物配置时，最忌沿着水系简单地种植一条水生植物带，如同"裙边装饰"（图8-34）。应充分利用水生植物的形态多样性，并按厚薄相间配置，适当留出大小不同的透景线，以供游人亲水及隔岸观景，打破水际线。

在许多庭院景观中，水体大至数平方米，小者不到 1m²，是典型的小水域。这类水体的植物景观设计由于水体面积过小，处理时与池塘等水域不同，在设计时并不考虑形成一个稳定的生态系统，而以景观为重。水面数株菖蒲，几丛旱伞草稍加点缀，池边也比较疏朗，色彩淡雅；或者池边密植各类色彩鲜艳的草本植物遮盖水面边缘，水面少种甚至不种植物，形成宛若深潭的景观（图8-35、图8-36）。

图8-34 杭州植物园山水园的水生植物配置

图8-33 大水面的水生植物栽植

图8-35 庭院水体的简洁水缘种植

图8-36　庭园水体的复杂水缘种植

8.4.2.2　水体深度与植物景观

(1) 水体深度

天然湖泊的深度由于湖泊成因不同而有所差异，人工挖掘的池塘的深度通常在2m以下，庭园内的小型过深的水体对于园林景观并无多大好处，而且增加危险性。在美国大部分城市，任何超过50cm深的池塘都要求围挡栅栏。

园林中应用水生植物时，水的深度是设计、施工人员必须要考虑到的问题，在做竖向设计和营造地形时要密切关注等深线，注意给植物种植留下足够的生长空间，通常池塘的断面设计并非锅底形，而是2～3层阶梯形或是有明显起伏的坡地（图8-37）。通过这种设计，或者可以在水际设置种植池，或者可以摆放容器式的水生植物，为形成立面有起伏变化的水际景观提供可能。同时，这种阶梯状的设置尤其适合水位变化比较明显的水体，丰水期不见拥堵，枯水期不见萧瑟。水池的断面设计尽量两边不对称，以为今后的种植变化提供基础。

(2) 植物景观

不同生长类型的植物有不同适宜生长的水深范围，在选择植物时，应把握两个准则，即栽种后的平均水深不能淹没植株的第一分枝或心叶，一片新叶或一个新梢的出水时间不能超过4d。出水时间是新叶或新梢从显芽到叶片完全长出水面

的时间，尤其是在透明度低、水质较肥的环境里更应该注意。根据水深适应性，水生植物可按生活类型分为以下几种：

湿生植物　严格意义上是喜水，但植株根茎部及以上部分不宜长期浸泡在水中的植物。如野荞麦、斑茅、蒲苇等，这些植物只能种植在常水位以上。

挺水植物　种类繁多，其水深适应性与植株高度有一定关系。再力花、芦苇、芦竹、水葱、水烛等高大植物可适应的水深达到60cm；慈姑、海寿花、水毛花、黄花鸢尾、香蒲、菰、石龙芮、千屈菜等植株中等偏大的植物适应50cm左右的水深；玉蝉花、泽泻、窄叶泽泻、花叶芦苇、蜘蛛兰、灯心草、节节草、砖子苗、石菖蒲等适应的水深在10～30cm不等。但适应的最深水深并不等于最适水深，如香蒲在水深15cm，灯心草在5～25cm环境中生长最好，荷花的水深适应性一般在80cm以内，超过这个深度就难以正常开花甚至不能生存，但也有些被称为深水荷花的品种在1.5～2m深的水中还能正常开花。

沉水植物　水深适应性除取决于植物本身的生态学特性外，还涉及光和水的能见度。水的能见度越高，光照越强，沉水植物分布得越深。通常而言，沉水植物种植的深度是能见度的两倍。

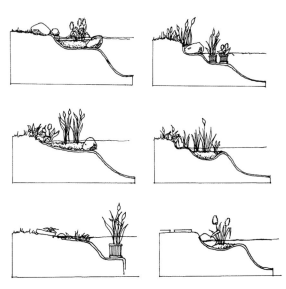

图8-37　池塘的断面设计形式

表8-1 自然界不同水位常见植物群落

类别	水位（m）	主要植物种类
湿生林带、灌丛，缓坡自然生草、缀花草地，喜湿耐旱禾草、莎草、高草群落	常水位以上	河柳、旱柳、柽柳、杞柳、银芽柳、灯心草、水葱、芦苇、芦竹、银芦、香蒲、稗草、马兰、香根草、旱伞草、水芹菜、美人蕉、千屈菜、红蓼、狗牙根、假俭草、紫花苜蓿、紫花地丁、燕子花、婆婆纳、蒲公英、二月蓝等
浅水沼泽挺水禾草、莎草、灯心草、高草群落	0.3	芦苇、芦竹、银芦、香蒲、水葱、蔺草、水稻、苔草、水生美人蕉、萍蓬草、荇菜、三白草、水生鸢尾类、旱伞草、千屈菜等
浅水区挺水及浮叶和沉水植物群落	0.3～1	荷花、睡莲、萍蓬草、莕菜、慈姑、泽泻、水芋、黄花水龙、芡实、金鱼藻、狐尾藻、黑藻、苦草、金鱼藻等
深水区沉水植物和漂浮植物群落	1～2.5	金鱼藻、狐尾藻、黑藻、苦草、眼子菜、金鱼藻、浮萍、槐叶萍、大藻、雨久花、凤眼莲、满江红、菱等

浮叶植物　大多分布于 10～60cm 的水深处，如大多数品种的睡莲分布于 60cm 的水深处，但也有一些特殊的种类，如块茎睡莲可生长于 120cm 水深处。芡实、菱和荇菜可适应的水深也达 1m 以上。

要根据水体不同位置及立地条件的差异，选择适宜的植物，模仿自然界的水生植物群落形成稳定的人工群落（表8-1）。

8.4.2.3　水流速度

通常而言，水生植物不喜在水流速度过快处生长。静水环境下多选择浮叶、浮水植物，而流水环境下选择挺水植物。

城市园林绿地内部的小水系一般来说范围小，水流缓慢，对水生植物的种植生长影响不大。江河湖泊等水体由于风浪、船形波或水流急速冲刷给水生植物的种植、生存带来很大困难。如风浪和船形波会直接或通过堤岸反射，强烈地拍打或摇动植物体，从而使植物叶片破碎、茎秆折断，甚至被连根拔起，影响植物的生长甚至导致其死亡，密集种植的挺水植物能起到一定的消浪作用，它的根系也能起到一定的护坡固岸作用。

总而言之，水生植物和其他植物相同，在应用时应充分考虑到各地气候、土壤、水分、光照、水体面积、水流速度等环境因子，做到因地制宜、因时制宜。

8.4.3　水生植物种植时应注意的问题

8.4.3.1　种植方式

种植方式与种植密度对水生植物景观的形成关系重大。在较小面积的园林水体中，经常采用容器种植。生产中，种植器一般选用木箱、竹篮、柳条筐等，一年之内不易腐烂。选用时应注意装土栽种以后，在水中不易倾倒或被风浪吹翻。一般不用有孔的容器，因为培养土及其肥效很容易流失到水里，甚至污染水质。一般沉水植物多栽植于较小的容器中，将其分布于池底，栽植专用土上面加盖粗砂砾；浅水植物单株栽植于较小容器或几株栽植于较大容器，并放置于池底，容器下方加砖或其他支撑物使容器略露出水面；睡莲应使用较大容器栽植，而后置池底，种植时生长点稍微倾斜，不用粗砂砾覆盖。不同水生植物对水深要求不同，容器放置的位置也不相同。一般是在水中砌砖石方台，将容器放在台面上，使其稳妥可靠（图8-38）。

大面积水体使用种植池种植，在池底砌筑栽植槽，铺上至少15cm厚的培养土，将水生植物植入土中。一般来说，原水体的淤泥是较为理想的种植土，对新开挖的人造湿地可结合周边河流、

图8-38 盆栽式种植

湖泊清淤填淤。迎风岸、硬质堤坝岸边的底泥易被侵蚀,对种植水生植物极为不利,应先行采用消浪措施,减少波浪,然后再回填种植土,才能种植。

8.4.3.2 种植密度和生长控制

设计师在种植设计图上标注的密度,是要达到预期景观效果的密度,通常以水生植物恢复到最佳状态后全部覆盖地面(水面)为设计基点。而在施工时要根据植物分蘖、分枝特性、种植季节、种植土的肥力状况、竣工验收时间等各方面因素结合确定种植密度。总体来讲,水生植物多有过度生长的倾向,如小香蒲在肥力高的水田中,春夏季按9株/m²种植,2个月后可达到40株/m²;又如蔍草、芦苇、荸荠等种植在土壤肥沃处,夏季2个月便能分生出成倍的植株;浮水的水鳖、四角菱、槐叶萍等分生能力也很强,大藻、凤眼莲更是恶性分生。沉水的苦草、竹叶眼子菜等都有很强的分生能力,条件许可均可稀植。

综上所述,水生植物在种植时应合理控制种植密度,在后期的养护管理中,要严格控制生长面积。过度生长首先会影响景观,种植之初常留有充足的水面观赏水面倒影的空间,通常种植水生植物时大水面不超过总面积的1/3,小水面不超过50%~70%,但若不加以控制,水生植物可以铺满水面,引起视觉的拥塞感;其次过度生长会影响整个水生生态系统,如凤眼莲的恶性扩张,会引起水体含氧量降低进而影响各种水生动植物的生存。

8.4.3.3 注意水生植物线条的组合与变化

平直的水面通过配置各种株形及线条的植物,可丰富竖向线条构图。在几种水生植物混植时,要根据植物的形态特征,生长的主次关系,选择高度有差异的植物组合,达到宜人的观赏效果。切忌使用体量、高度相当的植物组合,导致层次不分,没有重点。水体同岸边的植物也需要有呼应关系,我国有岸边植柳的习惯,"湖上新春柳,摇摇欲唤人",下垂的柳枝将水体景观与驳岸景观有机联系在一起,也丰富了线条的变化。

8.5 案例分析

8.5.1 杭州茅家埠景区水体植物配置

杭州茅家埠景区突出自然野趣,水面辽阔,岛屿成群,成片的芦苇、香蒲及充满野趣的垂柳郁郁葱葱,远处的山体、水面及周围的绿地都融为一体,再现了原先自然野趣的湿地景观,展现了茅乡水情(图8-39A,B)。纵横宽度不一的水面植物配置艺术风格独特,多种湿地植物成组团配置,交叉隔离,体现出步移景异的趣味。

沿上香古道进入,在走过水杉蔽日的一段覆盖空间后,连续穿行两座小桥始进入茅家埠景区。两座小桥周围稍有乔木种植,几丛高大的蒲苇在微风中轻摇,点明茅乡之意。随着游览路线行进,由于观赏视角的转换,植物景观自然,变化随意,与园林小品、卵石小径、栈道有机结合,令人赏心悦目(图8-39C,D)。根据水面空间大小和功能定位的不同,采用孤植、丛植、片植等植物配置手法相结合。

进入茅家埠景区,核心区域有一处近圆形的池塘,面积约为800m²。所应用的水生植物种类主要有慈姑、黄花鸢尾、荸荠、蒲苇、再力花、海寿花、花叶美人蕉、姜花,还有千屈菜呈条带状植于池塘一侧,水生植物丛间隔分布于池塘周围,水面中央种植睡莲及萍蓬莲。该水景所用植物材料较为丰富,水体四周植物高低错落,具有一定

图8-39 杭州茅家埠景区水体植物景观

的韵律节奏美。夏季时分，紫色的海寿花与再力花同时开放，白色的姜花散发出淡淡清香，而花叶美人蕉红色的花朵和黄绿相间的叶片成为环湖最为鲜亮的一抹颜色。水上白睡莲含苞待放，萍蓬莲黄色的小花，在大量绿叶的衬托下显得雅致宁静。植物高低错落，色彩缤纷，但就视觉效果而言，水体四周被植物围满，因过度封闭造成水体与周围环境隔离。此外，水面上的睡莲、萍蓬莲由于生长繁盛，占据了过多的水面空间，水体在园林中形成倒影、扩大景深的作用没有得到体现，尤其是草亭周围，应留出倒影空间。对于生长过于拥挤繁盛的浮叶植物，应及时采取措施以控制其蔓延（图8-39E）。

宽阔水域常采用多种水生植物进行片植，形成不同的植物组团，如香蒲、水葱、睡莲、慈姑、茭白、芦苇、野菱组团；香蒲、水烛、芦苇、千屈菜、野菱组团；丛植主要以禾本科、鸢尾科、莎草科、香蒲科水生植物为主；点景式的孤植主要以观赏性较高的姜科、百合科、石蒜科、雨久花科、天南星科等植物种类构成。同时，通过在岸边与岛屿上大量种植禾本科植物，如芦苇、蒲苇等，从而突出茅乡水情的茅草植物景观特色。

各类观赏性较高的植物种类经过艺术配置，呈现出不同姿态，处处可见观茎、观叶、观花组合的湿地植物群落。

茅家埠景区在季相景观设计上也存在一些不足，例如，由于景区以水生、湿生的草本植物为主，乔灌木较少，特别是耐水湿的乔木如池杉、落羽杉、墨西哥落羽杉、枫杨、垂柳等较为缺乏，在江南地区，水生植物绝大多数为落叶性，冬季因枯草期的出现，水面一览无余，常漂满枯枝残叶。景区绿量明显不足使整个湿地景观显得较为萧条，只有少数植物如石菖蒲、水毛茛等表现常绿特性，在园林设计中可稍微加大这类水生植物的应用。秋季常是色彩变化最丰富，园林整体色彩饱和度最高的季节，但目前的茅家埠秋色叶树种较少，这也是缺陷之一。

8.5.2 青岛唐岛湾植物景观设计

唐岛湾南岸公园处于青岛市黄岛区，湿地体验区占地面积约 65 000m²，其中水体面积约 20 000m²，原状间断性分布虾池，部分区域水体盐分含量较高。设计之初即期望能够尊重现有的肌理，以水生植物为主打造富有野趣和自然特质的北方滨海湿地植物景观区。

该区域临近唐岛湾，与海湾之间以4m宽的滨海步行道和蜿蜒起伏的绿地相隔，水系两端与现状两条泄洪沟相联系，中部与现状植物园水系相连，很好地解决了水系的补水与排水的问题（图8-40）。

西侧以一处体现地域文化的海草房建筑为中心，结合水体和植物营造出一派郊野风光（图8-41）。海草房处于主岛位置，四周被水环绕，水深最深处约1.5m，建筑周边以高大的柳树、构树作为上层配景，弱化建筑线条。北侧庭院点缀几棵朴树、五角枫、五针松、红枫，下层以观赏草和宿根花卉为主，观赏草选择株形饱满的东方狼尾草、细叶芒、斑叶芒、拂子茅等，寥寥几株随风摇曳，构成了水岸良好的背景。垂枝马兰、荆芥、'秋之喜悦'八宝景天、'雪山'假龙头、'夏日美酒'千叶蓍、一枝黄花、山桃草等宿根花卉点缀路侧，风姿绰约。

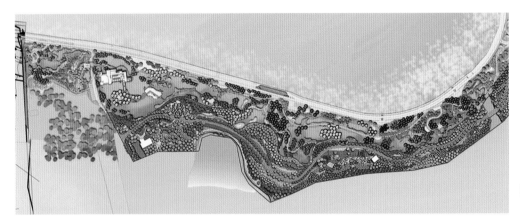

图8-40 唐岛湾公园湿地体验区平面图

图8-41 唐岛湾公园湿地体验区种植设计

临水区水深较浅的区域组团式栽植花叶芦竹、'落紫'千屈菜、紫杆野芋、黄花鸢尾、慈姑、水葱、梭鱼草等，疏密有致，层次清晰，配以景石形成了疏朗自然的生态水岸；亲水平台周边点缀几丛再力花，每丛十余株，小桥两侧成片地栽植再力花，挺拔的花林遮挡了丑陋的构筑物底层结构，初夏花开之时，别有意境。

水池中央的主角从设计之初就定了基调，整个水系以耐寒、耐盐碱睡莲群落为主，品种包括'壮丽''日出''豪华''诱惑''玛珊姑娘''克罗玛蒂拉''拂琴娜莉丝'和'宽瓣白'等近20个。海草房东侧水面少量栽植了荷花群落，与睡莲交相辉映，衬托出建筑的脱俗意境。小桥旁边水面上飘着几片王莲，意境悠远。

为了保证水质良好，在配置时适当栽植沉水植物狐尾藻，翠绿的穗状叶晶莹别透，观赏效果极佳，同时，发达的植物根系在底泥里蔓延，对水体起到了良好的净化作用。

由于在栽植初期，底泥中有部分香蒲，后期管护没有采取遏制其生长的措施，造成后期香蒲疯长，破坏了原有的植物配植，也侵占了其他植物的生长。如何控制部分生长势强健的野生水生植物的生长是水体景观设计中必须加以重视的问题。

8.5.3　北京菖蒲河公园植物配置

菖蒲河公园地理位置特殊，毗邻天安门广场东侧，位于皇城内，皇史南墙、长安街北侧红墙、欧美同学会遗址等历史建筑均在该区域内。公园得名于贯穿于其间的历史水系——菖蒲河。建成后的公园面积为 $3.8hm^2$，绿地及水面面积为 $2.52hm^2$。整个公园被东西流向的菖蒲河一分为二，河道全长510m，水面宽9m，水深 $1.5\sim2m$。4座精心设计、形态迥异的人行桥横跨两岸。两侧绿地各宽约20m，均为狭长带状。建成后的公园恢复了菖蒲河的历史原貌，开辟了以河为特色的开放性公共绿地，并与东皇城根遗址公园衔接，形成完整的沿皇城城墙的绿化游憩空间。

① 水面植物配置　古时河道就以长满菖蒲得名，现以种植菖蒲恢复原貌，突出了将历史融入现代的主题。河道的弯处种植了以菖蒲为主的水生植物，包括香蒲、芦苇、水葱、千屈菜，不仅丰富了水面，也突破了由于水面面积小而不能广植睡莲、荷花的困局。为了保持河道的整洁，这些水生植物并不是直接种在河道里的，而是钵植后放入河道中。多种水生植物生长在一起，高低错落有致，季相、色相变化更加丰富。

② 驳岸植物配置　驳岸的形式有3种：一为立式驳岸；二为斜式驳岸；三为台阶式驳岸。菖蒲河公园驳岸景观的处理是将地形的变化与植物的种植形式充分地结合在一起，采取的驳岸形式应是斜式与阶式的综合体，既有大量的坡面草坪，又有不同层次的地形起伏与亲水平台的设置。草坪坡面上，以不规则的株距保留了绦柳，构成了滨河景观的上层植被；银杏、龙柏等乔木也散植于其间；还有零星种植的碧桃、红瑞木等小乔木。这种群落使空间通透性更佳，植物主要集中在上层和地被，中层留出来给游客观看对岸的景色。其中的地被丰富了相对单一的草坪景观，物候变化更明显。公园东西向以皇城南墙为南边际线，鉴于南河沿面积有限，尽量利用地形的起伏以及多层植被混交结构，创造多变的植物景观，使红墙与植物有机统一。

形态上菖蒲河公园以滨河景观为主轴，既有历史文化内涵丰富的古建筑，也运用了现代高科技照明、水体系统，是人工恢复的带有古典皇家园林性质的绿地系统。公园内的植物景观贯穿全园，连接8个不同的景点，各具特色，烘托出古韵新风主题。

小结

水是园林的灵魂，在中国的传统园林中有"无园不水，无水不园"的说法。水体的园林植物景观设计所包含的范围为水域空间整体，包括水陆交界的滨水空间和四周环水的水上空间。根据水域空间的地域特征可分为滨水区、驳岸、水面、堤、岛、桥等几个部分。

不同形式的水体对植物配置的要求也不同。湖面等宽阔水域的水生植物配置以营造水生植物群落景观为主，主要考虑远观，植物配置注重整体大而连续的效果，水生植物应用主要以量取胜；而池塘等小面积水域主要考虑近观，其配置手法往往细腻，更注重植物单体的效果，对植物的姿态、色彩、高度有更高的要求。河流作为一种带状景观，它的景观配置注重整体性、连续性和生态性，在视觉效果上要关注纵观景和对观景。喷泉和跌水景观富于动感，植物的配置重点是如何突出水体这一主景。

水体的植物景观设计往往重点并不在水面，而是在水缘。在设计时首先要明确水缘景观的整体空间感觉，然后才是如何选择植物形成这种空间。水缘植物空间分为开敞空间、半开敞空间、封闭空间、覆盖空间、纵深空间。到底采用何种空间取决于水面的大小、水体边构筑物的类型、周围陆地空间的大小以及设计者的构思。驳岸是水缘植物景观设计的重点，不同的驳岸形式为营造滨水植物景观提供了不同的营造载体，决定了不同的植物景观营造模式，自然缓坡驳岸往往具有自然的景观效果，而硬质铺装的驳岸则需要植物的遮挡。堤、岛是可以有效地划分水面空间的主要手段，而其上的植物配置，不仅增添了空间的层次，而且丰富了水面空间的色彩。倒影成为主要的景观，应注意控制水生植物的过度生长。在水缘进行植物种植，要注意植物的耐水湿能力。

水生植物一般依叶片与水面的相对位置及生活习性可分为挺水、浮叶、漂浮、沉水4种类型，在具体应用时视温度、空气湿度、光照、土壤、水深、水体流速、水体pH值、水体重金属离子含量、水体含氧量等因子而定。在水面植物造景时，影响较大的因子是水体面积和水体深度，在充分考虑滨水地带生态因子的复杂性之后，选择适合该地生长的植物，并且尽可能地使植物种类多样化。在几种水生植物混植时，要根据植物的形态特征，生长的主次关系，选择高度有差异的植物组合，达到宜人的观赏效果。

在水体园林植物景观设计时，不能忽视水生植物和湿生植物、陆生植物之间的搭配，因此，模拟自然植物群落，采用乔木、灌木、草坪、地被植物进行搭配，可以发挥最大生态效益和景观效果。

思考题

1. 水体形态与园林植物景观有何关系？
2. 南北方水体园林植物景观设计有何异同？
3. 影响水体园林植物选择的生态因子有哪些？
4. 你所在地区有哪些具景观价值的野生水生植物？
5. 驳岸区域的生态环境有何特点？在植物景观营造时应注意哪些问题？

推荐阅读书目

滨水景观设计丛书——护岸设计. [日]河川治理中心. 刘云俊译. 中国建筑工业出版社，2004.

迷你型水景花园. 彼得·贝克德著. 汤长兴，刘春亚译. 安徽科学技术出版社，2000.

水生植物与水体造景. 李尚志. 上海科学技术出版社，2007.

水生植物图鉴. 赵家荣，刘艳玲. 华中科技大学出版社，2009.

景观植物配置. 祝遵凌. 江苏科学技术出版社，2010.

中国水生植物. 陈耀东，马欣堂. 河南科技出版社，2012.

精选水生植物187种. 赵家荣，刘艳玲，徐立铭等. 辽宁科学技术出版社，2006.

自然界的地形复杂多样。从园林范围来讲，地形主要表现为平地、坡地、土丘、台地和洼地。由于土丘、台地和洼地，平地与坡地或坡地与坡地的组合有许多重复之处，因此，本章重点阐述平地和坡地的环境特点及与之相适应的植物景观设计。

9.1　地形与植物的关系

植物依赖土地而生长，它与土地的联系是生命体的联系。地形会影响植物的生境，也会和植物一起构成不同实用功能和美学功能，因此地形会影响植物配置，植物配置离不开对地形条件的分析和推敲。

9.1.1　植物与地形立地环境的关系

不同的地形以及地形的不同地段有着不同的生境。平坦地形和山地地形的生境是不同的，平坦地形受到的日照、降雨、风速都比较均匀，而山地则不同。从垂直向度上来说，山地的海拔高度是影响植物生长发育的重要因素之一。对于自然界那些海拔变化大的高山地形来说，由于气温、光照、昼夜温差等差异，山麓及山顶的植被类型和植物景观就有很大的差异，有时从山麓到山顶植物群落会依次经历常绿阔叶林、针叶阔叶混交林、针叶林、高山灌丛、高山草甸等一连串的变化。在水平向度上，即算同一海拔高度，生长的植被和形成的植物景观也有很大的差异。不同坡向和坡度条件下坡面的光照、温度、雨量、风速、土壤质地等因子的综合作用会对植物产生显著影

响，从而引起植物和环境的生态关系发生变化，比如四川省二郎山，山体的东坡上分布着湿润的常绿阔叶林，西坡上则分布着干燥的草坡，不但任何树木不能生长，灌丛植物也很少见。因此对于植物景观设计来说，不同地形所形成的生境条件是必须首先考虑的因素。

9.1.2　植物与地形功能的关系

地形常常用来建构空间，比如平地可以坐、卧或者运动，凸地形可以屏蔽、分隔空间，凹地形便于观看或者形成私密空间，坡地可以用来攀爬、滑草，山地可以隐藏、探险等。不同的地形被赋予不同的空间功能，植物的配置无疑应该与这些功能进行匹配，强化地形在空间中的作用。

9.1.3　植物与地形形象的关系

如果把地形比作大地的躯干，那么植物则是附着在大地之上的衣裳，因此植物之于地形的景观功能就如同人的着装一样，应强化其气质从而使其特色鲜明。以平地为例，要凸显地形的开阔简洁则应选择低矮的植物，草地、花地或芒草地都可以是比较好的选择，要凸显其幽闭则可以通过密林来形成幽暗深远的氛围，这些需要视场地地形具体的景观形象来定。而对于凸地形来说，植物配置应该对地形的走势有所增益，比如坡底宜栽植矮小的灌木，高处则栽植高大的乔木，这样一来，低处仍低，而高处则愈高，这无疑使地形的起伏感得到了进一步强化，也有利于天际轮廓线韵律感的形成。

总之，植物与地形在立地环境上、空间功能上以及景观形象上都是密不可分的，这些将在后面的小节中进行详细学习。

9.2 平地植物景观设计

平地是指基面在视觉上与水平面平行的地表面。在园林环境中，绝对水平的地形极少存在，因此，那些总的看来是"水平"的地面，即使有微小的坡度和轻微起伏，也包括在平地范围之内。相对于其他地形来说，平地较少受到环境和空间的制约，因此平地上的植物景观设计具有更多的选择性，设计师可以创造出更丰富多彩的宜人景观。

9.2.1 平地的环境特点

9.2.1.1 气候特点

平地开阔空旷，没有任何可阻挡寒风和遮蔽日光的屏障。因此，一般来说，平地上阳光充足，日照时间长，空气湿度较小；夏季炎热，地面热辐射大；冬日阳光温暖，但西北风强劲。改善平地小气候是植物景观设计的重要任务之一。

9.2.1.2 空间特征

平地与其他地形相比，具有某些独特美妙的视觉和空间特征，具体表现为：

图9-1 平地稳定、平静、统一

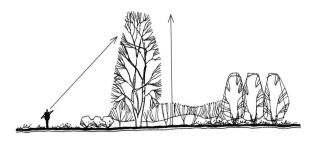

图9-2 垂直高大的树木与水平地形形成对比

① 平地是所有地形中最简明、最稳定的地形 由于它没有明显的高度变化，平地表现为静态、非移动性的空间特征，当人们站立或穿行于平地时，总有一种舒适和踏实的感觉，因此，平地常常成为人们站立、聚会或坐卧休息的理想场所（图9-1）。

② 平地的视觉中性，使其具有宁静、悦目的特点 这一特性使平地本身具有极强的观赏性。除此之外，平地宁静的特性也常被用来作为其他要素的背景，许多醒目的形状和色彩常被安置于平地上，从而形成视线的焦点（图9-2）。

③ 平地具有较为强烈的视线连续性和统一感 由于平坦地形毫无遮挡，视线可以在相当远的距离上一览无余，这种长距离的视野有助于在平地上构成统一协调感。法国古典主义风格园林，因其通常建立于相对平坦的地形上，而成为最具魅力的视觉连接体。

④ 平地常给人以开阔空旷感 人们置身其中，看不到封闭空间的迹象，没有私密性，没有任何可遮挡不悦景观、噪声、遮风蔽日的屏障。适当地引入其他要素是解决这一问题的重要手段。

9.2.1.3 平地上的其他要素

平地也是建造房屋，开辟广场、停车场、休息场地，设置雕塑、小品、构筑物等的理想场所，因此，平地植物景观的营造，常常要与这些要素相协调。

9.2.2 常见设计形式

平地的植物景观多种多样，其设计形式千变万化。总的来说，平地的植物景观设计，是在总体设计主题的引领下，充分利用园林植物，更好地凸显平地的美学特征，或者弥补平地在小气候环境和使用功能上的不足，从而创造出更为赏心悦目、舒适宜人的园林环境。本节着重阐述几种常见平地的植物景观设计。

9.2.2.1 草坪

草坪是园林中最简单又最具有实用性的一种绿地形式。从美学意义上来说，草坪均匀平静的绿色，更好地凸显了平地的简明、宁静之美，同时对其他景物也起到很好的烘托作用。草坪也具有统一周围植物的能力，它如同一个安静的中心，将周围绚丽多彩的植物世界统一在一起，因此，许多园林中央多为草坪，周围围绕着花境和树林。从实用功能上来说，草坪又为人们的各种活动提供了场所，在草地上，人们可坐、可卧，甚至可以翻滚、追赶、开展多种体育活动和娱乐休闲活动等。草坪设计中，应注意以下几个问题：

(1) 草坪的功能

园林中，根据草坪的使用功能可分为观赏型草坪和休息娱乐型草坪两大类。设计中，应在明确草坪功能的前提下采取相应的设计方式，并选用能满足功能要求的草种。如观赏型草坪常用于广场、建筑或构筑物的周围，起装饰和烘托陪衬

的作用，设计形式多采用规则式（图9-3）。此类草坪的草种选择范围较大，一般草种均可选用，也可以在禾本科植物中混植开花的多年生草本植物，如番红花、秋水仙、鸢尾、石蒜、酢浆草、葱兰或韭兰等，为草地增加一些鲜艳的色彩和活泼的气氛。而作为休息娱乐的草坪则较多采用自然式布局，如果以体育运动或群体活动为主，则不宜在草地上栽植任何乔灌木（图9-4），但可以适当配置其他设施，如在北京奥林匹克森林公园中，草地与条凳结合，形成了阳光下动人的绿色剧场（图9-5）；如果以林荫下阅读、野餐、休息等活动为主，则宜采用疏林草地或稀树草地的设计方式（图9-6）。在草种选择上，应选用耐践踏性能好的草种，如狗牙根、结缕草、剪股颖、牧场早熟禾等。

图9-3 宽大规则的观赏性草坪

图9-4 充满活力的休息娱乐型草坪

图9-5 北京奥林匹克森林公园中的绿色剧场

图9-6 适合林下阅读、休息的疏林草地

(2) 草坪的空间性质

当着手进行草坪空间设计时，设计师应首先明确设计目的和空间性质，草坪的空间形式主要有：

开敞型草坪　草地上不栽种乔灌木，草坪周边通常配置低于视平线的低矮灌木和地被植物。空间四周开敞、外向、无隐秘性，在艺术效果上单纯而壮观。此类草坪常用于观赏（图9-7），或者供体育运动和群体活动之用（图9-8）。

半开敞型草坪　草坪一面或多面受到较高景物（如植物、地形）的封闭。此类草坪的开敞程度根据围合面的多少、周围景物的高度、围合密度以及草坪本身面积的大小而定。此类草坪空间适用于一面需要隐秘性，一面又需要景观性的场所。就使用功能来说，通常草坪的中央会成为群体活动的场地，而草坪靠近围合景物的边界，则成为安静休息者或好友聚会、情侣私会的去处（图9-9）。

封闭型草坪　一般而言，四周均被紧密围合的空间称为封闭空间，使用者处于其中会产生与世隔绝的感觉。如果草坪的尺度与周围景物的高度之比超过了一定的比值范围，草坪的封闭性会逐渐减弱。如纽约中央公园中的大草坪，虽然四周有高大的乔木林围合，使草地与繁华的纽约街道形成隔离，但由于草地空间尺度较大，虽置身其中但并不能感觉它是一个完全封闭的空间（图9-10）。根据日本建筑学家芦原义信的外部空间理论，外部空间宽度的最小尺寸等于主要建筑物的高度，最大高度不超过主要建筑物的2倍，即当 $D/H<1$ 时，外部空间会让人产生紧迫之感，使处于其中的人感觉压抑；$1 \leqslant D/H < 2$ 是最具

图9-7　广场开敞型观赏草坪

图9-8　公园开敞型活动草坪

图9-9　公园半开敞型草坪

图9-10　纽约中央公园中较大尺度的封闭型草坪

图9-11 顶部覆盖型草坪——疏林草地

图9-12 整齐绿篱、模纹装饰的草坪

图9-13 自然式花境为规则式草坪增添了活跃气氛

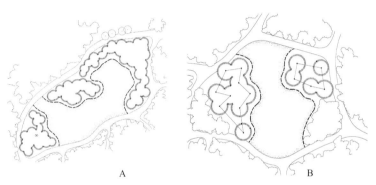

图9-14 草坪不同的林缘线形成不同的空间感

亲切感和人情味的距离；而当 $D/H > 2$ 时，封闭性逐渐减弱；当 $D/H > 4$ 时，空间的封闭性便很微弱。此理论可以用来作为指导草坪空间设计的依据。

顶部覆盖型草坪 在草地上栽植乔木，形成顶部部分覆盖，四周开敞的草坪，如疏林草地（图 9-11）。

(3) 草坪的视觉感受

不同的草坪给人不同的视觉感受，有的简洁明了，有的开阔而富有气势，有的幽静深远，有的则宁静祥和，这些均与草坪空间的尺度和空间形态，以及草坪与周边植物的比例和配置等因素有关。

规则式草坪一般表达出简洁严整的视觉感，因此多配置树形整齐、美观、轮廓鲜明的植物，种植形式也以规则式为主，草地周边或草地上还常配合使用规则式的绿篱、花坛、模纹来点缀装

饰这类草坪。因外形规整，边缘通常设计成直线或曲线的花边形式，以增加观赏效果，但管理维护的难度较大（图 9-12）。有时，为了增加规则式草坪的活跃气氛和减少修剪，也可以在规则式草坪边缘配置自然式花境（图 9-13）。

自然式草坪因其长宽比例、植物配置及林缘线的不同而展现不同的形态。图 9-14A 中的草坪空间以宽度取胜，空间感觉开阔而有气势；而图 9-14B 草坪空间的林缘线曲折变化向纵深发展，因此在开阔的同时更增加了草坪空间的深远感。

草坪的植物配置千变万化，因而可形成多姿多彩的草坪景观。如常绿树中，雪松树形潇洒飘逸，树冠苍翠隽美，适宜散植于大草坪中；侧柏、圆柏多行植于草坪边缘，被修剪成绿篱、几何体，或将其单植、丛植于草地中；大叶黄杨、小龙柏等常绿灌木可广泛用于草坪绿篱，也可在草坪中配置其球形树，更显其庄重古朴，或于草坪边缘、入口、道

路两旁作背景树；丝兰具有刚毅有力的叶姿和高大挺拔的花序，多与乔、灌木混植，于草坪一隅栽植，也可与矮生草花配置点缀草坪。落叶植物的展叶、开花、结果等四季变化构成的季相特色更与草坪的绿色互相映衬，如春季开花的白玉兰、连翘、黄刺玫、碧桃、贴梗海棠、榆叶梅、紫荆等；夏季开花的紫薇、石榴，花色丰富的月季等；秋天的银杏、栾树、法桐等摇曳着金色的叶片，海棠、苹果、梨等果树果实累累，使草坪呈现诱人的景色。花色丰富、花期不同、品种繁多的宿根花卉，或作为花境栽植于草地边缘，或片植、带植于草地上，把草坪装点得活泼浪漫（图9-15）。如美人蕉可群植于草坪明显之处，达到"万绿丛中一点红"的效果；马蔺镶边，使草坪层次分明，色调多变，群体效果突出；另外，地肤、万寿菊、黄花景天、假龙头、金鱼草、紫菀、福禄考、黄葵等都是点缀草坪的理想材料。

需要强调的是，草坪空间不是孤立存在的，它紧密地与周围人工环境或其他园林环境相依存。也就是说，在总体环境设计中，应综合处理草坪在空间序列中的地位及与其他空间或要素的对比关系，才能更好地突出草坪的魅力。

9.2.2.2 树林

自由地栽植一片乔木树种，形成具有一定面积的浓荫空间，就可以成林。在平地上，树林可以下列几种形式出现。

①混交林＋灌木＋地被植物 此类树林结构紧密，层次丰富，改善环境的功能较强，生态效益好，能给人城市森林之感，但不适合游人进入，观赏性一般（图9-16）。

②纯林＋灌木＋地被植物或纯林＋地被植物 此类树林与第一种结构形式有相类似的特点，但由于上层树种单一，尤其是一些开花、色叶或树形挺拔的植物成林栽植，给人的视觉感受极为纯净，蔚为壮观。如樱花林、海棠林、梅林、银杏林、水杉林、白桦林等（图9-17）。

③纯林＋草地 与上述形式相比较，此类树林除了给人较好的观赏效果之外，还能够满足游人进入的需求。人们在春花烂漫之时，炎炎夏日之中，树叶金黄抑或是冬枝枯黄时节，置身树林之下，享受鸟语花香和阳光下斑驳的光影，都能深深体会到自然赋予人类的美好之意（图9-18）。

④纯林＋地面铺装 随着广场在城市中的普及，人们逐渐意识到大量的铺装场地虽然解决了城市居民活动的需求，但与此同时也给环境带来了一定的热岛效应，尤其在一些南方城市，强烈的阳光使广场的使用率极低。由此，人们开始将树林引入广场，形成了"树阵广场"的模式。这种类型的树林，在树种选择上应注意与铺装面积的大小相协调：对于面积较大的广场，应选择分枝点高、树形挺拔的树种，以适合广场这一公共空间的气氛；而对于面积不大的铺装场地，所用乔木的分枝点保证游人能够进入即可，以利于形成较为安静私密的空间。树阵广场的植物配置形式可以采用规则式，也可以是自然式。林下可以布置花坛、绿篱、坐凳、

图9-15 林下草坪片植宿根花卉

图9-16 乔木混交林＋灌木＋地被植物

图9-17 乔木纯林＋地被植物

图9-18 乔木纯林+草地

图9-19 乔木纯林+地面铺装

小品等（图9-19）。

9.2.2.3 植物地标

平地水平舒展，决定了置于其上的垂直要素格外引人注目。借助平地的这一特点，可以布置线条或色彩特别突出的植物作为主景，成为"地标"植物，起到吸引观赏者的注意力、强化场地标志性的作用。地标植物必须具有特殊的形态，能吸引人的注意。首先，它必须具有适合地段的尺度，还要拥有出色的形状、色彩或肌理，在一年四季都具有观赏性。因此，高大的乔木常常作为地标植物，特别是成熟后的树木可以成为整个景观的焦点，为园林带来稳定感和历史感，还可以带来多彩的季相变化。因此，在空间尺度较大的地方，主景的植物可以是形体高大、姿态优美、枝繁叶茂的单株乔木，如樟树、榕树、悬铃木、朴树、榉树、枫杨、刺槐、雪松、银杏、凤凰木、木棉、七叶树等（图9-20）；而在空间尺度较小的地方，小型的观赏树木或是大型灌木也可以成为视线焦点，如鸡爪槭、紫薇、碧桃、海棠、梅花等。

作为地标的植物还可以是由多株树木组成的、具有一定观赏价值的树丛。作为地标植物的树丛，最好选择同一树种，同时应具有树形美观或花、叶鲜艳的特点。

值得注意的是，平坦地形的地标植物周边，应该留出足够开阔的空间，或者其他植物的高度明显矮于地标植物。参考前苏联建筑师梅尔切斯的视觉理论，地标植物周围空旷场地的尺度以植

图9-20 孤植乔木作为地标植物

物高度的2～3倍为宜，这样才能突出该植物或植物组群的焦点作用，同时也便于人们观赏。由于植物不同于建筑或雕塑，它是不断生长变化的，因此，设计中应该以成熟树的高度为设计的参考值。

9.2.2.4 植物造型

平地的简洁往往能与一些通过人工修剪而成的具有特殊造型的植物相得益彰。如绿墙、绿（花）篱、绿（花）雕或植物迷宫。17世纪的意大利台地园和18世纪的法国古典式园林，均是在各级平地上利用修剪成型的植物，形成极具统一性的空间格局，并将平坦地形的视觉连续性发挥到

图9-21　意大利艾斯特庄园植物模纹（郦芷若，2001）

图9-22　上海世纪公园植物雕塑

极致（图9-21）。现代生态观的出现，使人们对城市绿地的审美从传统的园艺美向生态美发展，以造型植物为主的植物景观不能更好地发挥植物的生态效益，加之此类植物景观需要的人工维护费用十分巨大，与现代社会的节约观不相符，因此造型植物景观越来越少使用，仅作为一些特殊场所或特殊时段的点缀而已，如在节假日或重大庆典活动时城市街头或公园绿地中的花雕和绿雕，或者用于一些重要场所如主要建筑周边、入口附近、专类园等，以烘托气氛或增加场所的趣味性（图9-22）。

园林绿地中，植物在平地的景观营造中还以多种形式出现，如树丛、树群、林带、绿篱、花坛、花境等。并且，平地中还常用植物来建造、分隔、组织空间，形成空间序列。由于这些内容在前面的章节中均有阐述，本章不再复述。

9.3　坡地植物景观设计

坡地是园林中又一个重要的地形类型。园林中另外几个主要的地形类型——土丘、台地和洼地，都可以视为坡地与平地的组合。

9.3.1　坡地的类型

根据坡地的地表面状态，坡地大致分为土壤坡地、岩石坡地和混凝土覆盖坡地。其中，土壤坡地是由土、沙构成，经过了长期风化的坡地；

岩石坡地是指坡地的大部分由坚硬的未风化的岩石构成的坡地；混凝土覆盖坡地是指在岩石和土壤表面铺上混凝土、灰浆或混凝土块的坡地。

根据坡地所处的位置，坡地又可以分为山腰、山脚、悬崖、高地的末端；或者人类活动中如建造公路、水库、铁路，或者开凿石材、土壤等时形成的坡地等类型。

根据坡面的走向，可以将坡地分为阳坡和阴坡。其中，向光坡为阳坡，在北半球，一般阳坡是指朝向南面的坡地，而阴坡则指北向的坡地。

根据坡度的不同可以分为缓坡、中坡、陡坡、急坡和险坡。坡度小于5°的地形为平坦地，坡度大于5°的地形为坡地，其中，6°～15°的为缓坡，16°～25°为中坡，26°～35°为陡坡，36°～45°为急坡，45°以上则为险坡。

9.3.2　坡地的环境特点

为了进行切合实际的植物景观设计或者坡面绿化，首先应充分掌握坡地的环境特点，在此基础上选定植物，设计不同的景观类型，有针对性地进行植物景观设计。

9.3.2.1　自然特征

(1) 坡度

坡地具有一定的坡度，雨水在容易流动的斜面上很难储存。在降水量相同的情况下，坡度越大，平均坡面积的降水量越少，因此，植物的生长发育会受到影响。

坡度还影响着地表径流量。降到坡面的雨水会形成一定程度的地表径流，在坡面上水流的速度与坡度及坡长成正比，流速越大、径流量越大，冲刷掉的土壤量也越大。地表土壤堆筑的最大极限是 45° 的坡度，当坡度 > 45° 时，必须借助石块或混凝土进行覆盖；当坡度 ≤ 45° 时，必须覆盖植物，以防止水土流失。

(2) 光照

坡向对日照时数和太阳辐射强度有影响。夏季，所有方位的坡向都可受到不同程度的日照，其中西坡直接暴晒于午后太阳之下，日照最强；冬季，南向及东南方向的坡向比其他任何方位的坡向受到的日照要多，向北的坡却几乎得不到日光的直接照射，显得十分阴冷（图 9-23）。

(3) 气温

自然界中，阳坡和阴坡之间温度或植被的差异常常是很大的。南坡或西南坡最暖和，而北坡或东北坡最寒冷，同一高度的极端温差可达 3～4℃。

(4) 风向

在北半球，整个夏季，东南向斜坡夏季风强烈；冬季西北坡则完全暴露在寒风之中。

(5) 湿度

植物枯死的原因大多数是由水分条件引起的。坡地与平地相比，雨水的流失导致土壤含水率低，而且生长基盘较薄，这对植物景观的形成也会产生一定的影响。

(6) 土壤

园林中，人工堆筑土山的坡面土壤一般适合植物的生长。但对于那些切开坡面如修筑公路、开采石材、大规模的土地开发等造成的坡面来说，其断面除了一少部分表土层外，大部分几乎没有养分，土壤的物理性质也不良，而且很干燥，这样的土壤条件非常不利于植物生长。

9.3.2.2 空间特征

① 坡地能影响人们的空间感 坡体的高度和坡度大小，能给人们不同的空间感受：较高较陡的坡面能给人以强烈的尊崇感；平缓的坡面则给

人柔和亲切之感。同时，较高的顶部和陡峭的坡面强烈限制着空间，使置身于坡底的人能产生一种隔离感、私密感（图 9-24）。

② 坡地能限制人们的视线，并制约空间的走向 当地形一侧为坡地，另一侧为一片低矮地时，空间就可朝向更低、更开阔的一方。因此，置身于坡面和坡顶的人，能感受到不同程度的外向性，坡地常为人们提供了更广泛更开阔的视野。而地形两侧均为坡地时，视线则朝向前方（图 9-25）。

③ 坡地也可以强调或展现一个特殊目标或景物 置放于坡面或坡地较高处的任何物体，都较容易被人观察到，因此，坡面是一些美好景物的展示舞台（图 9-26）。

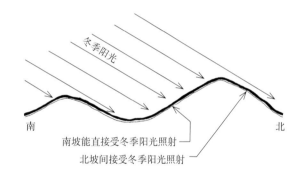

图9-23 地形与光照的关系

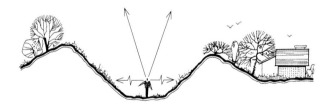

图9-24 坡地影响着人们的空间感

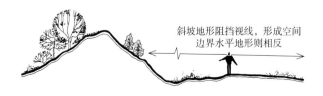

图9-25 坡度限制了视线，并制约了空间的走向

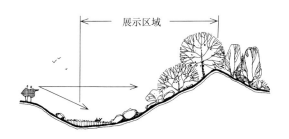

图9-26　坡度可以强调某一目标

9.3.2.3　坡地的其他要素

坡地是上下山的必经之地，因此，游路是坡地的一个重要因素。坡地的展示性，也常常使它成为一些构筑物、景观小品的置放地。为防止水土流失，台阶、挡土墙以及自然山石也通常成为坡地的重要构成要素。

9.3.3　坡地的植物景观设计

不同的坡向会造成植物种类的差异。在雨量充沛的南方，南坡光照条件较好，温度较高，应选择喜光的，并具有一定程度旱生特征的植物；而北坡光照条件较差，温度也较低，因此多选择中生的、较耐阴的植物。而在北方却往往出现相反的情形。由于北方降雨少，南坡光照强，土温、气温高，土壤较干，水分状况差，所以仅能生长一些耐旱的灌木和草本植物。而北坡则正相反，因而在北坡可以生长乔木，甚至一些喜光树种亦生于阴坡或半阴坡。

地势的陡峭起伏、坡度的缓急等，造成水分分布的不均，因而植物种类的分布也会出现很大的差别。一般情况下，土壤坡地的坡度在

图9-27　植物强化了地形所形成的空间感

图9-28　植物削弱了由地形所形成的空间感

45°以下，植物都能良好地生长；岩石坡地的坡度在45°～60°时，植物的生长会略有不良，超过60°时，植物的生长明显不良，所以，设计时不要设计太大的坡度。

与平地或坡底相比，山坡越往上则干旱的程度越高，适合多栽植一些较耐旱的植物如鹅掌柴、枫香、八角枫等。在一些迎风面，坡顶的风力也较之坡底要大，因此应栽植一些深根性的植物在坡顶上，如枫香、松柏类植物等，而泡桐、悬铃木、紫杉、雪松等，则不宜栽植于迎风面的坡顶之上。

对于以保护坡面地表土壤为目的，以及恢复生态系统为目的的坡面，则应根据地域的气候条件、土壤条件以及目标再生群落，选择合适的植物，如耐寒性、耐旱性、耐阴性、耐暑性，对瘠薄土壤的适应性以及株高、植物伸展度、花色、花期、草型等（表9-1）。

对于混凝土覆盖坡面，我国目前主要采用攀缘植物进行垂直绿化。有的城市使用栽植用混凝土块，但目前没有得到推广。

(1) 以造景和观赏为目的的坡地植物景观设计

以此为目的的坡地植物景观力求创造良好的娱乐休闲空间，植物配置要求形成景观并营造景观空间，常见于城市园林绿地中。

①在与地形结合方面　植物可以强化或者削减地形所构成的空间。如果将高大的乔木栽植于坡地的上部直至坡顶，而在其下部和坡底只栽植低矮的灌木和草本植物，则明显地增加了地形坡面的高度，有利于形成相邻洼地或谷底的空间封闭感（图9-27）；与之相反，高大的乔木若被植于洼地或周围的斜坡上，它们将减弱和消除由地形所形成的空间，也削弱了天际轮廓线的变化（图9-28）。因此，为了增强地形所构成的空间效果，最有效的办法是将较高大的植物种植于坡地的顶端和高地，与此同时，让低洼地区更加透空，最好只栽种花卉和草本植物。如图9-29中，将高大乔木植于坡顶，而仅在坡面上栽植小型灌木，强化了人在凹地中的封闭感，使人处于其中时如置身山谷。

②与道路结合　植物可以将坡面上的游路巧

表9-1　坡地目标再生植物群落的类型及配置

目标群落的类型	绿化目标	具体实例	适用地
草原型	以草本植物为主的群落	以栽种草本植物为主的群落	城市、城市近郊、田园地带
低矮林木型（灌木林型）	接近自然景观的群落、富有多样性的群落	连接灌木和森林的群落	山地、自然景观地域
高大林木型（森林型）	具有特定环境保护功能的林木	防风林、防潮林、防护林、遮阴林等	城市近郊35°以下的坡面
特殊型	以造景造型为主的群落	花木、草木或藤本植物等	城市、立交桥附近、城市近郊

妙地隐藏起来，从而保证坡地的整体效果不被游路破坏而导致割裂感。

杭州太子湾公园在地形塑造时，组织和创造出池、湾、溪、坡、坪、洲、台等园林空间，所有园路均低于绿地，有利于园区排水及植物生长。如图9-30为太子湾公园琵琶洲，取自掘渠之土加宽和增高的琵琶洲南高北低、延绵起伏，营造出山谷河湾景观。道路巧妙地隐藏在地形和植物空间中，保证了景观及画面的完整和连续。

③与坡地建筑结合　一方面，植物可以将建筑的一部分遮掩起来，使建筑若隐若现地消隐于地形之中，从而使建筑融合于整体环境，达到建筑与地形、植物的完美结合。如杭州花港观鱼公园中的牡丹亭建于坡地之上，但其周边的植物将亭的部分进行了遮掩，起到了烘云托月的效果（图9-31A）。另一方面，植物也可以与建筑共同组合，形成主景，如杭州太子湾公园的放情亭与5株松树组合，形成了如画的效果（图9-31B）。

由于坡地能使人们的视线容易到达，坡地上的景物有较好的展示效果，因此也常常将一些具有装饰性的植物景观如花坡、模纹图案等置于坡面上，达到装饰坡面、增加趣味性的效果。

对于坡地上模纹栽植的方式来说，由于这种植物景观人工化较强，容易与城市道路或高架桥相协调，因此适合于城市的人工环境中。但在市郊或城市公园这些自然环境中，此类坡面景观难以融合于自然环境中，因而不宜使用。如某些高速公路边坡上采用了模纹植物图案，这种设计方法是不妥的，一方面它与周围的自然乡野之趣格格不入；另一方面模纹植物需要定期的修剪，而高速公路的远程距离也给后期维护带来了相当的困难。

(2) 以保护坡面地表土壤、恢复生态系统为目的的绿化

在一些切开边坡或堤坝建筑的边坡上，植物栽植的目的是将土壤表面用地被植物覆盖起来，

图9-29　强化坡地空间感的植物景观

图9-30　太子湾公园琵琶洲

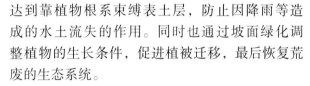

图9-31　坡地建筑与植物景观

图9-32　杭州江洋畈生态公园坡面绿化

达到靠植物根系束缚表土层，防止因降雨等造成的水土流失的作用。同时也通过坡面绿化调整植物的生长条件，促进植被迁移，最后恢复荒废的生态系统。

在进行这一类边坡的植物栽植时，植物景观设计并不是重点内容，更重要的内容是如何在恶劣的土壤环境下通过技术措施来保证植物的生长。通常采用的方法有：直接播种、铺设植被垫、铺设植被土袋、铺设植被带、种子喷播、铺设草皮、条铺植草皮、苗木栽植、球根栽植等。

利用野生花卉进行坡面绿化，既达到了保护坡面地表土壤，恢复生态系统的目的，又形成了富有生机活力与色彩缤纷的植物景观，也是坡面植物造景的有效方法之一。

如图9-32为杭州江洋畈生态公园利用能自播繁衍的多年生宿根草本植物金鸡菊（*Coreopsis drummondii*）对公园临虎玉路边坡进行绿化。

9.4　案例分析

9.4.1　开阔舒展的平地草坪景观设计

杭州柳浪闻莺大草坪，此草坪空间四周围合，但由于面积较大（约3500m^2），且草坪宽度与树高之比为10∶1，使空间感觉辽阔而有气魄。主立面的建筑"柳浪闻莺馆"掩藏于宽大的乔木林中，植物空间更显开阔（图9-33）。

杭州柳浪闻莺雪松草坪占地面积16 400m^2，草地空间四周以稳重高耸的雪松和公园主干道旁的广玉兰构成一个半封闭半开敞空间。由于主景面展开立面宽度达150m，并且整个空间树种单纯，游人置身其中，颇感气势雄伟。

9.4.2　榉树广场——城市广场的树林景观设计

榉树广场是日本景观设计师佐佐木叶二先生在1995年度国际竞赛中的获奖作品，于2000年建成。该广场以"空中之林"和"变幻的自然与人的相会"为主题，在面积约为10 000m²，距地面7m的屋顶花园上栽植了220棵6m×6m呈网格状排列的榉树，开创了人工基盘上种植高大乔木的成功尝试（图9-34）。这些生长在都市中心建筑群中的榉树林，为城市中的人们提供了一处能够亲身感受到大自然气象变化的场所——林中的晨光、绿阴、夕阳、夜景……人们在广场中休闲、交流，感受和观察自然。这片极具生命力的榉树林，使每位来这里的人们都能感受一种人与自然交融的共鸣。

9.4.3 咫尺山林的坡地植物景观设计

杭州西泠印社西边的山坡，占地5684m²，坡

顶高仅5m。斜坡的中心地段略高，横亘于坡地中心，将山坡分为南向和西向两个空间。南向山坡中及下部为稀树草地；右侧东部为密实的竹林；西端则为稀疏的杂木林，林中错落栽植着樟树、青桐、女贞等乔木，低处铺草皮，大树下为棕榈及其他灌木，此疏林厚度仅15m，于是建轩榭于林中，隐约可见，增加了山林的深度之感。山坡的小道宽仅1m，小道则为冠幅逾20m的大树所覆盖，通过高低、大小的对比，增强了道路的崎岖感，从而扩大山体的体量。山顶的地被植物和密实的灌木掩盖了小山坡的实际高度，形成了虚与实、隐与透相结合的绿色屏风，衬托出咫尺山林的深远意境。西向山坡为稀树草坡，栽植一小片杏花林，杏花斜向伸枝，与坡度取得一种动态平衡

图9-33 柳浪闻莺大草坪

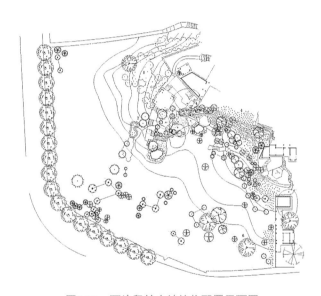

图9-35 西泠印社山坡植物配置平面图

图9-34 榉树广场

（图 9-35）。这种山坡植物配置的方法值得借鉴。

小结

不同的地形条件，在植物的选择上，受到诸如光照、温度、风、坡度、土壤等自然条件的制约，植物不仅起着装饰作用，还起着建造空间，强化不同地形的空间特征，改善地形的小气候特点，稳固土壤等方面的作用。哪怕是同一种地形上的植物景观也是多种多样的，不同地形的植物景观更是千变万化。但万变不离其宗，只要我们掌握了植物的基本特性，遵循植物配置的基本原理和方法，就可以创造出多姿多彩的植物景观。

平地较少受到环境和空间的制约，植物具有较多的选择性。总的来说，是在总体设计主题的引领下，充分利用园林植物，更好地凸显平地的美学特征，或者弥补平地在小气候环境和使用功能上的不足，从而创造出更为赏心悦目、舒适宜人的园林环境。

坡地是园林中一个重要的地形类型。为了进行切合实际的植物景观设计或者坡面绿化，应充分掌握坡地的环境特点，选定植物，确定景观类型，针对性地进行植物景观设计。

思考题

1.在草地空间设计时，如何把握好空间的尺度？
2.坡地具有哪些自然特征？谈谈它们对植物配置的影响。
3.以太子湾公园为例，分析总结自然山水园中植物配置如何与地形塑造相得益彰。
4.留心观察户外活动空间中，使用者在各类平地、坡地的植物空间中的使用情况。分析评价其组成元素、空间尺度、活动类型等。

推荐阅读书目

风景园林设计要素.诺曼·K·布思.中国林业出版社，1989.
景观植物配置.祝遵凌.江苏科学技术出版社，2010.

第10章

专类园植物景观设计

植物园、树木园和以植物为主题的各类专类园，均有一定的发展历史，近年越来越受到关注和重视。尤其是植物园，公元1世纪，罗马的安东尼奥卡斯特兴建了最早的药圃，这便是以药用植物为主的植物园的萌芽。公元5～8世纪，药草园是欧洲修道院庭院的重要组成部分，药草园内除有药草植物外，还有可供识别、观赏的多种植物，被公认为西方植物园的起源。至14世纪，意大利开始进行植物的收集和引种，出现了以植物科学研究为主要内容的机构，并逐步发展而形成植物园。16世纪，植物园得以正式命名。直到19世纪中期，植物园才有了较大发展，植物园大量涌现。目前，全世界约有1000所植物园，著名的有俄罗斯的莫斯科总植物园、英国的邱园、美国的阿诺德树木园、德国的柏林植物园、加拿大的蒙特利尔植物园、澳大利亚的墨尔本植物园、新加坡植物园、意大利的比萨植物园等。

10.1 植物园植物景观设计

10.1.1 植物园的含义与作用

植物园（botanical garden）是从事植物物种资源的收集、比较、保存、育种等科学研究的机构，同时作为普及传播植物学知识，并以种类丰富的植物构成具备良好生态及景观效益的供观赏游憩之用的综合园地。植物园的主要任务有：

(1) 通过科学研究，促进植物资源可持续发展

植物园最主要的任务之一，是进行植物科学研究工作。植物园致力于发掘野生植物资源，引进国内外重要经济植物或者观赏价值高的植物，调查收集珍稀和濒危植物种类，推广优质植物资源品种，丰富栽培植物种类，通过对植物遗传资源自身的研究以及保护植物多样性的科学研究实现植物资源的可持续发展。

(2) 依托景观资源，普及科学教育

植物园物种丰富，风景优美，因此绝大多数都对公众开放。园区以植物分类学科为理论指导，按照造园的美学原理以及植物生态学原理，以公园的形式进行布局，创造优美的植物景观，成为人们喜爱的休闲场所和观光胜地。同时，植物园通过露地展览区、温室、陈列室、博物馆等室内、外植物素材的展览，并结合众多植物品种铭牌介绍其科属名称、习性用途等，起到了很好的科学普及、教育培训的作用，让广大群众在旅游观光的同时，了解了植物科学的相关知识、唤起环境与生物保护意识。

(3) 采用科学技术，促进经济发展

科学研究的最终目的，是服务社会，促进国民经济发展。植物园对植物品种的研究应用推广，可以优化农林园艺品种，丰富城市绿化资源，改善城市生态环境，提高整个社会的生产水平，创造良好的生态、社会和经济效益。

10.1.2 植物园的分区及植物景观设计

10.1.2.1 植物园的类型

植物园主要功能为科学研究、观光游览、科

学普及和科学生产，依照上述功能和不同规模，可将植物园分为综合性植物园和专业性植物园两类。综合性植物园是指兼备了科研、游览、科普及生产等多种功能的规模较大的植物园。如北京植物园、中国科学院武汉植物园、中国科学院华南植物园、杭州植物园、深圳仙湖植物园、上海辰山植物园等。专业性植物园则是指根据一定的学科、专业内容布置的植物标本园、树木园、药圃等，多是科研单位、大专院校的附属单位。如浙江农林大学植物园、广州中山大学标本园、武汉大学树木园和南京林业大学树木园等。

10.1.2.2　植物园的分区和植物景观设计

由于综合性植物园兼备了多种功能，面积较大，因此在总体规划中一般将综合性植物园分为三大部分，即以科学普及、观光游览为主的展览区；以科学研究、科学生产为主的科学实验区；为园内工作人员服务的生活区。

展览区是综合性植物园的重要组成部分之一，强调植物学科学研究成果的展出。依照植物科属、生态习性、用途性质等植物发展自然规律和人们认识、利用、保护植物的研究状况，将各种植物以不同的方式陈列展览，结合园林布局，供人们参观学习，推动社会对植物学科基础知识的了解。

植物世界丰富而庞杂，一个植物园不可能将所有植物内容包罗万象地展出，具体要承担什么内容，在规划之前应该考虑好，然后根据需要进行分区规划。世界各植物园常见的区划内容有：

(1) 植物分类区

绝大部分植物园都有这个区域。这种布局方式与植物学的分类密切相关，全世界有200多种植物分类方式，不同的植物园依照不同的系统学说进行布局。现有植物园主要依照哈钦松系统、恩格勒系统、克朗奎斯特系统等学说，依据植物的进化方式进行合理安排。如英国的邱园采用了哈钦松分类系统，中国的北京植物园则采用克朗奎斯特的分类系统。

该区域植物景观设计可以采用系统进化分类与专类观赏相结合的原则，按蕨类植物——裸子植物——被子植物的进化顺序，选择有代表性的植物，形成一个个展示园。裸子植物区域，可按中国植物学家郑万钧教授的分类系统布局苏铁科、银杏科、松科、柏科、红豆杉科、罗汉松科、三尖杉科、买麻藤科植物；被子植物区域，可按美国植物学家克朗奎斯特分类系统，布局双子叶植物纲（木兰纲）和单子叶植物纲（百合纲）两大类。其中双子叶植物纲（木兰纲）分为6个亚纲：木兰亚纲、金缕梅亚纲、石竹亚纲、五桠果亚纲、蔷薇亚纲、菊亚纲。单子叶植物纲（百合纲）分为5个亚纲：槟榔亚纲、泽泻亚纲、鸭跖草亚纲、姜亚纲、百合亚纲。

一般来说，植物分类园在学科体系上比较完整，对于学习植物分类学、植物的进化学科，认识不同目、科、属的植物提供良好的场所。但也存在一定的问题，首先，在系统上较相近的植物，往往在生态习性上不一定相近；而在生态习性之间有利于组成一个群落的植物，又不一定在系统上相近，给栽培养护带来了一定的困难。其次，有许多种，只有乔木没有灌木，或者只有灌木没有乔木，或者只有落叶树没有常绿树，因而在植物造景上，势必过于单调呆板。最后，对于一般的游人，由于缺乏植物学系统知识，会因其景观群落形式欠佳，而缺乏游览兴致。

因此，植物分类区的植物景观设计应在分类的基础上适当考虑景观特性，配合各种层次的人工植物群落，形成乔灌草、常绿与落叶搭配，层次稳定且丰富的人工植物群落。如杭州植物园的植物分类区，采用了自然式布局（图10-1），按恩格勒分类系统排列。区内栽植了种子植物3500余种（含品种），隶属于223科1209属。因此，此分类区兼备了种子植物进化分类展示、植物科普与教学实践、珍稀濒危植物迁地保护展览等多种功能。同时，还配置了梅花、玉兰、海棠、桃花、樱花、枫香、红枫等植物，四季花团锦簇，美不胜收。

(2) 植物地理区

在植物地理学的指导下，根据植物园的实际条件，按植物的地理分布进行布局，以增进人们对各地种植类型、植物资源的认识。

依照气候带将植物从北至南分为几个类型：寒带植被型、温带植被型、亚热带植被型、热带植被型；依照海拔高度垂直分为季风林带（1000m以下）、常绿林带（1000～2100m）、落叶林带（2100～3600m）、高山植被带（3600～5000m）等。德国的柏林大莱植物园就是依照植物地理分布进行布局，该园划分了 59 个区域，收集了世界各国具代表性的植物。一些小型植物园往往只收集种植某一地区的植物，如苏格兰的圣·安德鲁斯大学植物园专门收集喜马拉雅山的植物；美国阿卡迪亚树木园重点收集澳大利亚植物。

这种类型的展览区植物景观设计较为灵活，可以通过营造植物具体的生活环境，选择气候带内典型的植物元素，模拟自然植物群落进行布局。因此，在植物景观设计上，遵循植物造景相关原则，对自然群落进行梳理，将观赏价值高的植物种类安排在主要的景点上，营造空间类型丰富的植物景观。

由于该类植物景观地域跨度大，人们可以看到一个完全不同于周围环境的植物景观，有较大的吸引力。但是由于植物生长需要特定的生态气候条件，要在一个植物园内将不同地域的植物景观全部表现出来，只能创造人工气候条件。如果缺乏与植被类型相似的自然环境，该种类型布局的植物不能露地生长，必须配合一定的人工气候室，因此投入成本高，维护十分困难。

(3) 专类园区

以分类学为指导，将内容丰富的属或种专门扩大收集，开辟成专区展出；或是按经济用途如药用、油料、纤维、淀粉等集中展出。这类园区内容丰富，特色鲜明，游人集中学习方便。常见的专类园有：

① 松柏园 将裸子植物或其中的针叶树集中栽植在一起形成的园区。松柏园中常用的植物有：松科、柏科、罗汉松科、红豆杉科、杉科、三尖杉科、南洋杉科等，或者也可以将裸子植物中的苏铁科和银杏科包含在内。由于裸子植物大部分为常绿乔木，较少灌木和落叶树，树形大多坚挺通直，给

图10-1 自然式布局的杭州植物园植物分类区

园区带来厚重、浓翠、刚劲挺直的感觉。因此，此区植物不宜密植，宜疏密有致，并与匍匐型松柏类植物一起搭配栽植花灌木，以消除松柏园终年常绿带来的阴森之感。如英国邱园的松柏园占地面积大，但大部分疏植，并部分夹植半常绿杜鹃、八仙花属等植物。

② 竹园 竹类植物主产亚洲，亚洲各植物园及西方少数植物园均有专园展出。竹子的观赏价值主要体现在竹秆、竹枝、竹叶的大小、形态、颜色以及竹笋出土和拔节生长等特征，以展现竹子的洒脱、素雅、挺拔、婀娜、刚强、奇特之美，形成独具声、影、意、形等具有意境的园林景观。中国共有竹类植物 39 属 500 余种，自然分布于长江流域及其以南各地，少数种类向北延伸。

③ 月季园 月季深受世界各地人民的喜爱，被誉为"花中皇后"，而经常出现在公园和花园中。植物园通过月季的集中展出，向游人展现月季进化的轨迹以及由简单到复杂的进化过程，因此，植物园中的月季园有同属的野生种，也有淘汰的过

时品种，以及观赏性强的杂交品种。植物园中的月季为集中展出，因此多种栽植形式常常同时出现，如片植、花境、花坛、花带、花架花廊等，景观十分丰富。

④ 百草园　东、西方的植物园中都有这类园区存在，但各异其趣。西方的百草园中通常将除观赏植物以外的其他有用植物都集中在这里，如染料植物、芳香植物、调味植物、纤维植物、药用植物，甚至有毒植物等，目的是科学普及。中国的这类园区主要集中栽培中国传统中草药，并且按疗效分区栽植。

(4) 专属园区

专属园区指在分类学十分发达的情况下，对观赏性强，品种特别丰富，并深受群众喜爱的某一属或属中的某一种植物，在植物园中集中收集展出的园区。也有植物园将该地特有的野生植物专区展出，如吐鲁番沙漠植物园中集中展出柽柳属植物 15 种之多，别有一番风味。

常见的专属园区有：芍药属（常与牡丹同园栽植）、八仙花属、丁香属、苹果属、杜鹃花属、鸢尾属、菊属、玉簪属、萱草属、兰属等。

(5) 植物生态区

植物生态区指将植物按原产地的生态要求，并模拟原有生活环境在植物园内展出的区域。常见的专类园有：

① 岩石植物区　这一类园区是将岩石植物与山石景观结合于一体，将植物栽植于岩石上的树坛中或石头缝隙中，岩石裸露部分被植物掩盖，形成一种具有山地野趣的景观。如英国邱园在面积不大的岩石园中收集了 2000 多种岩石植物，四季花开不断。上海辰山植物园则利用开采矿山后遗留的岩石山坡因地制宜建成岩石园，富有特色。

② 沼泽植物区　是在有天然湖沼的地区或在植物园内低洼地带人造的沼泽中种植沼泽植物。这类植物不同于水生植物，不能长期生长在深水中，只能生长在潮湿的泥沼中或浅水中。如泽泻、雨久花、灯心草、莎草及慈姑等属。还有泽兰属、千屈菜属、珍珠菜属中的一部分植物，都是沼泽植物。还有一些水陆两栖植物，如水松属、落叶松属。如美国明尼苏达州的树木园，木质的栈桥搭建于沼泽园上，游人穿越于沼泽植物中，能近距离地与植物接触，其乐融融。

③ 水生植物区　将根部伸入水底的泥土中，叶片受茎的依托伸出水面的水生植物集中栽植于水中的植物区。常见的观赏水生植物有：水蓑、荷花、睡莲、王莲、萍蓬草、荇菜、芡实、黄菖蒲、溪荪等。为了便于人们观察，有的植物园在水池的侧面装上玻璃，可以观看到水生植物根、茎的生长，这种水生植物区的科普效果胜过观赏效果。

④ 阴生植物区　指栽种虽然阳光不足也能正常生长绿色植物的园区，如在自然界浓密的森林中，仍旧有植物可以开花结果。许多植物园，通常在温室中模拟热带雨林的环境，栽植天南星科、秋海棠科、凤梨科、苦苣苔科、兰科、胡椒科等的植物，形成阴生植物景观。另外，蕨类也是阴生植物区的常见植物，与之相搭配的还有玉簪属、落新妇属、紫金牛属、血根草属、细辛属的许多植物，这些都是适合在阴湿环境中生长却非常美丽的植物。

上述各种类型是展览区中常见的园区类型，除此之外，还有高山植物区、盐生植物区、热带雨林植物区、森林生态区等类型，由于受到较强的生态条件的限制，因此常见于具有与之相似的生态条件的地区的植物园中。

(6) 科学实验区

科学实验区是引种驯化理论与方法的主要场所，主要由试验地、实验室、苗圃、繁殖温室、综合研究楼等部分组成。该区通常不对外开放，主要进行植物相关的科学研究，因此应采取相应的防范措施，设立专用出入口与展览区进行一定的隔离。该区域对植物景观要求不高，主要考虑试验及生产功能，在植物种植上以方便管理的行列式种植为主。

(7) 生活区

植物园选址大多位于城市郊区，因此，一些早期开发的植物园往往配备工作人员的生活区。这一区域主要包含宿舍、食堂、商店、医院等，与展览区亦应保持一定的隔离。生活区内的植物景观设计，注重景观效果，以营造轻松欢愉的气氛为主。配置上，因地制宜，利用植物结合地形形成不同的空间感受，供居民游赏；立体搭配，注重乔灌草合理结合，常绿植物和落叶植物相结合，速生种类和慢生种类相结合；四季有景，突出花果的观赏特性，营造鸟语花香的宜人居住环境；注重功能，满足员工的使用要求，针对建筑布局，通过植物改善通风、西晒状况，并合理安排灌木及地被植物，做好基础绿化。

10.1.3 案例分析

10.1.3.1 英国邱园

英国邱园（以下简称"邱园"）建于 1759 年，拥有 250 年的历史，是全球最著名的植物园之一。悠久的历史、古老的建筑、优美的景观、丰富的植物、合理的规划，使邱园成为第二个被列为世界文化遗产的植物园。下面重点介绍邱园的植物景观规划与设计。

(1) 绿色透景线与植物景观

透景线是指在树木或其他物体中间保留的可透视远方景物的空间。邱园有 3 条宽阔深长的透景线——中国塔透景线、塞恩透景线和雪松透景线，这 3 条透景线首尾相连，形成供参观游览的三角形骨架系统。其中，中国塔透景线长 850m，轴线两侧混合种植阔叶落叶树和针叶常绿树，轴线正前方是中国塔，形成了步移景异的框景效果。塞恩透景线长 1200m，草坪两侧种植橡树、水青冈等乔木，在轴线端点看到泰晤士河水潮涨潮落的景象。雪松透景线联系起中国塔和泰晤士河边，沿路树种丰富，植物群落景观各异，是游走南部树木区的主要路线。值得一提的是，3 条透景线均为草坪铺地，避免了硬质铺装给人带来的城市化感。宽大的草坪两侧，是各种高大的乔木，置身其中，能深深地亲近自然，游人可以徜徉在草坪之上享受温暖的阳光，也可以行走在林荫之下躲避酷日，还可从透景线随意参观就近的景点。

(2) 景观路与其植物景观设计

邱园中，有几条著名的景观路。其中的布罗德路最为宽阔，它由主入口通向棕榈温室，道路两侧是高大的大西洋雪松和北美鹅掌楸，还布置有杜鹃花和各种时令花卉，四季花开不断，景色迷人。

另外几条路以植物来命名，体现了各条路的景观特色。如冬青路两旁栽植了大量冬青树。冬青树是常绿植物，也是欧洲园林中的常见植物，其品种繁多，有金叶、金边、金心、银边等品种，秋季结满红色或黄色果实，经冬不落。用冬青作为行道树是邱园的一大特色。同时，路旁还栽植了秋季开花的美丽番红花和冬季开花的黄花兔葵，为冬青路秋季和冬季增添了色彩。又如，樱花路以樱花而得名，樱花树下种植球根花卉，使春景大为增色；山茶路以路两侧成片种植的山茶而得名，是春冬季节赏花的重要道路。

(3) 专类园区

邱园内建有 26 个专类园，包含水生花园、树木园、杜鹃花园、竹园、月季园、草本园、日本风景园、松柏园、禾草园、岩石园、鸢尾园、小檗园、欧石楠园、裸子植物区等。有多个展览温室和各种繁殖温室。下面介绍几个有代表性的专类园。

① 草本专类园　又分为女王花园、公爵花园、系统分类园、草园和岩石园。

女王花园　是邱宫的后花园，规则式布置，有凉亭、拱廊、喷泉、雕塑等，植物种植以绿篱、绿雕为主，高大的鹅耳枥修剪成拱形廊道，黄杨篱组成规则的图案，沉床园内栽种着芳香植物，如薰衣草、迷迭香、鼠尾草、薄荷、蜜蜂花等。

公爵花园　则以砖墙围合，墙上攀附铁线莲等植物，墙边配置着精致的花境，栽植着很多从异国他乡引种来的植物，如中国的大花黄牡丹，中间为开阔的草坪。

系统分类园　按照本瑟姆—胡克分类系统将 52 科 3000 多种草本植物栽植在整齐网格式的 126 个花坛中，是学习认识植物的最佳场所。

草园　展示了 500 余种草，包括一年生、多年生草和少量竹子、荻、蒲苇等观赏草，还有各种混合播种的草坪块，展示不同草种的颜色、质地、生长势等特点。

岩石园 仿比利牛斯山高山溪谷建成，园内流水潺潺，空气湿润，光照充足，土壤排水性好，适宜高山植物的生长。岩石园分为亚洲、欧洲、地中海、非洲、南美、北美、大洋洲及英国等区域，栽培了世界各地的山地植物，如飞燕草、象牙参、毛蕊花等。

② **木本专类园** 主要栽培展示温带地区观赏价值高、种类丰富的专属植物。分为月季园、丁香园、杜鹃花谷、竹园、小檗园等专类园。

月季园 月季是英国的国花，品种繁多。月季园采用几何图案式花床，与周围半圆形、修剪整齐的冬青树共同构成维多利亚时代的整齐图案式花园。

丁香园 在宽阔的草坪上布置众多形状不同的花床，栽植不同种类和品种的丁香。

杜鹃花谷 位于树木园西侧一个西高东低的山谷，周围的山体地形有效阻挡了沿泰晤士河侵袭而来的冬季寒流，相对封闭的环境和周围高大的树木为杜鹃花生长提供了有利的条件。杜鹃花谷内栽培展示了700余株各种杜鹃花，在山坡顶上既可远眺泰晤士河，又能俯瞰杜鹃花谷，创造了平地无法达到的景观效果。

竹园 位于杜鹃花谷旁，竹子本是亚洲的特产，由于不断地收集引种，至今为止，邱园内已栽植了135种竹子，成为英国竹种最为丰富的专类之一。园内小道蜿蜒，景色幽深。

小檗园 园内地形起伏舒缓，以展示小檗科植物为主。小檗科植物适应性强，既能观花，又能赏果，冬季常绿，能与上层乔木形成非常自然的植物群落。

③ **温室** 包括棕榈温室、温带温室、澳大利亚植被温室、高山植物温室、多浆植物温室、热带王莲温室、蕨类温室、多气候带温室、T形温室及多个繁衍温室。其中，棕榈温室是邱园中最著名的建筑，高20m，面积2248m^2。温室内以栽培棕榈类植物为主，有海椰子、油棕、椰子、糖棕、鱼尾葵、王棕、酒瓶椰子等。同时，棕榈温室中收集了苏铁类所有的属。还有橡胶、可可、咖啡、香蕉、榴莲、面包树等各种经济植物和玉藤、薯芋、马兜铃、西番莲等藤本植物。

④ **保护区** 位于邱园南部，有林地、草地、湿地、沙坑等各种生境，为各种野生动植物提供了繁衍生息的场地。林中树木以英国乡土树种橡树、山毛榉、冬青、欧洲红豆杉等为主，还有成片的野风信子、野蒜、雪莲花等野生花卉，早春时节，这些花卉竞相开放，绘成一幅美丽的乡野画卷。

10.1.3.2　北京植物园

北京植物园建于1956年，是集植物科学研究、植物知识普及、游览观赏休憩、种质资源保存、新优植物推广等功能为一体的大型综合性植物园。现已建成开放游览区200hm^2，由植物展览区、名胜古迹区、自然保护区组成。除游览区外，还有科研实验区、行政后勤区以及乡土植物收集与展示区（图10-2）。

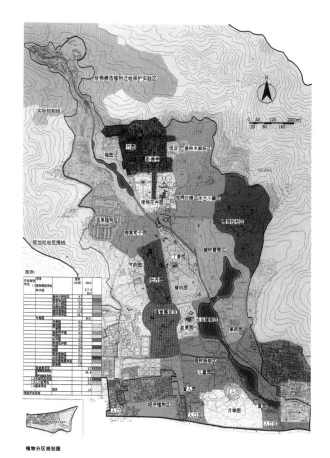

图10-2　北京植物园平面图

图10-3 北京植物园月季园中的沉床花园

图10-4 北京植物园的碧桃园

北京植物园的植物展览区由专类园、温室花卉和盆景园、树木园 3 个部分组成。

(1) 专类园

包括牡丹园、芍药园、月季园、碧桃园、丁香园、海棠枸子园、木兰园、竹园、宿根花卉园、梅园等专类园。

① 牡丹、芍药园　由牡丹园和芍药园两部分组成，总面积 7hm²。园内收集栽培牡丹 262 个品种，芍药 220 种，是北京规模最大、品种、数量最多的牡丹、芍药专类花园。该园充分利用场地原有地形、古树以及原有植物条件，因地制宜。保留原有油松为基调树种，以自然群落的方式栽培，采用乔、灌、草复层混交的形式，满足了牡丹越冬和避免夏日暴晒的生物学特性。颇有自然山野之趣。

② 月季园　总面积 7hm²，展示了藤本月季、树形月季、微型月季等几种类型 500 多个品种。该园根据月季的形态进行了分类，采用规则式与自然式相结合的手法进行布局，分别设置品种区、月季演化区、藤本区，结合周边疏林草地，巧妙地利用原有地形和原有的植物条件，并结合使用金山绣线菊、金焰绣线菊、紫叶矮樱、金叶接骨木、三季月季、佛手丁香、矮生连翘等新优植物作为配景，形成了花带、花团、花溪、沉床花园等景观（图10-3）。

③ 丁香、碧桃园　丁香园占地 3.5hm²，收集丁香 20 余种。碧桃园占地 3.4hm²，收集展示观赏桃花 60 余个品种 5000 余株，是世界上收集观赏桃花品种最多的专类园（图 10-4）。丁香、碧桃园既是完整的一个观赏植物区，又以植物分割成相对独立的两个空间。两园均采用大面积疏林草地的手法，中心为视野开阔的大草坪，四周地形略有起伏。碧桃园更是通过塑造地形、建造亭子成为南部的主要景观，空间尺度适宜。以疏林的形式配植了油松、悬铃木、垂柳、毛白杨等骨干树种，林缘配置了白桦、小叶椴、雪松等树丛或孤立树。在林间大乔木间与园路沿线上，成组、成团种植了大片的碧桃或丁香。其中，白皮松—碧桃—砂地柏的配置组合成为了北京地区经典的植物景观。

④ 海棠、枸子园　该园面积 2.2hm²，主要展出海棠的品种和枸子属植物。收集美国品种如'钻石'海棠、'红丽'海棠、'绚丽'海棠、'道格'海棠、'霍巴'海棠等 13 种，中国海棠如武乡海棠、湖北海棠、垂丝海棠等 9 种；枸子则收集了葡匋枸子、平枝枸子、多花枸子、灰枸子等 5 种。在植物造景上，使用美国引种的品种海棠大苗重点造景，另植配景树油松、银杏、栾树、白皮松、元宝枫、矮紫杉、铺地柏等 20 种，顺应地势形成了乞荫亭、花溪路、落霞坡、缀红坪 4 个观赏区，每当春天海棠盛开，该园便色彩斑斓，灿若云霞。

⑤ 木兰园　收集了木兰 14 种，采取规则式的设计手法，布局整齐，园路十字对称，中心一长方形水池，东西主轴线上置 2 个带状花坛，沿绿篱以"十"字对称的种植手法分隔空间，白玉兰、

紫玉兰散植在绿篱后的草坪上。草坪上栽植华北落叶松、白皮松等针叶树，以增加冬季绿色景观。北部背风向阳，靠山坡栽植了大叶黄杨、广玉兰、蚊母等几种常绿阔叶树。南半部的草地上，栽植了自美国引种的新优植物'红王子'锦带、'金边'紫叶小檗、'雪山'八仙花、'贝雷'茶条槭、'花叶'锦带、'金叶西洋'山梅花、欧洲卫矛、'金叶'风箱果等。南下坡还种植了'紫叶'稠李、'金叶'接骨木等。

⑥ 竹园 以栽培、展示竹子为主的专类园，园中收集竹种10余属50多种。园区以属进行区域划分，以品种为单位展示。以中国古典园林为蓝本的园林设计，既满足竹类引种展示的要求，又强调了文化内涵和艺术效果。园内茂竹摇曳，小径幽幽，亭台碧水，如诗如画。

⑦ 宿根花卉园 以栽植、培育、引进各种宿根花卉为主，面积1.44hm²。宿根花卉园采取对称的规则式设计，"十"字对称的园路，中心置一硅化木盆景，沿"十"字轴线，东西向为带状花坛，植以多品种鸢尾、东方罂粟等。南北轴线为花坛和花台，分别种植荷包牡丹、玉簪、丰花月季等。

图10-5 上海辰山植物园建成之初植物景观

图10-6 上海辰山植物园丰富多样的植物配置

在"十"字轴线四角以拟对称的方式布置了花境，以百合科、景天科、石蒜科、菊科、鸢尾科等60余种宿根花卉布满其间，自春至秋花开不绝。为了增加秋冬季景色和更好地发挥宿根花卉背景材料的作用，利用北部5m高的挡土墙形成的背风向阳的生态环境，栽植了大片竹品种，有筠竹、甜竹、紫竹等，园中点缀了红枫、柿树、银杏，配置了美国香柏、杂种马褂木、木瓜海棠、木姜子、蜡梅、杉木和日本柳杉等。

(2) 温室花卉区和盆景园

北京植物园现有展览温室面积约10 000m²，配套的预备温室6000m²，包括四季花园、凤梨和兰室、沙生植物、热带雨林等几个展区。盆景园建筑富有民族特色，同时，室外展区将盆景展览和室外庭院布置结合于一体，形成别具一格的花园展区。

(3) 树木园

北京植物园的树木园占地面积49hm²，由银杏圆柏区、槭树蔷薇区、椴树杨柳区、木兰小檗区、悬铃木麻栎区和泡桐白蜡区6个区域组成。其中，银杏圆柏区和木兰小檗区已基本成型，其余4区尚在建设中。

10.1.3.3 上海辰山植物园

上海辰山植物园始建于2006年，总规划面积约202hm²。与上述植物园不同的是，辰山植物园建于一个全球气候变暖、生态系统受到严重威胁、植物种类急剧减少的时代。因此，它没有局限于植物的科学收集和引种，更转换为构建一个多样性的植物空间。它一方面要向人们展示植物世界的奇妙；另一方面更担负着对濒危植物的保护，并唤起人们的环保意识。

辰山植物园分为3个主要空间——绿环、山体和具有江南水乡特质的中心植物专类园区（图10-5）。

(1) 绿环

绿环面积约45hm²，是辰山植物园主次空间的分界以及主要外来植物的引种区。在地形处理上，塑造成平均高度约6m，宽度40～200m不等的环状起伏地形，为植物的生长创造了丰富多样

图10-7　上海辰山植物园岩石草药园

的生境，形成乔木林、林荫道、疏林草地、孤植树、林下灌丛以及花境等多层次的植物生长空间，具有较高的生态效益（图10-6）。绿环上的各段按照与上海相似的气候和地理环境，分别配置欧洲、非洲、南美洲、北美洲、大洋洲及亚洲等不同地理分区具代表性的引种植物。

(2) 山体

对面积约 16hm² 的辰山山体进行生态恢复处理，作为原有乡土植物的保育区，保护好原有的地带性植被，强调植物园的生态保护功能。对山体的东西两侧采石场遗址进行改造，形成独具魅力的岩石草药专类园（图10-7）和沉床式花园，使这一荒芜的废弃地因植物的加入焕发出新的生机。

(3) 中心专类园区

中心专类园区被绿环围抱，是辰山植物园的核心，面积约 63.5hm²。分别由西区植物专类园区、水生植物展示区以及东区华东植物收集展示区等构成。园区内共设置约 35 个植物专类园，分 4 种类型：第一类是世界各地植物园普遍设置的，按照植物季节特性和观赏类别集中布置展示区，如月季园、春花园、秋色园、观赏草园等；第二类是为增加植物园游园的趣味性，吸引某类特殊人群或为游客科普活动设置的园区，如儿童植物园、能源植物专类园以及染料植物专类园等；第三类是结合植物园的研究方向和生物多样性保护，以专类植物收集和引进植物新品种展示区为主，如配合桂花品种国际登录，建设桂花种质资源展示区，收集华东区系植物，建设华东植

物收集展示区等；第四类是根据辰山植物园场地特征营建的特色专类园区，如水生植物专类园、沉床花园和岩石草药专类园等。

水是辰山植物园最核心的景观元素，因此，水生植物专类园是该园中的重点园区，主要通过 5 个不同主题的专类园系列表现：

① 鸢尾园　位于整个水生植物专类园的东南侧，东高西低，落差 1.3m，结合矮墙形成了 3 个典型生境，分别适合栽植旱生鸢尾、湿生鸢尾、水生鸢尾，成为国内收集鸢尾最多的专类园。临水设置的小广场和小码头，提供了集散、休息、亲水的场地。

② 蕨类园　由水中 3 个起伏的土丘围合成谷地地形，种植高大乔木，形成郁闭的小岛，在林下结合造雾系统种植各种蕨类植物如树形蕨、荚果蕨等。

③ 睡莲与王莲园　位于水生植物专类园的中心，通过木栈桥与蕨类植物及特殊水生植物专类园相连，荷叶状游步道环绕成种植池，睡莲、王莲及一些沉水植物生长其间。

④ 湿生植物专类园　主要展示水生植物群落层片结构以及水生植物从沉水—浮叶—挺水—湿生植物群落演替系列。该园由 3 块近似椭圆的小岛组成，每个小岛四周均被湖水围绕。由岛至水面构建旱生、湿生、水生生境，展示自然水体沿岸植物分布模式，体现了挺水植物、浮水植物、沉水植物及深水区无植物的变化，分别形成了从岸地到水面的黄菖蒲—泽泻—野菱、梭鱼草—睡莲、小香蒲—黄花水龙的挺水植物—浮叶植物生态系列，以及水葱—花叶美人蕉—萍蓬草—粉绿狐尾藻的挺水植物—浮叶植物—沉水植物生态系列。

⑤ 特殊水生植物专类园　主要收集所有能在上海生长的水生植物品种，展示水生植物种类及其类型，作为科普科研的场所。该园共种植代表性水生植物125种，分别植于 8 个种植池中，它们分别是：精品池、科普池、浮叶植物池、沉水植物池、可食用水生植物池、禾本科植物池、泽泻科植物池、睡莲科植物池。

图10-8　原址废弃矿坑

图10-9　今日"伊甸园"

10.1.3.4　英国"伊甸园"植物园（Eden Project）

"伊甸园"项目位于英国康沃尔郡，占地面积 $15 \times 10^4 m^2$。项目定位是围绕植物文化而打造的，融合高科技手段而成的，以"人与植物共生共融"为主题的，具有很高科研、产业和旅游价值的植物景观性主题公园。

该项目原址为废弃陶锡矿坑（图10-8），工作人员将当地的黏土废弃物与绿色废弃物堆肥混合产生富含营养物质的肥料，同时建起了世界上最大的单体温室。它汇集了几乎全球所有的植物，超过4500种、13.5万棵花草树木在此安居乐业。在巨型空间网架结构的温室万博馆里，形成了大自然的生物群落（图10-9、图10-10）。

(1) 主要项目

①三大种植馆

潮湿热带馆　在8座穹顶状建筑物中，有4座被称为"潮湿热带馆"，它占地近 $1.6 \times 10^4 m^2$，高55m，长200m。其中生长着来自亚马孙河地区、大洋洲、马来西亚和西非等地的1.2万种植物，包括棕榈树、橡胶树、桃花心木、红树林等。

温暖气候馆　另外4座穹顶状建筑物被称为"温暖气候馆"，里面种植着来自地中海、美国加利福尼亚、南非等地区的植物，例如橄榄树、兰花、柑橘类植物等。

凉爽气候馆　在热带"生物群落区"和温带"生物群落区"的中间，是一个露天的花园。"凉爽气候馆"里是原先生活在日本、英国、智利等地区的植物，工作人员还计划在这个馆里种植茶树并销售茶叶。

各馆内种植了来自全球的数万种植物，有来自从喜玛拉雅山到智利的奇花异草，也有来自康沃尔郡的本地植物。除了植物之外，还放养一些鸟类、爬行动物等，帮助消灭害虫，控制生态。

②两大温室

大温室　模拟热带雨林气候。温室中的植物多是从热带海岛、马来西亚、西非和热带的南美洲移植过来的。

图10-10　伊甸园植物园温室

小温室 模拟地中海气候。其中居住着来自地中海地区的柑橘、橄榄、甘草、葡萄，来自南非地区的山龙眼、芦荟，来自美国加州地区的色彩艳丽的罂粟和羽扇豆。此外还有各种水果、蔬菜和其他农作物。

(2) 主要功能

①生态观光 项目的主要功能，主要通过两大温室、三大展馆所展现的万种特色、稀有植物所造就的良好生态环境下，形成观赏功能，让游客了解世界各国的珍稀特色植物。

②休闲体验 游客在观赏植物之余，还可以欣赏体验各种话剧、艺术秀、园艺论坛、音乐节、儿童专题节目等。

③科普教育 自然教育是伊甸园的一个重要功能。伊甸园就像一个活生生的实验室，为所有年龄群体提供量身定做、身临其境的自然体验和教育服务。伊甸园聘请了大批有经验的导游、教师、培训师和演讲者，每年的 1～7 月、9～11 月都会给不同年龄段的学生提供服务。并鼓励在校老师利用伊甸园所提供的资源丰富其教学内容。

(3) 项目启示

① 创意建筑提升关注度 极具创意的吹气泡泡建筑，本身就是一个强大的吸引力。它被英国人票选为"民众最喜欢的建筑"之一，其独特性使康沃尔郡成为除伦敦外的英国第二大旅游目的地，它也是英国最受游客欢迎的 3 个旅游吸引物之一。

建筑结构是双层圆球网壳（此结构在尽可能减少用钢量的同时创造了尽可能多的建筑空间），构成为：上弦为六边形网格，下弦为三角形加六边形网格，类似蜂窝形三角锥网架（完美的力学结构，肥皂泡和蜂巢的结构原理）。温室表面同水立方一样都是采用乙基四氟乙烯（ETFE）透明合成膜覆盖，整体外观如蜂巢的巨型球体，被世人称为"吹气泡泡的建筑"，"世界第八大奇迹"。

② 多种功能相互融合 除了核心的植物观赏外，还开发各种体验性的活动，并将自然教育作为一个重要的功能，丰富了产品类型，拓展了市场群体，从而有能力满足不同层次的市场需求，提升了竞争力。

③ 注重艺术的诠释作用 园区处处是别出心裁的创意雕塑，试图用艺术诠释人与植物的关系，成为一个环保艺术的殿堂。这大大提升了园区的内涵，并丰富了景观的观赏性。

10.2 农业观光园植物景观设计

我国农业观光园起源于 20 世纪 80 年代，主要形式是观光果园和"农家乐"。20 世纪 90 年代初出现了高新农业科技示范园区形式的观光园，为我国农业旅游的主要形式。

由于农业观光园旅游方式在我国形成比较晚，所以对其定义并没有统一。也有人把农业观光园称作观光农园或观光农业园。目前普遍认为农业观光园是以农业资源为依托，融合农业和旅游业两种产业的综合农业旅游场所，是一种可持续发展的旅游景观类型。

10.2.1 农业观光园分类

10.2.1.1 按观光产业结构分类

(1) 观光种植业

观光种植业是指具有观光功能的现代化种植。利用现代农业技术，开发具有较高观赏价值的作物品种园地，或利用现代化农业栽培手段，向游客展示农业最新成果。如引进优质蔬菜、绿色食品、高产瓜果、观赏花卉，组建多姿多趣的农业观光园、自摘水果园、农俗园、农果品尝中心等。

(2) 观光林业

观光林业是指具有观光功能的人工林场、天然林地、林果园、绿色造型公园等。开发利用人工森林与自然森林所具有的多种旅游功能和观光价值，为游客观光、野营、探险、避暑、科考、森林浴等提供空间场所。

(3) 观光牧业

观光牧业指具有观光性的牧场、养殖场、狩猎场、森林动物园等，为游人提供观光和参与牧业生活的风趣和乐趣。如奶牛观光、草原放牧、马场比赛、猎场狩猎等各项活动。

(4) 观光渔业

观光渔业指利用滩涂、湖面、水库、池塘等水体，开展具有观光、参与功能的旅游项目，如参观捕鱼、驾驶渔船、水中垂钓、品尝水鲜、参与捕捞活动等，还可以让游人学习渔业生产技术。

(5) 观光副业

与农业相关的具有地方特色的工艺品及其加工制作过程，都可作为观光副业项目进行开发。如利用竹子、麦秸、玉米叶等编造的多种美术工艺品；南方利用椰子壳制作的兼有实用和纪念用途的茶具；利用棕榈纺织的小人、脸谱及玩具等。可以让游人观看艺人的精湛技艺或组织游人自己参加编织活动。

(6) 观光生态农业

观光生态农业是指建立农林牧渔综合利用的生态模式，强化生产过程的生态性、趣味性、艺术性，生产丰富多彩的绿色保健食品，为游人提供观赏和研究良好生产环境的场所，形成林果粮间作、农林牧结合、桑基鱼塘等农业生态景观，如珠江三角洲形成的桑、鱼、蔗互相结合的生态农业景观。

10.2.1.2　按资源特色及经营方式分类

(1) 体验耕作劳动型

适于基地内产业资源丰富且多样化，但无明显特色者。以体验耕种采摘等传统乡村农事活动和农家生活乐趣为主要经营内容，着重于展示和体验田间地头的劳作活动，使游人在传统的农耕劳动中体验到真正的乡村生活，品味到田园生活带来的淳朴乐趣。

(2) 展示主题产业型

适于有某项产业特别突出者。以某种产品为种养、展示的主题，着重于对主题产业在吃、住、游、购等方面进行全方位的展示。通过拓展经营层面和提升产品品位，使游人对园区的主题产业有深度了解的同时，引发游人对于相关技术和产品的学习和购买的兴趣。

(3) 感知乡土文化型

适于以丰富的历史文化艺术著称，且相关文化设施丰富者。以当地特有的历史文化为项目背景，围绕该主题开展食宿及文化体验活动。通过对于当地乡土文化的深度挖掘并开展各种互动活动，营造一种"精神家园"般的氛围，使游人在丰富有趣的体验活动中能够了解当地风土人情，并为之所吸引。

(4) 住宿农家疗养型

适于具宁静乡野气氛和古朴的农舍，无特殊产业者。以感受乡间的山野气氛和住宿农家为经营主题，着重为游客提供安静舒适的住宿环境及新鲜自然的特色食品，使游人在住宿期间能够忘却城市生活的压力，充分放松身体和心灵。

10.2.1.3　按地域模式分类

地域模式代表的是同一阶段观光农业旅游在不同地域空间上的表现，它反映了开发者的区位与市场策略（表10-1）。

表10-1　农业观光园根据分布的地域模式不同分类

模式	区位及目标市场	特点	管理形式
依托乡村型	①距大中城市20km以外，但交通便利；②以多个大中城市为目标城市	①农业基础较好，地貌类型齐全；②以独立完整的农业自然景观为依托；③范围广阔，6km²左右	①基本保留原有的农村各级组织；②分散管理；③接近原生自然
依托城市型	①距大中城市10km之内；②以一个大中城市为目标城市	①借助一定的农业基础；②主要通过人工构造农业景观，以某一个大中城市为依托；③范围较小，＜2km²	①独立封闭的行政组织；②集中管理；③更接近人工主题公园

10.2.2 农业观光园的功能

(1) 生态功能

农业观光园作为绿色产业，是"城市的净化器"，$0.07hm^2$ 果园可减少 8~15dB 的噪声，$1hm^2$ 园地夏季调节温度的效能相当于 50 台空调器。由于其多靠近城郊，对维护当地生态平衡、净化城市环境、创造良好生活空间方面发挥了重要的生态保护作用。同时农业观光园提倡有机农业、生态农业，严格控制农药和化肥的滥用，不仅为城郊增添了绿色，而且在水源涵养、调节区域小气候等方面也发挥积极作用，构筑了城市的一道天然绿色屏障。

(2) 经济功能

传统农业面临农业产业结构雷同，市场竞争激烈的局面。而农业观光园依托优势农业产业，能够提供大量名优农产品，满足城市居民日益增长的物质消费需求，提高单位土地的效益。同时通过提供观赏、体验、品尝、购物等消费服务形式和场所，带动相关产业发展，使农业资源转化为旅游资源，增加了其经济附加值，优化了农业产业结构，丰富了农民收入来源的方式，改善农村经济。

(3) 旅游休闲功能

城市人口高度集中、街道交通拥挤、工作生活压力加大等因素导致长期生活在城市的人们希望利用闲暇时间离开喧嚣的城市，去乡村欣赏自然景观与田园风光，体验农家生活。农业观光园融农村自然风光与地域人文景观于一体，提供给旅游者一个自然、优美、宁静、休闲的生态场所。农业观光园旅游为市民提供了郊外观光旅游、休闲度假的有效途径，达到丰富文化生活、调整心态、提高生活质量的目的。

(4) 教育文化功能

长期生活在城市的人们，由于远离农村，接触学习农业知识的机会较少。人们可以通过游览农业观光园内的农业生产环境、体验农业劳作过程、学习农业民俗文化等方式，了解自然、认识社会，提高人们对农业和农村的认知度与参与度，提供农业文化遗产保护的场地，使农村独特的农耕文化和民俗技艺等农业非物质遗产获得更好的传承和发展。与此同时，通过参与农业观光园内一些特色活动，可以增进人们之间的情感交流，减少城乡居民之间的隔阂。

(5) 社会功能

农业观光园的建设促使农业格局由单一型向综合型转变。通过农业观光园提供的农业旅游服务，可以有效带动旅游、休闲相关的第三产业的发展，提高农村就业率，具有良好的社会效益。同时农业观光园吸引更多的都市人到郊区去，在城市居民亲近自然而获得心灵慰藉的同时，也促进了城乡之间的文化信息交流，给农民带来了先进的经营管理理念，促进了城郊地区的经济发展，缩小城乡之间的差距，提升农村生活品质，推动城乡经济的统筹发展。

10.2.3 农业观光园植物景观设计

10.2.3.1 功能分区

目前所见的各类观光农园区的设计创意及表现形式各有不同，但所体现的核心设计思想大体类似，即遵循观光旅游与农业的 3 种内在功能联系。

(1) 提供乡村空间

利用自然或人工营造的乡村环境空间，向游客提供逗留的场所。主要有 3 种尺度：①大尺度——田园风景观光；②中尺度——农业公园；③小尺度——乡村休闲度假地。

(2) 提供体验交流的场所

通过具有参与性的乡村生活形式及特有的娱乐活动，实现城乡居民的广泛交流。形式有：①乡村传统庆典和文娱活动；②农业实习旅游；③乡村会员制俱乐部。

(3) 提供农产品交易的场所

向游客提供当地农副产品。主要形式有：① 产品销售（可采摘型果园、农产品直销点、乡村集市）；②食宿服务。目前具有代表性的典型四分区方案如下（表 10-2）。

表10-2　农业观光园功能四分区方案

分　区	面积占比	构成系统	功能导向	例　注
Ⅰ 观赏区	50%~60%	①观赏型农田带、瓜果园； ②珍稀动物饲养场； ③花卉苗圃	使游客身临其境感受真切的田园风光和自然生机	珠海：蝴蝶公园 随州：银杏公园 木兰川：五彩公园
Ⅱ 示范区	15%~25%	①农业科技示范； ②生态农业示范； ③科普示范（配研修所）	以浓缩的典型农业模式，传授系统的农业知识，增长教益	东莞年丰山庄，桑基鱼塘，苏州"农林大世界"，日本高效精细农业，以色列节水农业系列等
Ⅲ 休闲区	10%~15%	①乡村居民； ②乡村活动场所	营造游客能深入其中的乡村生活空间，参与体验并实现精神交流	井冈山：农民客栈、公社食堂
Ⅳ产品区	5%~10%	①可采摘的直销果园； ②乡村工艺作坊； ③乡村集市	让游客充分体验劳动过程，并以亲切的交易方式回报乡村经济	东莞年丰：动手果园 木兰川："吱吱"土布坊

10.2.3.2　植物景观设计

(1) 农业观光园植物景观的特点

① 基调植物是具有生产效益的物种　植物是农业观光园中主要的景观构成要素，农业观光园的植物材料包含了食用性作物和景观植物两方面。鉴于农业观光园所具有的生产特性，园内植物种植的主要作用是服务于生产类植物的栽培。农业观光园的主产业仍是收获农产品，经营的物种是小麦、棉花、玉米类的大田作物，杨树、楸树类的速生林木，白菜、萝卜类的蔬菜，苹果、桃、李类的果树，以及鱼塘、荷花池和大棚类的设施栽培物种。在景观上表现出有规律的并且相对整齐的时间性，使景观活动有着明显的季节性，体现着自然和谐的节拍。

② 布局形式是田块式的重复　农业园区平面组成实际是不同色泽几何斑块的有机拼接。在其周边或结点上布置着防护林带、水渠、生产道、井房和谷场等配套的基础性生产设施。斑块的尺寸远大于人工园林，构成手法是简单的重复，强化着朴实无华的风格。

③ 植物景观是对乡土文化的传承　植物景观对当地乡土文化的传承，主要体现在农业的生产经营模式以及与传统的节日、民俗活动的结合上。如浙江青田方山"中国田渔村"的"稻田共生系统"，是水稻结合养鱼的一种农业生产方式，在当地有1200年的历史，已经成为当地特有的稻田文化。又如浙江临安的雷竹提早覆盖出笋技术的种植方式。这些当地特有的农业生产方式，形成了独特的植物景观，深受游人欢迎。

(2) 农业观光园植物景观设计的要点

① 选择乡土植物　农业观光园景观以富有当地自然特征为特色，表现着自然和谐和轻松舒展。游人需要的是本土、原生态，而不是异域风情的嫁接。植物作为园中生产效益的主要体现者，大多是当地的主要经济作物，具有很强的乡土性。如浙江安吉毛竹现代生产园，基地原有大面积的毛竹，而毛竹是当地重要的经济作物，所以园区规划时选取了大面积的毛竹进行景观营造。就景观植物而言，乡土植物表现着极强的适应性，这类植物适合当地环境条件，具有较强的适应性和抗性，而且可以体现民族特点和地方风格，且易于就近获得种苗，以利加快园林建设速度，既利于形成景观，又节约养护成本。

② 创造亲切宜人的氛围　要为农业生产区添加服务功能，必须了解服务对象的需求。城市居民休闲度假的内容一般有下列几种：生产体验、园艺理疗、农家餐饮、休闲漫步。其共同点是松散的小组合，时间性不强的漫游和个性化的参与。直接需求是大农景观背景下的宜人小空间。因此，

宜人空间的创造是农业观光园景观建设的切入点。同时，参与体验性也是园区植物景观的重要特征之一。果树、水稻、小麦、油菜等农业生产资料，除了被观赏之外，还可以让游客亲自参与和体验部分劳动过程，如摘水果、挖竹笋、种小菜等活动，食用性作物可让游人品尝。

③ **适应粗放管理的条件**　农业园管理的目的是收获初级的农产品；管理的主要内容是收获对象的播种、成苗、整形、中耕、病虫害防治以及最终的采收；管理的手段逐步实施机械化。观光性收入只是一种副产品，至少在建设初期是辅助的。因此，在景观方面的管理是粗放的。景观持续时间的长短受植物的占有能力影响，要求有较强的适应性和扩展性。因此，一定的自播力、根蘗萌生性、茎节匍匐分生力和成苗性是必要的。

④ **调节基调植物景观的单一性**　多数农业观光园是在原有农场的基础上发展起来的，原有的农田以生产为主要目的，不能完全适宜游憩的需要，而且大田物种的集约经营和耕作斑块的重复都使得景观相对单一。为了满足园区生产和休闲观光的双重功能，以生态理论为指导，在确保农业稳定、可持续发展的前提下，增加植物种类，提高植物景观多样性，将植物合理布局，乔灌草花菜合理配比，因地制宜地配置多元化、复层化的植物景观，形成高低有致、疏密结合的植物群落关系。

10.2.4　案例分析：东台仙湖现代农业示范园

10.2.4.1　背景分析

(1) 项目概况

东台地处江苏省东部沿海的盐城市，市域总面积 2340km²，辖 23 个镇，总人口 116 万，地处亚热带和暖温带过渡区，季风显著，四季分明，雨量集中，雨热同季，冬冷夏热，春温多变，秋高气爽，日照充足。长年平均气温 14.6℃，无霜期 220d，降水量 1051.0mm，日照 2169.6h。拥有耕地 10.5×10⁴hm²，农业总产值和畜牧业产值连续多年在全省领先，是传统的农业大市。

东台在农业发展中充分结合自身区域特点，提出了"品牌化"战略思想，倡导精品农业，重点发展无公害农产品。为全面提升东台现代农业发展水平，市委、市政府研究决定，全面启动建设一个现代农业示范园、3 个特色产业示范区和百个以上高效农业示范项目，引导和推动全区精品农业生产再上新台阶。通过 1~2 年努力，形成"一园三区多点"的农业示范发展布局。

(2) 区位分析

东台市南接海安市，西接泰州兴化市，北接大丰市。

仙湖现代农业示范园位于东台市市区西部，南至金海西路北 230m 的北一河，北至拟建的北海路；园区南线长 1973m，北线长 1900m，宽度为 672m，总面积 130hm²。紧临 204 国道及 333 省道，西距宁靖盐高速 25km，东距沿海高速 13km，地理位置优越，交通十分便捷。

10.2.4.2　规划思路

(1) 目标定位

依据规划区现状资源和区位条件，结合所在区域农业产业发展思路，规划将东台市仙湖现代农业示范园定位为在充分利用资源优势的基础上，以"四高"（高起点、高标准、高效益、高景观质量）和"三强"（科技基础实力强、适应市场能力强、示范作用效果强）为总目标，力争建成国内一流，特色鲜明，集科研、生产与经营、示范、推广、培训、观光与休闲为一体的示范园区。

(2) 规划指导思想

以园区及其周边地区的生态环境和社会经济现状为基点，以生态经济学原理和可持续发展理论为指导，以"三大效益"为中心，以生态环境保护、产业开发、景观生态建设、生态旅游开发为支点，以科学技术和生态文化为保障，"全面规划，分步实施，科学决策，系统管理，国内领先，国际先进"，总揽全局，着眼长远，高标准、高起点地进行规划，选择适销对路、市场前景好的新优特品种，通过农林渔业新品种、新技术的组装配套和示范应用，在农业产业结构的科技支撑上力求新的突破，将园区建设成集科研、生产、示范、推广、培训、农业旅游休闲为一体的现代农业科技示范园。

10.2.4.3　总体布局及分区规划

(1) 规划结构

结合园区用地现状，总体规划布局自然形成"一园、三区、多点、一带"。

"一园"　为整个仙湖现代农业园。

"三区"　东部以东入口轴线南北分布的现代农业示范区，中部以仙湖和三岛为主的农业旅游休闲区，西部以西入口轴线南北分布的林木花卉示范区。

"多点"　即园区 3 个功能片区和利用农业生产背景形成的若干个景点。

"一带"　沿园区四周设置生产型景观防护林带。

(2) 分区规划

分区规划见表 10-3。

10.2.4.4　植物景观规划

(1) 指导思想

坚持可持续发展　强调经济、社会、环境、效益的统一。在园区农林结合、因地制宜、统筹规划、分步实施，实现资源节约化与可持续发展。

坚持以人为本，和谐发展　充分挖掘东台文化资源，创造一个具有生态稳定、景色优美的休憩、学习、交流空间，寻求人与自然、人与社会、人与人之间关系的和谐发展。

(2) 规划原则

① 适地适树　根据不同生境，选择适于生长的植物，所选择的植物以反映农业的乡土植物为主，如禾本科、葫芦科和有经济价值的果树与花灌木等。

② 场地特色　不同区域的绿化风格、绿化植物和布局特色与各个区域的环境模式特点一致。根据不同区域的地段、地形、水文以及分区功能来考虑。

③ 绿化功能性　要体现保护环境、防止水土

表10-3　分区规划表

一园	三区	多点
	功能分区	景点细化
	迎宾景区	入口
		景观大道
		培训中心
现代农业示范区	农业展示体验区	农业推广示范区
		民俗街
		农事园
		二十四节气广场
		农耕园
	现代园艺栽培示范区	现代农业展示馆
		现代蔬菜展示区
		水生蔬菜展示区
		百草园
	仙湖水上游览区	游船码头
		岛游区（范公、吕公、晏公）
		水上观光
农业旅游休闲区	生态体验区	生态餐厅
		露营区
		烧烤区
	湿地休闲区	湿地体验区
		特种水产养殖区
		休闲垂钓区
		荷塘观鱼
		杉林野趣
	果林区	银杏园
		百果采摘园
林木花卉示范区	西入口	入口
		景观大道
	苗木生产展示区	新优花卉生产区
		新优苗木生产区
	连栋温室生产区	观赏花卉

注　一带：生产型景观防护林带以银杏、池杉、墨西哥落羽杉、垂柳、女贞等基调树种为主，沿园区四周带状栽植。

流失，美化、造景，以及提供游憩、分界等的功能和作用。

④ 景观多样性　注重植物景观多样性与异质性，形成农业观光园示范区景象不同的时空特征与生态氛围。

⑤ 突出整体性 绿化过程中，一般绿化与重点绿化，局部绿化与整体绿化相结合，绿化景区各具特色、分布合理，使农业园区形成一个点、线、面结合的完整绿化体系。

(3) 规划布局

① 空间布局 根据示范园的总体布局，结合立地条件和功能要求，考虑不同郁闭度对于不同空间感受的影响。通过乔、灌、草、水生、湿生、陆生植物搭配，形成多层次空间绿化，丰富景观层次；随着游人视线和游览路线的移动，形成柳暗花明又一村的变化。

开阔视线区 仙湖四周林荫活动区及水上观光区、苗木生产展示区（新优花卉生产示范区、新优苗木生产示范区）。

中轴视线区 主入口、次入口、西入口广场景观区。

郁闭视线区 仙湖周边4个湖面，还有一些相对独立景点，采用闭合空间或半闭合空间。

植物配置立面上，注意林冠线上高低、季相、色彩变化，开辟风景的透视线，处理好远近观赏的质量与高低层次的变化，形成远近高低各不同的艺术效果。

② 平面布局 植物规划表现为防护林与片林在外围环绕，种植点、线、面三部分相互穿插结合的特点。园林空间在平面上有收有放，疏密有致，注意树木丛林曲折的林缘线。

"面" 集中分布于林果区、苗木生产区、色叶苗木生产区、农产品展示区、3个岛屿等。

"线" 主要分布于道路绿化、河道绿化、入口绿化等。

"点" 分布在各个景点绿化。这些景点散落于园区，根据景点的规划意境，通过不同树种不同树冠、树形、叶色的组合搭配，或者景观树的独植。

(4) 规划内容

规划内容包括"一面"——水面（仙湖和周边的小水面构成的1个大区域）、湖面三岛、3个功能区（若干农业景点）；"三带"——生产型防护林带、道路绿化带、河道绿化带；"多点"——3个入口广场、5个构筑物。

1）"一面"

包括水面、湖面三岛和三功能区（若干农业景点）。

(1) 水面植物景观设计

湖周围场地根据不同主题，水面划分为荷塘观鱼、休闲垂钓区、特种水产养殖区、游船码头及亲水平台、情侣园、三岛屿景观区采用不同的植物配置模式，形成不同的植物意境，从而形成丰富的水岸绿化景观（图10-11）。

荷塘观鱼 位于西广场东南面2个水面，一个是水中种植观赏荷花，南面的水塘放养一些观

图10-11 荷塘观鱼效果图

赏性鱼类，河岸边配置再力花、海寿花、水葱等水生植物，营造"莲叶荷田田""鱼戏莲叶间"的自然景观。水面荷花所占的面积一般不超过水体的1/3。

休闲垂钓区　位于南岸的滨水景观区，面积约2.7hm²。本区以静赏水景、垂钓活动结合。水岸丛植、散植、片植鸢尾科、禾本科植物，点缀

岸石、设置雕塑小品呈现乡野韵味的花溪：岸上为斜坡草地或者疏林草地（图10-12）。

游船码头及亲水平台　利用陆生、湿生和水生等多种类型的植物，营造生态系统稳定、优美的湖观岛影。注意水面与大片草地的边界处理（图10-13）。

亲水平台（湖光亭）　位于滨水风光游览区，

图10-12　垂钓区效果图

图10-13　码头效果图

广场空间相对开阔，周围丛植广玉兰、二乔玉兰、垂柳等乔木，周围有疏林灌木作背景，河面栈道两侧种植荷花，再现"鱼戏莲叶间"的景观。亲水小平台与生态保护区隔岸相对，游人置身于平台之上，静观"落霞与孤鹜齐飞，秋水共长天一色"。

(2) 岛屿植物景观设计

利用岛屿丰富湖面视觉，通过建造亭台楼榭，增加植被掩映，季相变化，改变湖面景观单一。选择的植物树种，要突出季相、色相、树形及岛屿轮廓线的变化。岛屿内部作为名人纪念空间，绿化与文化空间特征一致。

① 晏公岛植物景观设计（淡兰凝露）

植被特征　幽深静谧，在其周围高乔、中乔、小乔以及林下植被，形成茂密、幽深的植被。

人文特征　晏公一生志趣清新，品格高雅，尤其喜欢兰花，在建筑物周围植物配置以兰、梅、菊等为主要树种，再现晏公《蝶恋花》中的名句"槛菊愁烟兰泣露"。

植物选择　柳杉、墨西哥落羽杉、樟树、女贞、小叶女贞、广玉兰、白玉兰、二乔玉兰、蜡梅、梅花、朴树、小叶朴、垂柳、榔榆、榉树、重阳木、乌桕、黄栌、红枫、合欢、鸡爪槭、三角枫、夹竹桃、山麻杆、木芙蓉、紫穗槐、葱兰、韭兰、书带草、麦冬、阔叶麦冬、二月蓝、白及、鸢尾类。

② 吕公岛植物景观设计（盛世荣华）

植被特征　高大疏朗，配以常绿阔叶、落叶、色叶植被，以牡丹台植物群落为主，适当配植树型优美的乔灌木。

人文特征　吕公岛根据历史记载吕公与牡丹的故事，岛上以牡丹为主要花卉植被，配以落叶、常绿阔叶植被，尽显雍容华贵、欣欣向荣的美好氛围，也寓意农业示范园的蓬勃发展，带给游客"盛世"的印象。

植物选择　柳杉、墨西哥落羽杉、樟树、女贞、小叶女贞、广玉兰、落羽杉、重阳木、朴树、小叶朴、垂柳、榔榆、榉树、乌桕、黄栌、红枫、二乔玉兰、紫玉兰、牡丹、芍药、荷包牡丹、石

榴、紫薇、黑松、羽毛枫、红枫、南天竹、十大功劳、阔叶十大功劳、夹竹桃、山麻杆、木芙蓉、野蔷薇、书带草、麦冬、阔叶麦冬、红三叶、吉祥草、红花酢浆草。

③ 范公岛植物景观设计（春和怡景）

景观特征　"春和景明"，通过植物种植营造出桃红柳绿、茂林修竹、清新开朗的自然生态环境。

人文特征　范公宁折不弯的高风亮节。

植物选择　雪松、柳杉、女贞、小叶女贞、广玉兰、雪松、苦楝、无患子、银杏、樟树、广玉兰、梅花、银杏、蜡梅、梧桐、青铜、垂柳、合欢、碧桃、月季、石榴、黑松、羽毛枫、红枫、南天竹、十大功劳、阔叶十大功劳、夹竹桃、山麻杆、木芙蓉、紫穗槐、桂花、书带草、麦冬、阔叶麦冬、二月蓝、萱草、淡竹、箬竹、早园竹、阔叶箬竹。

(3) "三功能区"植物景观设计

"三功能区"包括现代农业示范区（农业推广示范区、农耕园、农事园、百草园、现代蔬菜展示区）、农业旅游休闲区（露营区、烧烤、湿地体验区、杉林野趣）、林木花卉生产示范区（林果区、新优苗木、花卉生产示范区）。

① 现代农业示范区植物景观设计　在园区周围种植经济林进行空间的围合，形成"绿树成荫，蔬菜满园"的优美田园风光。在每块地头的休息处，大乔木以孤植树用来遮阴，小树丛结合边缘花带花境丰富景观。中小乔灌木，组团式种植，丰富竖向景观。花篱与绿篱沿边种植，与展示植物构成模纹色块，在其中配置落叶小乔木。植物选择：鸡爪槭、水杨梅、杨树、泡桐、梧桐、玉兰、榆树、苦楝、香椿、臭椿、刺槐、榔榆、朴树、杏树、垂柳、乌桕、桂花、苹果、紫薇、紫藤、葡萄、红枫、桃树、无花果、栀子、海桐、早园竹、淡竹、碧桃、大丽花、金针菜、蜀葵、葱兰、韭兰、醉蝶花、凤仙花、地肤、百日草、翠菊、卷丹、大花美人蕉、睡莲、水葱、蛇鞭菊、玉簪、芒草、针芒、斑马芒等。

② 农业旅游休闲区植物景观设计　该区位于

观光园南部。包括烧烤区、露营区，以观光农业、生态农业、环保农业为主题，充分利用水、陆相依的天然地理优势。

植物造景方面，采用借景、框景、对景，以充分利用两岸景观，提供游人休息、娱乐空间，提高游人在园区的游览时间。根据环境不同，选择不同习性植物，符合生态原则，营造郁郁葱葱的林木景观，并结合水景，在其间自由穿插游园式草地空间，形成一种"水阔无显色，林幽多歧路"的环境。植物选择：水杉、银杏、七叶树、樟树、刺槐、合欢、广玉兰、枫杨、垂柳、榔榆、槐树、女贞、小叶女贞、青枫、紫叶李、薰衣草、薄荷、迷迭香、醉蝶花、黄菖蒲、花菖蒲、溪荪、千屈菜、雨久花、旱伞草、八角金盘、玉簪、大吴风草、芦苇。

③ 林木花卉生产示范区植物景观设计　林木花卉生产示范区属于生产用地，可以利用生产区植物特色，达到绿化美化作用。选择其他绿化树种美化周边环境，同时，要满足生产功能。注意利用植物高低来营造山势，山顶大乔木，山脚低矮灌木。同时注重林冠线、季相的变化。植物选择：广玉兰、杂交马褂木、七叶树、雪松、板栗、苦槠、鹅耳枥、金合欢、银杏（雄株）、墨西哥落羽杉、灯台树、蜡瓣花、无患子、常绿白蜡、乳源木莲、红果冬青、池杉、火艳石楠、（乔木型）金桂、红花七叶树、金叶白蜡、细叶糖槭、银鹊树、木瓜、锦带花（紫叶、金边、金叶、红王子、紫晕）、蝴蝶荚蒾、亮叶忍冬、红叶石楠、金边枸骨、花叶梣子、金焰绣线菊、森光马醉木、枇杷叶荚蒾、六道木、海滨木槿。

④ 情侣园植物景观设计　位于湖滨南岸，西临烧烤区水杉林，北面临湖，环境优美，空间开阔。充分利用场地环境，"园中园"采用开阔的草坪空间，利用四周丛林、片林围合，形成独立园林空间。林缘采用乔、灌、草等，增加植物的垂直郁密度。林缘线不宜太曲折翻转，林冠线高低错落。对于湖面留出透视线。植物选择：紫叶李、七叶树、竹丛、樟树、合欢、梧桐、水仙、郁金香、缫丝花、野蔷薇、菖蒲、鸢尾、垂柳、棕榈、

朴树、苦楝、椤木石楠。

2)"三带"

"三带"包括生产型景观防护林带、道路绿化带、河道绿化带。

(1) 生产型景观防护林带植物景观设计

分布在园区的四周（除入口等节点外）。防护林与生产林结合，生产、绿化与美化功能高度统一。植物以兼有观赏与经济价值的果树类、花灌木为主，注意植物季相变化，美化农业园区及周边村落的生态景观。在园内外的视线处理上，园区防护林应疏密相间、高低错落。园内借园外景色，扩大空间；园外行人视线浏览园内，增加园区影响力。

(2) 道路绿化带植物景观设计

道路系统绿化是指园内主干道（一级、二级）绿化。道路绿化串接各个景点，与周围自然环境结合，采用绿化形式有引导游人的视线与游行路线的作用。利用植物空间划分功能，在道路两边创造开阔、半开放与闭合空间。满足眺望、休息、聊天、读书等路边的安静休息区的功能要求。在一级园路路边，以自然式树群为主，充分利用道路两旁的不同空间类型，摒弃"一条路，两排树"的刻板模式。

(3) 河道绿化带植物景观设计

选择植物多样性，改变现有植被匮乏的现状，保持水土，防止水土流失，快速恢复河道的植被，形成一个较稳定的生态系统。利用水生植物种植群落的多样化与异地化，丰富河道景观。绿化功能与生产功能结合起来。通过种植水草类植物达到绿化的目的，同时，要突出乡土植物。

一般绿化与重点绿化相结合，河岸绿化植物高度高低错落，游人看河面上的视线虚实结合，创造步移景异的景象，扩大视觉印象。按功能划分，河道绿化体系分为四大段：水生蔬菜展示区、民俗街"T"形河道、林果区河道及其他段河道绿化。

① 水生蔬菜展示区植物景观设计　位于东南区的河段，在河道种植水生蔬菜包括莲藕、茭白、慈姑、水芹、菱角、荸荠、芡实、蒲菜、莼菜、豆瓣菜、水芋和水蕹菜，共计12种，利用河

湾进行水面栽培。东西走向河段北岸片植灌木疏林，南岸以草地为主，周边林木要留出一定空地，要考虑到水生蔬菜对光线的要求，以花灌木组团式种植。河面景观主要是在水生蔬菜品种之间设置种植床，培育大花美人蕉（植物品种）等。

② 民俗街"T"形河道植物景观设计 东西段在门牌入口北端桥与水车景点南端桥之间，南北段直至园区边缘。民俗街临水的传统民居，错落叠置："T"形河道处架设"八字形景观桥"烘托出地方文化特色。在河岸民俗街附近，植物配置以传统的"桃红柳绿间植"植物景观取胜，在建筑、河岸旁边配植乡土植物，让民俗街在民族植物掩映下散发浓郁的地方气息。植物可以选择垂柳、碧桃、红枫、紫薇、合欢、枫杨、刺槐、银杏、苦楝、梧桐、泡桐、淡竹、睡莲、鸢尾、芦苇、大花美人蕉（种植床）、萱草（各色）、金针花、水葱。

③ 林果区河道植物景观设计 河岸窄地段种植低矮植物黄菖蒲、旱伞草、迎春、云南黄馨、水葱、海寿花、再力花，较开阔水面河岸种植较高灌木夹竹桃、野蔷薇、木芙蓉、醉鱼草、千屈菜、芦苇、香蒲；水中种植睡莲、大藻、凤眼莲；水岸种植乔木：池杉、金合欢。河道周边植物选择银杏、墨西哥落羽杉、池杉、金合欢、杂交马褂木、红花七叶树、七叶树、狗牙根、结缕草、玉簪、蜀葵、大花美人蕉、葱兰、韭兰。

④ 一般河道植物景观设计 在河边两岸种植疏林灌木为主，具有较强的绿化功能，并且可以遮蔽园外或园区视线，分隔空间，丰富植被，加强园区生态功能，增加园区植物立面与透视效果。植物可以选择垂柳、碧桃、红枫、紫薇、合欢、枫杨、刺槐、银杏、苦楝、梧桐、泡桐、淡竹、大花美人蕉（种植床）、金针花、黄菖蒲、石菖蒲、鸢尾、马蔺、蝴蝶花、旱伞草、芦苇、香蒲、水葱、海寿花、再力花、慈姑、千屈菜、醉鱼草、云南黄馨、荷花、睡莲、大藻、凤眼莲、芦苇、菖蒲、茭白、菱角。

3）"多点"

"多点"包括"入口三广场"（主入口、西入口、次入口）、三大门（主大门、西大门、次大门）、五建筑（休闲生态餐厅、展览馆、专家别墅楼、培训部、连栋温室生产区）。主入口服务区在园区东部，园外有国道通过，交通方便，是对外展示园区面貌最重要的地段，集人流疏导、休闲、景观多功能于一体，植物配置的景观性要求高。植物选择与配置形式，要考虑大门的风格、气势对植物的体量、树形、色彩、文化搭配要求，展示现代农业园以及东台市"开拓进取、开放包容、激情跨越、和谐共建"精神。

① 大门植物景观设计 以现代建材和大鹏展翅造型设计，体现激情飞跃：两侧对植高大悬铃木（银杏），大门前方设置规则式、图案化的花坛，种植时令草花，丰富大门前景观，与大门的构图和谐一致，突出现代化农业简洁，高效气息。

② 西入口服务区植物景观设计 在园区西部，园外有主干道通过，集人流疏导、休闲、景观多功能于一体，植物配置的景观性要求高。植物选择与配置形式，要考虑大门的风格、植物树形、色彩、文化搭配要求，展示现代农业园以及东台市精神。

③ 次入口服务区植物景观设计 在园区北部，属于偏门，人流量不多，绿化不需要张扬提示，植物选择与配置形式与北边防护林绿化统一起来。

④ 建筑空间植物景观设计 包括生态餐厅、专家别墅楼、培训中心、展览馆（现代建筑）、连栋温室，是绿化、美化的重要节点。根据建筑风格、所处立地环境、具有功能不同，选择不同的植物营造多样景观氛围。注意园林空间与庭院空间和谐过渡，空间视线围合与开阔的对比。选择植物时，考虑建筑立面与植物林冠线的艺术构图。

10.3 专类展览植物景观设计

专类植物是指具有相同分类体系或具有相同的生态习性、景观特征、栽培环境等条件的植物种群。将专类植物在一定区域内集中展示，供游赏、科学研究或科普教育的园地，通常称专类园，它既可独立成园，也可以布置在各类绿地中，成为园中园。专类植物景观在我国或西方园林史上都有着悠久的历史，随着现代园艺水平的提高，人工培育品种的不断丰富，景观设计方法多样，使得专类植物景观更加丰富多彩，成为各地的重要景点。

10.3.1 专类植物展览的类型

(1) 按展览时间划分为会展植物展览、固定植物展览

① 会展植物展览　多指园艺、花卉博览会中的临时植物景观布置。其展览时间较短，一般都为1周至1个月，大型花卉博览会展览时间一般也不会超1年，其植物多栽植在容器或临时整理的栽植基础上，会展植物展览需要较高强度的养护管理。如菊花展、兰花展、盆景展等。

② 固定植物展览　指在一定区域内建设的永久性植物展示，包括各种植物专类园、展览温室等。

(2) 按栽培设施划分为露地植物展览、保护地植物展览

① 露地植物展览　直接在露地环境中进行的植物展览形式。

② 保护地植物展览　在栽培设施内展览植物的形式，栽培设施常见的有温室、塑料大棚、荫棚等。

图10-14　古树下的郁金香

(3) 按不同分类体系划分的专类园内容与形式多样

① 根据植物系统分类，同一分类单位如同科、同属或同种的植物，按照植物生态习性、景观构成与科普展示需要，成单元地组织在一个区域内而建成的专类园。如蕨类植物园（同门）、木兰园（同科）、杜鹃花园（同属）、梅园（同种）等。按照植物特征，又可分为木本与草本两类。

② 将具有相似的生态习性、形态特征、观赏特性以及需要特殊栽培养护条件的植物，成单元地组织在一个区域内而建成的专类园。如仙人掌与多浆植物园、食虫植物园、水生植物园、阴生植物园、岩石园、蔓园等。

③ 依据植物形、叶、花、果、味的观赏特点集中布置的主题花园，如芳香园、彩叶园、百花园、观果园等。

④ 按照经济用途将同一类植物布置在一起，如香料植物园、药用植物园、油料植物园等。

10.3.2 植物专类园的功能

(1) 具有较高的艺术性与观赏性

植物专类园以同一类群的观赏植物为主要造景材料，在植物景观上独具特色，是一种特殊的园林形式，能够在最佳观赏期内集中展示同类植物的观赏特点，给人以美的享受。如北京中山公园的唐花坞，一年四季陈列各种名贵花卉，举办专题花展，百花齐放；蕙芳园兰花四季飘香；"古树下的郁金香"更是艺术性与观赏性的集中体现，郁金香的优美姿态每年吸引几十万游客（图10-14）。

(2) 具有科普价值与科学价值

与一般园林形式相比，植物专类园不但具有较高的艺术性与观赏性，而且具有更强大的科普价值与科学价值。植物专类园可以进行园艺学、植物学、遗传学等学科的科普教育，并从事植物资源的引种收集、分类保存、杂交育种和栽培技术等方面的科学研究。如中国科学院武汉植物园的猕猴桃专类园占地3.5hm²，保存猕猴桃属植物约40种160多个品种品系，是我国最大的猕猴桃种植资源保存库之一，并培育出'武植 2 号''武植 3 号''武植 5 号''通山 5 号''建红 1 号'等优秀品种。

(3) 弘扬中国传统花文化

在我国悠久的历史文化中，许多花木尤其是传统名花都被人格化了，赋予了特殊的含义，如梅花、兰花、牡丹、芍药、菊花、竹等。因此植物专类园在集中的展示中国传统名花的同时，也能弘扬中国的传统花文化，使游客在享受美的同时，也得到传统文化的陶冶。如成都望江楼公园是著名的竹子专类园，自 1993 年开始每年都举办"竹文化节"；南京中山陵每年举办梅花节和桂花节。

(4) 提升旅游区地位，成为旅游胜地

植物专类园是园林艺术、文化艺术与植物科学的结合，因此，许多独立的植物专类园本身就是著名的旅游景点，而在旅游区内建设植物专类园可以提升旅游区的地位。如杭州本身就是旅游胜地，景色宜人，而"灵峰探梅""花港牡丹""金秋赏桂"已成为西湖旅游的重头戏，具有很大的知名度。

10.3.3 专类植物景观设计要点

专类植物展览主要功能体现在植物景观游赏、科普教育与科学研究 3 个方面。在进行植物资源的收集、保存、引种驯化、育种等研究工作及展示引种和育种成果并进行科普教育的同时，还常常可以在最佳的观赏期内集中展现同类植物的优美景观，形成独具特色的景点。

建造专类园重点在于多方收集特定植物的野生和栽培品种资源。有了丰富的原始材料，通过引种驯化和栽培试验后，将在当地可正常生长发育的种类集中展示。因此，一个专类园是一国一地植物资源、科学技术、园艺科学及园林艺术的集中表现，游人不仅可以在有限的空间内观赏到大自然的美，而且可以获得丰富的植物学知识。因此，专类园中各种植物种植时必须按照严格的定植图种植，做到品种准确，编号存档，并常常挂以铭牌，供游客辨识。专类园中主题植物的设计也要遵循一定的科学规律，既便于科学研究，也便于科普宣传和展示。

这些都是专类园科学性内涵的体现。基于此，本章其他节中关于专类花园的设计中都尽可能地介绍了专类植物材料的类型及重要的生物学特性和生态习性，以引起对专类园设计中科学合理配置植物的重视。

专类花园通常由所收集的植物种类的多少、设计形式不同，建成独立性的专类花园；也可以在风景区或公园里专辟一处，成为独立的景点或园中之园。中国的一些专类花园还常常用富有诗情画意的园名点题，来突出赏花意境，如用"曲院风荷"描绘赏荷的意境。

专类花园的整体规划，首先应以植物的生态习性为基础。平面构图可按需要采用规则式、自然式或混合式。立面上根据植物的特点及专类园的性质进行适当的地形改造。

专类园的植物景观设计，要既能突出个体美，又能展现同类植物的群体美；既要把不同花期、不同园艺品种的植物进行合理搭配，以延长观赏期，还可以运用其他植物与之搭配，加以衬托，从而达到四季有景可观。所搭配的植物要视不同主题花卉的特点、文化内涵、赏花习俗等选择适当的种类，并考虑生态因素、景观因素，进行合理的乔灌草搭配、常绿植物和落叶植物搭配等，创造丰富的季相景观。

专类园可结合适当的园林小品、建筑、山石、雕塑、壁画以及形式适当的科普宣传栏等，来丰富和完善主题思想，同时引导游客对文化典故、科普知识的了解，提高游客的审美情趣，使专类园真正具有科学的内涵及园林的形式，达到可游、可赏的目的。

10.3.4 专类园

10.3.4.1 竹园

竹园是用竹类植物作专题布置，在色、品种、秆形、大小上加以选择相配，取得良好的观赏效果。

(1) 观赏价值与文化

禾本科竹亚科为常绿植物，枝叶秀丽，优雅

别致，四季常青，具有高雅的气质。竹子种类繁多，全球约70属1200余种。我国地域辽阔，气候变化多样，是竹子分布的中心，有竹种37属，占世界竹属的一半以上，竹种（含变种）500余种，约占世界竹种的42%。其中我国特有竹种有10属48个竹种。

竹类植物的观赏价值主要体现在竹秆、竹叶、竹笋等方面。以竹秆高度来说，毛竹、龙竹等大型竹类可高达25～30m，刚竹、桂竹等也高达10m以上；黄槽竹、方竹、青皮竹、梅花竹等中型竹类一般高5～9m；佛肚竹、凤尾竹、大明竹、黎竹等小型竹类一般高2～5m；而鹅毛竹、箬竹、菲黄竹、菲白竹、翠竹等株高仅0.2～1m。

就竹秆的色彩而言，多数竹类终年碧绿，也有不少竹种具有紫、黄、白等其他颜色。竹秆粉白色的有粉丹竹、粉麻竹、美丽箬竹、中华大节竹等；竹秆紫黑色的有紫竹、箭竹、紫秆竹、刺黑竹等；竹秆黄色或金黄色的有黄金间碧竹、黄秆乌哺鸡竹、橄榄竹、黄皮京竹等。而更有其他一些竹秆颜色具有条纹或者斑点，竹秆形状特别或具有畸形秆的竹类，如佛肚竹、花秆黄竹、龟甲竹、罗汉竹等。

在中国传统文化中，竹被人格化，象征着虚心谦和、高风亮节、坚贞不屈的操行以及柔韧、孝义精神，有"梅兰竹菊"四君子之一及"松竹梅"岁寒三友之一等美称，其内涵已成为中华民族的品格，是中国传统文化的基本精神和历史个性。

(2) 竹园设计原则

完美的植物景观设计必须是科学性与艺术性两方面的高度统一，在满足植物生态适应性的基础上，通过艺术构图，体现出植物个体及群体的形态美和人们在欣赏时所产生的意境美。在我国的传统园林景观中，形成了一些固定的竹景观配置技法，如竹径通幽、移竹当窗、粉墙竹影、竹石小品等，但随着科技与文化的发展，景观设计技法日趋多样化、现代化、创新化，竹作为一种经久不衰的优良观赏植物，通过设计者对场所条件的把握，对场地意图的解读，结合功能与艺术

要求进行规划配置，可以创造出各种不同的景观。植物景观中艺术性的创造极为细腻和复杂，诗情画意的体现需借鉴于绘画艺术原理及文化内涵的挖掘，巧妙地利用竹子的形体、线条、色彩、质地进行构图。

(3) 造景手法

专类园造景中应结合地形变化，依传统的造园手法，形成高低错落、曲直有致的景色。如沿道路两侧栽植竹子可形成竹径，巧妙利用自然地形的起伏变化，具有曲径通幽之效，各种竹子可尽情向游人展示优美独特的动人风姿，微风吹过，"夹道万竿成绿海，风来凤尾罗拜忙"。专类园内的主要景点如山石之侧、厅堂周围宜选用观赏价值高的竹种，如紫竹、湘妃竹、花孝顺竹、龟甲竹、箬竹、大佛肚竹、方竹等。竹园造景搭配主要是根据竹子高矮、大小、粗细、色彩、形态、用途、审美观等巧妙造景创形，在"配""造"上下工夫，在平面布局和立面构图上力求体现竹子的高风亮节、秀丽多姿、井然有序、自然风光等，自得朴雅之致。将竹子和山石、道路、水体、亭台楼阁融为一体，起到对比、点题、镶嵌、衬托、渲染作用，浑然天成，具诗情画意和山林情趣。造型讲究主次远近疏密得当，高低参差分明，层次起伏多姿，一气呵成，别具一格（图10-15）。

依据艺术造型造景：①立体布局：不同秆形、不同高低（大、中、小）、不同形态（散生、丛生、混生）、不同色彩（紫、黑、黄、绿等）、不同叶形、不同生长状态、不同斑纹状的立体多样化多功能的布局与艺术造型。②巧妙搭配：片植、点缀、绿篱、框景、竹墙、镶边、障景、长廊、造景入画、创意造型，可自成一体，也可与园林建筑融为一体。

依据竹文化造景：①利用竹子的形、色、味等形态特征，结合各竹种中文名的文化含义和不同的观赏特征，将竹种组织成有规律的团状小区，运用传统园林置石刻字来点景。②以竹文化典故的数字顺序形成景观序列，主要功能是介绍竹文化故事。以与竹子有关的历史典故和文化象征立意，把竹文化典故融入园林小品，包括亭、台、

| 竹墙 | 庭园竹坛 | 竹 径 |
| 竹林下风信子 | 竹 海 | 杭州植物园竹园 |

图10-15 各类形式的竹景观

楼（山庄）、榭、花房（温室）和馆舍等各种既有景观作用，也有实际功能的景观建筑设计中，以数字排序进行景点设计和命名，寄情景物，让游人在赏景的同时了解祖国深厚的竹文化渊源。

（4）竹园实例

成都望江楼公园　是集唐代著名女诗人薛涛遗迹、清代古建筑群和各类奇珍异竹于一体的川西古典园林精品，公园占地 12.5hm²，是著名的竹园，该园内现有竹子近 200 种，如麻竹、观音竹、紫竹、大明竹、苦竹、粉单竹等，并经过精心栽培，巧妙布局。

北京紫竹院公园　始建于 1953 年，因园内西北部有一座明清时期的庙宇——福荫紫竹院而得名，公园占地面积约 47hm²。建园伊始，紫竹院公园就一直致力于观赏竹在北京地区引种栽培、科学研究、园林造景和竹文化的宣传普及，先后从山西、山东、河南、四川、江苏、浙江、陕西等地引种观赏竹。经过近 60 年建设，目前公园内有观赏竹 10 属 42 种（含变种）80 余万株。公园的

骨干竹种是早园竹，它也是北京应用最多的竹种。除此之外，还有小巧可爱的翠竹、叶色靓丽的白纹阴阳竹、高大挺拔的斑竹、潇洒俊秀的箬竹、秆形奇特的罗汉竹、象征富贵的金镶玉竹、原产于北京的黄秆京竹、清新秀丽的苦竹等。紫竹院公园已经成为华北地区最大的观赏竹收集、展示公园之一，有"华北第一竹苑"美誉（图 10-16）。

我国自然风景区以竹子而闻名的有蜀南竹海、贵州竹海、安吉竹海等。此外，湖南洞庭湖君山岛，岛中 72 峰，峰峰有竹，千姿百态，异竹丛生；杭州的云栖竹径则由绵延的毛竹构成，可谓"一径万竿绿参天"。此外，江苏扬州的个园，则可谓是古典园林式的竹园。

10.3.4.2　牡丹园

（1）观赏价值与文化

牡丹花大而美，姿、色、香兼备，是我国传统名花，素有"花王"之称，"春来谁做韶华主，总领群芳是牡丹"。长期以来，我国人民把牡丹作

图10-16　北京紫竹院公园竹径

② 确定基调品种，应当选择最适应当地土壤和气候条件、花期较长、花量大的品种作为基调品种，以形成专类园的基调和特色。总体上，牡丹最适合于华北地区、西北东部、东北南部等地建设专类园，并应以中原牡丹品种群为主，可配以甘肃紫斑牡丹类为辅。长江流域及其以南地区则应以耐湿热品种为主。

③ 为了造景中色彩搭配的需要，在确定品种时还应考虑花色的协调。一般选择一种或几种花色作为主要花色，并适当搭配其他花色。同一色系的品种集中栽植易于表现渐变的群体美，而对比色相或花色互补的品种组合在一起则相互映衬。

④ 不同花期品种的合理搭配，对于延长整个专类园的观赏期具有重要作用。除了配置一般品种外，应尽量收集早花和晚花品种，一般晚花品种的比例可以占总数的 1/4～1/3，并适当集中栽植。牡丹与芍药的搭配也是延长观赏期的有效方法，尤其是将牡丹晚花品种与芍药早花品种结合起来，则牡丹开罢，芍药的观赏期也随之开始。此外，充分利用专类园内地形、坡向的差异，也可延长整体花期。在地形起伏较大的专类园中，向阳面与背阴处的牡丹花期可相差 2～3d。

(3) 造景手法

大型牡丹园一般采用群植、片植的形式，将不同品种按类别分块集中种植，便于品种鉴赏、识别和管理。牡丹以近观为主，可以坐赏、近视，以细细品味其绰约风姿、飘逸神韵，亦可远眺、高望或动游。关于后者，在自然式布局中可利用山丘的高差登高远望；在规则式布局中，则常常建有楼台，也可收远眺全园景色之效。

牡丹园植物配置还应考虑不同品种群的差异，以创造不同景观效果（图 10-17、图 10-18）。例如，利用紫斑牡丹类品种株形高大、花朵繁多的特点，可以孤植或丛植，并在周围布置小型牡丹植株，从而形成"众星捧月"的效果，也可在其上高接花期和生长势相近的多个品种，从而形成"什锦"牡丹，用作局部构图中心。牡丹专类园中还可以设置"园中园"，集中种植稀有品种，以满足人们的猎奇心理。

为富贵吉祥、和平幸福、繁荣昌盛的象征，悠久的栽培历史也形成了丰富多彩的牡丹文化。牡丹品种繁多，群体观赏效果好，最适于建立专类园。

传统上，牡丹品种分为三类六型八大色，即单瓣类（葵花型）、重瓣类（荷花型、玫瑰型、平头型）和千瓣类（皇冠型、绣球型），有红、黄、白、蓝、粉、紫、绿、黑 8 色。目前全国栽培牡丹品种 800 多个，著名品种有'姚黄''魏紫''赵粉''首案红''昆山夜光''蓝田玉'等。

(2) 设计原则

① 选址是建园的基础，相地如能合宜，造园自然得体。牡丹专类园设计，应当以牡丹的生态习性为基础，综合考虑地形、地貌、土壤等因素。牡丹为深根性，具有肉质直根，耐旱性较强，但忌积水，喜深厚肥沃而排水良好的砂质壤土，喜凉怕热。因而牡丹园应建于地势高燥、宽敞通风处，防止积水，并避免使用黏质土。

图10-17　杭州花港观鱼公园牡丹亭前群植的牡丹

图10-18　牡丹与杜鹃花的搭配

国内牡丹园中布置的景点多以牡丹命名，如牡丹亭、牡丹厅、牡丹廊、牡丹阁、牡丹轩、牡丹仙子雕塑、牡丹照壁、牡丹壁画等建筑小品，这能进一步渲染牡丹专类园的主题。菏泽曹州牡丹园和洛阳王城公园的牡丹阁、牡丹仙子，上海植物园牡丹园的牡丹廊，杭州"花港观鱼"的牡丹亭，北京植物园牡丹园的卧姿牡丹仙子塑像等，都赋予牡丹园以主题特征和更加迷人的艺术魅力。

(4) 牡丹园实例

"洛阳牡丹甲天下"，河南洛阳的牡丹园是首个国家级的专类花卉园。洛阳国家牡丹园占地 46.7hm²，前后收集了野生牡丹原始种 6 个，栽培品种 600 多个，新育品种 70 余个，引进 110 个，繁育牡丹近 800 万株，成为国家级牡丹基因库。并通过花期调控和冷库储藏等科技手段，使得园内牡丹四季花开，保证游人随时都能看到牡丹的国色天香。

菏泽曹州牡丹园由赵楼、李集、何楼 3 个牡丹园组成，总面积约 73hm²，有主栽牡丹品种 400 多个，100 余万株，是菏泽牡丹的主要观赏游览区，也是国内面积最大、品种资源最集中的牡丹园。牡丹园采用生产和观赏相结合的布置方式，园中建有亭台楼阁，便于游人观赏和游憩。

北京中山公园牡丹园，牡丹栽植在疏林下，生长得特别艳丽动人，有 100 多个著名品种，上千株，多为几十年生的植株，花朵硕大，生长健旺。

10.3.4.3　梅园

(1) 观赏价值与文化

梅花盛放时，香闻数里，落英缤纷，宛若积雪，有"香雪海"之称，是中国传统名花，寓意高洁，其色泽之美、香韵之清、品格之高极得古人推崇，被称为"花魁""清客""清友""花御史""江南第一花"。与松竹一起称为"岁寒三友"，又与迎春、山茶、水仙一起被誉为"雪中四友"，又与兰、竹、菊合称"四君子"。

梅花作为中国十大传统名花之一，是十分宝贵的园林造景资源，人们借梅抒情，以梅寓意，将梅花与山水、植物、建筑及自然景物巧妙结合，形成各种各样"情""景""意""趣"相互交融的环境，让人回味无穷。

(2) 设计原则

梅花专类园中应以植物造景为主，建筑数量宜少且体量宜小，造型要与主题呼应协调，以充分体现梅的自然美。园林建筑的主要作用是满足游客赏景的需求，因此，应建在景观最佳观赏点，使游客能更好地欣赏梅林的壮阔之美。同时，园林建筑本身也应成为整个景物的一部分，在色彩、体量、造型上与梅林协调一致，起到画龙点睛的作用。梅花在与园林建筑配置时，应特别注意兼顾梅本身的观赏特性及其与园林建筑配置后产生的观赏效果，使梅花的品格更加深化突出，梅景观内容进一步

图10-19　梅与石的韵致

图10-20　以苍翠的柏为背景，更显梅花的娇羞

图10-21　南京梅花山盛放的梅花

丰富。

(3) 造景手法

①梅与水体的配置　可充分体现出梅花的神韵，历来深受人们的喜爱。从品种看，垂枝梅姿态飘逸别致，最适宜植于水体旁边；龙游梅树形奇特，也可作水滨点景。水体旁种植梅花，更多是选用具有合适株形的普通梅花，采用斜栽在水旁，斜出水面的方式，以营造"半敧斜影入寒塘"的临水美景，树干苍老横斜的老梅尤其合适。从体量看，在池塘及溪涧边，宜配置株形较小的梅花，而对于大面积水体，则宜配置大型梅花或大片梅林，使景物在体量上取得协调。梅水结合，水中梅影，岸上梅花，一动一静，相互呼应，增加了景观的空间层次，丰富了景观内容；梅因水活，水因梅艳，梅水景观充分体现出梅花的神韵美，营造出疏朗、雅致的园林意境。

②梅与山石配置　刚劲简洁，最能表现梅花的刚劲品格（图10-19）。许多梅花景观中，梅都是与苍崖相配的，巨石为崖，将梅花置于幽崖空谷之中，意境更加清幽，气势更为宏大。梅花还可与块石相配，苍石虬枝，充满了山野气息。一梅配一石，将奇石置于老梅一侧，或将老梅植于石盘之中，颇可玩赏；一梅配多石，石块高低前后错落，疏密有致，梅树自然有机地结合于石块之间，或将石块分为几组，各组相互呼应，情趣无限；多梅配多石，石头散落于梅间，别有一番趣味。各种梅石小景，或与其他水景相配，或置于粉墙前方、房屋角隅，充满艺术气息。

梅与雪的配置中，最常见的是白梅。白梅与雪同色异香，且都有高洁的寓意，这也成了历代文人墨客咏梅颂雪的基本思路。"梅须逊雪三分白，雪却输梅一段香"，梅雪争妍，梅雪争春，在霜雪中赏梅，雪的洁白晶莹凛冽之气更加衬托出了梅的高洁冷峭与傲骨。月下赏梅，别开生面，梅与月的组合，展现出一派诗情画意。月色朦胧之下，白天日光下的繁杂背景消失不见，梅的特立独行、清高雅逸便体现得淋漓尽致，梅月相映，营造出淡泊、闲静、幽美的境界，使人的心境恬淡、祥和；有时，梅月景观还会引起伤感、怀念之情。这些情愫与感受，是白天赏梅所无法体会到的，也是"月下赏梅"的动人之处。若将"雪""水"与"月下之梅"进行组合，强化对梅花品性的渲染烘托，则梅花的人格意义可得到更加充分的诠释与表达。

在进行梅花景观营造时，可通过选用有相应寓意的树种与梅树组合，以强调某个主题（图 10-20）。梅与松、竹配置，可呈现出"岁寒三友"图的景观。在万物凋零的寒冷冬季，傲然斗雪的松、竹、梅混栽，展现出一派生机盎然、欣欣向荣的景象，使人心中充满希望；有时，"岁寒三友"并不一定是 3 种植物的单株组合，也可以是梅林与松林、竹林的结合，形成宏观的"岁寒三友"图；梅花还可点缀在松林与竹林之中，与苍松翠竹相映成趣。梅、兰、竹、菊自古就被称为"四君子"，在进行植物配置时，可用竹作为背景植物，兰、菊作为地被植物，几株梅花点缀其中，形成清新亮丽"四君子"图。梅与柳的组合，一刚一柔，相辅相成，相得益彰。选择与梅花花期相近的花木并与之组合，可形成有良好观赏效果的"春景园"。将一株或几株梅花孤植或丛植于大片开阔的冷季型草坪之中，使梅花和草坪结合成为"疏林草地"，梅树树冠的轮廓清晰完整，衬以蓝天、白云这样的简洁背景，使梅树的姿、色、韵格外突出。

（4）梅园实例

南京梅花山位于紫金山南麓、明孝陵前，占地约 28hm²，已经收集梅花品种 230 多个，总株数达 13 000 余株，规模堪称全国之首。以品种丰富、规模宏大、大树多为特点。梅花山虽然山体不高，但是在参天翠绿的松柏和修剪整齐的茶树陪衬下，漫山遍野的梅花，或红或白或嫩黄，暗香浮动，沁人心脾（图 10-21）。

杭州西湖赏梅胜地灵峰、孤山，遍植梅花。寒冬早春之时，大地尚未吐绿，梅花已经散发出缕缕清香。灵峰探梅位于灵峰山东侧，占地 12.5hm²，园内树木掩映，修竹叠翠，种植栽培有'墨梅''宫粉''大绿萼''细枝朱砂'等 50 多个品种 6000 多株梅花，成片栽植，或点植于园内

亭、阁、楼、舍旁，色彩纷呈，着力渲染"梅海"的气氛，并有笼月楼、掬月楼、云香楼、瑶台等 10 多处观梅景点。

10.3.4.4 月季园

（1）观赏价值与文化

月季园是利用蔷薇属植物布置而成的专类花园。在 20 世纪中期曾流行于欧美，目前在这些国家和地区的公园里还广泛分布。我国的月季园建得较少，但部分月季园在月季的种类和数量上已有相当规模，以北京植物园的月季园最为典型。

现代月季大致分为六大类：杂种香水月季、丰花月季、壮花月季、微型月季、藤本月季和灌木月季。月季花容秀美，仪态万方，千姿百态，芳香馥郁，花色艳丽，花期长，四时常开，被誉为"花中皇后"。

（2）月季园配植设计

月季园一般选在阳光充足、地势较高处为宜。若地势低洼，应建成花坛或建在斜坡上的形式。

月季园的布置形式有规则式、自然式和混合式 3 种。规则式月季园一般建于地势平坦处，按不同品种、花色、花期在规则式的栽植床上进行规则式种植，还可借助于花坛、花带、花境、花台等规则式和半规则式种植形式的组合，结合花架、花廊以及喷泉、叠水、雕塑等营造出更为丰富的景观。

月季花用途广泛，可用于园景布置，按几何图案布置成规则式的花坛，或依山傍水，因地制宜布置成风景式或混合式的庭院，还可沿墙作花篱，独立的花屏或花圃的镶边，灌木月季可植成栅栏，或植于斜坡、陡壁，形成道上花墙，柱状月季和藤本月季可以构成花柱等，还可用于切花、盆栽和展览装饰。植物配植上选择不同花色、不同花期及不同株形的月季和蔷薇属其他植物合理搭配，如花丛、花带及花坛宜选用花朵中小型、花序密集、开花繁茂的品种；花境选高矮不同、花色不同、大小中等的品种成丛配植（图 10-22）；立体欣赏则宜选用花朵繁密、花色艳丽的蔓性月季构成花柱，也可结合篱笆拱门、棚架等设施

图10-22 片植的月季

图10-23 藤本月季墙篱

（图10-23）；树状月季可对植、列植或成丛配置于园路旁或草坪上。

10.3.4.5 杜鹃园

杜鹃园是指利用杜鹃花属的植物营造而成的专类园。杜鹃园在世界分布较广，如英国邱园的杜鹃园、爱丁堡植物园的杜鹃园等，国内知名的有无锡杜鹃园、华西亚高山植物园的杜鹃园等。

(1) 观赏价值与文化

杜鹃花种类繁多，观赏价值各异，除了花朵以外，株形之美、叶色之美、新梢之美甚至苞片之美也是重要的观赏要素。杜鹃花为中国十大名花之一，花色艳丽，素有"花中西施"之美誉。

杜鹃花全世界约有900种，而我国约有530种，是世界杜鹃花资源的宝库，目前广泛栽培的园艺品种有200多种，分为东鹃、毛鹃、西鹃和夏鹃4个类型，近年又出现大量的杂交新品种。

杜鹃花的地理分布和垂直分布十分广泛，生态类型主要有高山垫状灌木型、高山湿生灌丛型、

旱生灌木型、亚热带山地常绿乔木型及附生型。

(2) 杜鹃园设计

展览以专类园的形式为主，采用植物造景手法，结合山体和现有地形，在疏林之下，山崖之麓，叠石之旁，沟涧之畔，三五成丛，成片成群，用各类杜鹃花及其他花灌木、地被植物大面积栽植，形成繁锦叠翠的休憩观赏景观。设计要点如下：

① 改造地形，利用各种造景元素 对展区地形加以改造，保证区内有起伏地势，便于展览，同时利用多变地形营造层次丰富的景观。

② 根据生态习性选择适宜种类 杜鹃花有多种生态类型，不同的类型要求有不同的生境，展区种植时要充分考虑各类型的生态习性。

③ 按色块群植，突出色彩效果 杜鹃花花色丰富、花量大、花朵繁密，展区设计根据生长势和花色相同的种类按不同的团、块、片自然布置，形成大色块，色彩搭配要科学，注重不同色彩间的对比。

④ 按形态特征配植 在展区的不同位置选用不同的形态特征的植物。

⑤ 合理搭配其他树种 展区内搭配一些乔、灌木丰富区内的季相，并为杜鹃花提供适宜的阴生环境（图10-24、图10-25）。在展区的四周，可用高大的乔木作为背景。

10.3.4.6 藤蔓植物园

藤蔓植物专类园简称蔓园，指以藤蔓类植物为主要植物材料布置而成的专类园。

(1) 观赏价值与文化

藤蔓类植物主茎细长而柔软，自身不能直立，以多种方式攀附于其他植物，向上或匍匐地面生长的藤本或蔓生灌木。按照生态习性可分为钩刺类、缠绕类、卷须类、吸附类、悬蔓类5种。

藤蔓植物专类展览常用的植物有藤本蔷薇类、凌霄类、木香、紫藤、金银花、地锦、三角梅、西番莲、炮仗花等。藤蔓类植物可以观叶、观花、观果，生长快，绿化效果好（图10-26）。

(2) 蔓园设计

藤蔓植物种类繁多，可用作墙面绿化、花架

图10-24　树林下的杜鹃花

图10-25　杜鹃花与红枫搭配

图10-26　常春藤垂直绿化

图10-27　观赏南瓜硕果累累，
给人以丰收的喜悦

图10-28　紫藤爬满竹廊构
成幽静覆盖空间

绿化、棚架绿化、拱门绿化、山石枯木绿化、栅栏绿化、护坡绿化、屋顶及室内绿化等。合理选择植物材料，注意品种间的合理搭配，常绿与落叶、观花与观叶、草本与木本的结合。植物展览通常是利用构架如游廊、花架、拱门、灯柱等种植不同的藤蔓植物，构成繁花似锦、硕果累累的植物景观（图10-27、图10-28）。

10.3.4.7　岩石园

岩生植物专类园又称岩石园，是指把各种岩石植物种植于堆砌的山石缝隙间，并结合其他背景植物及水体、峰峦等地貌，造出高山自然景观。

岩石园的兴起同高山植物的引种驯化密不可分。早期的岩石园所选用的植物材料多是高海拔的高山植物，后期发展为一些多年生宿根、球根花卉类。目前较著名的岩石园主要有英国爱丁堡皇家植物园内的岩石园、英国剑桥大学的岩石园等，我国的第一个岩石园位于庐山植物园内。

岩生植物多为低矮、生长缓慢的品种，还包括一些低矮宿根、小型花灌木、针叶树、小型观赏草等。岩生植物的共同特点为喜光、耐旱、耐瘠薄、善于攀缘、抗性强等特性。岩生植物主要有苔藓植物、蕨类植物、裸子植物、被子植物中适应这种生态环境的植物。园林中常选用宿根性或基部木质化的亚灌木类植物等。

岩石园花中有石，石中有花，花石相夹难分，

图10-29 模拟高山流水，岩生植物更添野趣

图10-30 仙人掌及多浆植物展区

沿坡起伏，垒垒石垛，丘壑成趣，远眺可显出万紫千红、花团锦簇，近视则怪石峥嵘、景观别致，富有野趣（图 10-29）。

(1) 类型

① 规则式　外形规整，植物种植于台地之上或排成一层层整齐的梯田式。

② 容器式　植物种植于石槽、石碗、陶瓷容器及一些钵体内。

③ 自然式　以模拟自然高山的地形地貌为主，一般要有山峰、山脉、山脊、山谷、碎石坡和干涸的河床，曲折的小溪及一定量的池塘、跌水等。具体还可分为裸岩景观、丘陵草甸景观、岩墙峭壁景观及碎石戈壁景观。

(2) 设计要点

① 根据气候条件选择植物　尽量选本地附近山体上的岩石植物作为展区内的主材，在气候不适宜的地区，可以利用人工气候室作为展区。一般选用植株矮小，结构紧密，适应性强，特别是具有较强的抗旱、耐贫瘠能力、生长健壮且具有特殊观赏性的植物。

② 选择合适的岩石　展区用石要能为植物根系提供凉爽的环境，石隙中要有储水的能力，要选择具有吸收湿气、透气的岩石，表面起皱、美丽、厚实、符合自然岩石外形的石料。

③ 建造栽植床　栽植床能使植物生长于疏松、通气的土壤内，为植物提供合适的生长环境。

④ 植物配置讲求艺术性　斜坡造景是展示岩生植物最常用的手法，沿斜坡布设曲折小径，并在山顶上种高大的乔灌木增加层次；利用较大的裸子植物为岩生植物提供阴生的小环境，同时还可用裸子植物浓绿的针叶为背景，烘托出岩生植物花色的明亮；还可结合水体、草坪展示岩生植物。

10.3.4.8　仙人掌及多浆植物园

我国多数植物园的温室均有仙人掌科和多浆植物专类园，是温室中最吸引游人的景点之一（图 10-30）。我国比较著名的有厦门植物园的仙人掌和多肉植物区、深圳植物园的沙漠植物区等，国外著名的有南非的 Karoo 多肉植物园等。

(1) 观赏价值与种类

仙人掌及多浆植物种类繁多，一般具有适应性强的特点，尤耐干燥的环境，其观赏特性主要有体形奇特，刺形、刺毛多变，花朵艳丽，棱形各异等。

仙人掌及多浆植物通常包括仙人掌科以及番杏科、景天科、萝藦科、大戟科、百合科、龙舌兰科等，而马齿苋科、葡萄科、鸭跖草科、夹竹桃科、凤梨科也有一些种类常见栽培。仙人掌类植物主要有附生型、叶仙人掌、高大的毛柱类及球形仙人掌类等。

(2) 展区设计

① 地形营造　展区设计要注重地形的营造，以营造沙漠地形为主，利用吸水性较好的石块堆

积出一定的层次，营造满足植物生长所需的生态环境。

② 主次分明　展区设计一般需要先确定每个小区的主景点，主景植物选彩色或姿态有特色的植物，既可选有一定体量的单株作主景，也可以选一丛植物作主景。利用抬高地势、开阔景区视野等技法，把主景植物放在游人视线焦点的位置，还可适当选用叶细花小的匍匐型多浆植物作陪衬，或用开繁密小花的植物植于园内作点缀，也可用高大的常绿木本植物作背景。

③ 色彩相宜　仙人掌和多浆植物的茎、叶及其附属器官一般具有丰富的颜色，在植物配植时要充分利用植物的不同色彩营造不同的景观效果。

④ 人工辅助　借助人工手段营造别具一格的景观。如利用不同颜色的灯光照射于园内的局部位置，使植物呈现不同的色彩。

10.3.5　案例

10.3.5.1　厦门鼓浪屿阴生植物园

阴生植物园是由厦门华侨亚热带植物引种园所属的实验圃地改造而成，位于鼓浪屿日光岩南坡山凹中部，规划用地面积约 4000m²。场地高差约 6m，分为 3 个台地，海拔高程分别为 12.0m、14.0m、18.0m，台地之间已有条石挡土墙。原实验圃地建有 2 座小型温室，规划予以保留，并加以改造利用。另外场地中有榕树、菠萝蜜、棕榈植物等大树，保留作为室外植物景观的骨架。

规划结合地形，重新调整布置园内植物，丰富植物品种，按温室展示、荫棚展示与室外展示 3 种形式布置，建设 5 个专类植物展区，室内与室外展示相结合，形成一个台地式的阴生植物观赏园，成为风景区新的景点，满足游人休闲、游览、科普教育的需求（图 10-31）。

主入口规划位于南面低平台，与主游路相连，入口设计为矮墙花架与花坛相结合的曲院空间，内侧布置小广场，作为游人的集散空间。三层台地之间用阶梯连接，形成环形游览路线，西侧开辟连接台地的材料运输通道。

(1) 热带植物展室

依托原温室改造建设，温室为长方形，面积为 280m²，温室南面中间开主入口，增建玻璃钢架门廊。室内原有的热带植物予以保留，引种有代表性、观赏价值高的热带植物，高、中、低群落布置，形成微缩的热带植物群落景观。主要展示树种有椰子、红棕桐、红椰子、槟榔、可可、咖啡、面包树、树兰等。西侧用展架分割小空间，布置食虫植物与生石花类植物，食虫植物以吊挂与盆栽形式布置，主要种类有猪笼草、瓶子草、茅膏菜、捕蝇草、食虫凤梨等。生石花类植物为小型多浆植物，以展台形式布置，主要种类有日轮玉、福寿玉、琥珀玉等（图 10-32）。

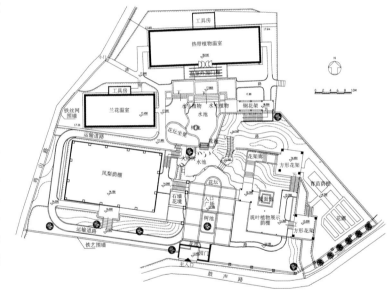

图10-31　阴生植物园总平面图

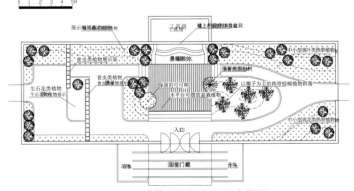

图10-32　热带植物展室平面布置图

(2) 兰花展室

依托原温室改造建设，温室为长方形，面积为160m²，温室东面为主入口。用2组高展架将温室分割为3个游览空间，入口与中间布置热带兰花，以兰花柱与兰花墙为景观节点，主要展示种类有：文心兰、石斛兰、万代兰、蝴蝶兰、卡特兰、兜兰等。西侧布置国兰精品，以展架与弧形花台进行布置，有建兰、墨兰、春兰、寒兰等（图10-33）。

(3) 组合荫棚

以3座方形构架结合荫棚及花架廊，围合形成高低错落的阴生植物展示空间，总面积500m²。中心围合庭院，设计一方形水池，以保持空气湿度，周边布置芭蕉形叶植物，配植旅人蕉、鹤望兰、黄鹤蕉、红鹤蕉、蝎尾蕉等植物。花架廊栽植三角梅、金杯藤等。荫棚与廊架内展示蕨类、阴生观叶植物、凤仙、秋海棠类等植物，采用地栽、吊挂、攀附等形式组合布置（图10-34、图10-35）。

(4) 凤梨竹芋室

平面为长方形，面积为400m²，东面为主入口。为适应竹芋与凤梨植物生长习性，中间建自然式水池，形成自然式与规则式相结合的平面布置。依托西、北面的挡土墙，作花台与凤梨栽植墙，中心水池布置凤梨栽植柱。竹芋植物布置在

栽植池与花台中，形成高低错落的景观。

(5) 室外植物展示

将现状的方形水池改造为曲线型水池，结合附石榕树，建成榕荫叠瀑景点，叠水落差约为5m。另外将主入口西侧的挡土墙加以改造，建成缓坡式石墙花境。室外布置菠萝蜜、油梨、人心果、腊肠树、旅人蕉等热带植物。

10.3.5.2　兰花展览温室

某展览温室属某生物科技集团公司，规划作为公司兰花产品展示与商务接待、农业观光的场地。温室平面为长方形，东西向长48m，南北向宽28m，室内总面积1318m²。温室为标准型钢结构生产温室，为适应展览需求，屋面加高到9.3m，在6.5m高处设遮阴网。东面设置水帘幕墙，西面设置风机，四周设0.6m高的墙基，北面为温室出入口（图10-36）。

(1) 兰科植物造景因素

"兰花"广义上可理解为所有的兰科植物，其种类丰富，全世界有2万多种，均为多年生草本植物，耐阴，怕阳光直射；喜湿润，忌干燥；喜肥沃、富含大量腐殖质的土壤；适宜在空气流通的环境生长。主要有中国兰和洋兰两大类，有着悠久的栽培历史和众多的品种。

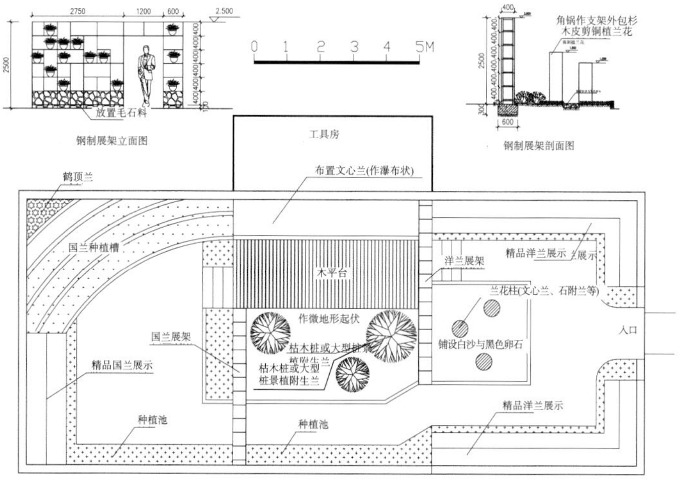

图10-33　兰花植物展室平面布置图

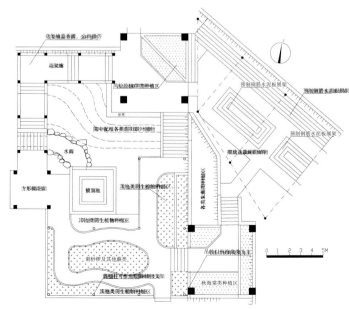

图10-34　组合荫棚平面布置图

图10-35　组合荫棚内庭院

按照兰科植物生长习性分为地生兰、附生兰、腐生兰三大类，其中国兰（春兰、建兰、墨兰、蕙兰、寒兰）、鹤顶兰、白及等原产于亚热带、温带的种类多为地生兰，原产热带与南亚热带区域的种类多为附生兰，如蝴蝶兰、石斛兰、万带兰等，而腐生兰因其特殊的习性则少见于人工栽培。兰科植物人工栽培展示的方式多样，包括地栽、树干附植、石栽、容器栽植等（图10-37、图10-38）。

兰花适合阴湿环境栽培，展览温室内常布置有景观水池与喷雾系统，以增加空气湿度（图10-39）。

(2) 景观布局

温室布展遵照生态与景观融为一体的原则，以兰科植物为主，结合其他观赏植物，按其生长习性科学地分区和布置景点。同时巧妙地运用微地形处理、叠石、理水、小品点缀等园林设计手法，创造出与兰花原生环境相适应的植物专类景观（图10-40）。

展室以自然山水园形式布局，因温室只有一个出入口，游览线路设计成环线闭合式。布局上分为入口产品展示区、雨林兰花区、附生兰组合景观区及国兰展示区（图10-38、图10-41）。

①入口产品展示区　位于入口集散空间，为方便兰花更换，采用移动花箱组合布置，主要展示公司生产的蝴蝶兰、大花蕙兰等新品种。

②雨林兰花区　以垂叶榕桩景为乔木主景，配植棕榈科等热带乔灌木，在树干附植各类热带兰花，营造出热带雨林树干附花的景观（图10-42）。

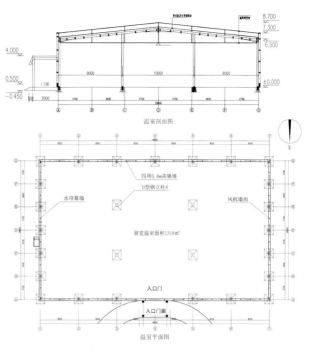

温室剖面图

温室平面图

图10-36　温室建筑结构图

地栽	立柱栽植
石缝栽植	枯树干附植
树干附植	容器吊植
盆栽	蛇木吊植

图10-37　兰花栽植类型

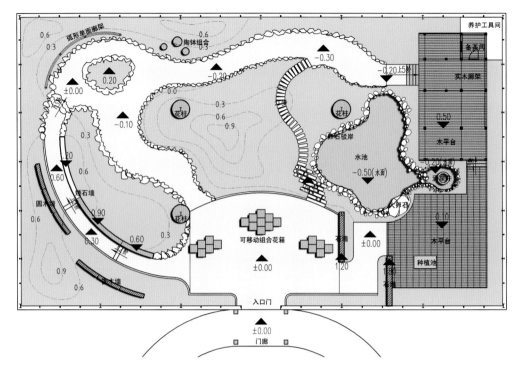

图10-38　兰花展览温室总平面图

图10-39　水池景观效果图

图10-40　园路景观效果图

③附生兰组合景观区　布置矮石墙、圆木墙、廊架、叠石、组合花钵等景观小品（图10-43），将各种附生兰附植、吊挂其上，形成高低错落的立体兰花组合造型。

④国兰展示区　与景观水池相接，设置高低两层木平台，其上建一实木廊架（图10-44），设置家具小品，作为游客集散、庇荫休息场地。国兰以容器栽植为主，用原木、树根、块石等自然材料为基座，自然布置于木平台上，满足游人品兰、咏兰、画兰的需求。

(3) 植物配置

兰花展室要形成立体的绿化空间，需要配植乔灌木。温室四周墙面有采光需求，高大乔木群落应置于四角与中间区域。因温室顶部布有遮阴网，种植的乔木生长空间只有6.5m高，受其限制，乔木应选择长势较慢、耐修剪的多杆桩景苗木。

①上层乔木　垂叶榕、苹婆、面包树、蓝棕榈、狐尾椰子、旅人蕉、大花鹤望兰等（图10-45）。

②中层乔木　百合竹、鸡蛋花、海南龙血树、散尾葵、三药槟榔、多裂棕竹、彩虹千年木、九里香、海芒果等。

③下层灌木　以观叶、耐阴类为主，包括雪花木、琴叶珊瑚、变叶木、仙丹、狗牙花、黄鸟

鹤蕉、红鸟鹤蕉、蓝雪花、桢桐、金脉爵床、春芋、斑叶露兜等。

④地被　选择冷水花、竹芋类、文殊兰、花

图10-42　雨林兰花效果图

图10-41　兰花布置图

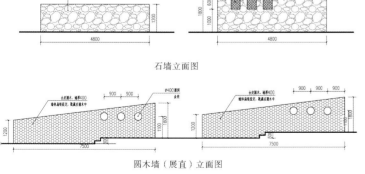

石墙立面图

圆木墙（展直）立面图

图10-43　种植墙设计图

1-1剖面图

正立面图

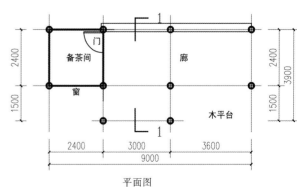

平面图

图10-44　廊架设计图

图10-45 主要乔木布置图

叶蔓长春、白鹤芋、沿阶草、肾蕨、鸟巢蕨、凤尾蕨等耐阴种类。展室中部4个立柱及四角立柱布置观叶藤本植物，选择绿萝、麒麟尾、红柄蔓绿绒、琴叶蔓绿绒等天南星科藤本植物。

⑤花境植物 除兰花外，选择何氏凤仙、红叶朱蕉、秋海棠类、火鹤花、凤梨类等。

小结

"植物专类园"是园林发展到现代社会产生的新名词，但突出某一植物为主题的园林或景观已有悠久的历史。《诗经》记载"桃之夭夭，灼灼其华"，展现了桃园胜景，是有关专类园最早的文字记载；至北宋，洛阳的专类园已闻名于世；古埃及设立有葡萄、海枣等专类园圃；中世纪欧洲较大的寺院则多辟有草药园。这些园逐渐发展为植物园或专类花园，而植物专类园直到近几十年才被提出，且大多以"园中园"的形式存在。

植物专类园要适应现代社会的发展步伐，其本身的表现形式就应丰富多样。近年来，植物专类园在主题上不断创新，除了展示植物的观赏特点外，还利用植物的作用、应用价值、生长环境等展示别具风格的园林景观。

不论是植物园的园中园，还是单独成园的植物专类园，它们必定有巨大的发展潜力，出现的类型也将趋于多元化。对植物专类园类型的分析使现存植物专类园类别明朗化，有利于专类园规划设计工作的进行。植物专类园既能丰富植物景观，强化园林主题，又有科学研究和科学普及功能，同时又是植物种质资源保存和生物多样性保护的重要基地，因此，研究、发展和建设丰富多彩植物专类园很有必要，也很有意义。

观光农业园实现了农业生产方式、经营方式以及消费方式的创新，是未来农业发展的一种新思路、新模式，也是我国现代农业中一项具有发展前途的特色产业。观光农业以充分开发具有观光、旅游价值的农业资源和农业产品为前提，以输出观光、休闲、采摘、购物、品尝、农事活动体验等旅游功能为目的。具有集旅游观光、农业高效生产、优化生态环境、生活体验和提升社会文化功能于一体的显著特点，符合现代生态旅游的主题要求。

思考题

1. 植物园的作用与功能有哪些？
2. 农业观光园的功能有哪些？按资源特色分类有哪些类型？
3. 农业观光园的特点有哪些？其设计中要注意哪些问题？
4. 常见的植物专类园有哪些？说出5个著名的植物专类园。

推荐阅读书目

生态农业观光园规划. 王浩，李晓颖. 中国林业出版社，2003.

植物专类园. 臧德奎. 中国建筑工业出版社，2011.

植物园研究. 张佐双. 中国林业出版社，2006.

科学植物园建设的理论与实践. 任海. 科学出版社，2006.

参考文献

北京园林局，2004.北京优秀景观园林设计 [M].沈阳：辽宁科学技术出版社.

陈英瑾，赵仲贵，2006.西方现代景观栽植设计 [M].北京：中国建筑工业出版社.

戴志中，2006.国外步行商业街区 [M].南京：东南大学出版社.

刁慧琴，居丽，2001.花卉布置艺术 [M].南京：东南大学出版社.

董丽，2015.园林花卉应用设计 [M].3 版.北京：中国林业出版社.

何平，彭重华，2000.城市绿地植物配置及其造景 [M].北京：中国林业出版社.

胡长龙，2002.园林规划设计 [M].2 版.北京：中国农业出版社.

李文敏，2006.园林植物与应用 [M].北京：中国建筑工业出版社.

刘慧平，1999.观光农业 [M].北京：北京出版社.

刘荣凤.2008,园林植物景观设计与应用 [M].北京：中国电力出版社.

卢圣，侯芳梅，2004.植物造景 [M].北京：气象出版社.

芦建国，2008.种植设计 [M].北京：中国建筑工业出版社.

芦原义信，1988.外部空间设计 [M].北京：中国建筑工业出版社.

诺曼·K·布思，1989.风景园林设计要素 [M].北京：中国林业出版社.

苏珊·池沃斯（Susan Chivers），2007.植物景观色彩设计 [M].董丽，译.北京：中国林业出版社.

王晓俊，2009.风景园林设计 [M].南京：江苏科学技术出版社.

杨赉丽，2016.城市园林绿地规划 [M].4 版.北京：中国林业出版社.

杨淑秋，李炳发.2003.道路系统绿化美化 [M].北京：中国林业出版社.

余树勋，1998.花园设计 [M].天津：天津大学出版社.

臧德奎，2010.植物专类园 [M].北京：中国建筑工业出版社.

张吉祥，2001.园林植物种植设计 [M].北京：中国建筑工业出版社.

周道瑛，2008.园林种植设计 [M].北京：中国林业出版社.

朱钧珍，2003.中国园林植物景观艺术 [M].北京：中国建筑工业出版社.

祝遵凌，2007.园林树木栽培学 [M].南京：东南大学出版社.

祝遵凌，2010.景观植物配置 [M].南京：江苏科学技术出版社.

附表

附表 1　常绿乔木一览表

序号	中文名	拉丁名	科名	生态习性	栽培要点	观赏特性	园林应用	适用地区
1	臭冷杉	*Abies nephrolepis*	松科	耐阴，耐寒	宜湿度较高的酸性土壤	树冠尖圆形	风景林，庭荫树	东北，华北
2	日本冷杉	*Abies firma*	松科	耐阴	喜湿润排水良好的酸性土壤	树冠阔圆锥形	庭院观赏树	华东，华中
3	青杆	*Picea wilsonii*	松科	耐阴，耐寒	宜排水良好、适当湿润的中性或微酸性土壤	针叶灰蓝色	风景林，庭荫树	西北，华北，东北
4	白杆	*Picea meyeri*	松科	耐阴，耐寒	宜中性及微酸性土壤	树冠狭圆锥形	风景林，庭荫树	西北，华北，东北
5	樟子松	*Pinus sylvestris* var. *mongolica*	松科	喜强光、极耐干冷及瘠薄土壤	宜酸性土壤	针叶黄绿色	防护林，风景林	东北，华北
6	油松	*Pinus tabulaeformis*	松科	喜强光、耐寒、耐旱、耐瘠薄土壤	宜通气状况良好的微酸及中性土壤	老年树冠盘伞形	风景林，行道树	东北，华北
7	黑松	*Pinus thunbergii*	松科	喜光，喜温湿	宜排水良好、富含腐殖质的中性土壤	树冠扁平伞状	风景林，行道树	华东沿海
8	五针松	*Pinus parviflora*	松科	喜光	宜排水良好土壤	针叶细软，蓝绿色	盆景及布置假山园	长江中下游
9	白皮松	*Pinus bungeana*	松科	喜光，耐瘠薄	宜排水良好土壤	树皮粉白色	风景林，庭荫树	华北，长江中下游
10	马尾松	*Pinus massoniana*	松科	喜强光	宜酸性黏质壤土	针叶细软	风景林	长江中下游
11	湿地松	*Pinus elliottii*	松科	喜强光，耐水湿	宜低连连沼泽地边缘	树冠圆锥形	风景林	长江中下游
12	雪松	*Cedrus deodara*	松科	喜光	宜土层深厚、排水良好的土壤	树冠圆锥形	孤植，列植	华北，长江中下游
13	油杉	*Keteleeria fortunei*	松科	喜光	宜酸性红、黄壤土	树冠塔形	园景树，风景林	东南沿海
14	云杉	*Picea asperata*	松科	喜光，耐阴	宜排水良好、微酸性深厚土壤	树冠尖塔形	风景林	华北
15	柳杉	*Cryptomeria fortunei*	杉科	喜温湿，稍耐阴，稍耐寒	宜深厚肥沃的砂质壤土	树冠塔圆锥形	风景林	长江流域
16	侧柏	*Platycladus orientalis*	柏科	喜光，耐旱，较耐寒	宜排水良好而湿润的深厚土壤，对土壤要求不严	树冠广圆形	庭荫树，防护林，绿篱	华北
17	圆柏	*Sabina chinensis*	柏科	喜光，耐寒	宜中性、深厚而排水良好的土壤	树冠狭圆锥形	绿篱，墓道树	华北至华南
18	'龙柏'	*Sabina chinensis* 'Kaizuca'	柏科	耐寒，稍耐阴湿	宜排水良好、深厚肥沃的土壤，忌潮湿渍水	鳞叶，枝叶浓密	庭荫树，孤赏树	华北至长江流域

（续）

序号	中文名	拉丁名	科名	生态习性	栽培要点	观赏特性	园林应用	适用地区
19	柏木	Cupressus funebris	柏科	喜光，不耐寒	宜石灰质土壤	树冠狭圆锥形	庭荫树	长江流域
20	竹柏	Podocarpus nagi	罗汉松科	耐阴，不耐寒	宜排水好、湿润富含腐殖质的酸性砂壤土	干皮红褐色	庭荫树、行道树	华东、华南
21	罗汉松	Podocarpus macrophyllus	罗汉松科	较耐阴，不耐寒	宜排水良好、湿润的砂质壤土	树形优美，观果观叶	庭荫树、绿篱、盆景	长江流域及以南
22	三尖杉	Cephalotaxus fortunei	三尖杉科	耐阴	宜土层深厚、排水良好的土壤	树冠开展，优美	庭荫树	华中至华南
23	南洋杉	Araucaria cunninghamii	南洋杉科	喜温暖湿润	宜疏松肥沃、排水透气性强的土壤	树形优美，观叶	孤赏树、行道树	东南沿海
24	东北红豆杉	Taxus cuspidata	红豆杉科	耐阴	宜富含有机质的潮湿土壤	树冠广卵形	绿篱、雕塑	东北
25	南方红豆杉	Taxus chinensis var. mairei	红豆杉科	耐阴，喜温暖	宜酸性土壤	树冠卵形	庭荫树	长江流域及其以南
26	苦槠	Castanopsis sclerophyllus	壳斗科	耐阴，耐干旱瘠薄	宜深厚、湿润的中性和酸性土	枝叶茂密，观叶	风景林、防护林	长江流域以南
27	青冈栎	Cyclobalanopsis glauca	壳斗科	耐修剪，较耐阴	宜微碱性或中性的石灰岩土壤	枝叶茂密，树姿优美	风景林、孤赏树	长江流域以南
28	榕树	Ficus microcarpa	桑科	喜光，喜暖热	宜酸性土壤	树冠庞大，枝叶茂密	行道树、庭荫树	华南
29	菩提树	Ficus religiosa	桑科	喜光，喜温湿	宜肥沃、疏松的微酸性砂壤土	树冠波状圆形	庭荫树、行道树	华南
30	银桦	Grevillea robusta	山龙眼科	喜光	宜深厚、肥沃而排水好的偏酸性砂壤土	树干通直，花橙黄色	行道树	华南、西南
31	深山含笑	Michelia maudiae	木兰科	喜光，喜温湿	宜土层深厚、疏松、湿润的酸性砂质土	花白色，花期2~3月	庭荫树、行道树	华东至华南
32	乐昌含笑	Michelia chapensis	木兰科	喜光，喜温湿	宜深厚、疏松、肥沃、排水良好的酸性土壤	花淡黄色，花期3~4月	庭荫树、行道树	华东至华南
33	白兰花	Michelia alba	木兰科	喜温湿	宜肥沃、富含腐殖质、排水良好的微酸性土壤	花白色，花期5~9月	庭荫树、行道树	华南
34	木莲	Manglietia fordiana	木兰科	耐阴，喜温湿	宜酸性土壤	树冠浓密，花色洁白	庭荫树、行道树	华南、西南
35	广玉兰	Magnolia grandiflora	木兰科	喜光，喜温湿	宜肥沃、湿润、富含腐殖质的砂壤土	树冠浓密，观花观果	庭荫树、行道树	长江流域及其以南

（续）

序号	中文名	拉丁名	科名	生态习性	栽培要点	观赏特性	园林应用	适用地区
36	樟树	Cinnamomum camphora	樟科	喜光	宜深厚、肥沃、湿润的微酸性黏质土壤	树冠广卵形	庭荫树、行道树	长江流域
37	浙江楠	Phoebe chekiangensis	樟科	耐阴，喜温湿	宜湿润、深厚、肥沃、排水良好的酸性土壤	树形优美，叶大荫浓	庭荫树、行道树	长江流域及其以南
38	枇杷	Eriobotrya japonica	蔷薇科	喜光	宜肥沃、湿润、排水良好的酸性土壤	初夏果黄	庭荫树、观果树	长江流域及其以南
39	台湾相思	Acacia confusa	含羞草科	喜光，耐干燥瘠薄	宜酸性土壤	花黄色，花期4~6月	行道树、庭荫树	华南
40	南洋楹	Albizzia falcataria	含羞草科	喜光，喜高温多湿	宜湿润、排水良好的红壤及砂质壤土	树冠广阔，花淡黄	行道树、庭荫树	华南
41	金合欢	Acacia farnesiana	含羞草科	喜光，喜温暖	宜背风向阳、土层深厚的砂壤或湿壤土	头状花序，全年有花	风景树、孤赏树	西南、东南
42	黄槐	Cassia surattensis	苏木科	喜光，耐半阴，喜温湿	宜湿厚而排水良好的土壤	花鲜黄，全年有花	行道树、孤赏树	华南
43	冬青	Ilex chinensis	冬青科	喜光，不耐寒	宜肥沃、湿润、排水良好的酸性土壤	红果经冬不落	庭荫树、绿篱	长江流域及其以南
44	龙眼	Euphoria longan	无患子科	喜光，稍耐阴，喜温湿	宜富含腐殖质的微酸性土壤	树冠广阔，树姿优美	庭荫树、风景树	华南
45	荔枝	Litchi chinensis	无患子科	喜光，喜热湿	宜富含腐殖质的酸性土壤	树冠广阔，树姿优美	庭荫树、风景树	华南
46	杜英	Elaeocarpus sylvestris	杜英科	较耐寒，喜温湿	宜酸性的红壤土	老叶红	行道树	长江流域及其以南
47	白千层	Melaleuca leucadendra	桃金娘科	喜暖热	宜土层肥厚、潮湿	花白色，树皮白色，树形优美	行道树、孤赏树	华南
48	大叶桉	Eucalyptus robusta	桃金娘科	喜光，喜温暖湿润	宜肥沃、湿润的酸性及中性土壤	树冠圆形，叶深绿	行道树、庭荫树	华南
49	桂花	Osmanthus fragrans	木犀科	喜光，不耐寒	宜湿润、排水良好的砂质壤土	花黄色，浓香	孤赏树	长江流域及其以南
50	女贞	Ligustrum lucidum	木犀科	喜光，喜温湿	宜微酸性土壤	花白色，果蓝黑色	行道树、绿篱	华北南部至长江流域
51	棕榈	Trachycarpus fortunei	棕榈科	耐阴，喜温湿	宜排水良好肥沃土壤	叶大如扇	行道树	长江流域及其以南
52	蒲葵	Livistona chinensis	棕榈科	喜高温多湿	宜湿润、肥沃、富含有机质的黏壤土	树冠伞形，叶大如扇	行道树	华南
53	椰子	Cocos nucifera	棕榈科	喜温湿，抗风力强	宜海滨冲积土和河岸冲积土	树形优美	风景树、庭荫树	华南
54	散尾葵	Chrysalidocarpus lutescens	棕榈科	喜高温，较耐阴	宜疏松、排水良好、富含腐殖质的土壤	姿态纤细优美	行道树、绿篱	华南
55	假槟榔	Archontophoenix alexandrae	棕榈科	喜光	宜富含腐殖质微酸性土壤	树形优美	行道树	华南
56	鱼尾葵	Caryota ochlandra	棕榈科	喜温湿，耐阴	宜湿润酸性土	树姿优美，叶形奇特	行道树	华南
57	刺葵	Phoenix hanceana	棕榈科	喜光，喜高温多湿	宜排水良好砂质土壤	树形优美	庭荫树	华南

（续）

序号	中文名	拉丁名	科名	生态习性	栽培要点	观赏特性	园林应用	适用地区
58	加拿利海枣	*Phoenix canariensis*	棕榈科	喜高温多湿	宜富含腐殖质的壤土	高大雄伟，观叶	庭荫树、行道树	华南
59	桄榔	*Arenga pinnata*	棕榈科	喜阴湿	宜肥沃、排水良好壤土	叶片巨大，挺直	庭荫树	华南
60	王棕	*Roystonea regia*	棕榈科	喜光，喜温暖	宜排水良好、富含有机质的壤土	叶长达3m，羽状	行道树、孤赏树	华南
61	霸王棕	*Bismarckia nobilis*	棕榈科	喜光，耐旱	喜排水良好肥沃土壤	高大壮观	行道树	华南
62	华盛顿棕	*Washingtonia robusta*	棕榈科	喜光，耐热，耐旱	宜通透性较好的砂质土	树形高大，枝叶繁茂，花果鲜艳	行道树、庭荫树	华南
63	木荷	*Schima superba*	山茶科	喜温湿，喜光	宜深厚、肥沃的酸性砂质土壤	花白色，花期初夏	庭荫树、风景林	长江流域及其以南
64	杨梅	*Myrica rubra*	杨梅科	喜温湿	宜排水良好酸性土壤	初夏红果	庭院树	华东、东南
65	柚	*Citrus grandis*	芸香科	喜温湿	宜肥沃、排水良好砂质土壤	花白色，果黄色	庭荫树、行道树	华南
66	柑橘	*Citrus reticulata*	芸香科	喜温湿	宜肥沃微酸性土壤	花白色，果橙黄	观果树	长江流域及其以南
67	金橘	*Citrus microcarpa*	芸香科	稍耐阴、耐旱	宜肥沃疏松、排水良好的微酸性砂质壤土	花色玉白，果金黄	观果、观花	长江流域及其以南
68	香橼	*Citrus medica*	芸香科	喜光，喜温湿	宜肥沃排水良好土壤	花淡紫色，果淡黄	行道树、观果树	长江流域及其以南

附表2 落叶乔木一览表

序号	中文名	拉丁名	科名	生态习性	栽培要点	观赏特性	园林应用	适用地区
1	银杏	Ginkgo biloba	银杏科	喜光，较耐旱	宜排水良好砂质壤土	叶扇形，秋叶金黄	行道树，孤赏树	沈阳以南
2	落叶松	Larix gmelini	松科	喜强光，极耐寒	宜排水良好肥沃土壤	树冠卵状圆锥形	庭荫树，风景林	东北
3	金钱松	Pseudolarix kaempferi	松科	喜光，喜温凉湿润	宜肥沃、排水良好砂质土	秋叶金黄	风景林，水边护岸	长江流域
4	水杉	Metasequoia glyptostroboides	杉科	喜光，喜温暖湿润	宜深厚肥沃、排水良好的酸性土	树冠圆锥形，树形优美	风景林，行道树	华北至华南
5	池杉	Taxodium ascendens	杉科	喜强光，耐涝	宜疏松酸性土	树冠尖塔形	孤赏树，水边绿化	长江流域及其以南
6	落羽杉	Taxodium distichum	杉科	喜强光，喜温湿，较耐水湿	宜湿润而富含腐殖质的土壤	树冠圆锥形，秋叶古铜色	水边绿化，庭荫树	长江流域及其以南
7	墨西哥落羽杉	Taxodium mucronatum	杉科	喜温暖，耐水湿	宜湿润而富含腐殖质的土壤	树冠圆锥形	河道绿化，行道树	长江流域
8	毛白杨	Populus tomentosa	杨柳科	喜光，喜凉湿	宜肥沃土壤	树干灰白，端直	行道树	华北至长江流域
9	垂柳	Salix babylonica	杨柳科	喜光，喜温湿	宜潮湿土壤	枝条细长，柔软下垂	行道树，河岸绿化	华北、华南
10	旱柳	Salix matsudana	杨柳科	喜光，喜湿	宜肥沃疏松土壤	树冠倒卵形	行道树，河岸绿化	东北、华北、西北
11	'龙爪'柳	Salix matsudana 'Tortuosa'	杨柳科	喜光，喜湿，耐寒，耐旱	宜肥沃、疏松、潮湿的土壤	枝条扭曲如游龙	庭荫树，观赏树	东北、华北、西北
12	馒头柳	Salix matsudana 'Umbraculifera'	杨柳科	喜光，耐旱	宜肥沃、疏松土壤	树冠半圆形，状如馒头	庭荫树	东北、华北、西北
13	意大利杨	Populus euramericana	杨柳科	喜光，喜温暖湿润	宜肥沃、深厚的砂质土	树干耸立，叶大荫浓	行道树	全国各地
14	柽柳	Tamarix chinensis	柽柳科	喜光，耐旱	对土质要求不严	叶浅蓝绿，花粉红	行道树	华北至长江中下游地区
15	枫杨	Pterocarya stenoptera	胡桃科	喜光，喜温湿	宜肥沃湿润土壤	树冠宽广，枝叶繁茂	行道树	华北至长江流域
16	核桃	Juglans regia	胡桃科	喜光，喜温凉	宜肥沃湿润土壤	树冠广卵至扁球形	风景林	华北至华南
17	薄壳山核桃	Carya illinoensis	胡桃科	喜光，喜温湿	宜肥沃、排水良好壤土	树冠广卵形	行道树	华东
18	麻栎	Quercus acutissima	壳斗科	喜光，耐旱	宜肥沃、排水良好酸性土	树形高大，树冠伸展	庭荫树，风景林	辽宁至华南
19	栓皮栎	Quercus variabilis	壳斗科	喜光	宜肥沃、排水良好砂质壤土	树干挺直，秋叶橙褐色	庭荫树，风景林	辽宁至华南
20	板栗	Castanea mollissima	壳斗科	喜光，耐旱	宜排水良好砂质壤土	树皮圆广，枝皮叶大	风景林	华北至华南
21	鹅耳枥	Carpinus turczaninowii	桦木科	稍耐阴，耐干旱瘠薄	宜肥沃、湿润的中性及石灰质土壤	枝叶茂密，叶形秀丽	庭荫树，风景林	东北南部至西南
22	桤木	Alnus cremastogyne	桦木科	喜温，喜温湿，耐水湿	宜深厚、肥沃、湿润的土壤	树干通直，树形优美	园景树，护岸固堤树	西南，华东
23	白桦	Betula platyphylla	桦木科	喜强光，耐瘠薄	宜酸性土壤	树干修直，洁白雅致	行道树，风景林	东北、华北

（续）

序号	中文名	拉丁名	科名	生态习性	栽培要点	观赏特性	园林应用	适用地区
24	青檀	Pteroceltis tatarinowii	榆科	喜光，耐瘠薄	宜石灰岩山地	秋叶红褐色	风景树	黄河至长江流域
25	榔榆	Ulmus parvifolia	榆科	喜光，耐瘠薄	宜肥沃、湿润土壤	树形优美，树皮斑剥	行道树	华北、华东
26	榆树	Ulmus pumila	榆科	喜光，耐旱	排水良好土壤	树冠圆球形	行道树	东北至华东
27	朴树	Celtis sinensis	榆科	喜光	宜肥沃中性壤土	冠大荫浓，果橙红色	行道树	长江流域及其以南
28	榉树	Zelkova schneideriana	榆科	喜光，喜温湿	宜肥沃、湿润土壤	树形优美，秋叶红色	行道树	中部至华南部
29	无花果	Ficus carica	桑科	喜光，喜温湿	宜肥沃砂质壤土	叶大奇特	庭院观赏	华北至华南
30	桑树	Morus alba	桑科	喜光，耐干旱瘠薄	宜肥沃、湿润土壤	秋叶金黄	风景树	长江流域
31	鹅掌楸	Liriodendron chinense	木兰科	喜光，喜温湿	宜肥沃、排水良好酸性土壤	叶马褂形，秋叶黄色	庭荫树，行道树	长江流域及其以南
32	北美鹅掌楸	Liriodendron tulipifera	木兰科	喜光，不耐干旱、水湿	宜湿润、排水良好土壤	花朵美丽，秋叶金黄	庭荫树，行道树	华东，西南
33	杂种鹅掌楸	Liriodendron chinense × L. tulipifera	木兰科	喜光，耐寒	宜肥沃、排水良好酸性土壤	花似郁金香，淡黄绿	庭荫树，行道树	华北以南
34	紫玉兰	Magnolia liliflora	木兰科	喜光	宜肥沃、湿润而排水良好的土壤	花紫色，花期3~4月	庭荫树，风景林	华北至华南
35	白玉兰	Magnolia denudata	木兰科	喜光	宜肥沃、排水良好酸性土壤	花白色，花期3~4月	行道树，风景林	华北至华南，西南
36	二乔玉兰	Magnolia × soulangeana	木兰科	耐旱	宜富含腐殖质、排水良好的微酸性土壤	花淡紫色，花期3~4月	庭荫树，风景林	华北至华南
37	厚朴	Magnolia officinalis	木兰科	喜光	宜肥沃、排水良好酸性土壤	叶大荫浓	庭荫树	中西部
38	枫香	Liquidambar formosana	金缕梅科	喜光，喜温湿	宜深厚、湿润土壤	树冠端直，秋叶变红	风景林	长江以南
39	杜仲	Eucommia ulmoides	杜仲科	喜光，喜温湿	宜肥沃、排水良好土壤	树冠圆形，枝叶浓密	行道树	华北，华东
40	悬铃木	Platanus spp.	悬铃木科	喜光，喜温暖，耐干旱瘠薄	宜排水良好的微酸性或中性土壤	冠大荫浓	行道树，庭荫树	全国各地
41	木瓜	Chaenomeles sinensis	蔷薇科	喜光，喜温湿	宜肥沃、排水良好土壤	花粉红，花期4~5月	庭荫树，风景林	长江流域至华南
42	山楂	Crataegus pinnatifida	蔷薇科	喜光，耐干旱瘠薄	宜湿润、排水良好砂质壤土	花白色，果红色可食	孤赏树	东部至华中
43	苹果	Malus pumila	蔷薇科	喜光，喜干燥冷凉、喜光	宜肥沃、排水良好土壤	花白色，果可食	庭荫树，风景林	华北，华东
44	杏	Prunus armeniaca	蔷薇科	喜光，耐旱	宜排水良好砂壤土	花粉红，花期3~4月	庭荫树，风景林	东北至长江流域
45	日本晚樱	Prunus lannesiana	蔷薇科	喜光，喜温湿	宜土壤肥沃，阳光充足	花初淡红色，后白色，花期4月	庭院观赏，风景林	华北以南
46	日本樱花	Prunus yedoensis	蔷薇科	喜光	宜肥沃、排水良好微酸性土壤	花粉红，花期4月	庭院观赏，风景林	华北至长江流域
47	稠李	Prunus padus	蔷薇科	喜光，喜湿润	宜砂壤土	花白色，花期4~5月	庭院观赏，风景林	东北、华北、西北

园林植物景观设计（第2版）

（续）

序号	中文名	拉丁名	科名	生态习性	栽培要点	观赏特性	园林应用	适用地区
48	李	Prunus salicina	蔷薇科	喜光	宜肥沃、湿润的黏质壤土	花粉红，花期3~4月	风景林	华北、华东
49	紫叶李	Prunus cerasifera f. atropurpurea	蔷薇科	喜光、喜温温湿	宜砂砾土	生长季叶紫红色	风景林	华北及其以南地区
50	樱桃	Prunus pseudocerasus	蔷薇科	喜温喜光、耐旱	宜肥沃、排水良好砂土壤	花白色，花期4月	风景林	华北、华东
51	桃	Prunus persica	蔷薇科	喜光、耐旱	宜肥沃、排水良好土壤	花白色，花期3~4月	风景林	东北南部至华南
52	碧桃	Prunus persica f. duplex	蔷薇科	喜光、耐旱	宜排水良好砂壤土	花粉红，花期3~4月	风景林	华东、华中
53	梅花	Prunus mume	蔷薇科	喜光、喜温湿	宜排水良好砾质壤土	花粉红，花期2~3月	风景林	华北、长江流域及以南
54	杜梨	Pyrus betulaefolia	蔷薇科	喜光、耐干旱瘠薄	宜酸性至中性土	花白色，花期4~5月	孤赏树、防护林	东北至长江流域
55	豆梨	Pyrus calleryana	蔷薇科	喜温湿	宜酸性至中性土	花白色，花期4月	孤赏树	长江流域
56	白梨	Pyrus bretschneideri	蔷薇科	喜干燥冷凉、喜光	宜疏松、地下水位较低砂质壤土	花白色，花期4月	行道树、庭院观赏	西北、华东
57	合欢	Albizzia julibrissin	含羞草科	喜光、耐干旱瘠薄	宜排水良好、肥沃土壤，不耐涝	叶形雅致，盛夏绒花满树	庭荫树、行道树	华北至华南
58	刺槐	Robinia pseudoacacia	蝶形花科	喜光、耐干旱瘠薄	宜肥沃、湿润、排水良好砂质壤土	花白色，花期5月	庭荫树、行道树	东北南部至华东
59	槐	Sophora japonica	蝶形花科	喜光、喜干冷	宜排水良好砂质壤土	树冠球形	庭荫树、行道树	华北、华东
60	龙爪槐	Sophora japonica var. pendula	蝶形花科	喜光、稍耐阴	宜温润肥沃、排水良好砂质壤土	枝条弯曲下垂	园景树	东北至华南
61	'香花'槐	Robinia pseudoacacia 'Idaho'	蝶形花科	耐热、耐干旱、瘠薄	宜排水良好疏松中性土	花粉红色，花期5~7月	园景林	东北至华南
62	皂荚	Gleditsia sinensis	苏木科	喜光、喜温湿	宜湿润润肥沃土壤	树冠广阔，叶大荫浓	庭荫树	东北至华南
63	凤凰木	Delonix regia	苏木科	喜光	宜排水良好土壤	叶形如鸟羽，花红美丽	庭荫树、行道树	华南
64	腊肠树	Cassia fistula	苏木科	喜温湿、喜光	宜湿润、肥沃石灰质土	花金黄色，初夏开放	庭荫树、行道树	华南
65	羊蹄甲	Bauhinia variegata	苏木科	喜光、喜湿	宜排水良好土壤	花粉红芳香，形大	庭荫树、行道树	华南
66	花椒	Zanthoxylum bungeanum	芸香科	喜温湿、喜光	宜肥沃、湿润钙质土	果实具香气	庭荫树、风景林	东北南部至华南
67	枸橘	Poncirus trifoliata	芸香科	喜光、喜温湿	宜微酸性土壤	花白色，果黄绿色	庭荫树、风景林、绿篱	黄河流域至华南
68	臭椿	Ailanthus altissima	苦木科	喜光、耐干旱瘠薄	宜排水良好砂土壤	树冠半球形，嫩叶紫红	庭荫树、行道树	华北至长江流域

（续）

序号	中文名	拉丁名	科名	生态习性	栽培要点	观赏特性	园林应用	适用地区
69	香椿	Toona sinensis	楝科	喜光	宜肥沃、湿润砂质壤土	树干通直	庭荫树、行道树	辽南至西南
70	苦楝	Melia azedarach	楝科	喜光，喜温湿	宜肥沃、湿润土壤	树形优美，花淡紫	庭荫树、行道树	华北南部至华南
71	乌桕	Sapium sebiferum	大戟科	喜光，喜温暖	宜肥沃、水分充沛土壤	树冠近球形，秋叶变红	园景树、风景林	黄河以南
72	重阳木	Bischofia polycarpa	大戟科	喜光，耐水湿	宜肥沃砂质土壤	秋叶红色	庭荫树、行道树	黄河下游地区
73	油桐	Aleurites fordii	大戟科	喜光，喜温湿	宜肥沃、排水良好土壤	树冠圆整，叶大荫浓	庭荫树、行道树	长江以南
74	南酸枣	Choerospondias axillaris	漆树科	喜光，喜温湿	宜排水良好酸性土壤	树干端直，冠大荫浓	庭荫树、行道树	长江流域至华南
75	黄连木	Pistacia chinensis	漆树科	喜光，耐干旱瘠薄	宜肥沃、湿润而排水良好的石灰岩山地	树冠开阔，秋叶变红	庭荫树、行道树	华北至华南
76	黄栌	Cotinus coggygria	漆树科	喜光，耐干旱瘠薄	宜肥沃、排水良好砂质壤土	秋叶红色	庭荫树、风景林	华北、西南
77	'红栌'	Cotinus coggygria 'Royal purple'	漆树科	喜光，耐干旱瘠薄	宜肥沃、偏酸性砂壤土	树冠圆形或伞形，枝紫褐色	风景林	西南
78	盐肤木	Rhus chinensis	漆树科	喜光，喜温湿，耐旱	宜疏松、肥沃、排水良好砂壤土	枝叶密生褐色柔毛	风景林	除东北北部
79	火炬树	Rhus typhina	漆树科	喜光，耐旱，耐盐碱	对土、水、肥要求不严	雌花序，果序似火炬，秋叶变红	风景林	华北、西南、东北
80	丝棉木	Euonymus bungeanus	卫矛科	喜光，耐寒，耐干旱	宜肥沃、湿润、排水良好土壤	树冠圆整，叶形清秀	孤赏树、庭荫树	华北至长江流域
81	茶条槭	Acer ginnala	槭树科	喜弱光	宜排水良好砂质壤土	干直洁净，花清香	庭荫树、行道树	东北至华东
82	元宝槭	Acer truncatum	槭树科	弱喜光，喜温凉	宜肥沃、湿润、排水良好土壤	树形优美，秋叶红艳	庭荫树、行道树	东北、华北
83	青榨槭	Acer davidii	槭树科	耐瘠薄	宜中性土	树形优美，树干纹理美丽	庭荫树、风景林	华北、中南
84	三角枫	Acer buergerianum	槭树科	稍耐阴，较耐水湿	宜酸性、中性土壤	树形优美，秋叶暗红	庭荫树、行道树	长江流域
85	五角枫	Acer mono	槭树科	喜温凉湿润，稍耐阴	宜肥沃、湿润土壤	树形优美，秋叶变黄	庭荫树、行道树	东北至华东
86	鸡爪槭	Acer palmatum	槭树科	喜温暖湿润	宜肥沃、湿润、排水良好土壤	树形优美，秋叶变红	孤赏树、风景林	长江流域
87	'羽毛'枫	Acer palmatum 'Dissectum'	槭树科	喜温暖湿润	宜肥沃、湿润土壤	树形优美，叶形清秀	孤赏树、风景林	华北至长江流域
88	'红枫'	Acer palmatum 'Atropurpureum'	槭树科	喜温暖湿润	宜酸性或中性砂壤土	树形优美，叶红色	孤赏树、风景林	长江流域
89	七叶树	Aesculus chinensis	七叶树科	喜光，喜温暖	宜肥沃、湿润、排水良好土壤	树冠开阔，叶大荫浓	庭荫树、行道树	华东
90	无患子	Sapindus mukurossi	无患子科	喜光，喜温湿	宜排水良好土壤	树冠广卵形，秋叶金黄	行道树、庭荫树	长江流域及其以南
91	栾树	Koelreuteria paniculata	无患子科	喜光，耐干旱瘠薄	宜深厚湿润土壤	秋叶黄色，夏季开花，金黄色	行道树、庭荫树	华北、华东

(续)

序号	中文名	拉丁名	科名	生态习性	栽培要点	观赏特性	园林应用	适用地区
92	黄山栾树	Koelreuteria integrifolia	无患子科	喜光、喜温暖湿润	宜石灰质土壤	初秋开花金黄、果实淡红	行道树、庭荫树	长江流域以南
93	文冠果	Xanthoceras sorbifolia	无患子科	喜光、耐干旱、不耐涝	宜肥沃、湿润、通气良好土壤	树姿秀丽、花大白色，花期4~5月	孤赏树、庭荫树	华北、华东
94	枣	Zizyphus jujuba	鼠李科	喜强光、耐干旱瘠薄	宜中性或微酸性砂土	叶色油亮	庭荫树	华北至华南
95	拐枣	Hovenia dulcis	鼠李科	喜光、耐干旱瘠薄	宜深厚、肥沃、潮湿土壤	树姿优美、花小黄绿色，花期6月	庭荫树	西南和华南
96	紫椴	Tilia amurensis	椴树科	喜光	宜土层深厚、排水良好砂壤土	树姿优美、枝叶茂密	行道树、庭荫树	东北、华北
97	木棉	Gossampinus malabarica	木棉科	喜暖热、耐干旱	宜肥沃、排水良好砂质土壤	花大红色，花期2~3月	行道树、庭荫树	华南
98	梧桐	Firmiana simplex	梧桐科	喜光、喜温湿	宜肥沃、湿润、排水良好土壤	枝干青翠、叶大荫浓	庭荫树、行道树	华北、长江流域
99	珙桐	Davidia involucrata	珙桐科	喜阴湿、不耐干旱瘠薄	宜肥沃、湿润、排水良好酸性土	苞片白色、形似白鸽	行道树、庭荫树	西南
100	喜树	Camptotheca acuminata	珙桐科	喜光、喜温湿	宜肥沃、湿润土壤	树冠圆形、树干通直	行道树、庭荫树	长江流域及其以南
101	紫薇	Lagerstroemia indica	千屈菜科	喜光、喜温暖	宜肥沃、湿润、排水良好石灰性土壤	花粉红，花期6~9月	风景林、孤赏树	华北至长江流域
102	石榴	Punica granatum	石榴科	喜光、喜温暖	宜肥沃、湿润、排水良好土壤	花橙红色、花期夏季	行道树、孤赏树	黄河流域及其以南
103	刺楸	Kalopanax septemlobus	五加科	喜光	宜土层深厚、湿润酸性土壤	花白色、叶大掌状裂	庭荫树	东北南部至华南
104	白蜡	Fraxinus chinensis	木犀科	喜光、耐干旱	宜深厚、肥沃、湿润土壤	树冠卵圆形、秋叶黄色	行道树、风景林	东北南部至华南
105	水曲柳	Fraxinus mandshurica	木犀科	喜光	宜湿润	树冠卵形、枝繁叶茂	风景林	东北
106	泡桐	Paulownia fortunei	玄参科	喜光、喜温湿	宜肥沃、湿润、不积水土壤	树冠圆锥形、花白色或淡紫色	行道树、庭荫树	黄河中下游、华东
107	楸树	Catalpa bungei	紫葳科	喜光、喜温湿	宜肥沃、湿润、疏松土壤	树冠圆整、花紫白相间	行道树、庭荫树	黄河中下游、华东
108	黄金树	Catalpa speciosa	紫葳科	喜强光	宜肥沃、湿润土壤	树冠圆整、叶大荫浓	行道树、庭荫树	华北、华东
109	蓝花楹	Jacaranda acutifolia	紫葳科	喜温湿	宜肥沃、湿润砂壤土	树冠伞形、蓝花朵朵	行道树、庭荫树	华南、西南
110	山茱萸	Cornus officinalis	山茱萸科	喜温湿	宜肥沃、湿度适中土壤	叶色碧绿、花黄色，花期3~4月	风景林	华中
111	柿	Diospyros kaki	柿树科	喜光、喜温湿、耐干旱	宜肥沃、排水良好中性壤土	秋叶红色、果橙黄色	庭荫树	东北南部至华南
112	'鸡蛋花'	Plumeria rubra 'Acutifolia'	夹竹桃科	喜光、喜湿热、耐干旱	宜石灰岩山地	叶大深绿、花清香优雅	庭荫树	华南

附表 3　常绿灌木一览表

序号	中文名	拉丁名	科名	生态习性	栽培要点	观赏特性	园林应用	适用地区
1	苏铁	*Cycas revoluta*	苏铁科	喜温湿	宜疏松、肥沃、偏酸性砂质土	姿态优美，观叶	庭院观赏，盆栽	华南
2	铺地柏	*Sabina procumbens*	柏科	喜光	宜石灰质、肥沃土壤	贴地伏生	岩石园，地被	华北
3	砂地柏	*Sabina vulgaris*	柏科	喜光、耐干旱	对土壤要求不严，忌水湿	匍匐状灌木，小枝上扬	岩石园，地被	西北、华北
4	十大功劳	*Mahonia fortunei*	小檗科	耐阴、喜温湿	不宜碱土栽培	叶形秀丽，花黄色	绿篱	长江流域及其以南
5	阔叶十大功劳	*Mahonia bealei*	小檗科	耐阴、喜温湿	不宜栽植碱性土壤，怕水涝	花黄色，果黑色	绿篱	长江流域及其以南
6	南天竹	*Nandina domestica*	小檗科	中性、耐阴，喜温湿	宜湿润、肥沃，排水良好砂质土	枝叶秀丽，花白果红	绿篱，盆栽	长江以南
7	海桐	*Pittosporum tobira*	海桐花科	喜光、喜温暖	宜肥沃、湿润土壤	花白芬香	绿篱	长江流域及其以南
8	云锦杜鹃	*Rhododendron fortunei*	杜鹃花科	喜温暖、湿润	宜酸性土	花冠漏斗状钟形，淡粉色，花期5月	庭院观赏，盆栽	华东
9	马缨花	*Rhododendron delavayi*	杜鹃花科	喜凉爽、湿润	宜酸性土壤，忌渍水	花冠钟状，深红色	绿篱	西南
10	火棘	*Pyracantha fortuneana*	蔷薇科	喜光、稍耐阴，喜湿	宜疏松、肥沃土壤	春白花，秋红果	绿篱，盆景	长江流域及其以南
11	石楠	*Photinia serrulata*	蔷薇科	喜弱光、喜温暖，耐干旱	宜肥沃、湿润砂质土壤	花白果红，枝叶浓密	绿篱	长江流域及其以南
12	红叶石楠	*Photinia fraseri*	蔷薇科	喜光、耐阴、耐盐碱、耐瘠薄	宜肥沃土壤	嫩叶火红，色彩艳丽	绿篱	华北大部、华东、华南
13	九里香	*Murraya paniculata*	芸香科	喜温、较耐阴耐旱	宜疏松、肥沃砂质土壤	花白果红	绿篱	华南、西南
14	米兰	*Aglaia odorata*	楝科	喜光、耐阴	宜疏松、肥沃微酸性土壤	花小黄色	绿篱	华南、西南
15	红桑	*Acalypha wilkesiana*	大戟科	喜高温多湿	忌水湿	叶红色	绿篱	华南
16	变叶木	*Codiaeum variegatum var. pictum*	大戟科	喜光、喜高温多湿	宜肥沃、保水性强黏质壤土	叶形叶色变化多	绿篱	华南
17	一品红	*Euphorbia pulcherrima*	大戟科	喜光、不耐寒	宜肥沃、排水良好砂壤土	顶生苞片红色	盆栽	华南
18	红背桂	*Excoecaria cochinchinensis*	大戟科	耐阴、喜温暖	宜肥沃、排水好砂壤土	叶面绿色，叶背红色	绿篱	华南
19	黄杨	*Buxus sinica*	黄杨科	中性、耐修剪	宜轻松、肥沃砂壤土	枝叶紧密	基础种植，绿篱	长江流域及其以南
20	大叶黄杨	*Euonymus japonicus*	卫矛科	中性、喜温湿	宜土壤湿润向阳地	枝叶紧密，叶有光泽	基础种植，绿篱	华北至华南
21	金边黄杨	*Euonymus japonicus var. aurea-marginatus*	卫矛科	中性、喜温湿	宜土壤湿润向阳地	枝叶密生，树冠球形	基础种植，绿篱	长江流域
22	'北海道'黄杨	*Euonymus japonicus* 'Cu Zhi'	卫矛科	喜光、耐阴，喜温湿	宜土壤湿润向阳地	树姿挺拔，四季常青	绿篱	西北、华北
23	枸骨	*Ilex cornuta*	冬青科	喜弱光，抗有毒气体	宜肥沃酸性土壤	果红色	岩石园，刺篱	长江流域及其以南

（续）

序号	中文名	拉丁名	科名	生态习性	栽培要点	观赏特性	园林应用	适用地区
24	无刺枸骨	*Ilex cornuta* var. *fortunei*	冬青科	喜光，耐阴	宜湿润、排水良好酸性土壤	叶亮丽	绿篱、岩石园	长江流域及其以南
25	'龟甲'冬青	*Ilex crenata* 'Convexa'	冬青科	耐阴，喜温湿	宜肥沃、排水良好土壤	叶小紧密	绿篱、基础种植	长江流域及其以南
26	茶梅	*Camellia sasanqua*	山茶科	喜光，喜温湿	宜湿润微酸性土壤	花形、花色多	绿篱、盆景	长江流域及其以南
27	山茶	*Camellia japonica*	山茶科	中性，喜温湿	宜湿润微酸性土壤	小枝黄褐色，叶深绿色	绿篱、盆景	长江流域及其以南
28	油茶	*Camellia oleifera*	山茶科	喜光，喜温湿，耐瘠薄	宜土层深厚酸性土	花白色	风景林、盆栽	长江流域及其以南
29	厚皮香	*Ternstroemia gymnanthera*	山茶科	耐阴，喜温湿	宜酸性土	花小，淡黄色	绿篱、盆栽	中国南部及西南
30	瑞香	*Daphne odora*	瑞香科	耐阴，不耐旱	宜疏松、肥沃、排水良好酸性土壤	四季常绿，早春开花	绿篱、盆景	长江流域以南
31	假连翘	*Duranta repens*	马鞭草科	喜温湿	不择土壤，宜勤施肥	半攀缘，叶缘有银边	绿篱、花廊	华南
32	马缨丹	*Lantana camara*	马鞭草科	耐干旱，瘠薄	宜疏松、肥沃砂壤土上	花先黄后红，花期6~10月	绿篱	华南
33	胡颓子	*Elaeagnus pungens*	胡颓子科	喜温湿，耐干旱	不择土壤，忌水涝	双色叶，叶背银白	庭荫树	长江流域及其以南
34	木半夏	*Elaeagnus multiflora*	胡颓子科	喜光，喜温湿	宜疏松林地下	花白色，花期4~5月	庭院观赏	长江中下游及河南
35	八角金盘	*Fatsia japonica*	五加科	耐阴，喜温湿	宜排水良好、肥沃微酸性土壤	叶大掌状，花白色	绿篱	长江流域及其以南
36	鹅掌柴	*Schefflera octophylla*	五加科	喜温湿	宜肥沃酸性土	叶掌状，花白色	绿篱	西南至东南
37	红花檵木	*Loropetalum chinense* var. *rubrum*	金缕梅科	喜光，耐旱	宜肥沃、湿润微酸性土壤	枝繁叶茂，树态多姿	绿篱、盆景	长江中下游及其以南
38	蚊母	*Distylium racemosum*	金缕梅科	喜光，喜温暖，抗有毒气体	宜肥沃、排水良好土壤	树冠开展，叶革质光滑	庭荫树、绿篱	长江中下游至华南
39	桃叶珊瑚	*Aucuba chinensis*	山茱萸科	耐阴，喜温湿	宜腐殖质微酸性砂质土	叶青翠光亮，果鲜艳夺目	绿篱	长江中上游
40	茉莉	*Jasminum sambac*	木犀科	喜光，稍耐阴	宜含腐殖质微酸性砂质土	花白浓香	绿篱、盆栽	华南及云南南部
41	金叶女贞	*Ligustrum vicaryi*	木犀科	喜光，稍耐阴	宜通透性良好砂质土	叶金黄色，白花黑果	绿篱	华北、华东
42	'金森'女贞	*Ligustrum japonicum* 'Howardii'	木犀科	喜光	宜肥沃排水良好的土壤	叶金黄色	绿篱	台湾
43	云南黄馨	*Jasminum mesnyi*	木犀科	喜光，稍耐阴，喜温湿	宜砂质壤土	小枝细长悬垂，花黄色	绿篱、垂直绿化	长江流域以南
44	伞房决明	*Cassia corymbosa*	豆科	喜光	对土壤要求不严	花期长，金黄色	庭院观赏	华东、华中和华南

（续）

序号	中文名	拉丁名	科名	生态习性	栽培要点	观赏特性	园林应用	适用地区
45	金丝桃	*Hypericum chinense*	金丝桃科	喜温湿	不宜重黏土	花色金黄，灿若金丝	庭院观赏	长江流域及其以南
46	黄蝉	*Allemanda neriifolia*	夹竹桃科	喜温湿	宜肥沃疏松土壤	叶两端尖，全缘	庭院观赏	华南及云南南部
47	夹竹桃	*Nerium indicum*	夹竹桃科	喜光，喜温湿，抗有毒气体	宜排水良好土壤	花白、粉红色，花期夏季	庭院观赏	长江流域及其以南
48	龙船花	*Ixora chinensis*	茜草科	喜光，喜温湿	宜疏松、排水良好土壤	花橙红色，花期夏秋	庭院观赏，盆栽	华南
49	栀子	*Gardenia jasminoides*	茜草科	中性，喜温	宜酸性土壤	花白色，浓香，花期6~8月	庭院观赏，绿篱	长江流域及其以南
50	小叶栀子	*Gardenia jasminoides* var. *prostrata*	茜草科	中性，喜温	宜肥沃、排水良好酸性土壤	花白色浓香	庭院观赏，绿篱	长江流域及其以南
51	六月雪	*Serissa foetida*	茜草科	喜温湿	宜疏松、肥沃、通透性强微酸土	花白色，花期夏季	庭院观赏，绿篱	长江流域及其以南
52	珊瑚树	*Viburnum awabuki*	忍冬科	中性，喜温暖，抗烟尘	宜肥沃中性土壤	花白色果红	高篱，防护林	长江流域及其以南
53	地中海荚蒾	*Viburnum tinus*	忍冬科	喜光，耐阴，耐旱，忌土壤过湿	忌土壤过湿	枝叶繁茂，花蕾飘浮	绿篱，庭荫树	长江三角洲
54	亮叶忍冬	*Lonicera ligustrina* subsp. *yunnanensis*	忍冬科	耐阴，耐高温	对土壤要求不严	花腋生，淡黄色，具清香	孤赏树	西南
55	酒瓶椰子	*Hyophorbe lagenicaulis*	棕榈科	中性，喜高温多雨	宜富含腐殖质、排水良好砂壤土	干似酒瓶	庭院观赏，盆栽	华南
56	矮棕竹	*Rhapis humilis*	棕榈科	耐阴，喜湿润酸土	宜富含腐殖质、疏松湿润砂壤土	挺拔，叶半圆形，裂片宽长软垂	庭院观赏	华南，西南
57	朱蕉	*Cordyline fruticosa*	百合科	喜高温多湿	忌碱性土壤	叶色艳丽	庭院观赏，盆栽	华南
58	凤尾兰	*Yucca gloriosa*	百合科	耐水湿	宜肥沃疏松土壤	花乳白色，下垂	庭院观赏	华北南部至华南
59	丝兰	*Yucca smalliana*	百合科	耐水湿	宜肥沃疏松土壤	花黄色	庭院观赏	华北南部至华南
60	龙血树	*Dracaena draco*	百合科	喜光，喜高温多湿	宜疏松、排水良好，含腐殖质土壤	株形优美规整	庭院观赏，盆景	华南及云南南部
61	含笑	*Michelia figo*	木兰科	喜湿，耐阴	宜肥沃微酸性土壤	花淡黄色，浓香，花期4~5月	庭院观赏，盆栽	长江流域及其以南

附表 4　落叶灌木一览表

序号	中文名	拉丁名	科名	生态习性	栽培要点	观赏特性	园林应用	适用地区
1	牡丹	Paeonia suffruticosa	芍药科	喜光，稍耐阴	宜疏松、肥沃、排水良好中性壤土	花形，花色变化多	庭院观赏	西北，华北长江流域
2	紫荆	Cercis chinensis	苏木科	喜光	宜肥沃、排水良好土壤	花紫红，先花后叶	庭院观赏	东北，华北
3	山麻杆	Alchornea davidii	大戟科	喜光，稍耐阴，喜温湿	宜湿润土壤	茎皮紫红	庭院观赏	秦岭以南
4	沙棘	Hippophae rhamnoides	胡颓子科	性温，耐旱	不宜过于黏重土壤	刺粗壮，花小淡黄	固沙地被	东北，西北，西南
5	'紫叶'小檗	Berberis thunbergii 'Atropurpurea'	小檗科	喜光，稍耐阴	宜肥沃排水良好土壤	叶紫果红	绿篱，盆栽	华东
6	蜡梅	Chimonanthus praecox	蜡梅科	喜光，耐旱	宜排水良好轻壤土	花黄色，花期12月	庭院观赏，盆栽	华北至长江流域
7	八仙花	Hydrangea macrophylla	虎耳草科	耐阴，喜湿润	宜疏松、肥沃、排水良好砂壤土	叶大浅绿，有光泽	庭院观赏，盆栽	长江以南
8	大花溲疏	Deutzia grandiflora	虎耳草科	喜光，耐阴	忌低洼注积水	花白色，花期春夏	风景树	长江流域
9	太平花	Philadelphus pekinensis	虎耳草科	喜光，耐阴	宜湿润、肥沃、排水良好壤土	花白色，花期5~6月	庭院观赏	东北南部，华北
10	金缕梅	Hamamelis mollis	金缕梅科	喜光，喜温湿	宜富含腐殖质土	树冠端直，秋叶金黄	庭院观赏	长江流域
11	白鹃梅	Exochorda racemosa	蔷薇科	喜光，耐阴，耐干旱瘠薄	宜排水良好湿润土壤	枝叶秀丽，花白色，花期4~5月	庭院观赏，盆栽	华东，华北
12	笑靥花	Spiraea prunifolia	蔷薇科	喜光，喜温湿	宜疏松、通气性好壤土	花小白色，花期早春	庭院观赏，盆栽	长江流域及其以南
13	菱叶绣线菊	Spiraea vanhouttei	蔷薇科	喜光，喜暖湿	宜疏松、通气性好壤土	花小白色，花期4~5月	庭院观赏	长江流域
14	珍珠花	Spiraea thunbergii	蔷薇科	喜光	宜湿润、排水良好土壤	花白色，花期3~4月	庭院观赏	东北，华北
15	珍珠梅	Sorbaria kirilowii	蔷薇科	喜光，耐阴，耐寒	不择土壤	圆锥花序白色，花期6~8月	庭院观赏	东北南部，华北
16	风箱果	Physocarpus amurensis	蔷薇科	喜光，耐寒	宜肥沃湿润土壤	花白色，花期6月	庭院观赏	全国各地
17	贴梗海棠	Chaenomeles speciosa	蔷薇科	喜光，耐瘠薄	宜肥沃、排水良好土壤	花粉红或淡白，早春开花	庭院观赏，盆栽	东部，中部
18	平枝栒子	Cotoneaster horizontalis	蔷薇科	喜光，耐干旱瘠薄	不宜土壤，忌积水	匍匐状，秋果红色	庭院观赏，盆栽	华北，华东
19	垂丝海棠	Malus halliana	蔷薇科	喜光，喜暖湿，不耐干旱	宜疏松、肥沃、排水良好略带黏质土	花红色，早春开花	庭院观赏，孤赏树	华东
20	西府海棠	Malus micromalus	蔷薇科	喜光，耐旱	宜肥沃、疏松砂质壤土	花粉红，花期4~5月	孤赏树	华北
21	榆叶梅	Amygdalus triloba	蔷薇科	喜光，耐旱，耐盐碱	忌积水	花粉红，先花后叶	庭院观赏	东北
22	'美人'梅	Prunus × blireana 'Meiren'	蔷薇科	喜光	宜排水良好、富含有机质土壤	花色浅紫，花期3~4月	孤赏树，盆栽	华北及其以南

（续）

序号	中文名	拉丁名	科名	生态习性	栽培要点	观赏特性	园林应用	适用地区
23	黄刺玫	Rosa xanthina	蔷薇科	喜光，耐干旱瘠薄	宜疏松肥沃土壤	花黄色，早春开花	庭院观赏	东北、西北
24	月季	Rosa chinensis	蔷薇科	喜光，喜温湿	宜排水良好，微酸性砂壤土	花色丰富，花期5～9月	庭院观赏、绿篱	东北南部至华南
25	玫瑰	Rosa rugosa	蔷薇科	喜光，不耐阴，耐旱	宜疏松、排水良好土壤	花粉红，花期6～7月	庭院观赏、专类园	华北至长江流域
26	蔷薇	Rosa multiflora	蔷薇科	喜光，耐半阴，耐瘠薄	宜疏松、肥沃、排水良好土壤	小枝细长，披皮刺，无毛	庭院观赏、专类园	黄河流域及其以南
27	棣棠	Kerria japonica	蔷薇科	喜光，稍耐阴，喜温湿	宜肥沃疏松砂壤土	枝条绿色，花期夏季	庭院观赏、绿篱	华北至华南
28	紫穗槐	Amorpha fruticosa	蝶形花科	喜光，耐干旱瘠薄、水湿	适应性很强，不需特殊管理	花暗紫，花期5～6月	防护林	华北、华东
29	锦鸡儿	Caragana sinica	蝶形花科	喜光，喜温暖，耐干旱瘠薄	忌湿涝	花橙黄，花期4月	庭荫树、风景树	华北、华东
30	胡枝子	Lespedeza bicolor	蝶形花科	喜光，稍耐阴，耐干旱瘠薄	不择土壤	花紫红，花期7～9月	庭院观赏、盆栽	东北、华北
31	美丽胡枝子	Lespedeza formosa	蝶形花科	喜光，喜肥，较耐旱	宜温厚，湿润肥沃土	花紫红，花期7～8月	庭院观赏	华东
32	木芙蓉	Hibiscus mutabilis	锦葵科	中性，喜温湿	宜肥沃邻水栽培	花色多，花期9～10月	庭院观赏	长江流域及其以南
33	木槿	Hibiscus syriacus	锦葵科	喜光，喜温暖	能任黏重或碱性土壤中生长	花紫、白，花期7～9月	庭院观赏	华北至长江流域
34	扶桑	Hibiscus rosa-sinensis	锦葵科	喜光，喜温湿，不耐阴	宜pH 6.5～7 的微酸性壤土，多施肥	花期长，花大色艳量多	庭院观赏	华南、西南
35	结香	Edgeworthia chrysantha	瑞香科	喜半阴，耐旱、涝、沙荒	宜砂质土	花黄色，先叶开放	盆栽	中部及西南
36	杜鹃花	Rhododendron simsii	杜鹃花科	中性，喜温湿、酸性土	宜酸性土壤	花色丰富，花期4～6月	盆栽	长江流域及其以南
37	满山红	Rhododendron mariesii	杜鹃花科	中性，喜温湿、酸性土	宜 pH 5.5～7.0	花紫色，花期4月	盆栽	长江流域
38	红瑞木	Cornus alba	山茱萸科	耐寒	宜湿润、肥沃疏松土壤	夏花白色，秋叶鲜红	盆栽	东北至华东
39	四照花	Dendrobenthamia japonica var. chinensis	山茱萸科	喜湿，忌强光暴晒	宜肥沃、排水良好砂质土壤	花黄色，花期5～6月	庭院观赏、盆栽	华北至长江流域
40	流苏	Chionanthus retusus	木犀科	喜光，耐半阴，耐旱	忌积水	花白色，花期5月	庭院观赏	黄河流域及其以南
41	连翘	Forsythia suspensa	木犀科	喜光，耐半阴，耐旱	宜深厚肥沃钙质土	花金黄，先叶开放	庭院观赏、绿篱	东北南部至华南
42	金钟花	Forsythia viridissima	木犀科	喜光，耐半阴，耐热、湿	宜疏松、肥沃、排水良好砂质土	花金黄，花期4～5月，叶前开放	庭院观赏、盆栽、绿篱	华东

（续）

序号	中文名	拉丁名	科名	生态习性	栽培要点	观赏特性	园林应用	适用地区
43	迎春	Jasminum nudiflorum	木犀科	喜光，稍耐阴，忌涝	宜酸性土	花黄色，叶前开放	庭院观赏	华北至华东
44	紫丁香	Syringa oblata	木犀科	喜光，耐半阴，耐旱	宜土壤疏松向阳处	花堇紫色，花期5月	庭院观赏、盆栽、绿篱	东北、华北
45	白丁香	Syringa oblate var. alba	木犀科	喜光，耐旱	宜排水良好肥沃土壤	花白色，花期5月	庭院观赏、绿篱	东北、华北
46	小叶女贞	Ligustrum quihoui	木犀科	喜光	宜疏松肥沃壤土	花小白色，花期8~9月	绿篱、盆栽	华北至长江流域
47	小蜡	Ligustrum sinense	木犀科	喜光	宜湿润土壤	花小白色，花期5~6月	庭院观赏、盆栽、绿篱	华北至长江流域
48	醉鱼草	Buddleia lindleyana	醉鱼草科	喜光，耐修剪	粗放管理，忌水涝	叶繁花茂，花期夏季	庭院观赏	华南
49	海州常山	Clerodendrum trichotomum	马鞭草科	喜光，稍耐阴	宜土壤深厚，光照条件好	花白带粉，花期7~8月	庭院观赏、盆栽	华北至长江流域
50	枸杞	Lycium chinense	茄科	稍耐阴，喜温暖	宜肥沃，排水良好中性土壤	花紫色，花期5~10月	庭院观赏、盆栽	全国各地
51	卫矛	Euonymus alatus	卫矛科	喜光，耐阴，耐干旱瘠薄	宜肥沃，疏松壤土	枝翅奇异，叶果紫红	庭荫树	全国各地
52	木绣球	Viburnum macrocephalum	忍冬科	喜湿，不耐旱、涝	宜肥沃，湿润，排水良好壤土	花具清香，形态像绣球	庭院观赏、盆栽	长江流域
53	六道木	Abelia biflora	忍冬科	耐阴，喜湿润	宜疏松，肥沃壤土	花粉红色，花期7~9月	绿篱、地被	华北至华南
54	金银木	Lonicera maackii	忍冬科	耐瘠薄	宜湿润，肥沃土壤	花先白后黄	孤赏树	全国各地
55	锦带花	Weigela florida	忍冬科	喜光，不耐涝	宜湿润，腐殖质丰富土壤	花先玫红，花期4~5月	庭院观赏	东北至长江流域
56	接骨木	Sambucus williamsii	忍冬科	耐旱	宜肥沃，疏松土壤	花小白色，花期4~5月	庭院观赏	东北至华南
57	天目琼花	Viburnum sargentii	忍冬科	喜光，耐阴	土壤要求不严，微酸性及中性土壤均可	花白色，花期5~6月	孤赏树	东北至长江流域
58	荚蒾	Viburnum dilatatum	忍冬科	喜光，喜湿，耐阴	宜微酸性肥沃土壤	花白色，花期5~6月，冬果红色	庭院观赏	华东
59	郁香忍冬	Lonicera fragrantissima	忍冬科	喜光，耐阴	宜湿润，肥沃，忌涝	花白色，花期3~4月	庭院观赏	华北至华南
60	猬实	Kolkwitzia amabilis	忍冬科	喜光，耐旱，耐半阴	宜湿润，肥沃，排水良好土壤	花色粉红，花期5月	庭院观赏、盆栽、绿篱	华北至长江流域

附表 5　常绿藤本一览表

序号	中文名	拉丁名	科名	生态习性	栽培要点	观赏特性	园林应用	适用地区
1	何首乌	*Fallopia multiflora*	蓼科	喜光	宜排水良好土壤	叶茂姿雅，茎干红褐	墙面绿化	长江流域及其以南
2	薜荔	*Ficus pumila*	桑科	喜阴、耐旱	宜湿润、肥沃土壤	枝叶葱郁，层次丰富	墙面绿化	长江流域及其以南
3	叶子花	*Bougainvillea spectabilis*	紫茉莉科	喜光、忌水涝、耐瘠薄	宜矿物质丰富黏重壤土	花色紫红，花期 11 月～翌年 6 月	棚架、篱垣绿化	华南、西南
4	南五味子	*Kadsura longipedunculata*	五味子科	喜半阴、不耐湿	宜肥沃腐殖质或砂质壤土	花淡黄、芳香，花期 6~8 月	棚架、栅栏绿化	全国各地
5	常春油麻藤	*Mucuna sempervirens*	豆科	喜光、耐瘠薄	宜排水良好砂质壤土	花深紫、芳香，花期 4~5 月	棚架、栅栏绿化	长江流域及其以南
6	软枝黄蝉	*Allemanda cathartica*	夹竹桃科	喜半阴	宜肥沃、排水良好酸性土	花浓亮黄色，花期夏秋	棚架绿化	华南
7	'花叶蔓'长春花	*Vinca major* 'Variegata'	夹竹桃科	喜光、喜温暖	宜较肥沃湿润土壤	花蓝色，花期 4~5 月	垂直绿化、地被	华南、华东
8	络石	*Trachelospermum jasminoides*	夹竹桃科	喜光、耐阴、耐旱	宜排水良好砂壤土	花白色、芳香，花期 4~6 月	墙面绿化	全国各地
9	炮仗花	*Pyrostegia venusta*	紫葳科	喜光、耐半阴、不耐旱	宜肥沃湿润酸性土	花色橘红，花期 1~2 月	墙面、棚架绿化	华南、西南
10	金银花	*Lonicera japonica*	忍冬科	喜光、耐阴、耐旱	宜湿润、肥沃砂质壤土	花先白后黄；花期 5~7 月	垂直绿化	全国各地
11	常春藤	*Hedera helix*	五加科	耐阴、耐干旱瘠薄	宜中性和微酸性土壤	花淡绿白、芳香，花期 8~9 月	墙面绿化、地被	黄河流域及其以南
12	中华常春藤	*Hedera nepalensis* var. *sinensis*	五加科	喜温湿	宜肥沃疏松土壤	幼枝淡青色，花期 8~9 月	地被、垂直绿化	长江流域及以南
13	扶芳藤	*Euonymus fortunei*	卫矛科	喜温湿、耐阴	宜湿润、肥沃砂质壤土	叶终年常绿，秋叶变红	地被、垂直绿化	全国各地

附表6 落叶藤本一览表

序号	中文名	拉丁名	科名	生态习性	栽培要点	观赏特性	园林应用	适用地区
1	猕猴桃	Actinidia chinensis	猕猴桃科	喜光、耐阴	宜疏松、通气良好砂质壤土	花乳白色、后变黄色	棚架绿化	东北以南
2	铁线莲	Clematis florida	毛茛科	喜光、耐阴	宜肥沃、排水良好碱性壤土、忌积水	花色多样，花期6~9月	棚架绿化	全国各地
3	木通	Akebia quinata	木通科	稍耐阴、喜温湿	宜肥沃砂质土	花紫红色，花期4~6月	棚架绿化、绿篱	东北、华北
4	三叶木通	Akebia trifoliata	木通科	喜阴湿	宜微酸、多腐殖质黄壤土	叶形、叶色别有风趣	棚架绿化	华北至长江流域
5	大血藤	Sargentodoxa cuneata	木通科	耐阴	宜湿润土壤	茎褐色、有条纹、光滑无毛	棚架绿化	华北、华中
6	野蔷薇	Rosa multiflora	蔷薇科	喜光、耐半阴、忌积水	宜肥沃、疏松微酸性土壤	花白、粉色，花期4~7月	棚架绿化、花篱	全国各地
7	木香	Rosa banksiae	蔷薇科	喜光	宜疏松、排水良好砂质土	花色白、淡黄，花期4~7月	棚架绿化、花篱	全国各地
8	藤本月季	Rosa hybrida	蔷薇科	喜光、喜肥	宜排水良好土壤	花量大、花色鲜艳	垂直绿化	东北南部至华南、西南
9	葛藤	Pueraria lobata	豆科	喜光、稍耐阴	宜湿润、排水通畅土壤	花色紫红，花期7~9月	花篱	全国各地
10	紫藤	Wisteria sinensis	豆科	喜光、稍耐阴、耐瘠薄	宜土层深厚、排水良好土壤	花色蓝紫、芳香，花期4月	花篱	全国各地
11	旱金莲	Tropaeolum majus	旱金莲科	喜光、喜温湿	宜排水良好肥沃土壤	花黄、红色，花期夏季	棚架绿化	华南
12	南蛇藤	Celastrus orbiculatus	卫矛科	喜光、喜温湿	宜湿润、排水好、肥沃砂质壤土	叶经霜变红	棚架绿化	全国各地
13	鸡蛋果	Passiflora edulis	西番莲科	喜光、不耐阴	宜疏松、肥沃、有机质丰富、水分充足、排水良好土壤	花白色具紫晕，花期5~7月	棚架绿化	华南
14	西番莲	Passiflora caerulea	西番莲科	喜光、不耐阴	宜疏松、肥沃、有机质丰富、水分充足、排水良好土壤	花淡紫色，花期5~7月	棚架绿化	华南
15	牵牛	Ipomoea nil	旋花科	喜光、耐瘠薄、盐碱	宜排水良好土壤	花色多样，花期6~9月	棚架绿化、围篱	全国各地
16	茑萝	Quamoclit pennata	旋花科	喜光、耐半阴	宜肥沃、疏松土壤	花色深红，花期7~10月	凉棚绿化、花架	全国各地

（续）

序号	中文名	拉丁名	科名	生态习性	栽培要点	观赏特性	园林应用	适用地区
17	鸡矢藤	*Paederia sfoetida*	茜草科	喜温暖，忌干旱	宜肥沃、湿润砂质壤土	花白色芳香，花期 2~8月	棚架绿化	长江以南
18	地 锦	*Parthenocissus tricuspidata*	葡萄科	喜光，耐阴，耐瘠薄	宜阴湿，肥沃土壤	秋叶红色	墙面绿化	全国各地
19	葡 萄	*Vitis vinifera*	葡萄科	喜光，耐旱	宜微酸性土壤	花期4~5月	棚架绿化	长江流域以北
20	五叶地锦	*Parthenocissus quinquefolia*	葡萄科	喜光，耐污染	对土壤要求不严	秋叶红色，秋果蓝色	墙面绿化	东北南部、华北
21	凌 霄	*Campsis grandiflora*	紫葳科	喜光，耐高温	宜排水良好土壤	花鲜红、橘红，花期 6~8月	棚架绿化，花门	华北及其以南

附表 7　竹类一览表

序号	中文名	拉丁名	科名	生态习性	栽培要点	观赏特性	园林应用	适用地区
1	孝顺竹	Bambusa multiplex	禾本科	中性，喜暖湿	宜深厚、肥沃、排水良好土壤	秆丛生，枝叶秀丽	庭院观赏	长江流域以南
2	'凤尾'竹	Bambusa muliiplex 'Fernleaf'	禾本科	喜暖湿	宜肥沃、疏松、排水良好土壤	丛生，多分枝，枝叶细小	绿篱，庭院观赏	长江流域以南
3	佛肚竹	Bambusa venticosa	禾本科	喜暖湿	宜肥沃、疏松、湿润、排水良好砂质壤土	茎节基部形似佛肚	庭院观赏	华南及西南
4	'黄金间碧'玉竹	Bambosa vulgaris 'Vitta-ta'	禾本科	喜暖湿	宜疏松冲积土	秆金黄色，具纵条纹	庭院观赏	华南
5	粉单竹	Lingnania chungii	禾本科	喜光，喜温湿	宜酸性土或石灰质土壤	叶质较厚，披针形	庭院观赏	华南
6	慈竹	Sinocalamus affinis	禾本科	喜光，喜温湿	宜疏松、肥沃土壤	秆丛生，枝叶茂盛	庭院观赏，防护林	华南至西南
7	苦竹	Pleioblastus amarus	禾本科	喜温湿	宜疏松、肥沃、土层深厚土壤	节圆筒形，分枝一侧稍扁平	庭院观赏	华东
8	菲白竹	Pleioblastus fortunei	禾本科	喜暖湿，耐阴	宜肥沃、疏松、排水良好砂土壤	叶披针形，具白色柔毛	绿篱，庭院观赏	华东
9	菲黄竹	Pleioblastus viridistriatus	禾本科	喜温暖湿润	宜疏松、疏松、排水良好质土壤	叶纯黄色，具绿色条纹	地被，盆栽	华东
10	毛竹	Phyllostachys edulis	禾本科	喜光，喜暖湿	宜深厚、肥沃、排水良好酸性土壤	秆散生，高大	庭院观赏，风景林	华东至华南
11	龟甲竹	Phyllostachys heterocycla	禾本科	喜光，喜温湿	宜疏松、肥沃、湿润土壤	节稍膨大，歪斜畸形	庭院观赏	黄河以南地区
12	斑竹	Phyllostachys bambusoides f. lacrima-deae	禾本科	耐旱，不耐水湿	宜中性至微酸性土壤	秆、分枝具紫褐色斑块	庭院观赏	华中、华东
13	刚竹	Phyllostachys viridis	禾本科	喜暖湿	宜酸性土至中性土壤	枝叶青翠	庭院观赏	黄河流域至长江流域以南
14	淡竹	Phyllostachys glauca	禾本科	耐旱	宜湿润、排水良好土壤	新秆蓝绿色，密被白粉	庭院观赏	华东、华中
15	紫竹	Phyllostachys nigra	禾本科	喜光，喜暖湿	宜排水良好土壤	竹秆紫黑色	庭院观赏	东北以南
16	早园竹	Phyllostachys propinqua	禾本科	喜湿，耐盐碱	宜排水良好土壤	新秆绿色具白粉	绿篱	华东、西南
17	金镶玉竹	Phyllostachys aureosulcata f. spectabilis	禾本科	喜湿	宜湿润、排水良好土壤	竹秆金黄，节间沟槽绿色	庭院观赏	华东
18	黄槽竹	Phyllostachys aureosulcata	禾本科	喜光，喜暖湿	宜湿润、排水良好土壤	新秆密被细毛	庭院观赏	华北至华南

（续）

序号	中文名	拉丁名	科名	生态习性	栽培要点	观赏特性	园林应用	适用地区
19	罗汉竹	*Qiongzhuea tumidinoda*	禾本科	喜光，喜温湿	宜深厚、肥沃酸性土	节间肿胀	庭院观赏	华北南部至长江流域
20	桂　竹	*Phyllostachys bambusoides*	禾本科	喜光，喜温湿	宜湿润、排水良好土壤	新秆绿色	风景林	华东、华中
21	筿　竹	*Phyllostachys nidularia*	禾本科	耐旱，耐水湿	宜湿润土壤	叶片披针形	风景林	华东、华南
22	阔叶箬竹	*Indocalamus latifolius*	禾本科	喜湿，耐旱	宜疏松、排水良好酸性土壤	叶片长椭圆形	地被	华东、华中、西南
23	鹅毛竹	*Shibataea chinensis*	禾本科	喜暖湿，稍耐阴	宜中性及微酸性土壤	叶片形似鹅毛	地被、绿篱	华东
24	茶秆竹	*Pseudosasa amabilis*	禾本科	喜湿	宜中性及微酸性土壤	秆被蜡质斑	庭院观赏	长江以南
25	铺地竹	*Arundinaria argenteostriata*	禾本科	耐旱，耐修剪	宜肥沃、疏松、排水良好砂质土壤	叶片绿色	地被	华东

附表 8 一、二年生花卉一览表

序号	中文名	拉丁名	科名	生态习性	栽培要点	观赏特性	园林应用	适用地区
1	'红叶'甜菜	Beta vulgaris var. cicla 'Vulkan'	藜科	喜光	宜疏松、肥沃、排水良好土壤	叶紫红色美观	花坛	长江流域
2	地肤	Kochia scoparia	藜科	喜光、耐干旱	对环境要求不严	叶色淡绿色，分枝繁多	花坛、花境、花丛	全国各地
3	千日红	Gomphrena globosa	苋科	喜光、喜干燥	对环境要求不严	花红、金黄、白色	花坛、花境	全国各地
4	鸡冠花	Celosia cristata	苋科	喜光、喜温暖干燥	宜肥沃、排水良好土壤	肉穗状花序顶生	花坛、花境	全国各地
5	三色苋	Amaranthus tricolor	苋科	喜温暖湿润	宜排水良好土壤	叶红、绿、黄、紫等色	花坛、花境	全国各地
6	大花马齿苋	Portulaca grandiflora	马齿苋科	喜温暖、耐干旱贫瘠	宜排水良好土壤	花色丰富，花期6~10月		全国各地
7	石竹	Dianthus chinensis	石竹科	喜光、喜干燥	宜肥沃、排水好石灰质土壤	花白、粉，花期5~9月	花坛、花境	全国各地
8	虞美人	Papaver rhoeas	罂粟科	喜光、干燥	宜排水好土壤	花白、粉、红，花期4~7月	花坛、花丛、花群	全国各地
9	花菱草	Eschscholzia californica	罂粟科	喜凉爽、耐旱、耐贫瘠	宜排水好土壤	花黄、乳白，玫瑰红，复色	花带、花境	全国各地
10	醉蝶花	Cleome spinosa	白花菜科	喜温暖干燥、耐热耐旱	宜富含腐殖质、排水良好砂质土	花玫瑰红或白色，花期6~9月	花坛、丛植	全国各地
11	香雪球	Lobularia maritima	十字花科	喜光、喜冷凉、耐瘠薄	对土壤要求不严	花白、粉、紫，花期5~10月	花坛、岩石园	全国各地
12	紫罗兰	Matthiola incana	十字花科	喜光、喜冷凉、忌燥热	宜肥沃土壤	花白、红、紫，复色，花期4~5月	花带	全国各地
13	羽衣甘蓝	Brassica oleracea var. acephala f. tricolor	十字花科	喜冷凉温和、不耐涝	宜肥沃、排水良好土壤	叶色美	花坛	全国各地
14	二月蓝	Orychophragmus violaceus	十字花科	喜光、耐半阴	对土壤要求不严	花蓝紫，花期初春	地被、丛植	全国各地
15	紫茉莉	Mirabilis jalapa	紫茉莉科	喜温暖湿润	对土壤要求不严	花紫红、黄、白，花期8~11月	地被、丛植	全国各地
16	凤仙花	Impatiens balsamina	凤仙花科	喜光、怕湿	宜排水良好微酸性土壤	花粉、紫、白、黄，花期6~8月	花坛、花境	全国各地
17	锦葵	Malva cathayensis	锦葵科	喜光、耐干旱	宜中等肥力旱地	花淡紫色或白色，花期5~6月	背景材料、丛植	全国各地
18	秋葵	Abelmoschus esculentus	锦葵科	喜光、喜温暖	对环境要求不严	花大美丽，花期夏秋	篱边、墙角、点缀、林缘、背景材料	华南

（续）

序号	中文名	拉丁名	科名	生态习性	栽培要点	观赏特性	园林应用	适用地区
19	蜀葵	Althaea rosea	锦葵科	喜光	宜肥沃土壤	花白、粉、紫红，花期夏至初秋	花境、花丛	全国各地
20	三色堇	Viola tricolor	堇菜科	喜凉爽，耐半阴	宜肥沃、排水良好土壤	花色丰富，花期3~7月	花坛、花境	全国各地
21	美丽月见草	Oenothera speciosa	柳叶菜科	喜光，干燥	宜肥沃、排水良好土壤	花粉色，花期6~10月	花坛、地被、花丛	全国各地
22	报春花	Primula malacoides	报春花科	喜温凉，湿润	宜腐殖质多而排水良好壤土	花深红、纯白、碧蓝、紫红、浅黄等色	花境	全国各地
23	福禄考	Phlox drummondii	花葱科	喜温暖，忌酷暑	宜排水好土壤，忌盐碱地	花玫红色，花期5~6月	花坛、花境	全国各地
24	矮牵牛	Petunia hybrida	茄科	喜温暖	宜肥沃、排水良好土壤	花各色，花期四季	花坛	全国各地
25	勿忘草	Myosotis silvatica	紫草科	喜冷凉	宜湿润、排水良好土壤	花白、粉、蓝，花期5~6月	花坛、花境	全国各地
26	美女樱	Verbena hybrida	马鞭草科	喜光	宜湿润、疏松、肥沃土壤	花各色，花期4~10月	花坛、花境	全国各地
27	一串红	Salvia splendens	唇形科	喜光，耐阴	宜疏松、肥沃土壤	花红，花期7~10月	花坛、花境	全国各地
28	彩叶草	Coleus blumei	唇形科	喜温热，湿润	宜排水良好、疏松、肥沃土壤	叶面黄红、紫等斑纹	花坛	全国各地
29	夏堇	Torenia fournieri	玄参科	喜温暖，湿润及半阴	宜疏松、肥沃、排水良好中性或微碱性土	花白、蓝紫、玫瑰红、乳黄，花期6~9月	花坛、花境	全国各地
30	毛地黄	Digitalis purpurea	玄参科	较耐干旱，耐瘠薄	宜中等肥沃、湿润、排水良好壤土	花白、粉和深红，花期夏至初秋	花坛、花境	全国各地
31	猴面花	Mimulus luteus	玄参科	喜光，喜潮湿	宜肥沃、湿润土壤	花黄色，花期4~5月	丛植	全国各地
32	金鱼草	Antirrhinum majus	玄参科	喜光，耐半阴	宜排水良好、肥沃土壤	花白、红、黄色，花期5~7月	花坛、花境	全国各地
33	山梗菜	Lobelia erinus	桔梗科	喜光	宜较湿润、排水良好土壤	花白、粉、蓝、蓝紫，花期夏秋	花坛、花境	全国各地
34	翠菊	Callistephus chinensis	菊科	喜光	宜肥沃、湿润、排水良好砂质土	花色丰富，花期5~6月	花坛、花境	全国各地
35	金盏菊	Calendula officinalis	菊科	喜光	宜肥沃、含石灰质土壤	花黄色、橙色、乳白，花期4~6月	花坛、花境、丛植	全国各地
36	百日草	Zinnia elegans	菊科	喜光	宜肥沃、排水良好土壤	花白、黄、红、紫色，花期6~10月	花坛、花境	全国各地

（续）

序号	中文名	拉丁名	科名	生态习性	栽培要点	观赏特性	园林应用	适用地区
37	万寿菊	*Tagetes erecta*	菊科	喜光，喜温暖	宜肥力中等湿润土壤	花白、黄、橘黄，花期 6～10 月	花坛、花境、花丛	全国各地
38	孔雀草	*Tagetes patula*	菊科	喜光，喜温暖	对土壤要求不严	花黄、橙黄，花期 6～10 月	花坛、花境	全国各地
39	雏菊	*Bellis perennis*	菊科	性强健，喜冷凉	宜疏松、肥沃、排水良好砂质土壤	花各色，花期 4～6 月	花坛、花境	全国各地
40	矢车菊	*Centaurea cyanus*	菊科	喜光	宜疏松、肥沃、排水良好土壤	花白、粉、红、紫色，花期夏秋	花坛、地被	全国各地
41	藿香蓟	*Ageratum conyzoides*	菊科	喜温暖，喜光	宜肥沃、疏松土壤	花蓝、粉、红、白，花期 7 月至霜降	花境、花坛	全国各地
42	向日葵	*Helianthus annuus*	菊科	喜光，不耐湿热	宜深厚、肥沃土壤	花黄，花期夏季	花境、花坛	全国各地
43	蛇目菊	*Coreopsis tinctoria*	菊科	喜光	不择土壤	花黄、中心红色，花期夏至初秋	花坛、花境、地被	全国各地
44	硫华菊	*Cosmos sulphureus*	菊科	喜光	宜排水良好的砂质土	花黄色，花期 8～10 月	花坛、花境	华南
45	瓜叶菊	*Pericallis hybrida*	菊科	喜冬温暖夏凉爽	宜富含腐殖质、排水良好的砂质土壤土	花色丰富，花期冬春	花坛	华东、华南
46	波斯菊	*Cosmos bipinnatus*	菊科	喜光，耐贫瘠	宜排水良好的砂质土壤，忌肥水过多	花期 6～10 月	花境、地被、花丛	全国各地

附表 9　宿根花卉一览表

序号	中文名	拉丁名	科名	生态习性	栽培要点	观赏特性	园林应用	适用地区
1	冷水花	Pilea notata	荨麻科	喜温温湿润、耐阴	宜疏松、排水良好壤土	观叶	地被	长江以南
2	红叶苋	Iresine herbstii	苋科	喜光、喜温暖、湿润	宜疏松、肥沃砂质土壤	茎红叶紫红	花境、丛植	全国各地
3	常夏石竹	Dianthus plumarius	石竹科	喜凉爽、稍湿润	宜排水好砂质土壤	花白、粉、紫色，花期5~10月	花坛、花境、地被	全国各地
4	乌头	Aconitum carmichaeli	毛茛科	喜凉爽、湿润、半阴	宜肥沃、排水好砂质土	花淡蓝，花期6~8月	花坛、花境	全国各地
5	大花飞燕草	Delphinium grandiflorum	毛茛科	喜光、通风良好	宜富含腐殖质、潮润、排水良好壤土	花色丰富，花期5~7月	花坛、花境	全国各地
6	白头翁	Pulsatilla chinensis	毛茛科	喜凉爽、喜光	宜排水良好砂质壤土	花蓝紫，花期3~5月	花境、地被	全国各地
7	芍药	Paeonia lactiflora	毛茛科	喜光、耐半阴	宜疏松、排水良好砂质土	花色丰富，花期4~5月	专类园	全国各地
8	耧斗菜	Aquilegia vulgaris	毛茛科	喜半阴	宜肥沃、湿润、排水好土壤	花白、红、蓝、紫、黄，花期5~6月	花坛、花境	全国各地
9	东方罂粟	Papaver orientale	罂粟科	喜光	宜肥沃、疏松砂壤土	花粉、橙、红色，花期6~7月	花坛、花境	全国各地
10	垂盆草	Sedum sarmentosum	景天科	喜少阴湿、耐旱	不择土壤	花黄色，花期7~9月	地被、岩石园	全国各地
11	佛甲草	Sedum lineare	景天科	喜光、耐旱	宜排水好土壤	花黄色，花期5~6月	花坛、岩石园	全国各地
12	八宝	Sedum spectabile	景天科	喜温阴环境、耐旱	宜排水好土壤	花桃红色，花期8~9月	花坛、岩石园	全国各地
13	蛇莓	Duchesnea indica	蔷薇科	喜温暖、湿润	宜肥沃、疏松、湿润砂质壤土	果鲜红色	地被、花境	全国各地
14	落新妇	Astilbe chinensis	虎耳草科	喜半阴	宜中性、排水良好的砂质壤土	花红紫色，花期7~8月	花坛、花境	全国各地
15	虎耳草	Saxifraga stolonifera	虎耳草科	喜半阴、凉爽	宜排水良好土壤	花白色，花期4~5月	地被、岩石园	华东、中南、西南
16	羽扇豆	Lupinus polyphylla	豆科	喜光	宜排水良好中性土壤	花蓝、紫色，花期春季	花坛、花境	全国各地
17	红三叶	Trifolium pratense	豆科	喜温暖、湿润	宜排水良好中性或微酸性土壤	花暗红或紫色	地被	全国各地
18	白三叶	Trifolium repens	豆科	喜温暖、耐旱、不耐阴	宜排水良好的砂壤土	花白色，花期4~6月	地被	全国各地
19	紫花苜蓿	Medicago sativa	豆科	耐冷热、耐旱	忌水湿	花紫色，花期5~7月	地被	全国各地
20	马蹄金	Dichondra repens	旋花科	耐阴湿、稍耐旱	宜富含腐殖质肥沃湿润土壤	花黄色，花期4月	地被	长江流域及其以南
21	龙胆	Gentiana scabra	龙胆科	喜光、喜冷凉	宜湿润、肥沃土壤、忌干旱	花亮蓝色，花期春季	花境、丛植	冷凉地区
22	丛生福禄考	Phlox subulata	花葱科	耐热、耐旱	宜湿润、排水好土壤	花白、粉红色，花期3~5月	花坛、岩石园、地被	全国各地
23	细叶美女樱	Verbena tenera	马鞭草科	喜光、喜温暖、湿润	对土壤要求不严	花蓝紫色，花期夏季	花坛、花境	长江流域

（续）

序号	中文名	拉丁名	科名	生态习性	栽培要点	观赏特性	园林应用	适用地区
24	毛叶水苏	Stachys japonica var. tomentosa	唇形科	喜光	宜湿润、排水好土壤	花紫红，花期 7～9 月	花境	全国各地
25	鼠尾草	Salvia japonica	唇形科	喜光，喜温暖	宜疏松、肥沃、排水良好的砂质土壤	花蓝紫，花期春末	花坛、花境	全国各地
26	多花筋骨草	Ajuga multiflora	唇形科	喜半阴和湿润	宜酸性中性土壤	花蓝紫色，花期 4～5 月	花坛、花境、地被	东北、华北、华东
27	随意草	Physostegia virginiana	唇形科	喜光，耐半阴	宜排水良好砂质土壤	花紫红、粉红色，花期 7～9 月	花坛、花境	长江流域
28	活血丹	Glechoma longituba	唇形科	喜湿润，耐半阴	对土壤要求不严	花淡蓝至紫色，花期 4～6 月	地被	全国各地
29	薄荷	Mentha haplocalyx	唇形科	喜光，喜湿润	宜肥沃、湿润土壤	花淡紫色，花期 8～9 月	地被	全国各地
30	钓钟柳	Penstemon campanulatus	玄参科	喜光，喜凉爽湿润	对土壤要求不严	花红、蓝等色，花期 7～10 月	花境、岩石园	长江流域及其以南
31	风铃草	Campanula medium	桔梗科	喜光，不耐湿热	宜肥沃、疏松、排水好土壤	花蓝紫，花期夏季	花境、花坛、岩石园	全国各地
32	桔梗	Platycodon grandiflorus	桔梗科	喜凉爽，湿润	宜排水好土壤	花蓝紫色，花期 6～9 月	花境、岩石园	全国各地
33	四季秋海棠	Begonia semperflorens	秋海棠科	喜温暖，半阴	忌干燥和积水	花红色	花坛	长江流域以南
34	紫松果菊	Echinacea purpurea	菊科	喜光	宜排水良好土壤	花深粉色，花期夏季	花境、丛植	全国各地
35	黑心菊	Rudbeckia hybrida	菊科	喜光	宜排水良好砂土壤	花金黄，花期夏季	丛植、花境、地被	全国各地
36	银叶菊	Centaurea cineraria	菊科	喜光	宜疏松、肥沃砂质土壤	花黄色，花期夏季、多用来观叶	花境、花坛	全国各地
37	大花金鸡菊	Coreopsis grandiflora	菊科	喜光	不择土壤，栽培管理较粗放	花黄色，花期 6～9 月	花坛、花境、花丛	全国各地
38	荷兰菊	Aster novibelgii	菊科	喜光，喜温暖湿润	宜肥沃、排水良好砂土壤	花蓝紫色，花期 8～10 月	花坛、花境、花丛	全国各地
39	菊花	Dendranthema morifolium	菊科	喜光	宜肥沃、排水良好土壤	花色丰富，花期 9～12 月	花境、岩石园、地被	全国各地
40	菊花脑	Dendranthema nankingense	菊科	喜光，不耐阴湿	宜肥沃砂壤土	花黄色，花期 9～11 月	花坛、林缘地被	全国各地
41	宿根天人菊	Gaillardia aristata	菊科	喜光，不耐阴	宜排水良好土壤	舌状花黄色，花期 6～11 月	花坛、花境	全国各地
42	蟛蜞菊	Wedelia chinensis	菊科	喜半阴，耐湿润	宜湿润的壤土	花黄色，花期夏季	花坛、地被	华南
43	大吴风草	Farfugium japonicum	菊科	喜半阴，湿润	宜肥沃、疏松、排水好土壤	花黄，花期晚秋	丛植、花境、地被	长江流域以南

（续）

序号	中文名	拉丁名	科名	生态习性	栽培要点	观赏特性	园林应用	适用地区
44	蒲苇	Cortaderia selloana	禾本科	喜光,喜湿润	对土壤要求不严,管理粗放	银白色羽状花序	花境、水边丛植	全国各地
45	芒	Miscanthus sinensis	禾本科	喜光,喜温暖	宜肥沃土壤,易栽培	圆锥花序	丛植、花境	全国各地
46	苔草	Carex tristachya	莎草科	喜潮湿	宜湿润、肥沃土壤	叶线形,花黄色	山坡、林下湿地	东北、华北和西南
47	石菖蒲	Acorus gramineus	天南星科	喜阴湿	宜湿地	肉穗花序	水边绿化、地被	长江流域及其以南
48	合果芋	Syngonium podophyllum	天南星科	喜高温、高湿	宜肥沃、排水良好微酸性土壤	叶呈三角形	花坛、地被	华南
49	紫叶鸭跖草	Setcreasea purpurea	鸭跖草科	喜温暖、湿润	宜疏松土壤	茎与叶暗紫色	花境、地被	华南
50	紫露草	Tradescantia reflexa	鸭跖草科	喜温暖湿润	不择土壤	花蓝紫色,花期5~7月	丛植	全国各地
51	蝴蝶花	Iris japonica	鸢尾科	喜半阴	宜肥沃、湿润土壤	花淡紫,花期初夏	花坛、地被	全国各地
52	马蔺	Iris lactea var. chinensis	鸢尾科	喜光	不择土壤,耐盐碱	花堇蓝,花期初夏	花坛、花境	全国各地
53	鸢尾	Iris tectorum	鸢尾科	喜光	宜肥沃土壤	花蓝紫、白,花期初夏	花境、地被	全国各地
54	射干	Belamcanda chinensis	鸢尾科	喜光,喜温暖	宜砂质土	花橙红	花境、丛植	全国各地
55	萱草	Hemerocallis fulva	百合科	喜光,耐半阴	宜肥沃、湿润砂质土壤	花色丰富,花期初夏	花境、地被	全国各地
56	火炬花	Kniphofia uvaria	百合科	喜光	宜肥沃、排水好轻黏质壤土	花淡红,花期夏秋	花境、地被	全国各地
57	玉簪	Hosta plantaginea	百合科	喜阴湿	宜排水良好肥沃砂质土	花白色,花期6~8月	地被	全国各地
58	一叶兰	Aspidistra elatior	百合科	喜温暖、阴湿	宜疏松、肥沃、排水良好壤土	花紫堇色,花期4~5月	地被	华南
59	紫萼	Hosta ventricosa	百合科	喜阴湿	宜肥沃、湿润、排水良好砂质壤土	花淡紫色,花期6~7月	花坛、地被	华东、华南
60	麦冬	Liriope spicata	百合科	喜阴湿	宜排水良好土壤,管理极粗放	花淡紫或近白色,花期7~9月	地被	东北以外地区
61	沿阶草	Ophiopogon japonicus	百合科	喜温暖湿润	宜排水良好、疏松、肥沃土壤	花淡紫色或白色,花期8~9月	花坛、花境、岩石园、地被	东北以外地区
62	吉祥草	Reineckea carnea	百合科	喜温暖、湿润、半阴	宜富含腐殖质、排水良好、湿润砂质壤土	花紫红色,花期9~10月	地被	长江流域及其以南
63	万年青	Rohdea japonica	百合科	喜半阴、温暖、湿润	忌强光,宜微酸性砂质壤土或黏土	果红色	地被	华东、华中、西南
64	百子莲	Agapanthus africanus	石蒜科	喜半阴	宜腐殖质丰富、排水良好砂质土	花蓝色,花期7~8月	花坛	长江流域及其以南
65	艳山姜	Alpinia zerumbet	姜科	喜光、耐阴,喜高温多湿	宜腐殖质与排水良好土壤	花白色,花期春夏	池畔或墙角处	华东、华南

附表 10　球根花卉一览表

序号	中文名	拉丁名	科名	生态习性	栽培要点	观赏特性	园林应用	适用地区
1	红花酢浆草	*Oxalis rubra*	酢浆草科	喜光、湿润	宜肥沃、疏松、排水良好砂质土	花红色、花期4~10月	花坛、地被	全国各地
2	紫叶酢浆草	*Oxalis triangularis*	酢浆草科	喜光、湿润	宜肥沃、疏松、排水良好砂质土	叶紫红	花坛、地被	全国各地
3	朱顶红	*Hippeastrum vittatum*	石蒜科	喜光照适中、喜温暖湿润	宜富含腐殖质、排水良好砂壤土	花红色、白色、花期春夏	花境	华南、西南
4	蜘蛛兰	*Hymenocallis speciosa*	石蒜科	喜温暖湿润	宜疏松、肥沃、排水良好砂质壤土	花白色	花坛、花境	长江流域及其以南
5	石蒜	*Lycoris radiata*	石蒜科	喜半阴	宜富含腐殖质、排水良好砂质壤土	花色鲜红、花期夏末	花坛、花境、地被	全国各地
6	葱兰	*Zephyranthes candida*	石蒜科	喜光、耐半阴	宜排水好、肥沃略黏质土	花色白、花期8~11月	花坛、地被	全国各地
7	韭兰	*Zephyranthes grandiflora*	石蒜科	喜光、耐半阴	宜排水良好、肥沃略黏质土	花色粉、花期8~11月	花坛、地被	全国各地
8	中国水仙	*Narcissus tazetta* var. *chinensis*	石蒜科	喜光、耐半阴	宜深厚、疏松土壤	花白色、花期1~4月	花坛、地被	华南
9	文殊兰	*Crinum asiaticum*	石蒜科	喜温暖、稍耐阴	宜疏松、肥沃、排水良好土壤	花色白、花期7月	花境、地被	华南
10	百合	*Lilium brownii*	百合科	喜凉爽湿润、喜半阴	宜肥沃、排水良好微酸性土壤	花白色、花期8~10月	花境、地被	全国各地
11	卷丹	*Lilium lancifolium*	百合科	喜光和干燥	宜肥沃砂质壤土	花橙红色、花期7~8月	花境、丛植	全国各地
12	川贝母	*Fritillaria cirrhosa*	百合科	喜凉爽、湿润	宜肥沃、排水良好砂质壤土	花黄绿色、花期3~4月	地被、岩石园	西南
13	郁金香	*Tulipa gesneriana*	百合科	喜半阴、耐寒	宜富含腐殖质、排水良好土壤	花色丰富、花期春季	花坛、花境	全国各地
14	大花葱	*Allium giganteum*	百合科	喜光	宜富含有机质砂质土壤	花色紫色、花期夏季	花境、丛植	全国各地
15	大丽花	*Dahlia pinnata*	菊科	喜光	宜富含腐殖质、排水良好砂质壤土	花色丰富、花期6~10月	花坛、花境	全国各地
16	美人蕉	*Canna indica*	美人蕉科	喜光	宜肥沃、湿润土壤	花鲜红、花期7~8月	花境、丛植	全国各地
17	白及	*Bletilla striata*	兰科	喜温暖、喜半阴	宜疏松、肥沃砂质壤土	花淡紫红色、花期4~6月	林缘、岩石园	长江流域

附表 11　水生花卉一览表

序号	中文名	拉丁名	科名	生态习性	栽培要点	观赏特性	园林应用	适用地区
1	水鳖	*Hydrocharis dubia*	水鳖科	喜温暖，耐半阴	喜肥，不宜种植过密	叶圆心形，花白色	水体绿化	全国各地
2	莼菜	*Brasenia schreberi*	睡莲科	喜温暖，喜光	宜松软肥沃土壤	叶深绿色	水体绿化	长江流域
3	芡实	*Euryale ferox*	睡莲科	喜光，喜温暖水域	宜肥沃黏土	叶大，花奇特	水体绿化	全国各地
4	睡莲	*Nymphaea tetragona*	睡莲科	喜光，喜温暖	宜肥沃中性黏土	花色艳丽	水体绿化	全国各地
5	王莲	*Victoria amazonica*	睡莲科	喜光，喜温暖	宜肥沃深厚土壤	叶巨奇特花大美丽	水体绿化	华南及云南南部
6	萍蓬草	*Nuphar pumilum*	睡莲科	喜光，喜温暖	宜肥沃略带黏性土	叶光亮，花黄色	水体绿化	东北、华东、华南、西北
7	荷花	*Nelumbo nucifera*	睡莲科	喜光，喜温暖	宜富含腐殖质酸性土	花白、红，花期6~9月	水体绿化	全国各地
8	菱	*Trapa bispinosa*	菱科	喜光，喜温暖	宜松软肥沃土壤	叶形奇特	水体绿化	全国各地
9	香蒲	*Typha orientalis*	香蒲科	喜光，喜温暖湿润	宜深厚肥沃土壤	叶形美观，穗状花序	水体绿化	全国各地
10	泽泻	*Alisma plantago-aquatica*	泽泻科	喜光，喜温暖湿润	宜浅水域	叶淡绿，花白色，花期6~8月	水体绿化	东北、西北、华北、华东
11	慈姑	*Sagittaria sagittifolia*	泽泻科	喜浅水，喜光	宜富含腐殖质壤土	花白色，花期5~11月	水体绿化	华北及其以南
12	芦苇	*Phragmites australis*	禾本科	喜光	宜湿地	叶片带状	水体绿化	全国各地
13	水葱	*Scirpus tabernaemontani*	莎草科	喜光，喜温暖湿润	宜富含腐殖质壤土	挺拔直立形态优美	水体绿化	华南以外
14	旱伞草	*Cyperus alternifolius*	莎草科	喜光，喜温暖湿润	宜肥沃黏质壤土	叶如剑，花黄绿色，花期6~9月	水体绿化	华南地区
15	菖蒲	*Acorus calamus*	天南星科	喜光，喜温暖湿润	宜浅水域	肉穗花序，芳香	水体绿化	黄河以南
16	海芋	*Alocasia macrorrhiza*	天南星科	喜温暖湿润，耐阴	宜疏松肥沃土壤	叶卵状戟形，较大	水体绿化	东南、华南、西南
17	大漂	*Pistia stratiotes*	天南星科	喜温暖	宜静水栽植	外形似花	水体绿化	长江流域以南
18	梭鱼草	*Pontederia cordata*	雨久花科	喜温暖	宜静水和水流缓慢水域	叶光亮，花序淡蓝紫，花期5~10月	水体绿化	长江流域以南
19	雨久花	*Monochoria korsakowii*	雨久花科	喜光，喜温暖湿润	宜微酸性至微碱性土壤	植株高大，叶翠绿	水体绿化	华北、华东
20	灯心草	*Juncus effusus*	灯心草科	喜光，喜温暖湿润	苗期保持浅水	花聚伞状，花期4~5月	水体绿化	长江中下游
21	燕子花	*Iris laevigata*	鸢尾科	喜光，稍耐阴	宜土肥沃沼泽地	花丰富，花期4~5月	水体绿化	全国各地
22	花菖蒲	*Iris ensata*	鸢尾科	喜光	宜湿润、富含腐殖质微酸性土壤	花色丰富，花期6~7月	水体绿化	全国各地
23	溪荪	*Iris sanguinea*	鸢尾科	喜光	宜沼泽地	花浓紫色，花期5~6月	水体绿化	全国各地
24	再力花	*Thalia dealbata*	竹芋科	喜光，喜温暖湿润	宜微碱性土壤	花紫色；花期夏秋	水体绿化	长江流域以南
25	千屈菜	*Lythrum salicaria*	千屈菜科	喜强光，湿润	宜富含腐殖质壤土	叶披针，花紫红	水体绿化	全国各地
26	香菇草	*Hydrocotyle vulgaris*	伞形科	喜光，喜温暖	对水质要求不严	盾形叶似香菇，花白色	水体绿化	长江流域以南
27	荇菜	*Nymphoides peltata*	睡莲科	喜光，喜温暖	宜肥沃、微酸性底泥和富营养水域	花黄色，花期6~10月	水体绿化	全国各地

附表 12　草坪草一览表

序号	中文名	拉丁名	科名	生态习性	栽培要点	观赏特性	园林应用	适用地区
1	草地早熟禾	Poa pratensis	禾本科	喜光，喜温暖，较耐践踏，不耐阴	宜排水良好，疏松、肥沃土壤	秆疏丛生，直立；叶片线形，扁平或内卷，颖果，花果期7~9月	普通绿化和运动场	全国各地
2	高羊茅	Festuca elata	禾本科	喜湿润，耐热性较强	宜肥沃、潮湿，富含有机质细壤土	秆成疏丛或单生，直立，叶片线状披针形；颖果，花果期4~8月	观赏和防护	全国各地
3	紫羊茅	Festuca rubra	禾本科	耐阴，耐旱	对土壤要求不严格	疏丛或密丛生，秆直立；叶片对折或边缘内卷；颖果，花果期6~9月	观赏和防护	全国各地
4	匍匐剪股颖	Agrostis stolonifera	禾本科	喜冷凉，耐践踏，忌炎热，不耐旱	宜湿润、肥沃土壤，忌碱性土壤	秆的基部偃卧地面；叶片扁平线形，呈浅绿色；颖果	庭院，运动场	华北、华东、华中
5	多年生黑麦草	Lolium perenne	禾本科	喜温暖湿润，不耐高温	宜肥沃、湿润壤土及砂壤土	秆丛生；叶片线形，颖果，花果期5~7月	运动场	全国各地
6	结缕草	Zoysia japonica	禾本科	耐高温，耐旱，耐贫瘠，耐践踏	宜排水良好，肥沃土壤	秆直立，叶片扁平或稍内卷；颖果卵形，花果期5~8月	运动场	东北、华北、华东、华南
7	马尼拉草	Zoysia matrella	禾本科	耐旱，耐瘠薄，略耐践踏	宜肥沃，排水良好土壤	秆直立；叶片质硬，内卷；颖果长卵形，果期7~10月	观赏及运动场	华东、华南
8	狗牙根	Cynodon dactylon	禾本科	喜光，喜温暖，耐旱，耐践踏	对土壤环境要求不严	秆细而坚韧，下部匍匐地面；叶片线形，花果期5~10月	运动场和防护	黄河以南
9	野牛草	Buchloe dactyloides	禾本科	耐热耐旱，耐践踏	栽培管理较粗放	植株纤细；叶片线形，粗糙	观赏和防护	长江流域以北
10	假俭草	Eremochloa ophiuroides	禾本科	喜温暖湿润，耐旱，不耐践踏，不耐阴	宜疏松湿润壤土	茎叶平铺地面，匍匐茎发达；叶片线形	运动场和防护	华中、华东、华南
11	地毯草	Axonopus compressus	禾本科	喜光，较耐阴，耐践踏	宜砂土或砂质壤土	秆压扁，叶片扁平，质地柔薄	运动场和防护	华南
12	百喜草	Paspalum notatum	禾本科	耐旱，耐高温，耐阴，耐践踏性强	对土壤要求不严	秆密丛生；叶片平或对折；总状花序，花果期9月	防护	华南
13	异穗薹草	Carex heterostachya	莎草科	耐旱，耐阴，抗盐碱，不耐践踏	对土壤环境要求不严	匍匐根状茎，秆三棱柱形，纤细；小坚果倒卵形	观赏和防护	全国各地

附表 13　蕨类一览表

序号	中文名	拉丁名	科名	生态习性	栽培要点	观赏特性	园林应用	适用地区
1	卷柏	*Selaginella tamariscina*	卷柏科	喜半阴，耐干旱	宜疏松透水砂质土壤	观叶	地被，点缀假山，岩石园	全国各地
2	翠云草	*Selaginella uncinata*	卷柏科	喜温暖、湿润和半阴	喜高空气湿度	观叶	地被，盆栽	西南，华南
3	紫萁	*Osmunda japonica*	紫萁科	喜光，喜温暖、湿润、半阴	宜阴湿酸性黄土	观叶	地被	秦岭淮河以南
4	海金沙	*Lygodium japonicum*	海金沙科	喜光，耐寒	宜湿润、排水好、肥沃砂质壤土	观叶	地被，盆栽	秦岭淮河以南
5	井栏边草	*Pteris multifida*	凤尾蕨科	喜温暖、湿润、半阴	宜肥沃、湿润、排水良好的碱性土壤	观叶	地被	华中，华南，华东
6	凤尾蕨	*Pteris cretica* var. *nervossa*	凤尾蕨科	喜温暖、湿润	宜腐殖质含水量高，中性土壤	观叶	盆栽	华南
7	铁线蕨	*Adiantum capillus-veneris*	铁线蕨科	喜温暖、湿润、半阴	宜松软湿润，富含石灰质土壤	观叶	地被	长江流域以南
8	肾蕨	*Nephrolepis cordifolia*	肾蕨科	喜温暖、湿润、半阴	宜排水良好，富含腐殖质肥沃壤土	观叶	盆栽	华南
9	骨碎补	*Davallia mariesii*	骨碎补科	喜温暖、湿润、半阴	宜疏松肥沃、排水良好砂质壤土	观叶	地被，盆栽	华东，华南，西南
10	贯众	*Cyrtomium fortunei*	鳞毛蕨科	喜半阴、湿润	宜腐殖质含水量高的中性土壤	观叶	地被	华北，西北，长江以
11	石韦	*Pyrrosia lingua*	水龙骨科	喜温暖、阴湿	需设附着物，保证水分充足	观叶	岩石园，枯树装饰	长江流域以南